中国古建筑营造技术丛书

中国古建筑定额与预算

（第2版）

刘全义　主　编
刘　珊　副主编

中国建材工业出版社

图书在版编目（CIP）数据

中国古建筑定额与预算/刘全义主编．—2 版．—北京：中国建材工业出版社，2013. 11（2019. 9 重印）

ISBN 978-7-5160-0584-2

Ⅰ. ①中… Ⅱ. ①刘… Ⅲ. ①古建筑–工程施工–建筑经济定额②古建筑–工程施工–建筑预算定额 Ⅳ. ①TU723. 3

中国版本图书馆 CIP 数据核字（2013）第 209580 号

内 容 简 介

本书主要讲述中国古建筑定额原理，各种定额的有关规定，工程量计算规则以及预算的编写方法。内容涉及古建筑的木作、瓦作、石作、油漆彩画作及脚手架等，并结合定额对相关的定额名词（主要构件做法等）作精要的说明和讲述。

本书是古建工程管理、设计、施工人员使用的一本工具书，也可作为大专院校相关课程的培训教材。

中国古建筑定额与预算（第 2 版）

刘全义 主 编

刘 珊 副主编

出版发行：中国建材工业出版社

地 址：北京市海淀区三里河路 1 号

邮 编：100044

经 销：全国各地新华书店

印 刷：北京雁林吉兆印刷有限公司

开 本：787mm×1092mm 1/16

印 张：18. 25

字 数：448 千字

版 次：2013 年 11 月第 2 版

印 次：2019 年 9 月第 2 次

定 价：76. 00 元

本社网址：www. jccbs. com. cn

本书如出现印装质量问题，由我社发行部负责调换。联系电话：（010）88386906

序

中国古建筑，以其悠久的历史、独特的结构体系、精湛的工艺技术、优美的造型和深厚的文化内涵，独树一帜，在世界建筑史上，写下了光辉灿烂的不朽篇章。

这一以木结构为主的结构体系适应性强，从南到北，从西到东都有适应的能力。其主要的特点是：

一、因地制宜，取材方便，形式多样。比如屋顶瓦的材料，就有烧制的青灰瓦、琉璃瓦，也有自然的片石瓦、茅草屋面、泥土瓦当屋面。俗话“一把泥巴一片瓦”就是“泥瓦匠”的形象描述。又如墙体的材料，也有土墙、石墙、砖墙、板壁墙、编竹夹泥墙等。这些材料在不同的地区、不同的民族、不同的建筑物上根据不同的情况分别加以使用。

二、施工速度快，维护起来也方便。以木结构为主的体系，古代工匠们创造了材、分、斗口等标准化的模式，制作加工方便，较之以砖石为主的欧洲建筑体系动辄数十年上百年才能完成一座大型建筑要快很多，维修保护也便利得多。

三、木结构体系最大的特点就是抗震性能强。俗话说“墙倒屋不塌”，木构架本身是一弹性结构，吸收震能强，许多木构古建筑因此历经多次强烈地震而保存下来。

这一结构体系的特色还很多，如室内空间可根据不同的需要而变化，屋顶排水通畅等。

正是由于中国古建筑的突出特色和重大价值，它不仅在我国遗产中占了重要位置，在世界遗产中也占了重要地位。在目前国务院已公布的两千多处全国重点文物保护单位中，古建筑（包括宫殿、坛庙、陵墓、寺观、石窟寺、园林、城垣、村镇、民居等）占了三分之二以上。现已列入世界遗产名录的我国33处文化与自然遗产中，有长城、故宫、承德避暑山庄及周围寺庙、曲阜孔庙孔府孔林、武当山古建筑群、布达拉宫、苏州古典园林、颐和园、天坛、丽江古城、平遥古城、明清皇家陵寝明十三陵、清东西陵、明孝陵、显陵、沈阳福陵、昭陵、皖南古村落西递、宏村等，就连以纯自然遗产列入名录的四川黄龙、九寨沟也都有古建筑，古建筑占了中国文化与自然遗产的五分之四以上。由此可见古建筑在我国历史文化和自然遗产中之重要性。

然而，由于政治风云，改朝换代，战火硝烟和自然的侵袭破坏，许多重要的古建筑已经不存在，因此对现在保存下来的古建筑的保护维修和合理利用问题显得十分重要。

保护维修是古建筑保护与利用的重要手段，不维修好不仅难以保存，也不好利用。保护维修除了要遵循法律法规、理论原则之外，更重要的是实践与操作，这其中的关键又在于工艺技术实际操作的人才。

由于历史的原因，我国长期以来形成了“重文轻工”、“重士轻匠”的陋习，在历史上一些身怀高超技艺的工匠技师得不到应有的待遇和尊重，因此古建筑保护维修的专门技艺人才极为缺乏。为此中国营造学社的创始人朱启钤社长就曾为之努力，收集资料编辑了《哲匠录》一书，把凡在工艺上有一技之长，传一艺、显一技、立一言者，不论其为圣为凡，不论其为王侯将相或梓匠轮舆，一视同仁，平等对待，为他们立碑树传，都尊称为“哲匠”。梁思成先生在20世纪30年代编著《清式营造则例》的时候也曾拜老工匠为师，向他们请教，力图尊重和培养实际操作的技艺人才。这在今天来说，我觉得依然十分重要。

今天正处在国家改革开放，经济社会大发展，文化建设繁荣兴旺的大好形势之下，古建筑的保护与利用得到了高度的重视，保护维修的任务十分艰巨，其中至关重要的仍然还是专业技艺人才的缺乏或称之为断代。为了适应大好形势的需要，为保护维修、合理利用我国丰富珍贵的建筑文化遗产，传承和弘扬古建筑工艺技术，中国建材工业出版社的领导和一些专家学者、有识之士，特邀约了古建筑领域的专家学者同仁，特别是从事实际操作设计施工的能工技师“哲匠”们共同编写了《中国古建筑营造技术丛书》，即将陆续出版，闻之不胜之喜。我相信此丛书的出版必将为中国古建筑的保护维修、传承弘扬和专业技术人才的培养起到积极的作用。

编者知我从小学艺，60多年来一直从事古建筑的学习与保护维修和调查研究工作，对中国古建筑营造技术尤为尊重和热爱，特嘱我为序。于是写了一点短语冗言，请教方家高明，并借以作为对此丛书出版之祝贺。至于丛书中丰富的内容和古建筑营造技术经验、心得、总结等，还请读者自己去阅览、参考和评说，在此不作赘述。

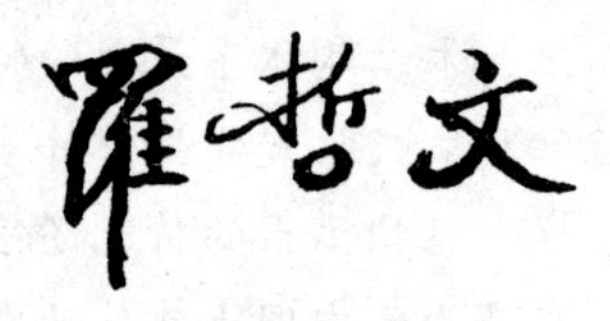

前　言

我过去的工作单位——北京房地产职工大学，早在1985年就创办了中国古建筑工程专业，培养了数百名古建筑专业人才。现在，这些学员分布在全国各地，成为各地古建筑研究、设计、施工、管理单位的骨干力量。我在担任学校建筑系主任期间，一直负责这个专业的教学管理和教学组织工作。在教材建设方面，我校许多老专家及同行好友都不遗余力地写了几本很有分量的书。如马炳坚先生编写的《中国古建筑木作营造技术》，刘大可先生编写的《中国古建筑瓦石营法》，边精一先生编写的《中国古建筑油漆彩画》，不但成为我校的传统教材，而且由出版社正式出版后，深受国内外广大读者赞扬，成为业内人士案头必备的工具书。根据专业需要，我很早就想编写一本关于古建筑定额与预算的教材，但是长期忙于教学工作，此项工作始终未能提到议事日程中。随着年龄的增长及保护古建筑的大背景的需要，加之中国建材工业出版社马学春编辑再次约我编写《中国古建筑定额与预算》，为了实现早年的心愿，终于下决心，开始写作。经过两年多的努力，拙作终于脱稿，我也由此如释重负。不但如此，参与我校教学工作的各位专家在各门课程上，都积累了很有分量的讲稿，他们也正在对这些讲稿进行整理，准备出版，我想不久的将来，一套比较完整的中国古建筑专业系列教材，将公诸于世。

我年轻的时候，大约在1962～1965年期间，算来已是四十多年前的事了，我在房修公司工作，做预算员兼工长。当时北京市古建筑的修缮工作，只由房修公司一家承担，正巧那时我参与了一些古建筑的修缮工作，如北京南城的法源寺大修工程；报国寺大修加固工程；长椿寺修缮工程，还有许多四合院的修缮工程。那时候每到冬天，我们就对各处古建筑和四合院逐房进行检查、鉴定。我们把这项工作叫作房屋安全普查，查出的问题逐院逐间地进行记录，再根据查出的问题做修缮预算。每年开春后，开始进行古建筑修缮施工，那时在我们这些青年学生出身的技术人员中，流行着一个口号，叫作“又红又专”“走与工农相结合的道路”，我当时就理解为与工人同吃苦，同劳动，虚心向工人学习，因此我与工人师傅的关系非常好，我还买了木工工具，一有空就在工地上和他们一起劳动，学习一些劳动技能，比如我学会了砌砖，我还能抹灰，也会使用木工工具。当然这些都不是我的本职工作，我除了向工人学习，成为工人的朋友外，我也是工人的“对立面”，那就是每到月底就要进行工程结算，对每个班组的工程任务书完成情况进行丈量，并且计发超额奖。这是一个很严谨的工作，必须按照定额严肃地进行，所以那时我下了很大力量学习定额、理解定额，好多常用的定额项目都能背下来，以便及时处理工作中出现的问题。我体会到编制工程预算工作，必须准确地掌握定额，要以专业的古建筑构造知识、古建筑施工知识等为基础，要在深入施工现场的过程中不断总结经验，才能做好工作。

近些年来，我的教学工作量比较大，除了教学管理工作外，我还承担一些预算的教学工作。为了方便教学，我曾编写了《建筑与装饰工程定额与预算》、《装饰工程定额与预算》

两本教学参考书，印数均在万册以上。此次我写这本《中国古建筑定额与预算》，实在是非常仓促。由于时间紧，写得就比较粗糙，也只好这样了。写预算书就必须依托一种现行的古建筑定额，北京是古建筑集中的地方，也是古建筑市场最活跃的地方，以北京市的古建筑定额为依托，这本书就比较好写了，这次正好北京市建委颁发了《北京市房屋修缮工程预算定额》(2005年)，以此为契机，草成了这本不成熟的书。这本书主要是写给初学古建筑预算的人员看的，在从事古建筑预算的同行中，这可就是一个丑媳妇了。

本书的主编为刘全义，万彩林同志编写了书中各章的例题，全书的编排、校核、绘图工作全部由汪嘉男、易莹、孙岩、张苗、刘钊等同志完成；附录“古建筑工程预算实例”由孙岩、张苗、汪嘉男编制，并请赵芳女士复核。在此向他们表示衷心的敬意和感谢！

由于本人才疏学浅，不当之处一定很多，诚望各位专家、同行及各位朋友多多指教，本人不胜感激。

刘全义

2008年2月于北京

再版前言

抽作《中国古建筑定额与预算》出版已五年有余，承蒙各界抬爱，两年前书已售空，一些读者希望再次印刷，但由于当时北京造价处已经着手修编定额，只好等待新定额定稿后再编写第二版。

北京市（2012）修缮定额古建筑分册分上、中、下三册，包括砌体工程，地面及庭院工程，屋面工程，抹灰工程，木构架及木基层，木装修工程，油饰彩绘工程及附录一（措施项目），附录二（费用标准）九部分内容。比起 北京市（2005）古建筑分册在章节的编排和内容上有所变化，将原来的“石作工程”分别编入“砌体工程”和“地面及庭院工程”，将原来的斗栱并入木构架及木基层，将原来的油饰彩绘五章定额合并为一章，取消了场外运输，增加了附录一（措施项目）和附录二（费用标准），所以这次再版在章节的安排上有所调整，原书第一章至第五章没有太大变动，第六章单位工程造价的组成则按照2012修缮定额的有关文件作了修改，变化大的就是各分部分项工程了，尊重了（2012）年定额的原文按次序分章编排，最后编写了两个计算例题，一个是担梁式垂花门，一个是五开间六檩前出廊硬山建筑。

这次再版由赵晓冬、梁佳怡负责编排打字，由冯伟旖负责例题的计算，本书由刘全义主编，刘珊协助编写。由于时间仓促，对定额的理解可能有偏差，错误之处在所难免，希望各位专家、同行及朋友多多指正。

编者

2013 年 8 月 15 日

我 们 提 供

图书出版 广告宣传 企业/个人定向出版 图文设计 编辑印刷 创意写作 会议培训 其他文化宣传

编 辑 部 010-68343948
出版咨询 010-68343948
市场销售 010-68001605
门市销售 010-88386906
邮箱 jccbs-zbs@163.com
网址 www.jccbs.com

发展出版传媒 服务经济建设

传播科技进步 满足社会需求

目 录

第1章　古建筑工程项目的组成与分解

1.1　建设项目的分解

由于建设项目是一个庞大的体系，它由许多不同功能的部分组成，而每个部分又有着构造上的差异，使得施工生产和造价计算都不可能简单化、统一化，必须有针对性地分别对待每一项具体内容，由部分至整体地实现生产的计算。这就产生了如何对建设项目进行具体划分的问题。“建设项目划分”指的就是怎样对建设项目进行分解。根据我国的有关规定和几十年来的一贯做法，同时根据建设项目建设和其价格确定的需要，建设项目可以按以下方式划分。

1.1.1　建设项目

建设项目是指按一个总的设计意图，由一个或几个单项工程组成，经济上实行统一核算的工程。如：一个四合院，一座寺庙，一个书院等，都叫一个建设项目。

1.1.2　单项工程

单项工程是指具有独立的设计文件，可以独立施工，建成后能够独立发挥生产能力或效益的工程。如：一个四合院中的倒座房、垂花门、正房、东西配房都叫一个单项工程。

1.1.3　单位工程

单位工程是指具有独立设计，可以独立组织施工，但完成后不能独立发挥效益的工程。它是单项工程的组成部分。如：一个正房中，古建的土建部分，避雷及电气，给水、排水项目都叫作一个单位工程。

1.1.4　分部工程

分部工程是单位工程的组成部分。建筑按主要部位划分，如基础工程、墙体工程、地面工程、木构架工程、屋面工程、油漆彩画工程等，这些都叫作一个分部工程。

1.1.5　分项工程

分项工程是建设项目的基本组成单元，是由专业工种完成的中间产品。它可通过较为简单的施工过程生产出来，可以有适当的计量单位。它是计算工料消耗的最基本的构造因素，如：木构架工程中的三架梁、五架梁、抱头梁、老角梁等都叫作一个分项工程，它是组成定额的基本单元。

1.2 建设项目的费用组成

建设项目的费用由建筑工程费、设备购置费、安装工程费、工具器具及生产家具购置费、工程建设其他费用组成。

1.2.1 建筑工程费

建筑工程费包括：

1. 各种房屋和构筑物的建造费用，其中包括各种管道、输电线和电讯导线的铺设费用。

2. 设备基础、支柱、工作台、梯子等的建造费用。

3. 为施工而进行的建筑物场地的布置和障碍物的拆除费用，原有建筑物和障碍物的拆除费用，平整土地费用，设计中规定为施工而进行的工程地质勘探费用，建筑场地完工后的清理和绿化费用。

1.2.2 设备安装工程费

1. 各种需要安装的设备的装配、装置工程费，与设备相连的工作台、梯子等的装设费，附属于被安装设备的管线铺设费，被安装设备的绝缘、保温、油漆等费用。

2. 为测定安装工作质量，对单个设备进行的各种试装工作费用。但这部分费用中，不包括被安装设备本身的价值，在施工现场制造、改造、修配的设备价值也不包括在内。

1.2.3 设备、工具、器具、生产家具购置费

这部分费用是指购置及在施工现场制造、改造、修配，达到固定资产要求的设备、工具、器具、生产家具等支出的费用。但新建单位和扩建单位的新建车间购置或自制的全部设备、工具、器具、生产家具，不论是否达到固定资产标准，均计入该项费用之中。

1.2.4 工程建设其他费

这部分费用是建设项目建设全过程中必须支出的，从其内容看一部分支出能使固定资产增加，如勘察设计费、征用土地费等；一部分支出属消耗性的，不增加固定资产，如生产人员培训费、施工单位迁移费等。这部分费用，内容比较广泛，一般都有全国统一的规定，或部门、地方的统一规定，而且往往随时间的不同而增减变化。

1.2.5 基本建设概算文件的编制程序

基本建设概算文件的编制程序是由具体到综合的，即先编制单位工程概算，再综合编制各个单项工程的综合概算，最后汇总各个单项工程的综合概算来编制建设项目总概算。

需要说明的是，当建设项目只有一个单项工程时，在分别编制该单项工程的综合概算书及其他工程和费用（第二部分费用）的概算书后，将两者综合在一起，就是建设项目的总概算书。当一个建设项目有多项单项工程时，综合概算书中不含第二部分费用。

第2章　建设工程概、预算概述

2.1　概　　述

2.1.1　建设工程概、预算概念

基本建设工程（简称建设工程项目或建设项目）设计概算和施工图预算，是指工程建设过程中，根据不同设计阶段设计文件的具体内容和国家规定的定额、指标及各项费用取费标准，预先计算和确定每项新建、扩建、改建和重建工程所需要的全部投资额的文件。它是建设项目在不同建设阶段经济上的反映，是按照国家规定的特殊的计划程序，预先计算和研究基本建设工程价格的计划文件，是基本建设程序的重要组成部分。基本建设工程设计概算和施工图预算总称为基本建设工程预算，简称建设预算。

建筑及设备安装工程（简称建筑安装工程）概算和预算是建设项目概算和预算文件的组成内容之一，它也是根据不同设计阶段设计文件的具体内容和国家规定的定额、指标及各项费用取费标准，预先计算和确定建设项目投资额中建筑安装工程部分所需要的全部投资额的文件。

建设工程预算确定的每一个建设项目、单项工程和其中单位工程的投资额，实质上就是相应工程的计划价格。这种计划价格在实际工作中，通常称为概算造价或预算造价。

2.1.2　编制建设工程预算的必要性

建设工程通常是一种按期货方式进行交换的商品。它的造价具有一般商品价格的共性，在其形成过程中同样受商品经济规律（价值规律、货币流通规律和商品供求规律）的支配。因此，建设工程的计划价格同其他工业生产的产品计划价格一样，都要通过国家规定的计划程序来确定。但是，建设工程及其生产特点与一般商品及生产特点相比，有其特殊的技术经济特点。

2.1.2.1　建设工程建造地点在空间上的固定性

建设工程都是建造在建设单位所选定的地点上，建成后不能移动，只能在建造的地点使用。由于建设工程的固定性，导致建设工程生产具有地区性、流动性及其产品价格的差异性等特点。这些特点对建设工程的造价有很大的影响。

因为建设工程的固定性和地区性，所以要求建筑、结构和暖通设计必须适应当地的气象、工程地质和水文地质等自然条件的要求；材料（特别是地方建筑材料）和构件物资的选用，也必须因地制宜；施工方法、施工机械和技术组织措施等方案的选择也必须结合当地的自然和技术经济条件来考虑。例如，某一建设工程，尽管对其功能、用途、面积和标准等要求完全相同，但由于建设单位选定的建设地点是在南方或北方，则在造型、基础埋置深

度、墙体厚度、暖通设施、材料选用和施工方案等方面均会有很大的差别，这些必然影响着工程的造价。

建设工程生产的地区性和流动性，对工程造价的影响主要表现在：为了完成不同建设地点的施工任务，施工队伍常常在不同的工地、不同的建设地区之间转移，一般在转移过程中必然要发生费用的增加。例如，远征工程增加费，施工机械迁移费；建设工程的施工，还要受到当地的技术及经济条件的影响。例如，影响工程造价最大的是材料费用，因为每个建设地区的运输条件和运输费率不同，地方建筑材料的出厂价格常常也是不同的，所以尽管是同一种、同一规格和同一质量的建筑材料，其预算价格也会因地区的不同而有很大的差别；施工机械台班使用费、建筑安装工人的工资标准、某些费用的取费标准等，也因地区而异。例如，冬期施工的增加费，由于地区类别的不同，取费标准也是不一样的。由此可见，尽管是同种类、同规格、同质量、同工期的建设工程，也会因建设地区的不同而形成价格上的差异。

2.1.2.2　建设工程生产的单件性

建设工程的多样性和固定性，导致了生产的单件性。一般工业产品大多数是标准化的，加工制造的过程也基本上相同，可以重复、连续地进行批量生产。而建设工程的生产，都是根据每个建设单位的特定要求单独设计，并在指定的地点单独进行建造，基本上是单个“定做”，而非“批量”生产。为了适应不同的用途，建设工程的设计就必须在总体规划、内容、规模、等级、标准、造型、结构、装饰、建筑材料和设备选用等诸方面也各不相同。即使是用途完全相同的建设工程，按同一标准设计进行建造，其工程的局部构造、结构和施工方法等方面也会因建造时间、当地工程地质和水文地质情况以及气象等自然条件和社会技术、经济条件的不同而发生变化。建设工程产品，多数是单个“定做”的，所以对不同用途的产品，要按同一个标准设计，如在不同地点进行建造时，其设计的内容和施工方法也必须因地制宜地进行修正。设计内容、建造地点、施工时间、施工方法等有了变化，必然会产生工程造价的差价。工程越复杂，自然和技术及经济条件越不同，这种差异就越大。

2.1.2.3　建设工程生产的露天性

建设工程的固定性和形体庞大，其生产一般是在露天进行的。就是建设工程生产的装配化、工厂化、机械化程度达到很高水平时，也还是需要在指定的施工现场来完成固定的最终建设产品。因此，由于气象等自然条件的变化，会引起工程设计的某些内容和施工方法的变动，也会因采取防寒、防冻、防暑降温、防雨、防汛及防风等措施而引起费用的增加，所以每个工程的造价就会有所不同。

2.1.2.4　建设工程生产周期长，程序复杂

建设工程的生产周期较长，环节多，涉及面广，社会合作关系复杂。这种特殊的生产过程，决定了建设工程价格的构成不可能一样。例如，土地征用费、居民搬迁费、青苗和树木赔偿费、供电补贴费、总图工程费等费用，都因工程、建设地点、程序和环节、社会合作等情况不同而不同，这些必然影响着每个工程的造价。

2.1.2.5　建设工程生产质量的差异性

建设工程在施工生产过程中，由于选用的建筑材料、半成品和成品的质量不同，施工技术条件不同，建筑安装工人的技术熟练程度不同，企业生产经营管理水平不同等诸方面因素

的影响，势必造成生产质量上的差异，从而导致同类别、同功能、同标准、同工期和同一建设地区的建设工程，在同一时间和同一市场内价格上的差额，即建设工程的质量差价。

2.1.2.6　建设工程生产工期的差异性

建设施工企业在施工生产过程中，往往应建设单位的要求，将建设工程交付使用的日期比合同或定额规定的工期提前。为此，建筑施工企业就必须采取必要的赶工技术组织措施，由此而增加的耗费，也应该作为社会必要劳动消耗对待，在价格中予以反映，从而使同类别、同功能、同标准、同质量和同一建设地区的建设工程，因工期长短不同而形成了价格上的差异，即建设工程的工期差异。它是由于建设工程产品及其生产的特殊性所决定的建设工程产品特有的一种价格形式。

由于建设工程产品及其生产具有如上所述的、特殊的技术经济特点以及在实际工作中遇到的许多不可预见因素的影响，因此，决定了建设工程价格的确定方法，不能像一般工业产品的计划价格那样，直接由国家或主管部门按照规定的计划程序统一规定，而只能通过特殊的计划程序，用单独编制每一个建设项目、单项工程或其中单位工程建设预算的方法来确定。这既反映了基本建设的技术经济特点对其产品价格影响的客观性质，又反映了商品经济的规律，对建设工程产品价格的客观要求。

2.1.3　编制建设预算的可行性

由于每一个建设工程的计划价格，可以用单独编制建设预算的方法来确定，为此，国家主管部门和各省、市、自治区主管部门采取了如下几方面行之有效的、具有法令性质的科学措施：第一，编制了统一的概算定额、指标和预算定额，作为确定完成一定计量单位的各个分部工程、各扩大结构构件、各分项工程的工程量时，所需要的人工、材料、施工机械台班消耗标准。因为各种不同的建设工程，尽管它们的用途、外形等诸方面并不相同，但是，它们的组成都有一定的共性。例如，各种建筑物中的一般土建工程，虽然它们的用途、造型、规模、建筑装饰等各不相同，但都是由基础、地面、墙体、门、窗、屋面等几部分构成。在建筑施工过程中，完成相同的分部工程、扩大结构构件分项工程，不但有相同的计量单位，而且完成一定的计量单位的相同分项工程所需要的人工、材料和施工机械台班的消耗量也应该是基本上相同的。例如，砖基础分项工程，不管它是哪个建筑物的组成部分，其计量单位和各种资源消耗指标都可用相同的方法计算。这样，国家主管部门和省、市、自治区主管部门就可以根据社会共同生产水平，统一规定各分部工程，各扩大结构构件、各分项工程应该完成的工作内容和工程量计算规则以及在完成一定计量单位的工程量时所需要的人工、材料和施工机械台班的消耗标准。第二，国家和地方可以根据各地的具体情况，确定各地区的建筑安装工人的工资标准、材料预算价格、施工机械台班使用费。第三，国家和地方可根据各地具体的自然、技术、经济等情况，确定间接费定额，其他直接费取费标准、计划利润率和税率。通过上述三方面的措施，统一了单独编制建设工程价格的基本依据，然后通过建立健全建设预算的编制审查制度，又统一了编制建筑工程价格的方法，从而可以实现对建设工程产品用单独编制建设预算的方法确定计划价格和进行计划管理。

2.1.4　建设预算管理工作发展简史

建设预算工作至今已有400余年的发展历史。例如，英国建设预算工作发展的过程，大体可分为三个阶段：16 世纪至18 世纪末，是预算工作产生与发展的第一阶段。此时期的预算工作，主要由“测量员”对已完成工程的工程量进行测量，并作出相应的估价；19 世纪初期，是预算工作从工程完成后估价发展到工程开工前估价的第二阶段。预算工作，由“预算师”在工程开工之前，根据施工图纸计算工程量，以作为承包商投标的基础。中标后的预算书就成为合同文件的重要组成部分；20 世纪 40 年代，预算工作发展到第三阶段，建立“投资计划和控制的制度”。他们的投资计划相当于我国的初步设计或扩大初步设计概算，作为投资者预测投资效果、进行投资决算和控制的依据。

我国的建设预算工作是始于大规模社会主义经济建设全面展开的“一五”计划时期，国家为了加强基本建设管理，合理使用建设资金，提高投资效果，在总结三年恢复时期经济建设经验的基础上，建立统一的概、预算制度。与此同时，对建设预算的编制、审核和批准办法也作了明确的规定。作为编制和审核建设预算的主要依据的各种计价定额也相继颁布，奠定了建立概、预算制度的基础，因而促进了基本建设管理和核算，取得了较好的投资效果。

1958～1966 年初期，“二五”和“三五”计划期间，建设预算管理工作发生了重大的变化；施工企业的经费，由国家和建设单位负责，实行了经常费制度；工程完工后不再办理结算，实报实销；概、预算和定额管理机构全面瘫痪，这就从根本上否定了概、预算管理制度在工程建设中的地位和作用，从而使建设预算管理工作处于极端困难的被动局面，导致工程建设损失、浪费严重，投资效果很差。在这种情况下，1973 年才取消施工企业经常费制度，恢复概、预算制度。

1976 年 10 月以后，国家认真总结了概、预算制度建立以来的经验教训，借鉴了先进国家有益的管理科学技术，采取了强有力的措施。1978 年，原国家计委、原国家建委、财政部系统地颁发了《关于加强基本建设概、预、决算管理工作的几项规定》。要求认真执行设计要有概算、施工要有预算、竣工要有决算的“三算”制度。同时，各专业主管部门，各省、市、自治区还结合实际情况，对加强“三算”工作作了具体补充规定。在此期间，国家、各专业、地方主管部门，还编制颁发了建筑安装工程预算定额、概算定额、材料预算价格和费用标准，作为编制建设预算的依据。从而，为整顿、改革和加强建设预算管理工作，不断改革和完善“三算”制度，促进经济核算，发挥投资效益创造了空前有利的条件。

2.2 建设预算的分类和作用

根据我国的设计和概、预算文件编制以及管理方法，对工业与民用建设工程规定：

1. 采用两阶段设计的建设项目，在初步设计阶段，必须编制总概算，在施工图设计阶段，必须编制施工图预算。

2. 采用三阶段设计的建设项目，在技术设计阶段，必须编制修正总概算。

3. 在基本建设全过程中，根据基本建设程序的要求和国家有关文件规定，除编制建设预算文件外，在其他建设阶段，还必须编制以设计概、预算为基础（投资估算除外）的其他有关经济文件。为了便于读者系统地掌握它们彼此间的内在联系，将按建设工程的建设顺序进行分类，并分别阐述它们的作用。

2.2.1 投资估算

投资估算，一般是指在基本建设前期工作，规划、项目建议书和设计任务书阶段，建设单位向国家申请拟立建设项目或国家对拟立项目进行决策时，确定建设项目在规划、项目建议书、设计任务书等不同阶段的相应投资总额而编制的经济文件。

国家对任何一个拟建项目，都要通过全面的可行性论证后，才能决定其是否正式立项。在可行性论证过程中，除考虑国家经济发展上的需要和技术上的可行性外，还要考虑经济上的合理性。投资估算是在初步设计前期各个阶段工作中，作为论证拟建项目在经济上是否合理的重要文件。因此，它具有下列作用：

2.2.1.1 它是国家决定拟建项目是否继续进行的依据

规划阶段的投资估算，是国家根据国民经济和社会发展的要求，制定区域性、行业性、一个大型企业等的发展规划阶段而编制的经济文件，是国家决策部门判断拟建项目是否继续进行的依据之一。一般情况下，它在决策过程中，仅作为一项参考性的经济指标，对下阶段工作没有约束力。

2.2.1.2 它是国家审批项目建议书的依据

项目建议书阶段的投资估算，是国家决策部门领导审批项目建议书的依据之一。用以判断拟建项目在经济上是否列为经济建设的长远规划或基本建设前期工作计划，此阶段估算所确定的投资额，可以否定一个拟建项目，但要肯定一个拟建项目是否真正可行，还需要下一阶段工作进行更为详尽的论证，因此，项目建议书阶段的估算，在决策过程中是一项参考性的经济指标。

2.2.1.3 它是国家批准设计任务书的重要依据

可行性研究的投资估算，是研究分析拟建项目经济效果和各级主管部门决定是否立项的重要依据。因此，它是决策性质的经济文件。可行性研究报告被批准后，投资估算就作为控制设计任务书下达的投资限额，对初步设计概算编制起控制作用，也可作为资金筹措及建设资金贷款的计划依据。

2.2.1.4 它是国家编制中长期规划，保持合理比例和投资结构的重要依据

各个拟建项目的投资估算，是编制固定资产长远投资规划和制定国民经济中长期发展计划的重要依据。根据各个拟建项目的投资估算，就可以准确地核算国民经济的固定资产投资需要数量，确定国民经济积累的合理比例，保持适度的投资规模和合理的投资结构。

由于各个阶段估算的作用不同，其内容的深、广程度也不尽相同。通常应包括下列内容：

对于一般工业建设项目的投资估算，应列入建设项目从筹建至竣工验收、交付使用全过程中所需要的全部投资额。其中包括：建筑安装工程费用和设备、工器具购置费，以及其他工程和费用；对于一般单项工程的投资估算，应列入该单项工程的建设安装工程和设备、工器具购置费，以及与单项工程有关的其他工程和费用。

投资估算主要根据投资估算指标、概算指标、类似工程预（决）算等资料，按指数估算法、系数法、单位产品投资指标法、平方米造价估算法、单位体积估算法等方法进行编制。

2.2.2 设计概算

设计概算是指在初步设计阶段，由设计单位根据初步设计或扩大初步设计图纸，概算定额或概算指标。各项费用定额或取费标准，建设地区的自然、技术经济条件和设备预算价格等资料，预先计算和确定建设项目从筹建到竣工验收、交付使用的全部建设费用的文件。

设计概算主要有下列作用：

2.2.2.1 它是设计文件的重要组成部分

概算文件是设计文件的重要组成部分。原国家计委、原国家建委和财政部，于1978年4月颁发的《关于加强基本建设概、预、决算管理工作的几项规定》中指出：不论大中小型建设项目，在报请审批初步设计或扩大初步设计的同时，必须附有设计概算，没有设计概算，就不能作为完整的技术文件。

2.2.2.2 它是国家确定和控制基本建设投资额的依据

根据设计总概算确定的投资数额，经主管部门审批后，就成为该项工程基本建设投资的最高限额。在工程建设过程中，不论是年度基本建设投资计划安排、银行拨款和贷款、施工图预算、竣工决算等，未经规定的程序批准，不能突破这一限额，严格执行国家基本建设计划，维护国家基本建设计划的科学性和严肃性。

2.2.2.3 它是编制基本建设计划的依据

国家规定每个建设项目，只有当它的初步设计和概算文件被批准后才能列入基本建设年度计划。因此，基本建设年度计划以及基本建设物资供应、劳动力和建筑安装施工等计划，都是以批准的建设项目概算文件所确定的投资总额和其中的建筑安装和设备购置等费用数额以及工程实物量指标为依据编制的。此外，被列入国家五年或十年计划的建设项目的投资指标，也是根据竣工的或在建的类似建设项目的预算和综合技术经济指标来确定的。

2.2.2.4 它是选择最优设计方案的重要依据

一个建设项目及其单项工程或单位工程设计方案的确定，须建立在几个不同而又可行方案的技术经济比较的基础上。因为每个设计方案在满足设计任务书要求的条件下，在建筑结构、装饰和材料选用、工艺流程等方面有其优缺点，所以必须进行方案比较，选出技术上先进和经济上合理的设计方案。而概算文件是设计方案经济性的反映，每个方案的设计意图都会通过计算工程量和各项费用全部反映到概算文件中来。因此，可根据设计概算中的货币和实物指标体系，如建设项目、单项工程和单位工程的概算造价，单位建筑面积（或体积）概算造价，单位生产能力的投资货币指标，又如工程量、劳动力和主要材料（钢材、木材和水泥等）的消耗等实物指标，对不同的设计方案，进行技术经济比较，从中选出在各方面均能满足原定要求而又经济的最优方案。由此可见，以建设预算为依据，对设计方案进行施工经济性比较，是提高设计经济效果的重要手段之一。另外，设计单位在进行施工图设计与编制施工图预算时，还必须根据批准的总概算，考核施工图预算所确定的工程造价是否突破总概算确定的投资总额。如有突破时，应分析原因，采取有效措施，修正施工图设计中的不合理部分。

2.2.2.5 它是实行建设项目投资大包干的依据

建设单位和建筑安装企业签订工程合同时，对于施工期限较长的大中型建设项目，应首先根据批准的计划，初步设计和总概算文件确定建设项目的承发包造价，签订施工总承包合同（或总协议书），据以进行施工准备工作。然后，每年再根据批准的年度基本建设计划和总概算文件确定年度内计划完成的那部分工程造价，签订年度承包合同，据以进行施工，也可根据年度基本建设计划和概算或预算文件确定单项工程的承发包造价，签订单项工程施工合同，据以进行施工。对于施工期限在一年以内的建设项目，可根据批准的年度基本建设计划和概算或预算文件确定承发包造价，签订施工合同。总包与其他施工企业签订分包合同，也可以相应地以承发包工程的概算或预算造价作为依据。

2.2.2.6 它是实行投资包干责任制和招标承包制的重要依据

国家规定，自1985年起国家预算内的基本建设投资一律由拨款改为贷款，并逐步全面推行投资包干责任制和招标承包制，这对促进建筑业和基本建设管理体制的改革，提高基本建设投资效果和企业经营管理水平具有重要的意义。

已批准的初步设计和概算文件所确定的建设项目的全部投资额，是国家加强基本建设经济管理，贯彻投资包干责任制的必备条件，同时，也是实行招标投标承包制度的必要前提条件之一。根据国家的设计、概预算编制办法、建筑安装工程招标办法的规定，招标单位要编制工程标底，投标单位要编制工程报价，标底或报价确定的工程造价也要控制在总概算的投资限额以内。

2.2.2.7 它是建设银行办理工程拨款、贷款和结算，实行财政监督的重要依据

建设银行要以建设预算为依据办理基本建设项目的拨款、贷款和竣工结算。对建设项目的全额拨款、贷款或单项工程的拨款、贷款累计总额，不能超过初步设计总概算。凡是突破总概算确定的投资限额的工程，建设银行有权不予办理拨款，有义务同有关主管部门一起调查突破原因，并督促改正或补办追加手续，再按照修正概算办理拨款。因此，设计总概算是国家检查与控制基本建设财政支出的重要依据，也是监督合理使用建设资金和保证施工企业资金正常周转不可缺少的工具之一。

2.2.2.8 它是基本建设核算工作的重要依据

基本建设是扩大再生产、增加固定资产的一种经济活动。为了全面反映其计划编制、执行和完成情况，就必须进行核算工作。核算工作一般包括会计核算、统计核算和业务核算。每种核算工作的核算指标体系中的大多数指标（包括：实物、货币和工时三种计量单位）是以建设预算的相应指标，如投资总额、总造价、单位面积或单位体积造价、单位生产能力投资额、单位产品材料消耗量或工时消耗量等为依据进行分析、对比，并从中查明是节约还是浪费及其原因。

2.2.2.9 它是基本建设进行“三算”对比的基础

基本建设“三算”是指设计概算、施工图预算和竣工决算。其中，设计概算是“三算”对比的基础，因为它们在基本建设过程中，既有着共同的作用（都是国家对基本建设进行科学管理和监督的有效手段之一），又有着不同的作用，设计概算在确定和控制建设项目投资总额等方面的作用最为突出；施工图预算在最终确定和控制单项工程或单位工程的计划价格，作为施工企业加强经济管理等方面的作用最为明显；竣工决算在确定建设项目实际投资总额，考核基本建设投资效果等方面的作用最为显著。通过“三算”的对比分析，可以考核建设成果，总结经验教训，积累技术经济资料，提高投资效果。

2.2.3 修正概算

修正概算是指采用三阶段设计形式时，在技术设计阶段，随着设计内容的深化，可能会发现建设规模、结构性质、设备类型和数量等内容与初步设计内容相比有出入，为此，设计单位根据技术设计图纸，概算指标或概算定额，各项费用取费标准，建设地区自然、技术经济和设备预算价格等材料，对初步设计总概算进行修正而形成的经济文件，即为修正概算。修正概算的作用与初步设计概算的作用基本相同。

2.2.4 施工图预算

施工图预算是指在施工图设计阶段，当工程设计完成后，在单位工程开工之前，施工单位根据施工图纸计算工程量、施工组织设计和国家规定的现行工程预算定额、单位估价表及各项费用的取费标准、建筑材料预算价格、建设地区的自然和技术经济条件等资料，进行计算和确定单位工程或单项工程建设费用的经济文件。

施工图预算，在1959年以前由设计单位负责编制，称为设计预算；1959年以后改为由施工单位负责编制，称为施工图预算；1983年7月19日原国家计委和中国人民建设银行发出“试行《关于改进工程建设概预算工作的若干规定》的通知”中指出：根据《中华人民共和国经济合同法》关于设计单位编制施工图预算的要求，将要有计划、有步骤地在各设计单位实行编制施工图预算的制度。

施工图预算在基本建设中的作用主要表现在：

2.2.4.1 它是确定单位工程和单项工程预算造价的依据

施工图预算经过有关部门的审查和批准，就正式确定了该工程的预算造价，即计划价格。它是国家对基本建设投资进行科学管理的具体文件，也是控制建筑安装工程投资，确定施工企业收入的依据。

2.2.4.2 它是签订工程施工合同、实行工程预算包干、进行工程竣工结算的依据

施工企业根据审定批准后的施工图预算，与建设单位签订工程施工合同。对于通过建设单位与施工企业协商，并征得主管部门和建设银行同意，实行预算包干的单位工程和单项工程，也是在施工图预算的基础上，并根据双方确定的包干范围和各地基本建设主管部门的规定，确定预算包干系数，计算应增加的不可预见费用。双方就可以此为据，签订工程费用包干施工合同。当工程竣工后，施工企业就可以施工图预算为依据向建设单位办理结算。

2.2.4.3 它是建设银行拨付工程价款的依据

建设银行根据审定批准后的施工图预算办理建筑工程的拨款，并监督建设单位与施工企业双方按工程施工进度办理预支和结算。

2.2.4.4 它是施工企业加强经营管理，搞好经济核算的基础

施工企业为了加强经营管理，搞好经济核算、降低工程成本、增加利润，为国家提供更多的积累，就必须及时地、准确地编制出施工图预算。施工图预算所确定的工程造价，是施工企业产品的出厂价格。它所提供的货币指标和实物指标，在加强企业经营管理和经济核算方面所起的作用，一般表现在：

1. 它是施工企业编制经营计划或施工技术财务计划的依据

施工企业的经营计划或施工技术财务计划的组成内容以及它们的相应计划指标体系中的部分定额指标的确定，都必须以施工图预算为依据。例如：实物工程量、工作量、总产值和利润额等指标，其中的总产值应直接按工程承包的施工图预算价格计算。另外，在编制施工技术财务计划的施工计划，保证性计划中的材料技术供应计划和财务计划时，也必须以施工图预算为依据。

2. 它是单项工程、单位工程进行施工准备的依据

在对拟建工程进行施工的准备过程中，依赖于施工图预算提供有关数据的工作主要有：在施工图预算的控制下编制单位工程施工预算；以施工图预算的分部分项工程量、工料分析为依据，编制施工进度计划和劳动力、材料、成品、半成品、构件及施工机械等需要量计划，并落实货源，组织运输供应，控制材料消耗；以施工图预算提供的直接费、间接费为依据，对施工进度网络计划进行工期与资源、工期与成本优化。

3. 它是施工企业进行“两算”对比的依据

“两算”是指施工图预算和施工预算。施工企业为搞好经济核算，常常通过施工预算与施工图预算的对比，对“两算”进行互审，从中发现矛盾，并及时分析原因，然后予以纠正。这样既可以防止多算或漏算，有利于企业对单位工程经济收入的预测与控制，又可以使人工、材料、机械台班等资源需要量计划的编制工作准确无误，有利于工料消耗的分析与控制，确保工程施工的顺利进行。

4. 它是施工企业进行投标报价的依据

在实行招标投标承包制度后，施工图预算所确定的建筑产品价格，将直接关系到企业与生存的发展。因为在投标竞争中，报价偏高，投标必然失败；报价偏低，可能导致亏损。因此，施工图预算编制的恰当与否，对施工企业的发展影响深远。

5. 它是反映施工企业经营管理效果的依据

施工企业通过企业内部单位工程竣工成本决算，进行实际成本分析，反映自身经营管理的经济效果。以工程竣工后的工程结算为依据，对照单位工程的预算成本、实际成本、核算成本降低额，总结经验教训，提高企业经营管理水平。

6. 它是施工企业内部加强经济责任制的依据

施工企业以施工图预算为依据，实行内部的单位工程、班组和各职能部门的经济核算，从而使企业本身及其内部各部门和全体职工明确自己的经济责任，努力提高劳动生产率，确保安全施工，大力节约工时和资源，保证每项工程都能达到短工期、质量好、成本低、利润高的目的。

必须指出，由于建设预算中的设计概算和施工图概算编制的时间、依据和要求不同，因此，它们的作用也不相同。在编制年度基本建设计划、确定工程造价、评价设计方案、签订工程合同、建设银行进行拨款、贷款和竣工结算等方面，它们有着共同的作用（都是国家对基本建设进行科学管理和监督的有效手段之一）。它们作用的不同方面主要表现在：设计概算在控制投资总额方面的作用最为突出；施工图概算在最终确定建筑安装产品的价格，施工企业加强经济管理等方面的作用最为明显。

2.2.5　施工预算

施工预算是指施工阶段，在施工图预算的控制下，施工队根据施工图计算的分项工程

量、施工定额（包括劳动定额、材料和机械台班消耗定额）、单位工程施工组织设计或分部（项）工程施工过程设计和降低工程成本技术组织措施等材料，通过工料分析，计算和确定完成一个单位工程或其中的分部（项）工程所需的人工、材料、机械台班消耗量及其相应费用的经济文件。

施工预算一般有以下几方面的作用：

2.2.5.1　它是施工企业对单位工程实行计划管理，编制施工、材料、劳动力等计划的依据

编好施工作业计划是改进施工现场管理和执行施工计划的关键措施。而月、旬作业设计内容中的分层、分段或分部、分项工程量，建设安装工作量，分工种的劳动力需要量，材料需要量，预制品加工，构件及混凝土需要量等，都必须以施工预算提供的数据为依据进行汇总的编制。

2.2.5.2　它是实行班组经济核算，考核单位用工、限额领料的依据

施工预算中规定：为完成某部分或分项工程所需的人工、材料消耗量，要按施工定额计算。由于管理不善而造成用工、用料量超过规定时，将意味着成本支出增加，利润额减少。因此，必须以施工预算的相应工程的用工用料量为依据，对每一个部分或分项工程施工全过程中的工料消耗进行有效的控制，以达到降低成本支出的目的。

2.2.5.3　它是施工队向班组下达工程施工任务书和施工过程中检查与督促的依据

施工任务书的签发和管理，是加强施工管理的一项重要基础工作。在向班组下达的施工任务书中，包括应完成的分部或分项工程的名称、工作内容、工程量、分工种的定额用工量、材料允许消耗量、节约指标等数据，这些都是现场施工管理的重要内容，都是通过施工预算提供的。

2.2.5.4　它是班组推行全优综合奖励制度的依据

因为施工预算中规定的完成每一个分项工程所需要的人工、材料、机械台班消耗量，都是按施工定额计算的，所以在完成每个分项工程时，其超额和节约部分，就成为班组计算奖励的依据之一。

2.2.5.5　它是施工队进行“两算”对比的依据

施工图预算确定的预算成本，是对施工企业完成单位工程的劳动耗费进行补偿的社会标准。而施工预算确定的计划成本，是施工企业对完成该单位工程时预计要达到的成本目标，作为控制人工、材料和机械台班消耗数量以及相应费用和其他费用支付的标准。通过对“两算”中规定的相应分项工程、分部工程和单位工程的人工、材料消耗数量以及相应费用、机械使用费和其他费用的对比分析，可以预测到施工过程中，人工、材料和各项费用降低或超出的情况，以便及时采取技术组织措施，进行科学的控制。

2.2.5.6　它是单位工程原始经济资料之一，也是开展造价分析和经济对比的依据

2.2.5.7　它是保证降低成本技术措施计划完成的重要因素

因为预算人员在计算和确定为完成某单位工程施工预算的工程量、人工、材料数量时，一般已考虑了由于采取具体的降低成本技术措施对施工预算所产生的影响。所以在施工管理中，只要按照施工任务书规定的内容，对班组及其成员进行科学的检查与督促，就能保证降低成本技术措施计划的实现。

2.2.6　工程结算

工程结算是指一个单项工程、单位工程、分部工程或分项工程完工，并经建设单位及有

关部门验收或验收点交后，施工企业根据施工过程中现场实际情况的记录、设计变更通知书、现场工程更改签证、预算定额、材料预算价格和各项费用标准等资料，在概算范围内和施工图预算的基础上，按规定编制的向建设单位办理结算工程价款，取得收入，用以补偿施工过程中的资金耗费，确定施工盈亏的经济文件。

工程结算一般有定期结算、阶段结算和竣工结算等方式。它们是结算工程价款、确定工程收入、考核工程成本、进行计划统计、经济核算及竣工决算的依据。其中竣工结算是反映工程全部造价的经济文件。以它为依据通过建设银行，向建设单位办理工程结算后，就标志着双方所承担的合同义务和经济责任的结束。

2.2.7 竣工决算

竣工决算是指在竣工验收阶段，当建设项目完成后，由建设单位编制的建设项目从筹建到建成投产或使用的全部实际成本的技术经济文件。它是建设投资管理的重要环节，是工程竣工验收、交付使用的重要依据，也是进行建设项目财务总结，银行对其实行监督的必要手段。其内容由文字说明和决算报表两部分组成。文字说明主要包括：工程概况；设计概算和基建计划执行情况；各项技术经济指标完成情况；各项拨款使用情况；建设成本和投资效果的分析以及建设过程中的主要经验；存在的问题和解决意见等。

此外，施工企业往往也根据结算结果，编制单位工程竣工成本决算，核算单位工程的预算成本、实际成本和成本降低额，作为企业内部成本分析、反映经营效果、总结经验提高经营管理水平的手段。它与建设项目的竣工决算，在概念上是不同的。

基本建设程序、建设预算和其他建设阶段编制的相应经济文件之间的相互关系，如图2-1所示。

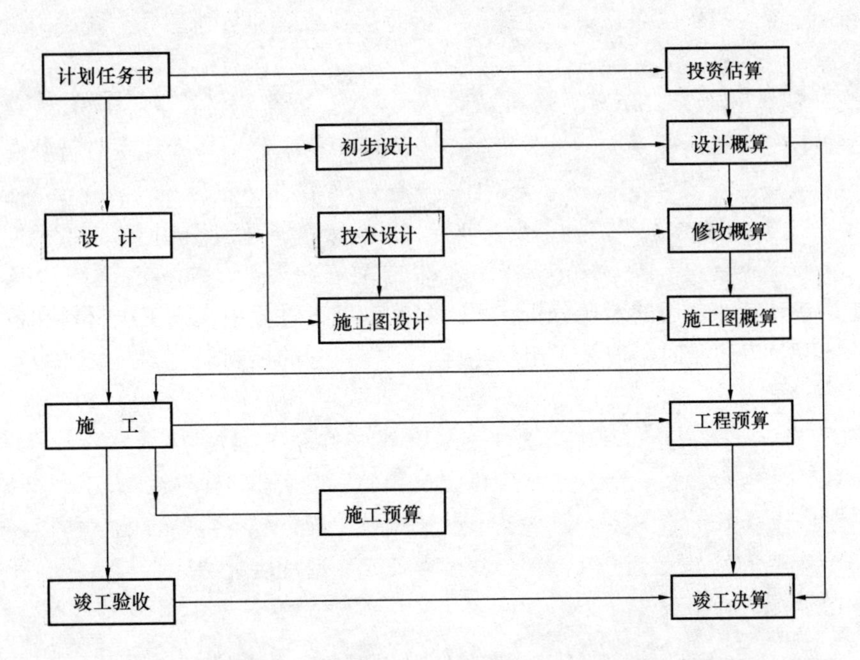

图2-1 基建程序、建设预算和其他技术经济文件之间关系示意图

从图上可以看出，概算、预算和结算以及决算都是以价值形态贯穿于整个建设过程中。它从申请建设项目，确定和控制基本建设投资，进行基建经济管理和施工企业经济核算，最后以决算形成企（事）业单位的固定资产。因此，在一定意义上说，它们是基本建设经济活动的血液。它们构成了一个有机的整体，缺一不可。申请项目要编估算，设计要编概算，施工要编预算，竣工要做结算和决算。其中，决算不能超过预算，预算不能超过概算。

第3章　建筑工程定额概述

3.1　建筑工程定额概念及作用

3.1.1　定额的概念

定额即规定的额度，是人们根据各种不同的需要对某一事物（包括人力、物力、资金、时间等）在质和量上的规定。

1. 在现代社会和经济生活中，定额广泛存在于生产与流通领域、分配与消费领域、技术领域乃至日常的社会生活中。诸如，生产和流通领域的工时定额和原材料消耗定额，原材料和成品、半成品储备定额，流动资金定额，设计定额等；分配和消费领域的工资标准、供给十分短缺情况下生活消费品的配给定额；社会政治生活中的人民代表名额和政府组成人员名额等。人们在日常工作和政治中都能感到所有这些定额的存在，同时也受到它的约束。

2. 从狭义上说定额是规定在产品生产中人力、物力或资金消耗的标准额度，是人们在某种动机的引导下，遵循一定的原则，通过某种方法制定出来的，它反映着一定的社会生产力水平，体现了社会必要劳动耗费。定额是管理科学的基础，也是现在管理科学中的重要内容和基本环节。定额为生产者和经营管理者树立了评价劳动成果和经营效益的尺度，是节约社会劳动，提高生产率的重要手段。

3. 定额的存在和发展，从根本上说是协调现代社会化大生产和现代社会生活的必需，是发展社会生产力和提高社会经济效益的必需。定额是组织和协调社会化大生产的工具，人们借助它去达到既定的目标。随着生产力的发展，生产的分工越来越细，生产的社会化程度也越来越高，任何一件产品都可以说是许多企业、许多劳动者共同完成的社会产品。因此必须借助定额实现生产要素的合理配置，以定额作为组织、指挥、协调社会生产的科学依据和有效手段，保证社会生产持续、顺利地发展。在西方一些国家，定额往往是借助于经济的、法律的力量以散落的形式表现出来。在社会主义国家，它往往凭借着政府的权力以集中的、稳定的形式表现出来，成为政治、经济的统一体。

3.1.2　建筑工程定额的概念

在建筑工程施工中，为了完成某项合格建筑产品，就要消耗一定数量的人工、材料、机械台班及资金。

建筑工程定额是指在正常施工条件下，完成单位合格产品所必须消耗的劳动力、材料、机械台班的数量标准。这种量的规定，反映出完成建设工程中的某项合格产品与各种生产消耗之间特定的数量关系。

建筑工程定额是根据国家一定时期的管理体制和管理制度，根据定额的不同用途和使用范围，由国家指定的机构按照一定程序编制的，并按照规定的程序审批和颁发执行的。在建筑工程中实行定额管理的目的，是为了在施工中力求用最少的人力、物力和资金，生产出更多、更好的建筑产品，取得最好的经济效益。

3.1.3 我国工程定额的发展概况

1. 我国至少在900年前就已有了真正意义上的工程建设定额，北宋崇宁二年（公元1103年）正月十九日令颁布的《营造法式》中的第十六卷至第二十五卷详尽地规定了各分项工程单位用工量，第二十六卷至第二十八卷详尽地规定了诸项主要材料消耗量，可谓我国历史上流传下来的第一套最完整的关于建筑工程的全国统一定额。

例如：《营造法式》卷十九〈大木作功限三〉中记载：

“大角梁，每一条一功七分。材每增减一等，各加减三分功。

子角梁，每一条八分五厘功。材每增减一等，各加减一分五厘功。”

清工部《工程做法则例》中也明确记载工料定额，如《卷六十一》各项大木用工中（老角梁、子角梁）中说“每折见方尺四十尺用木匠一工”。《卷四十八》木作用料做法中，（各项柁、梁、踩步金）中说：“凡各项柁、梁、踩步金长一丈以内，高厚一尺内外者用墩木（圆木锯解成之方料）。以净高、厚之外各加荒一寸。长一丈以外，高一尺内外者用圆木。以本身高厚尺寸凑高，得凑高尺寸均分一半，用七五归除（以七点五除之），即得用圆木径寸之数。如大柁一根高一尺八分二寸，厚一尺四寸，得凑高三尺三寸。二份均分之，得一尺六寸一分，即为一尺六寸一分，七五归除，得用径二尺一寸四分圆木一根；再长一丈以外，每丈递加小头荒径一寸。”

“至柁梁高厚甚大，如天合式圆木可取整料者，另加木植刨楞长盖，或用二木刨攒长盖（另加木料刨棱角，或用两块正断上下刨攒凑高，称为长盖），以所配之圆木高厚各取平正，其余不足之数另给木植，其所加木植仍照法加荒。”

2. 及至近代，随着帝国主义列强对我国的侵略，我国传统的工程计价方式及相应的定额体制开始向国际通行作法靠拢，与西方资本主义国家的工程计价方式及相应工程建设定额体制相互借鉴、吸纳、融合，形成了与国际通行惯例有许多共同之处的“实物法”计算工程造价的方式及相应的定额体系，这一制度延续到20世纪50年代以前。

3. 新中国成立后，我国开始实行社会主义计划经济体制，工程建设领域延续了苏联的模式，采取了“单位估价法”计价制度及相应的定额体系。这一方式适应了当时的工程建设管理体制，并在工程建设实践中日趋完善。这一时期的定额是国家指令性文件，其中工程计价定额为满足实现确定工程造价的需要，减少了必要的、结合工程实际调整换算的“口活”，把企业的技术装备、施工手段、管理水平等本属竞争内容的活跃因素固定化了，并将人工、材料、施工机械台班价格这三项影响工程造价的最活跃因素，与定额的人工、材料、施工机械消耗量合一。在定额编制时虽然力求人工、材料、施工机械台班消耗量为“平均先进”或“平均合理”的水平，但这一耗费水平并不是通过竞争产生的，不是真正意义上的社会必要劳动耗费。其价格虽每隔一定的时间调整一次，但往往滞后于实际的变动时间。依据这种定额所确定的工程造价既体现不出建筑产品的实际价值，也体现不出建筑市场的供求关系，只能起到核算所完成的工作量和工程投资额的功用，致使工程造价长期背离价值。

4. 1978年自党的十一届三中全会以来，随着国家一系列经济体制改革的方针、政策和措施的相继出台，工程造价计价依据和工程造价管理进行了相应的改进和改革，并取得了一定的成就。

（1）改变了国家计价定额的属性，根据工程消耗的特点实行指令性与指导性相结合的管理体制。其中构成工程实体消耗部分应该是完全符合国家技术规范、质量标准分项工程所必须的人工、材料消耗量的标准，定额中对此应作为具有指令性的标准保持其相对稳定；而施工手段消耗部分包括模板、脚手架（木）等周转使用材料的摊销量及施工机械台班消耗量，应留有充分的余地，作为指导性标准进行管理，并允许施工企业可以在这个基础上，根据市场的供求变化和自身的技术水平、管理水平，编制自己的投标报价定额。

（2）改变国家对工程建设计价定额的管理方式，实行“量”、“价”分离。工程建设计价定额的量和价都是影响建筑产品价格水平的重要因素，作为反映一定时期施工工艺水平的分项工程所必须的人工、材料、施工机械的定额消耗量，在建材产品标准、设计、施工技术及相关规范和工艺水平未有大的突破性变化之前，具有相对的稳定，应按定额管理分工。由工程造价管理部门和建筑施工企业分别制定。而定额实物消耗量的货币表现——人工工资、材料价格、施工机械台班单价，则随着劳动用工制度的改革，建筑材料、设备市场的开放，而成为影响工程造价的最活跃因素，除对资源稀缺的少数建筑材料和自然垄断经营的产品依照《中华人民共和国价格法》实行最高限价或政府定价外，其余的均由建筑施工企业根据市场供求关系的变化和工程实际情况自行确定，工程造价管理部门可定期或不定期地发布价格动态信息，供企业参考，规范其价格行为。

3.1.4 建筑工程定额的性质

3.1.4.1 定额的科学性

定额的科学性，表现为定额的编制是在认真研究客观规律的基础上，自觉遵循客观规律的要求，用科学方法确定各项消耗量标准。所确定的定额水平，是大多数企业和职工经过努力能够达到的平均先进水平。

3.1.4.2 定额的法令性

定额的法令性，是指定额经过政府、地方主管部门或授权单位颁发，各地区及有关施工企业单位，都必须严格遵守和执行，不得随意改变定额的内容和水平。定额的法令性保证了建筑工程统一的造价与核算尺度。

3.1.4.3 定额的群众性

定额的拟定和执行，都要有广泛的群众基础。定额的拟定，通常采取工人、技术人员和专职定额人员三结合的方式，使拟定定额时能够从实际出发，反映建筑安装工人的实际水平，并保持一定的先进性，使定额容易为广大职工所掌握。

3.1.4.4 定额的稳定性和时效性

建筑工程定额中的任何一种定额，在一段时期内都表现出稳定的状态。根据具体情况不同，稳定的时间有长有短，一般在5～10年之间。

但是，任何一种建筑工程定额，都只能反映一定时期的生产力水平，当生产力向前发展了，定额就会变得陈旧了。所以，建筑工程定额在具有稳定性特点的同时，也具有显著的时效性。当定额不能起到它应有作用的时候，建筑工程定额就要重新编制或重新修订了。

3.1.5 建筑工程定额的作用

建筑工程定额具有以下几方面作用：

3.1.5.1 定额是编制工程计划、组织和管理施工的重要依据

为了更好地组织和管理施工生产，必须编制施工进度计划和施工作业计划。在编制计划和组织管理施工生产中，直接或间接地要以各种定额来作为计算人力、物力和资金需用量的依据。

3.1.5.2 定额是确定建筑工程造价的依据

在有了设计文件规定的工程规模、工程数量及施工方法之后，即可依据相应定额所规定的人工、材料、机械台班的消耗量，以及单位预算价值和各种费用标准来确定建筑工程造价。

3.1.5.3 定额是建筑企业实行经济责任制的重要环节

当前，全国建筑企业正在全面推行经济改革，而改革的关键是推行投资包干制和以招标投标承包为核心的经济责任制。其中签订投资包干协议、计算招标标底和投标报价、签订总包和分包合同协议等，通常都以建筑工程定额为主要依据。

3.1.5.4 定额是总结先进生产方法的手段

定额是在平均先进合理的条件下，通过对施工生产过程的观察、分析综合制定的。它可以比较科学地反映出生产技术和劳动组织的先进合理制度。因此，我们可以以定额的标定方法为手段，对同一建筑产品在同一施工操作条件下的不同生产方式进行观察、分析和总结，从而得到一套比较完整的先进生产方法，在施工生产中推广应用，使劳动生产效率得到普遍提高。

3.2 建筑工程定额的分类

建筑工程定额是一个综合概念，是建筑工程生产消耗性定额的总称。它包括的定额种类很多，为了对建筑工程定额从概念上有一个全面的了解，按其内容、形式、用途和使用要求，大致分为以下几类：

3.2.1 按生产要素分类

建筑工程定额按其生产要素分类，可分为劳动消耗定额、材料消耗定额和机械台班消耗定额。

3.2.2 按用途分类

建筑工程定额按其用途分类，可分为施工定额、预算定额、概算定额、工期定额及概算指标等。

3.2.3 按费用性质分类

建筑工程按其费用性质分类，可分为直接费定额、间接费定额等。

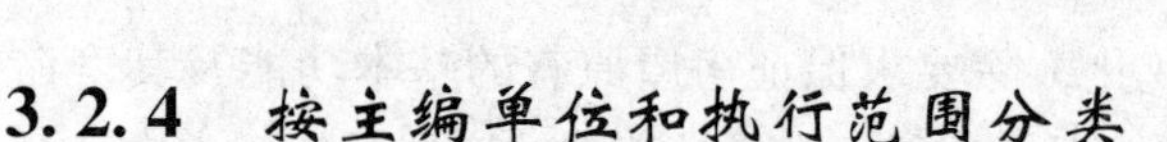

3.2.4　按主编单位和执行范围分类

建筑工程定额按其主编单位和执行范围分类，可分为全国统一定额、主管部定额、地区统一定额及企业定额等。

3.2.5　按专业分类

按专业分类，可分为建筑工程定额和设备及安装工程定额。

建筑工程通常包括一般土建工程、结构工程、电器照明工程、卫生技术（水暖通风）工程及工业管道工程等，这些工程都在建筑工程定额的总范围之内。因此，建筑工程定额在整个工程定额中是一种非常重要的定额，在定额管理中占有突出的位置。

设备安装工程一般包括机械设备安装工程和电器设备安装工程。

建筑工程和设备安装工程在施工工艺及施工方法上虽然有较大差别，但它们又同是某项工程的两个组成部分。从这个意义上讲，通常把建筑工程和安装工程作为一个统一的施工过程来看待，即建筑安装工程。所以，在工程定额中把建筑工程定额和安装工程定额合在一起，称为建筑安装工程定额。

3.2.6　工程建设定额按工程性质可划分为新建工程定额和修缮工程定额

1. 新建（建造）工程定额适用于新建、扩建工程。

2. 修缮工程定额适用于修缮、改建工程。

3.3　房屋修缮工程定额

3.3.1　房屋修缮工程定额的概念和地位

1. 根据房屋修缮工程是“保障房屋住用安全，保持和提高房屋的完好程度与使用功能”，“对已建成的房屋进行拆改、翻建和维护”及“城市房屋的修缮应当根据地区和季节的特点与抗震加固、白蚁防治、抗洪、防风、防毒等相结合”这一规定，房屋修缮工程定额适用于各类房屋建筑及附属设备的维护、修理、拆改及系统更新改造、增添。

2. 房屋修缮管理虽属于房地产业，房屋修缮活动却是按工程建设活动进行管理的，因而房屋修缮工程定额纳入了工程建设定额管理体系，成为工程建设定额体系的重要组成部分。由于房屋修缮工程是在已投入使用的房屋中进行的，是针对建筑物中损坏或缺陷部分进行的，是局部的，即使是改建也只是对原建筑的某些部位进行的，其施工环境、操作条件与建筑安装工程大不相同。房屋修缮工程很难形成批量性生产，其作业效率、施工机械使用率均低于建筑安装工程，而材料耗损率高于建筑安装工程。因此房屋修缮工程定额不是建筑安装工程定额加拆除项目可以替代的，它自成系统。房屋修缮工程定额与其他工程建设定额一样，按用途可分为施工定额、工程计价定额和工期定额三种，按主编单位和管理权限可分为国家定额和企业定额两种。

3. 随着我国改革开放，综合国力增强，人民生活水平的提高，人们关于房屋修缮的观念和房屋修缮的实践活动都发生了深刻的变化，除要求保证房屋原有的基本功能及其寿命外，还希望通过修缮得到改善，使其达到或接近按现行标准设计建造的房屋的使用水准。又由于新建房屋受城市发展规模的限制，许多精明的投资者更加重视对原有建筑进行技术性改造和使用功能改造的内涵性投资方式，除原有的修缮施工企业外，许多建筑企业也进入了房屋修缮市场，承包房屋修缮改建工程，使得房屋修缮市场进一步扩大，并已具有相当的规模。编制房屋修缮定额并颁发实施，将会给规范市场行为，研究和解决如何提高房屋修缮投入资金的效益，如何对房屋修缮工程造价实行全过程、全方位管理，如何合理确定工程造价、有效控制工程造价等问题打下坚实的基础。

4. 各类建筑物从竣工交付使用那一刻起，就开始了自然磨损和使用磨损，为保证其基本功能和结构安全，需不断地对其进行维修。古代人是深谙有建筑就有修缮这一道理的，在《营造法式》中除规定了各项“造作”、“安卓”功限外，还同时规定了“拆修挑拨舍屋功限”，“荐拨抽换柱栿等功限”，将修缮工程项目也纳入了定额。清工部《工程做法则例》继承了这一作法，在其“用工”诸卷中有如“小房拆挪盖造，竖立安装每间每檩用木匠五分工”，“凡抽换檐柱，每件长一丈以内用木匠五个工”等，不胜枚举。而我们却在很长的一段时间内忽视了修缮工程定额的编制，“文化大革命”前仅北京、天津、上海、南京、西安等有数个大城市的房地产管理局组织编制了地方性的房屋修缮定额，直至“八·五”期间我国才着手编制了第一套关于修缮工程的全国统一定额——《全国统一房屋修缮工程预算定额》，填补了我国工程建设定额体系的一项空白。今后随着基本建设规模不断地扩大，房屋和各类建（构）筑物竣工交付使用量的大幅度增加，以及在对原有建筑进行技术性改造和使用功能性改造的内涵性扩大再生产投资比重逐年增加的情况下，修缮工程定额的编制就更显重要了。

3.3.2 房屋修缮工程计价定额

3.3.2.1 房屋修缮工程计价定额的作用

1. 是编制各类房屋修缮工程预算、招标文件、确定工程造价的依据；
2. 是拨付工程价款和办理竣工结算的依据；
3. 是编制施工组织设计，确定劳动力、材料和施工机械用量的重要依据；
4. 是企业加强经济核算，进行成本分析的依据；
5. 是国家对房屋修缮工程进行宏观调控的主要依据之一；
6. 是修缮施工企业编制本企业投标报价定额的依据。

3.3.2.2 房屋修缮工程计价定额编制原则

1. 房屋修缮工程计价定额属于建设工程计价定额管理体系，因而也应按照我国关于工程造价计价依据改革的思路进行编制。

2. 国家定额实行指令性与指导性相结合的管理体制，对构成工程实体的消耗作为具有指令性的标准保持其相对稳定，而施工措施消耗部分则因施工企业自身技术水平、装备水平、施工管理水平等不同而有一定的差异，这部分消耗量的高低是企业参与市场竞争的主要内容之一，应留有一定的余地，作为指导性标准进行管理。企业在编制投标报价定额时，构成工程实体消耗部分必须严格按国家定额规定量执行，以确保工程质量，施工措施消耗部分可根据自身情况和工程实际情况自行确定。另外在施工作业中各项材料都有一定的损耗，其损耗率的大小与施工企业的技术水平、管理水平的高低有直接关系，亦应属竞争的范畴，也应由企业自行确定。这样做有利于降低施工消耗，增强企业的竞争能力。

3. 国家定额和企业定额均实行“量”、“价”分离的管理方式。国家定额实行量价分离，可使工程造价管理部门对工程造价实行动态管理。企业投标报价定额采取“量”、“价”分离的方式，在投标报价活动中可及时按市场供求关系的变化调整人工、材料、施工机械台班价格参与竞争，是符合市场经济运行机制，满足预先确定工程造价的计价方式需要的。

4. 定额人工消耗量应按人工配备普通中小型机械或纯手工操作考虑，机械化装备程度按城市一般房屋修缮施工企业的水平考虑。由于房屋修缮工程很少也很难使用大型土方机械和大型垂直运输机械等，因而定额中除运输机械外不应考虑其他大型施工机械的使用。

3.3.2.3 房屋修缮工程计价定额项目划分原则

1. 根据房屋修缮工程定额适用于房屋建筑的修缮和改建这一前提，定额的项目划分应充分考虑到相同的构造部位在不同建筑物中，由于使用情况不同、使用时间长短不同所造成的损坏程度不同，采用的修理或改建的方法不同，本着“简明适用、突出特点、基本完整、形成系列”的原则，结合多年来的工程实践，房屋修缮工程预算定额的项目划分主要有以下几种类型：

（1）对损坏程度较轻或维护保养所采取的修补、整理类型项目；

（2）损坏程度较重，需添加一部分材料或更换某些组成部件后复原，以保证其功用的拆除项目；

（3）已损坏无法再恢复，或改建要求的拆除及新作类项目。

2. 建筑相同的构造部分若有若干种不同的材料做法或工程做法时，定额中应分别考虑；对常见的由多个部件、配件组成的较复杂的构造部分，应尽量将其中或有或无及有多种变化的部、配件分解出来单独划分项目，以便于实际工程中根据原貌或设计要求的做法进行组合应用。

3. 对于由多道工序组合的构造部分，若各道工序的排列组合方式有多种变化，按工序分解划分项目，以适应实际工程中的各种变化；若各道工序间的排列组合固定，则综合划分项目，但对其中经常发生的修理工序则应另划分相应项目。

3.3.2.4 房屋修缮工程计价定额工程量计算单位的选用的工程量计算规则

1. 与其他工程量计价定额的工程量计算单位选用原则一样，房屋修缮工程计价定额的工程量计算单位尽量选用便于利用图纸尺寸进行计算的单位，同时应尽量做到一量多用。在确定工程量计算单位时首先应考虑选用几何单位或重量单位。为简化工程量计算程序，在选用几何单位作为工程量计算单位时应按长度单位优先于面积单位，长度和面积单位优先于体积单位考虑。用散状材料构成或用小体积的块料垒砌的构造及木构件、石构件，其长、宽、高（厚）三维尺寸均为变量，且变化值无固定范围，需按设计或原存实物的尺寸要求施工者，均应按体积以立方米为单位计算工程量；厚度有较规范的常值，或虽有变化但变化值在较小范围内的板状、片状构造，应按面积以平方米为单位计算工程量；截面较小，且有一定规则的呈条状、带状构造，应按面积以平方米为单位计算工程量。对于单项性的成品、半成品安装、拆除项目，定额中应尽量采用其在加工生产、产品供应领域中所使用的计量单位计算工程量。对于不便于用几何单位或重量单位计量的少数分项工程，以及在整个工程中所占比重很小的零星小构造，可考虑选用自然单位计算工程量。

2. 本着简化工程量计算的原则，定额中的工程量计算方法应尽量采用按图示结构尺寸计算工程量的原则，并应明确计量的起止点、边界线。对于外形不规则的构造，可采取按最小外接长方体、圆柱体、最小外接矩形计算工程量体积或面积的方式，其与实际体积、面积之差在计算定额的工料消耗时予以综合考虑。

3.3.2.5　定额的表现形式应符合通用原则

材料消耗量的计算单位应尽量与材料供应市场的计算单位相统一，其中，规格固定、供应和使用均可按自然单位计算的各种材料（如砖、瓦等块状材料），按其原供应的计量单位分品种、规格一一列出。水泥、砂、灰、油漆等松散材料和流体材料，若单独使用时按其体积或重量表现；若将几种松散材料加水拌和后方可使用的，则按其拌和后的体积表现（如混凝土、砂浆等）。木材消耗量根据不同情况分别以原木、锯成材、规格毛料、半成品、成品表现，锯成材包括板方材、楞枋，规格毛料系指门窗装修工程中所用的已经配好的规格料，成品、半成品系指专业化工厂加工生产的商品。在计算各项材料消耗量时应将材料进场后的厂内运输消耗及操作消耗包括在内；现场灰浆拌和中的操作损耗及拌和前的厂内运输损耗应包括在灰浆配比用料中；木构造部分的刨光、加榫及榫卯保护头的预留量均应计算到木材净用量中，直接使用原木加工制作的木构件应包括现场装配损耗在内。

3.3.2.6　定额手册的构成

房屋修缮工程计价定额手册与其他工程计价定额手册的构成相同均是由文字说明、定额表格和附录三部分组成。文字说明分为总说明、章节说明两部分，总说明要写明定额的总况、定额的宗旨、适用范围、编制依据、定额总体水平、表现形式及其他需在总说明中说明的问题，章节说明包括各分项工程工作内容、执行规定和工程量计算规则。定额表格中要表现出分项工程名称，工程量计算单位，人工、材料、机械耗用量等。附录根据需要编制，常用的有材料单价选用表、机械台班单价选用表等。

第4章　北京市房屋修缮工程定额

4.1　北京市关于房屋修缮工程定额编制情况简介

目前北京市正在执行的关于房屋修缮定额有施工定额、预算定额、间接费及其他费用定额、工期定额四种。

1.《北京市房屋修缮工程施工定额》是原北京市房地产管理局于1984年在1979年施工定额的基础上，结合北京市当时施工技术、设备条件和生产水平，补充修订的，至今未再作修改。该定额在当时对推动企业管理正规化、规范化、促进生产的发展起了积极作用。

2. 现行的2012年《北京市房屋修缮工程预算定额》是根据《全国统一房屋修缮工程修缮定额》和2005年《北京市房屋修缮工程预算定额》编制的，北京市建设委员会2012年12月20日以京建发〔2012〕537号文颁布，自2013年4月1日起执行。

3.《北京市房屋修缮工程工期定额》是2009年11月5日以京建市〔2009〕797号文颁布，自2010年1月1日起执行。该定额对合理确定房屋修缮工程工期，加强房屋修缮工程承包合同管理起了积极作用。

4.2　北京市房屋修缮工程预算定额

4.2.1　定额内容

2012年《北京市房屋修缮工程计价依据——预算定额》（以下简称“本定额”）包括土建工程（土建结构工程、装饰装修工程），安装工程（机械设备工程，电气设备工程，热力设备工程，炉窑砌筑工程，站类管道工程，消防工程，给排水、采暖工程，通风空调工程，建筑智能化工程），古建筑工程，共三部分。与之配套使用的有《北京市建设工程和房屋修缮工程材料预算价格》、《北京市建设工程和房屋修缮工程机械台班费用定额》。

4.2.2　定额适用范围

本定额适用于北京市行政区域内的各类既有房屋建筑及其附属设施的改造工程、加固工程、重新装饰装修工程、系统更新改造工程、一般单层房屋翻建工程、古建筑修缮、复建、迁建等修缮工程。不适用于新建、扩建工程以及临时性工程。随同房屋修缮工程施工的建筑面积在300m^{2}以内的零星添建、扩建工程可执行本定额。

4.2.3　定额的用途

本定额是编制房屋修缮工程预算、国有投资工程编制最高投标限价（招标控制价）或标底、投标报价、竣工结算的依据；是修缮工程实行工程量清单计价的基础；是施工企业编制企业定额、考核工程成本、选择经济合理施工方案进行投标报价的参考。

4.2.4 定额的编制依据

1. 国家和有关部门颁发的房屋修缮工程、加固工程、建筑安装工程及文物保护工程的法律、法规、规章。

2. 现行工程造价计价规范、设计规范、施工及验收规范、技术操作规程、安全操作规程及文明施工、环境保护要求等。

3. 《全国统一房屋修缮工程预算定额》及历年《北京市房屋修缮工程预算定额》。

4. 现行标准图集、典型设计图纸资料及各个时期有关房屋建筑的文献资料。

5. 其他相关资料。

4.2.5 定额的编制条件

1. 本定额是按正常的施工条件、合理的施工组织及使用标准合格的建筑材料、成品、半成品编制的，并考虑到房屋修缮工程中普遍存在的工程规模相对较小且分散、室内不易全部腾空、场地狭小、连续作业差、要保护原有建筑物及其周边景观环境等对施工作业不利因素的影响。除各册另有规定外，不得因具体施工条件的差异而降低定额水平。

2. 本定额是以建筑物檐高25m以下为准编制的。建筑物檐高超过25m时，可参考措施项目执行。

3. 本定额是根据本市大多数施工企业管理水平并结合房屋修缮施工特点，除个别章节另有说明外、均以手工操作为主且配合相应的中小型机械作业为准编制的。

4.2.6 定额消耗量包含的内容

1. 本定额的人工消耗量包括基本用工、超运距用工和人工幅度差。不分列工种和技术等级，一律以综合工日表示。

2. 本定额的材料消耗量包括主要材料、辅助材料和零星材料等，并计入了相应的损耗，其内容和范围包括；从工地仓库、现场集中堆放地点或现场加工地点至操作或安装地点的运输损耗、施工操作损耗和施工现场堆放损耗。

3. 本定额的机械台班消耗量是按正常合理的机械配备综合取定的，并以中小型机械费的形式表现。

4.2.7 工程水电费及其他

1. 本定额工程水电费按表4-1计算，计入直接工程费。若业主方提供水电，则不得计取此项费用。

表4-1 工程水电费

工程项目	取费基数	费 率
土建工程	直接工程费	0.85%

续表

工程项目	取费基数	费　率
安装工程	人工费	1.50%
古建筑工程	直接工程费	0.80%

2. 本定额中凡注明×××以内或以下者均包括×××本身，注明×××以外或以上者均不包括×××本身。

3. 本定额各子目中凡有（ ）者均按各自分册说明中的规定执行。

4.3 《古建筑分册》有关说明

1. 2012年北京市房屋修缮工程计价依据《古建筑工程预算定额》（以下简称“本定额”）分为上、中、下三册，包括砌体工程，地面及庭院工程，屋面工程，抹灰工程，木构架及木基层工程，木装修工程，油饰彩绘工程，7章及附录共4925个子目。

2. 本定额适用于按照明清官式建筑传统工艺、工程做法和质量要求施工的古建筑、仿古建筑修缮工程，以及具有保护价值的古建筑复建工程和易地迁建工程。古建筑修缮、复建、迁建工程中遇有采用现代工艺及工程做法项目，除各章另有规定外，均应执行2012年北京市房屋修缮工程计价依据《土建工程预算定额》相应项目及相关规定。近现代房屋建筑修缮工程中遇有采用明清传统工艺及工程做法项目可执行本定额相应项目及相关规定。

3. 本定额编制依据：

（1）国家及本市有关文物保护工程、古建筑修建工程的法律、法规、规章；

（2）现行古建筑工程计价规范、技术规范、工艺标准、质量标准、操作规程；

（3）明清官式建筑的有关文献、技术资料；

（4）现行标准图集、典型设计图纸资料；

（5）GYD-602-95《全国统一房屋修缮工程预算定额》古建筑分册（明清）、历年《北京市房屋修缮工程预算定额》古建筑分册；

（6）其他相关资料。

4. 本定额是根据北京市大多数施工企业技术装备及作业水平、管理水平编制的。定额中各分项工程的人工、机械、材料消耗均已包括了必要的安全支护与监护、建筑物原有构造保护、成品保护、被修缮建筑物周边300m范围以内的场内运输、完工清理以及旧料重新利用等消耗，除各章另有规定外不得另行增加费用。

5. 本定额相关工作内容中只列出了其主要工序，次要工序或工作内容虽未一一列出，但已包括在内。

6. 本定额材料消耗量包括构成工程实体的净用量以及现场材料加工、运输、操作过程中的合理损耗，定额中仅列出主要材料的消耗量，零星材料、辅助材料综合在其他材料费中。实际工程中所用的材料品种规格与定额规定不符时应予换算。

7. 本定额工程量计算均以图示或实物结构尺寸为准，计量单位均按法定计量单位。

8. 本定额是以建筑物檐高在25m以下为准编制的，建筑物檐高超过25m时，按措施费项目有关规定执行。古建筑、仿古建筑檐高计算如下：

（1）建筑物下的月台、高台（均不含建筑物本身的台基）高度不超过2m，或者高度超过2m但其外边线在檐头边线以内者，檐高由自然地坪量至最上一层檐头，且不得再计取高台增加费；

（2）月台或高度超过2m且外边线在檐头边线以外的高台以及城台上的建筑物，檐高由台上皮量至最上一层檐头，并可按措施费项目有关规定计取高台增加费。

9. 本定额中若发生两个或两个以上的调整系数，均连乘计算。

10. 本定额材料消耗量或材料单价带有（ ）者均为未计价材料，其相应子目预算基价和材料费亦带有（ ）表示为不完全价格，执行时应予补充，其中：

（1）材料消耗量带有（ ）者，实际工程若需使用，根据（ ）内的数量予以补充；

（2）材料消耗量用空（ ）表示者，根据实际工程需用数量予以补充；

（3）材料单价空缺者按实际价格予以补充，但消耗量不得调整。

第5章　预算定额基价

预算定额基价亦称预算价值，是以建筑安装工程预算定额规定的人工、材料和机械台班消耗指标为依据，以货币形式表示每一分项工程的单位价值标准。它是以地区性价格资料为基准综合取定的，是编制工程预算造价的基本依据。

预算定额基价包括人工费、材料费和机械使用费。它们之间的关系可用下列公式表达：

预算定额基价＝人工费＋材料费＋机械使用费

其中　人工费＝定额合计用工量×定额日工资标准

材料费＝∑（定额材料用量×材料预算价格）＋其他材料费

机械使用费＝∑（定额机械台班用量×机械台班使用费）＋其他机具费

为了正确地反映上述三种费用的构成比例和工程单价的性质、使用，定额基价不但要列出人工费、材料费和机械台班使用费，还要分别列出三项费用的详细构成。如人工费要反映出基本用工、其他用工的工日数量；材料费要反映出主要材料的名称、规格、计量单位、定额用量、材料预算单价，零星的次要材料不需一一列出，按“其他材料费”以金额“元”表示；机械台班使用费同样要反映出各类机械名称、型号、台班用量及台班单价等。

因此，为确定预算定额基价，必须在研究预算定额的基础上，研究定额日工资标准、材料预算价格和机械台班使用费的计算方法。

5.1　定额日工资标准的确定

人工工资标准即预算定额中的人工工日单价。它是根据现行的工资制度计算出基本工资的日工资标准，再加上工资的津贴和属于生产工人开支范围内的各项费用。

预算定额中日工资标准的确定：

预算定额中的日工资标准除了生产工人的基本工资外，还包括：工资性的津贴、生产工人的辅助工资、生产工人劳动保护费和职工福利费。其中包括：

1. 基本工资。基本工资的计算方法是根据原建设部建人（1992）680号《全民所有制大中型建筑安装企业的岗位技能工资试行方案》和《全民所有制大中型建筑安装企业试行岗位技能工资制有关问题的意见》，按岗位工资及技能工资计算的。

2. 工资性津贴。它包括副食品补贴、煤粮差价补贴等。

3. 生产工人的辅助工资。它包括开会和执行必要的社会义务时间的工资。如职工学习、培训期间的工资；调动工作期间的工资和探亲假期间的工资；因气候影响停工的工资；女工哺乳时间的工资；由行政直接支付的病（六个月以内）、产、婚、丧等假期的工资；徒工服装补助费等。

4. 生产工人劳动保护费。按国家有关部门规定标准发放的劳动保护用品的购置费、修理费和保护费及防暑降温费等。

5. 职工福利费。

5.2 材料预算价格的编制和确定

在建筑安装工程中，材料、设备费约占整个造价的70%左右，它是工程直接费的主要组成部分。材料、设备价格的高低，将直接影响到建设费用的大小。因此必须进行细致、正确的计算，并且要克服价格计算偏高偏低等不合理现象，方能如实反映工程造价，方能有利于准确地编制基本建设计划和落实投资计划，有利于促进企业的经济核算，改进管理。

5.2.1 建筑安装工程材料预算价格的组成、编制范围及审批

5.2.1.1 建筑安装工程材料预算价格(简称材料预算价格)的组成

建筑安装工程上的材料（包括构件、成品及半成品），其预算价格是指材料由其来源地（或交货地）到达工地仓库（指施工工地内存放材料的地方）后的全部费用。材料预算价格由材料原价、材料供销部门手续费、包装费、运杂费、材料采购及保管费五部分组成。其计算公式如下：

材料预算价格 =(材料原价 + 供销部门手续费 + 包装费 + 运杂费)×

(1 + 采购保管费率) - 包装品回收价值

5.2.1.2 材料预算价格的编制范围

按照编制使用情况，材料预算价格一般分以下两种：

1. 地区材料预算价格是按地区(城市或建设区域)编制的，供此地区内所有工程使用。运杂费计算是以地区内所有工程为对象计算加权平均运杂费。

2. 单项工程使用的材料预算价格是以一个工程为对象编制的，并专为该项工程服务使用。运杂费是以一个工程为对象来计算的。

5.2.1.3 材料预算价格的编审

一般材料预算价格是由住房和城乡建设部指定编制办法，分别由各省、自治区建委负责贯彻、管理和审批。

编制地区材料预算价格，应由地区建委负责组织邀请设计，施工、银行、运输、物资供应等单位参加，共同编制，经过地方建委批准后执行，一般不作变动，但确因材料变更，原价增降，可根据各地区的规定，整理资料，报经主管部门批准后，方可调整。如材料预算价格本中有缺项的材料，可根据供应实际情况，编制补充材料预算价格，报上级主管部门审批后执行。

5.2.2 材料预算价格各项费用的确定

5.2.2.1 材料原价的确定

材料原价就是材料的出厂价或市场批发价。国外进口材料，以国家批准的进口材料调拨价格作为原价。在确定材料原价时，如同一种材料，因来源地、供应单位或制造厂不同有几种价格时，可根据不同来源地的供应数量比例，采取加权平均的办法计算其原价。

5.2.2.2 材料供销部门手续费

基本建设所需要的建筑材料，大致有两种情况：一种是指定生产厂直接供应；如：钢

材、水泥、沥青、油毡、玻璃等；另一种是由物资供销部门供应，如：交电、五金、化工等产品。材料供销部门手续费就是通过当地物资供销部门供应的材料应收取的附加手续费。其取费标准各地规定不一，可按各地区有关部门的规定计算。如果此项费用已包括在供销部门供应的材料原价内时，则不应再计算。

通过供销部门结算的物资应收取的手续费（管理费），其费率为：金属材料2.5%，建筑材料3%，轻工产品3%，化工产品2%，木材2%。

其计算公式为：

供销部门手续费 = 原价 × 供销部门手续费率

5.2.2.3　材料包装费

材料包装费是指为便于材料的运输并为保护材料而包装所需的一切费用。包装费的发生可能有下列两种情况：

1. 材料在出厂时已经包装者，如袋装水泥、玻璃、铁钉、油漆等，这些材料的包装费一般已计算在原价内，不再分别计算，但需考虑其包装品的回收价格（即材料到达工地仓库拆除包装后，包装品所剩余的价值）。

2. 施工机构自备包装品（如麻袋、铁桶等）者，其包装费应以原包装品的价值按使用次数分摊计算。

包装器材的回收价值，如地区已有规定者，应按规定计算，地区无规定者，可根据实际情况，参照下列比率确定：

（1）用木材制品包装者，以70%回收量，按包装材料原价的20%计算。

（2）用铁皮、铁线制品包装者，铁桶以95%、铁皮以50%、铁线以20%的回收量按包装材料原价的50%计算。

（3）用纸皮、纤维品包装者，以50%的回收量，按包装材料原价的50%计算。

（4）用草绳、草袋制品包装者，不计回收价值。

（5）自备包装容器的，其包装费用按包装容器的使用次数摊销计算。

包装费和包装材料回收值计算公式为：

包装费 = 包装材料原值 − 包装材料的回收价值

包装材料的回收价值 = 包装材料原值 × 回收量率 × 回收价值率/包装器材（品）标准容积

自备包装品的包装费 = 包装品原价 ×［1 − 回收量率 × 回收价值率］+ 使用期间维修费/周转使用次数 × 包装容器标准容量

例如：圆木的原价没有包装费，但在铁路运输过程中，每个车皮可装圆木 $30m^3$，每个车皮需要包装用的车立柱10根，每根价格为2.00元，铁丝10kg，每千克为1.40元，则每立方米圆木包装材料原值 = ［（10根 ×2元）+（10kg ×1.4元）］/ $30m^3$ = 1.13（元）

包装费回收价值，按车立柱回收量率为70%，回收值率为20%，铁丝回收量率为20%，回收值率为50%，则车立柱回收值为：

（10根 ×2元）×70% ×20% = 2.80（元）

铁丝回收值为：

（10kg ×1.4元）×20% ×50% = 1.40（元）

每车皮回收值合计为：4.20（元）

折合每立方米回收值为：4.20/30 = 0.14（元）

材料预算价格应计材料的包装费为：

$$1.13\text{ 元} - 0.14\text{ 元} = 0.99\ (\text{元}/\text{m}^3)$$

如包装已扣除包装材料的回收价值，在利用材料预算价格公式计算时，就不再减包装品回收价值。

5.2.2.4　材料运输费用

材料运输费是材料由采购（或交货）地点起运至工地仓库为止，在其全部运输过程中所支出的一切费用（包装费除外），如火车、汽车、船舶及马车等的运输费、运输保险费及装卸费等。

一般建筑材料运输费约占材料费的10% ~15%，砖的运输费往往占材料费的30% ~50%，砂子或石子的运输费有时可以占到材料费的70% ~90%，甚至更高。由此可见，运输费直接影响着建筑工程的造价。因此，就地取材，减少运输距离，是有很重要的意义的。

运输费要根据材料的来源地、运输里程、运输方法，并根据国家或地方的运价标准分别计算。一般建筑材料的运输环节如图5-1所示。

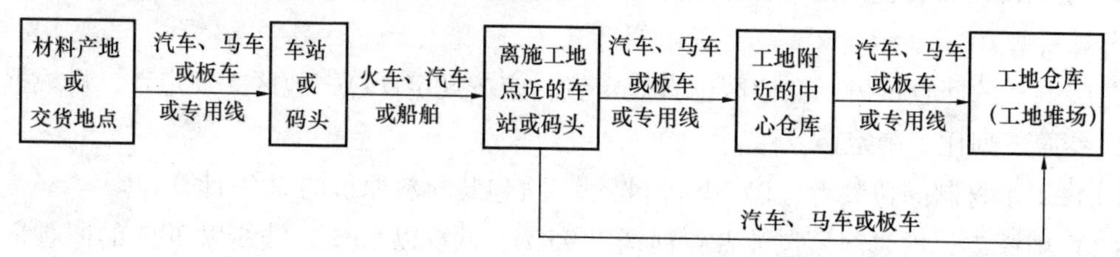

图5-1　建筑材料运输环节示意图

5.2.2.5　材料采购及保管费

材料采购及保管费是指材料部门在组织采购和保管过程中所需要的各项费用，其中包括：采购及保管部门的人员工资和管理费，工地材料仓库的保管费、货物过秤费以及材料在运输及储存中的损耗费用等。

材料的采购及保管费按材料原价，供销部门手续费、包装费及运输费之和的一定比率计算，过去原国家建委对材料采购及保管费的供销部门手续费合并规定了一个费率：一般建筑安装材料的采购保管费综合费率为2.5%，有的地区在不影响2.5%水平的原则下，按材料分类并结合价值的大小而分定为几种不同的标准。例如，地方材料价值小，则将费率提高为3%，电器材料价值高，则将费率降低为1%，钢材、木材、水泥及其他材料则定为2.5%。北京市2012年预算定额中，材料采购保管费率定为2%。

其计算公式为：

材料采购及保管费 =（原价 + 供销部门手续费 + 包装费 + 运输费）× 采购保管费率

5.3　施工机械台班使用费的确定

施工机械使用费以“台班”为计量单位，一台某种机械工作8小时，称为一个台班，为使机械正常运转，一个台班中所支出和分摊的各种费用之和，称为机械台班使用费或机械台班单价。

机械台班使用费是编制预算定额基价的基础之一，是施工企业对施工机械费用进行成本核算的依据。机械台班使用费的高低，直接影响建筑工程造价和企业的经营效果。因此确定合理的机械台班费用定额对加速建筑施工机械化步伐，提高企业劳动生产率、降低工程造价具有一定的现实意义。

机械台班费由以下费用组成：

5.3.1　折旧费

它是指机械在规定的使用期限内，陆续收回其原值的费用。

5.3.2　检修费

检修费包括大修费和维修费。大修费是指机械按规定大修间隔期（台班）必须进行大修理（或进行专项修），以恢复机械正常功能所需的费用；维修费是指机械除大修以外的各级保养（一、二、三级保养）以及临时的小修费、替换设备、随机工具附具摊销、润滑擦拭材料和机械停置期间的维护保养费等。

5.3.3　安拆及场外运输费

安拆及场外运输费指机械整体或分体自停放场地运至工地，或一个工地运至另一个工地的机械运输转移费用，以及机械在工地进行安装、拆卸所需的人工费、材料费、机具费。本定额中小型机械安拆及场外运输费均已列入台班费内，但大型机械安拆及场外运输费未列入台班费，应另行计算。

5.3.4　辅助设施费

辅助设施费指机械进行安拆、试运转所需的辅助设施（如固定锚桩、行走轨道、枕木等）费用。

5.3.5　动力燃料费

动力燃料费指机械在运转过程中需用的各种燃料等费用（不包括电费）。

5.3.6　人工费

人工费指机上人员工资。其工资是以平均工资单价列入台班费的。对于机械年工作台班小于法定工作天数的工资差额均以系数方法列入单价中。

5.3.7　养路费

养路费指按规定应向国家交纳的公路养路费。本定额根据京政发［1998］9号北京市人民政府《关于调整公路养路费征收标准的通知》的规定，按核定载重吨位计算列入定额。

5.3.8　车船税及公路运输管理费

按国家规定凡拥有并使用的车船都应缴纳车船使用税和公路运输管理费。

5.3.9　管理费

管理费指机械租赁单位经营过程中所发生的各项费用。

5.3.10　利润

利润是指租赁公司按照国家有关规定应计取的利润。

5.3.11　税金

税金是指租赁公司按照国家规定应缴纳的营业税。

第6章　单位工程造价的组成

单位工程的造价由直接费、企业管理费、利润、规费和税金组成。

6.1　直　接　费

直接费，指的是直接消耗在工程中的人工费、材料费和机械费的总和。其费用应反映工程的实际费用。直接费由直接工程费和措施费组成。

6.1.1　直接工程费

直接工程费：是指施工过程中消耗的构成工程实体的各项费用，包括人工费、材料费、机械费，其公式为：

直接工程费 = 人工费 + 材料费 + 机械费

古建定额分册中的砌体工程、地面及庭院工程、屋面工程、抹灰工程、木构件及木基层工程、木装修工程、油饰彩绘工程等全部工程的费用都属于直接工程费。

这部分的工程费是古建工程预算最基本的数据，这部分费用计算准确了，预算就基本准确了。

6.1.2　措施费

措施费：是指为完成工程项目施工，发生于该工程施工前准备和施工过程中非工程实体项目的费用，由措施费1和措施费2组成。

其中：措施费1包括模板、脚手架工程的搭拆，按租赁或摊销费用计入不完全价。

措施费2为其他措施费，包括安全文明施工费，夜间施工费，冬雨季施工费，二次搬运费，临时设施费，施工困难增加费，原有建筑物、设备、陈设、高级装修及文物保护费，高台建筑增加费，超高增加费，施工排水、降水费。计算公式为：

措施费2 = 直接工程费 × 相应费率

措施费1的模板和脚手架是按工程量计算的，有关内容和计算规则及部分定额摘录在6.9和6.10中详述。现就其他措施费的内容及计算叙述如下。

6.1.3　费用内容

1. 安全文明施工费：是指施工现场为达到安全生产、文明施工、环境保护、绿色施工的要求，购置和更新施工安全防护用具及设施、改善安全生产条件和作业环境所需要的各项费用。

2. 夜间施工费：是指为保证工程进度需要，夜间施工所发生的夜间补助费、夜间施工降效、夜间施工照明设备摊销及照明用电费等。

3. 二次搬运费：是指因各种原因而造成的材料、构件、配件、成品、半成品不能直接运至施工现场所发生的材料二次搬运费用。

4. 冬雨季施工费：是指施工期间如遇雨、雪天气，为防雨、防雪、防滑、保温等以保证工程质量所采取措施的费用以及冬雨季的人工降效费用。

5. 临时设施费：是指施工企业为进行房屋修缮工程所必须的生产和生活用临时建筑物、构筑物，包括加工厂、工作棚、仓库、办公室、宿舍以及现场施工通道、水、电管线及其他小型临时设施的搭设、租赁、摊销、维护和拆除等费用。

6. 施工困难增加费：是指因建筑物地处繁华街道或为大型公共场所、旅游景区在不停止使用或部分停用的情况下所需要的必要围挡、安全保卫措施以及施工降效等支出的必要的费用。

7. 原有建筑物、设备、陈设、高级装饰及文物保护费：是指为防止在施工过程中损坏、玷污原有建筑物、设备、陈设、高级装饰及文物、古树绿地等而采取的支搭、遮盖、拦挡等采取的各种措施所发生的费用。

8. 高台建筑增加费：是指被修缮的建筑物在离自然地坪2m以上高台上，所需要的材料、构件、配件等必须先运至高台上，再运至建筑物上所发生采取的措施及人工降效费用。

9. 超高增加费：指建筑物檐高超过25m且施工作业点也超过25m时各种材料、构件、配件等垂直运输、逐层搬运所增加的费用和人工降效费用。

10. 施工排水、降水费：是指为确保工程在正常条件下施工，采取各种排水、降水措施所发生的各种费用。

11. 施工垃圾场外运输和消纳费。

6.1.4 统一性规定及说明

1. 超高增加费的计取，是以施工作业点超过25m时为准，其超过部分可以使用。尽管建筑物超过25m，但作业点并未超过的，不得使用。

2. 高台建筑增加费仅限于高台上的建筑物使用，不包括高台本身。凡垂直运输可把材料、构件、配件及周转性材料由高台自然地坪运至建筑物时，不宜执行此定额。

6.1.5 工程量计算规则

古建筑工程其他措施费计费基数为直接工程费乘以表6-1中的费率。

表6-1

3. 古建筑工程				
定额编号	项目	取费	费率标准（%）	其中人工费占比（%）
3-25	安全文明施工费	人工费	2.8	54
3-26	夜间施工费		1.34	44
3-27	二次搬运费		4.62	91
3-28	冬雨季施工费		2.5	54
3-29	临时设施费		5.43	28
3-30	施工困难增加费		1.37	64
3-31	原有建筑物、设备、陈设、高级装修及文物保护费		1.37	33

续表

3. 古建筑工程					
定额编号	项目		取费	费率标准（%）	其中人工费占比（%）
3-32	高台建筑增加费（高在）	2m 以上	人工费	1.57	78
3-33		5m 以上		2.15	78
3-34	超高增加费（高在）	25～45m		1.57	78
3-35		45m 以上		2.15	78
3-36	施工排水、降水费			1.66	49
3-37	施工垃圾场外运输和消纳费			0.80	28

6.2　企业管理费

企业管理费：指建筑安装企业组织施工生产和经营管理所需的费用。

6.2.1　内容包括

1. 管理及服务人员工资

指按照规定支付企业管理及服务人员的岗位工资、薪级工资、绩效工资、津贴补贴、其他补助、特殊情况下支付的工资等。

（1）岗位工资：指按工作人员所聘岗位职责和要求支付的工资。

（2）薪级工资：指按工作人员的资历和工作表现支付的工资。

（3）绩效工资：指按工作人员的实绩和贡献支付的工资。

（4）津贴补贴：指为了补偿职工特殊或额外的劳动消耗和因其他特殊原因支付给个人的津贴。

（5）其他补助：指交通补助、通讯补助、误餐补助等。

（6）特殊情况下支付的工资：指依据国家法律、法规和政策规定支付的加班工资和加点工资。因病、工伤、产假、计划生育假、婚丧假、事假、探亲假、定期休假、停工学习、执行国家或执行社会义务等按计时工资标准或计时工资标准一定比例支付的工资。

2. 办公费：指企业管理人员办公用的文具、纸张、帐表、印刷、软件、电脑耗材、存储介质、网络、影音图像制品、书报、通讯邮资、会议、水电、烧水、集体取暖及生活用燃料、物业管理等费用。

3. 差旅交通费：指职工因公出差、工作调动发生的差旅费、住勤补助费，市内交通费，职工探亲路费，劳动力招募费，职工退休、退职一次性路费，工伤人员就医路费，管理部门使用的交通工具的油料燃料费、高速公路通行费、停车费及牌照费等。

4. 固定资产使用费：指管理和实验部门及附属生产单位使用的属于固定资产的房屋、交通工具、（机动车）、电脑、设备、仪器、安全监控系统等的折旧、维修、大修或租赁费。

5. 工具用具使用费：指不属于固定资产的工具、器具、家具、交通工具（非机动车）、检验、试验、测绘、消防用具等的购置、使用、维修和摊销费。

6. 劳动保险和职工福利费：指由企业支付离退休职工的异地安家补助费、职工退职金、六个月以上的病假人员工资，职工死亡丧葬补助费、抚恤费、集体福利费、职工体检费、独生子女费、住房补贴、冬季供暖补贴、因公外地就医费、职工疗养、职工供养的直系亲属医疗补助（贴）等费用。

7. 劳动保护费：企业按规定发放的劳动保护用品的支出。如：工作服、安全帽、手套、肥皂、雨衣、雨鞋、防暑降温等费用。

8. 工程质量检测费：是依据现行规范及文件规定，委托方委托检测机构对建筑材料、构件、建筑结构、建筑节能进行鉴定检查所发生的检测费，不包括对地基基础工程、建筑幕墙工程、钢结构工程、电梯工程、室内环境等所发生的专项检测费用。

9. 工会经费：指企业依照规定按职工工资总额比例计提的工会经费。如：工会活动经费、职工困难补助费等。

10. 职工教育经费：企业为职工进行专业技术和职业技能培训，专业技术人员继续教育，职工职业技能鉴定，职业资格考试以及根据需要对职工进行安全，文化教育等所发生的费用。按职工工资总额规定的比例计提。

11. 财产保险费：指施工管理用财产、车辆保险等费用。

12. 财务经费：指企业为施工生产筹集资金或提供的工程投标担保、预付款担保、履约担保、工资支付担保等所发生的各种财务费用。

13. 税金，是指企业按规定缴纳的房产税、非生产性车船使用税、土地使用税、印花税、城市维护建设税、教育费附加、地方教育附加①等各项税费。

14. 其他：上述费用以外发生的费用。

包括：技术开发转让服务等科技经费、业务招待费、广告费、咨询评估费、投标费、租赁费、保险费、审计费、公（鉴）证费、诉讼费、法律顾问费、协（学）会会费、宣传费、共青团经费、董事会费、上级集团（总公司）服务费、民兵训练费、绿化费、“门前三包”等。

6.2.2 现场管理费

指施工企业项目经理部在组织施工过程中所发生的费用（这部分的费用包括在企业管理费中了）。

内容包括：

1. 现场管理及服务人员工资

指按照规定支付现场管理及服务人员的岗位工资、薪级工资、绩效工资、津贴补贴、其他补助、特殊情况下支付的工资等。

项目经理部工作人员包括：从事政治、行政、经济、技术、质量、安全、测量放线、检验试验、管理（不含材料人员）、消防、门（警）卫、炊事、服务等人员。

2. 现场办公费：现场办公用的文具、纸张、帐表、软件、电脑耗材、存储介质、网络、影音图像制品、通讯邮资、书报、会议、水电、烧水及现场临时宿舍生活用燃料（包括现场临时宿舍取暖）等费用。

3. 差旅交通费：项目经理部工作人员因公出差的差旅费、住勤补助费、市内交通费、工地转移费、项目经理部使用的交通工具的油料燃料费、高速公路通行费、停车费等。

4. 劳动保护费：项目经理部按照规定发放的劳动保护用品的支出。如：工作服、安全帽、手套、肥皂、防寒服、雨衣、雨鞋、防暑降温以及在有碍身体健康的环境中施工作业的保健补助等费用。

5. 低值易耗品摊销费：行政上使用不属于固定资产的工具、器具、家具、交通工具（非机动车）及检验、试验、测绘、消防用具的使用、维修和摊销等费用。

6. 工程质量检测费：是依据现行规范及文件规定，委托方委托检测机构对建筑材料、构件、建筑结构、建筑节能产品进行鉴定检查所发生的检测费，不包括专项检测所发生的费用。

7. 财产保险费：指施工现场用于财产、车辆的保险费。

8. 其他：除上述费用以外所发生的费用。如：业务招待费、临时工管理费、咨询费、广告宣传费、“门前三包”等费用。

6.3　规　费

规费是指政府及有关部门规定必须计取的费用包括：

1. 社会保险费

（1）基本养老保险费：指企业按照规定标准为职工缴纳的基本养老保险费。

（2）基本医疗保险费：指企业按照规定标准为职工缴纳的基本医疗保险费。

（3）失业保险金：指企业按照规定标准为职工缴纳的失业保险费。

（4）工伤保险金：指企业按照规定标准为职工缴纳的工伤保险金。

（5）残疾人就业保障金：指企业按照规定标准缴纳的残疾人就业保障金。

（6）生育保险：指企业按照规定标准为职工缴纳的生育保险费。

2. 住房公积金

指企业按照国家和北京市规定的标准为职工缴纳的住房公积金。

6.4　利润和税金

1. 利润：指施工企业完成所承包工程获得的盈利。

2. 税金：指按国家规定营改增中的“增值税”。

6.5　总承包服务费

总承包服务费：指施工总承包人为配合协调建设单位，在现行法律、法规允许的范围内另行发包的专业工程服务所需的费用。主要内容包括：施工现场的管理、协调、配合、竣工资料汇总，为专业工程施工提供现有施工设施的使用。

1. 建设单位另行发包专业工程的两种服务形式：

（1）总承包人为建设单位提供现场配合、协调及竣工资料汇总等有偿服务。

（2）总承包人既为建设单位提供现场配合、协调、服务，又为专业工程承包人提供现有施工设施的使用。

如：现场办公场所、水电、道路、脚手架、垂直运输及竣工资料汇总等服务内容。

2. 对建设单位自行供应材料（设备）的服务包括：材料（设备）运至指定地点后的核

验、点交、保管、协调等有偿服务内容。材料（设备）价格计算按照材料（设备）预算价格计入直接费中。结算时，承包人按照材料（设备）预算价格的99%返还建设单位。不再计取总承包服务费。

6.6 费率标准

各项取费标准按表6-2～表6-6执行。

表6-2 企业管理费

序号	项目	计费基数	企业管理费率（%）
1	古建筑工程	人工费	37.72

表6-3 利润、税金

序号	项 目	计费基数	费率（%）
1	利润	人工费+企业管理费	13
2	税金	直接费+企业管理费+利润+规费	9

表6-4 规 费

序号	项 目	计费基数	其中：		合 计
			社会保险费率（%）	住房公积金费率（%）	
1	土建工程	人工费	16.11	6.96	23.07
2	安装工程	人工费	16.11	6.96	23.07
3	古建筑工程	人工费	16.11	6.96	23.07

表6-5 总承包服务费

序号	服务内容	计费基数	费率（%）
1	管理、协调	另行发包专业工程造价（不含设备费）	1.5～2
2	管理、协调、配合服务		3～5

表6-6 企业管理费构成比例

序号	内 容	比例（%）	序号	内 容	比例（%）
1	管理及服务人员工资	46.29	9	工会经费	0.82
2	办公费	7.69	10	职工教育经费	3.05
3	差旅交通费	4.50	11	财产保险费	0.28
4	固定资产使用费	5.05	12	财务费用	9.10
5	工具用具使用费	0.26	13	税金	1.44
6	劳动保险和职工福利费	2.72	14	其他	18.03
7	劳动保护费	0.71			
8	工程质量检测费	0.06		合计	100

6.7　工程造价计价程序

6.7.1　直接费

由直接工程费和措施费组成。其公式为：

直接费 = 直接工程费 + 措施费

直接工程费 = 人工费 + 材料费 + 机械费

措施费 = 措施费1 + 措施费2

6.7.2　企业管理费

指建筑安装企业组织施工生产和经营管理所需的费用，其公式为：

企业管理费 = 直接费 × 相应费率

6.7.3　利润

指施工企业完成所承包工程获得的盈利，其公式为：

利润 = （直接费 + 企业管理费） × 相应费率

6.7.4　规费

是指政府和有关权力部门规定必须缴纳的费用。其公式为：

规费 = 人工费（含措施费中人工费） × 相应费率

6.7.5　税金

其公式为：

税金 = （直接费 + 企业管理费 + 利润 + 规费） × 增值税费率

6.7.6　工程造价

由直接费、企业管理费、利润、规费、税金组成，其公式为；

工程造价 = 直接费 + 企业管理费 + 利润 + 规费 + 税金

预算及结算计价程序如表6-7、表6-8所示。

表6-7　房屋修缮（土建、古建筑）工程预算计价程序

序号	费用项目	计算公式	金额(元)
1	直接工程费	1.1 + 1.2 + 1.3	
1.1	人工费		
1.2	材料费		
1.2.1	其中：材料(设备)暂估价		
1.3	机械费		

续表

序号	费用项目	计算公式	金额(元)
2	措施费	2.1+2.2	
2.1	措施费1		
2.1.1	其中：人工费		
2.2	措施费2	1.1×相应费率	
2.2.1	其中：人工费		
3	直接费	1+2	
4	企业管理费	(1.1+2.1.1+2.2.1)×相应费率	
5	利润	(1.1+2.1.1+2.2.1+4)×相应费率	
6	规费	(1.1+2.1.1+2.2.1)×相应费率	
6.1	其中：农民工工伤保险费		
7	税金	(3+4+5+6)×相应费率	
8	专业工程暂估价		
9	工程造价	3+4+5+6+7+8	

表6-8　房屋修缮（土建、古建筑）工程结算计价程序

序号	费用项目	计算公式	金额(元)
1	直接工程费	1.1+1.2+1.3	
1.1	人工费		
1.2	材料费		
1.2.1	其中：材料(设备)暂估价		
1.3	机械费		
2	措施费	2.1+2.2	
2.1	措施费1		
2.1.1	其中：人工费		
2.2	措施费2	1.1×相应费率	
2.2.1	其中：人工费		
3	直接费	1+2	
4	企业管理费	(1.1+2.1.1+2.2.1)×相应费率	
5	利润	(1.1+2.1.1+2.2.1+4)×相应费率	
6	规费	(1.1+2.1.1+2.2.1)×相应费率	
6.1	其中：农民工工伤保险费		
7	人工费、材料(设备)费、机械费价差合计		
8	税金	(3+4+5+6+7)×相应费率	
9	专业工程结算价		
10	工程造价	3+4+5+6+7+8+9	

6.8　其他有关费用规定

6.8.1　定额基价与市场价的调整规定

2012年房屋修缮定额中的人工、材料、机械等价格和以“元”形式出现的费用均为定额编制期的市场价格，在编制房屋修缮工程招标控制价或标底、投标报价、工程预算、工程结算时，应全部实行当期市场价格。

最高投标限价视同招标控制价。

6.8.2　措施项目及费用标准的规定

1. 措施费：按照建办［2005］89号《关于印发〈建筑工程安全防护、文明施工措施费用及使用管理规定〉的通知》精神，其他措施费项目中的安全文明施工费（含临时设施费）应单独列出；按照京建发［2011］206号《北京市建筑工程造价管理暂行规定》，安全文明施工费（含临时设施费）不得作为竞争性费用。

2. 企业管理费：在编制招标控制价或标底时，企业管理费应按现行费率标准执行；在编制投标报价时，可根据企业的管理水平和工程项目的具体情况自主报价，但不得影响工程质量安全成本。

2012年房屋修缮定额企业管理费中的职工教育经费中已包含一线生产工人教育培训费，一线生产工人教育培训费占企业管理费费率的1.55%，在编制招标控制价或标底、投标报价、工程结算时不得重复计算。

各专业定额中的现场管理费费率是施工企业内部核算的参考费率，已包括在企业管理费费率中；工程质量检测费费率是计算检测费时的参考费率，已包括在现场管理费费率中；企业内部核算或计算检测费时应以直接费（或人工费）为基数计算。在编制招标控制价或标底、投标报价、工程结算时不得重复计算。

3. 规费：应按本市现行费率标准计算，并单独列出，不得作为竞争性费用。费率由建设行政主管部门适时发布，进行调整。

4. 利润：在编制招标控制价或标底时，利润应按现行定额费率标准执行。

5. 税金：应按现行定额费率标准计算，不得作为竞争性费用。

6.8.3　风险范围及幅度的约定

招标文件及合同中应明确风险内容及其范围、幅度，不得采用无限风险、所有风险或类似语句规定风险范围及幅度。主要材料和机械以及人工风险幅度在±3%～±6%区间内约定。

1. 风险幅度变化确定原则

（1）基准价：招标人应在招标文件中明确投标报价的具体月份为基准期，与基准期对应的市场价格为基准价。

基准价应以《北京工程造价信息》（以下简称造价信息）中的市场信息价格为依据确定。造价信息价格中有上、下限的，以下限为准；造价信息价格缺项时，应以发包人、承包人共同确认的市场价格为依据确定。

（2）施工期市场价格应以发包人、承包人共同确定的价格（以下简称确认价格）为准。若发包人、承包人未能就共同确认价格达成一致，可以参考施工期的造价信息价格。

（3）风险幅度的计算：

①当承包人投标报价中的单价低于基准价时，施工期市场价的涨幅以基准价为基础确定，跌幅以投标报价为基础确定，涨（跌）幅度超过合同约定的风险幅度值时，其超过部分按超过风险幅度调整原则的规定执行。

②当承包人投标报价中的单价高于基准价时，施工期市场价的跌幅以基准价为基础确定，涨幅以投标报价为基础确定，涨（跌）幅度超过合同约定的风险幅度值时，其超过部分按超过风险幅度调整原则的规定执行。

③当承包人投标报价中的单价等于基准价时，施工期市场价的涨（跌）幅度以基准价为基础确定，涨（跌）幅度超过合同约定的风险幅度值时，其超过部分按超过风险幅度调整原则的规定执行。

2. 超过风险幅度调整原则

（1）发包人、承包人应当在施工合同中约定市场价格变化幅度超过合同约定幅度的单价调整办法，可采用加权平均法、算术平均法或其他计算方法。

（2）主要材料和机械市场价格的变化幅度小于或等于合同中约定的价格变化幅度时，不作调整；变化幅度大于合同中约定的价格变化幅度时，应当计算超出变化幅度部分的价格差额，其价格差额由发包人承担或受益。

（3）人工市场价格的变化幅度小于或等于合同中约定的价格变化幅度时，不作调整；变化幅度大于合同中约定的价格变化幅度时，应当计算全部价格差额，其价格差额由发包人承担或受益。

（4）人工费价格差额不计取规费；人工、材料、机械计算后发生的价格差额只计取税金。

6.8.4 暂估价的调整

1. 材料（设备）暂估价：在编制招标控制价或标底、投标报价时，应按招标人列出的暂估价计入单价；编制竣工结算时，材料（设备）暂估价若是招标采购的，应按中标价调整；若为非招标采购的，应按发、承包双方最终确认的材料（设备）单价调整。材料（设备）暂估价价格差额只计取税金。

2. 专业分包工程暂估（结算）价：应包括专业分包工程施工所发生的直接工程费、措施费、企业管理费、利润、规费、税金等全部费用。

6.9 措施费中的模板定额

本定额包括基础、柱、梁、板、其他构件和结构加固的模板支搭等，共计42个子目。

6.9.1 工作内容

组合钢模板包括：场内、外运输、刷隔离剂、拼装、支架、加固、拆除、清理小修、运到规定地点码放等。

6.9.2 统一性规定及说明

1. 本定额以组合钢模添配部分木模编制而成，其中组合钢模板材料用量是一次性投入量，为不完全价，在实际工程中应根据实际情况补充租赁价格；木模板和板方材用量均是摊销量，为不完全价，在实际工程中应根据实际情况补充自有模板材料价格。

2. 现浇混凝土柱、梁、板、墙模板是按层高3.6m编制的，层高超过3.6m时，每超过1m按模板支撑超高定额执行，不足1m的按1m计算。

6.9.3 工程量计算规则

1. 模板工程除另有规定外均按模板与混凝土接触面面积以平方米计算，不扣除0.3m^{2}以内孔洞面积。

2. 柱牛腿模板工程量并入柱内计算。

3. 现浇混凝土楼梯（含休息平台）模板工程量按水平投影面积以平方米计算，不扣除楼梯井间距小于500mm工程量。

4. 现浇混凝土阳台、雨篷、挑檐、天沟模板工程量按水平投影面积以平方米计算。

5. 现浇混凝土台阶、堵板缝模板工程量以米为单位计算。

6. 模板支撑超高定额按超过工程量以10m^{2}为单位计算。

6.10 措施费中的脚手架

本定额包括结构脚手架、装饰脚手架、古建脚手架、其他脚手架，共4节169个子目。

6.10.1 工作内容

1. 钢管脚手架搭拆包括：材料的场内、外运输、脚手架搭设、铺翻脚手板、安全防护设施的绑扎、脚手架的拆除，以及拆除后脚手架木材料的整理、码放等全部操作过程。

2. 吊篮脚手架包括：工作吊篮组装、提升机构安装调试、屋面支撑系统安装、试运行与场内运输拆除及往返运输等全部工作内容。

3. 吊篮移位包括：屋面支撑系统拆除、安装搬运及调试等全部工作内容。

4. 挂、拆安全网包括：支撑、挂网、托拉绳、固定及拆除的全部工作。

5. 古建大木围撑脚手架已包括校正木架、拨正、打摽、临时支杆打戗、随时拆戗、锁戗杆、栏杆及拆除等。

6. 大木安装起重脚手架包括：搭拆脚手架、随时拆绑戗、排木、移动脚手架、临时绑扎天称、挂滑轮等。

6.10.2 统一性规定及说明

1. 本定额脚手架各子目所列材料均以一次性支搭材料投入量及场外运输，不含架木租赁费用。使用时应根据工程实际情况，补充租赁价格或自有架木摊销价格。

2. 本定额除个别子目外，均包括了相应的铺板，此外，如需另行铺板、落翻板时，应单独执行铺板、落翻板的相应子目。

3. 定额中不包括安全网的挂拆，如需挂拆安全网时，立网执行密目网定额子目。

4. 双排椽望油活架子均综合考虑了六方、八方和圆形等多种支搭方法。

5. 正吻脚手架仅适用于玻璃七样以上、黑活 1.2m 以上吻（兽）的安装及玻璃六样以上的打点

6. 单、双排座车脚手架仅适用于城台或城墙的拆砌、装修之用。如城台之上另有建筑物时，应另执行相应定额。

7. 屋面脚手架及歇山排山脚手架均已综合了重檐和多重檐建筑，如遇重檐和多重檐建筑定额不得调整。

8. 垂岔脊脚手架适用于各种单坡长在 5m 以上的屋面调修垂岔脊之用，但如遇歇山建筑已支搭了歇山排山脚手架或硬悬山建筑已支搭了供调脊用的脚手架，则不应再执行垂岔脊定额。

9. 屋面马道适用于屋面单坡长 6m 以上，运送各种吻、兽、脊件之用。

10. 牌楼脚手架执行双排外脚手架。

11. 大木安装围撑脚手架适用于古建筑木构件安装或落架大修后为保证木构架临时支撑稳定之用。

12. 大木安装起重架适用于大木安装时使用。

6.10.3 工程量计算规则

1. 结构脚手架

（1）单、双排里、外脚手架分步数，按实搭长度以 10m 为单位计算，步数不同时，应分段计算。

（2）基础满堂红脚手架，按水平投影面积以 $10m^2$ 为单位计算。

（3）满堂红基础上搭运输道，按实搭长度以 10m 为单位计算。

2. 装饰脚手架

（1）外吊脚手架及外脚手架均按支搭部位墙面垂直投影面积以 $10m^2$ 为单位计算。

（2）天棚和楼梯间脚手架按支搭部位水平投影面积以 $10m^2$ 为单位计算。

（3）内墙脚手架按内墙支搭部位长度以 10m 为单位计算，如内墙装修墙面局部超高，按超高部分的内墙支搭部位长度计算。

（4）电梯间脚手架按座计算。

（5）电动吊篮脚手架按个计算。

3. 古建脚手架

（1）城台用单、双排脚手架分步数按实搭长度以 10m 为单位计算。

（2）双排油活脚手架均分步按檐头长度以 10m 为单位计算。重檐或多重檐建筑以首层檐长度计算。其上各层檐长度不计算。悬山建筑的山墙部分长度以前后台明外边线为准计算长度。

（3）内檐及廊步掏空脚手架，以室内及廊步脚手架按地面面积以 $10m^2$ 为单位计算。

（4）歇山排山脚手架，自博脊根的横杆起为一步，分步以座为单位计算。

（5）屋面支杆按屋面面积以 $10m^2$ 为单位计算；正脊扶手盘、骑马架子均按正脊长度，

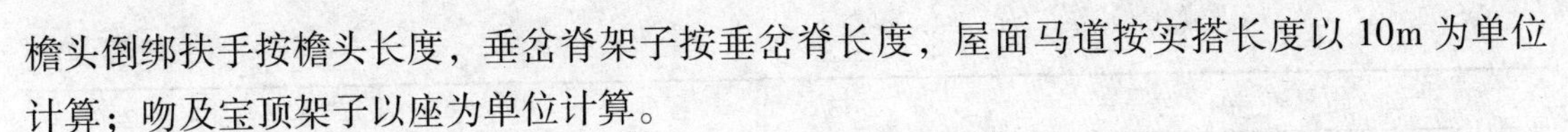

檐头倒绑扶手按檐头长度，垂岔脊架子按垂岔脊长度，屋面马道按实搭长度以10m为单位计算；吻及宝顶架子以座为单位计算。

（6）大木安装围撑脚手架以外檐柱外皮连线里侧面积计算，其高度以檐柱高度为准。

（7）大木安装起重脚手架以面宽排列中前檐柱至后檐柱连线按座计算，其高度以檐柱高度为准。六方亭及六方亭以上按两座计算。

4. 其他脚手架

（1）卷扬机脚手架分搭设高度、挑檐座车平台漏子均以座为单位计算。

（2）烟囱、水塔、一字斜道及之字斜道脚手架分搭设高度以座为单位计算。

（3）管道、水落管脚手架分搭设高度按实搭长度以10m为单位计算。

（4）落料溜槽分高度以座为单位计算。

（5）铁杆护头棚按搭设方式及实搭面积以10m^{2}为单位计算。

（6）封防护布、立挂密目网按实做面积以10m^{2}为单位计算。

（7）平房及楼房绑扶手，均以实绑长度计算。

（8）安全网的挂拆、翻挂均按实际长度以10m为单位计算。

（9）单独铺板分高度，落翻板按实做长度均以10m为单位计算。

6.10.4 部分定额摘录

古建脚手架

单位：10m

定额编号					2-68	2-69	2-70	2-71	2-72
项目					城台用单排座车脚手架				
					二步	三步	四步	五步	六步
基价(元)					(261.99)	(381.82)	(510.41)	(628.59)	(744.71)
其中	人工费(元)				177.34	266.00	354.67	443.34	532.01
	材料费(元)				(22.62)	(33.70)	(45.60)	(56.39)	(67.04)
	机械费(元)				62.03	82.12	110.14	128.86	145.66
名称			单位	单价(元)	数量				
人工	870007	综合工日	工日	82.10	2.160	3.240	4.320	5.400	6.480
材料	01-074	钢管	m	—	(322.2000)	(405.0000)	(559.8000)	(639.0000)	(734.4000)
	15-057	木脚手板	块	—	(17.8500)	(25.0000)	(31.5000)	(38.0000)	(44.7500)
	83-001	扣件	个	—	(119.0000)	(173.0000)	(237.0000)	(284.0000)	(322.0000)
	83-002	底座	个	—	(12.0000)	(12.0000)	(12.0000)	(12.0000)	(12.0000)
	090233	镀锌铁丝$8^{\#}\sim12^{\#}$	kg	6.25	2.9900	4.5000	6.1000	7.5900	9.0800
	840004	其他材料费	元	—	3.93	5.57	7.47	8.95	10.29
机械	800007	载重汽车5t	台班	193.50	0.2570	0.3290	0.4420	0.5070	0.5620
	888810	中小型机械费	元	—	8.68	13.03	17.37	21.71	26.05
	840023	其他机具费	元	—	3.62	5.43	7.24	9.05	10.86

续表

定额编号					2-73	2-74	2-75	2-76	2-77
项目					城台用双排座车脚手架				
					二步	三步	四步	五步	六步
基价(元)					(457.00)	(673.56)	(892.61)	(1113.75)	(1330.33)
其中	人工费(元)				354.67	532.01	709.34	886.68	1064.02
	材料费(元)				(22.96)	(34.01)	(45.44)	(56.43)	(67.68)
	机械费(元)				79.37	107.54	137.83	170.64	198.63
名称			单位	单价(元)	数量				
人工	870007	综合工日	工日	82.10	4.320	6.480	8.640	10.800	12.960
材料	01-074	钢管	m	—	(349.2000)	(448.2000)	(565.2000)	(707.4000)	(801.0000)
	15-057	木脚手板	块	—	(21.0000)	(27.5000)	(34.2500)	(40.7500)	(47.2500)
	83-001	扣件	个	—	(129.0000)	(182.0000)	(254.0000)	(305.0000)	(372.0000)
	83-002	底座	个	—	(18.0000)	(18.0000)	(18.0000)	(18.0000)	(18.0000)
	090233	镀锌铁丝 8# ~12#	kg	6.25	2.9800	4.4900	6.0000	7.5000	9.0000
	840004	其他材料费	元	—	4.33	5.95	7.94	9.55	11.43
机械	800007	载重汽车 5t	台班	193.50	0.2830	0.3650	0.4580	0.5640	0.6450
	888810	中小型机械费	元	—	17.37	26.05	34.74	43.42	52.11
	840023	其他机具费	元	—	7.24	10.86	14.47	18.09	21.71

第7章　砌体工程

7.1　定额说明

本章包括砌体拆除及修补，砖砌体，琉璃梁枋，山花博缝挂落，砖檐琉璃檐，砖石墙帽，石砌体，台基石构件，石制须弥座，墙体石构件，石制门窗，门窗附属石构件，琉璃斗栱，角梁及琉璃椽飞，共14节673个子目。

7.1.1　工作内容

1. 本章各子目工作内容均包括准备工具、场内运输及废弃物清理，其中砖石砌体打点、剔补、拆砌、砌筑及石构件安装、拆安均包括调制灰浆，细砖砌体及砖饰件剔补、拆砌、砌筑还包括样活、砖件砍制（雕制）加工，琉璃砌体补配琉璃件、拆砌、摆砌还包括样活试摆及成活勾缝（擦缝）打点、清擦釉面。

2. 砖砌体墁水活打点包括清扫墙面、点砖药、墁磨、擦净，其中丝缝墙、淌白墙墁水活打点还包括补抹灰缝。

3. 砖砌体打点刷浆包括清扫墙面、补抹灰缝、刷浆描缝。琉璃墙面打点包括清扫墙面、补抹灰缝、清擦釉面。

4. 墙面剔补及砖饰件、琉璃件剔补、补配均包括剔除残损旧砖件、镶补新砖件、勾抹灰缝。

5. 砖石砌体拆除包括必要的安全支护及监护、拆除已损坏的砌体及附着的饰面层、回收有重新利用价值的砖石件并将其运至场内指定地点分类存放。

6. 糙砖砌体及石砌体砌筑包括挑选砖石料、逐层垒砌，不包括勾抹灰缝。

7. 糙砖墙面勾抹灰缝包括剔瞎缝、清除砖缝余灰、勾抹严实。

8. 砖墙体、砖檐、门窗套、影壁墙、看面墙、廊心墙等砌筑均包括逐层逐件摆砌、墁水活打点，其中丝缝、淌白、灰砌做法还包括勾抹灰缝，方砖心摆砌还包括下木仁。

9. 琉璃墙体、花心、檐、山花板及琉璃柱、梁、枋、坐斗枋、挑檐桁等砌筑（拼砌）均包括样活试摆、逐件摆砌、勾抹灰缝、清擦釉面，其中带花饰者还包括拼花。

10. 干摆须弥座、琉璃须弥座砌筑包括圭脚、上下枋（盖板）、半混、串珠混、卢口、枭及束腰等逐层摆砌，其中干摆须弥座还包括墁水活打点。

11. 梢子砌筑包括摆砌荷叶墩（直檐）、混、卢口、枭、盘头、戗檐砖及点砌腮帮、墁水活打点，有后续尾者还包括后续尾的砌筑；圈石挑檐梢子包括摆砌挑檐石圈边砖、直檐、盘头、戗檐砖及点砌腮帮、墁水活打点；灰砌梢子还包括勾抹灰缝。

12. 方砖博缝摆砌包括博缝砖（含脊中分件）及两层托山混摆砌、墁水活打点，不包括博缝头摆砌。琉璃博缝摆砌包括博缝砖（含脊中分件）、博缝头摆砌，不包括托山混摆砌。

托山混摆砌均包括靴头。

13. 方砖挂落、琉璃挂落、琉璃滴珠板安装包括垫灰、垫塞、挂安、拴铜丝或钉固。

14. 砖墙帽砌筑包括砌胎子砖、摆砌面层或抹面层，不包括其下砖檐的摆砌。

15. 墙体花瓦心及墙帽花瓦心摆砌包括选瓦、套瓦、按要求图案摆砌、勾抹、描色打点。

16. 琉璃斗栱摆砌包括坐斗枋以上挑檐桁以下全部部件及机枋、盖斗板、垫栱板及宝瓶等附件的分层逐件摆砌。

17. 琉璃椽飞摆砌包括样活试摆、逐件摆砌、勾抹灰缝、清擦釉面、其中翼角椽飞摆砌还包括摆砌琉璃起翘（枕头木）。

18. 砖券砌筑包括支搭券胎，不包括券胎制作，其中细砖券还包括墁水活打点、勾抹灰缝。

19. 砖石砌体拆砌包括拆除和砌筑的全部工作内容，以及旧砖（瓦、石）件的挑选整理、二次加工。

20. 各种石构件制作均包括选料、下料、制作成型，制作接头缝和并缝，露明面剁斧或砸花锤、刷道、扁光或磨光、刮边，成品码放保管。石构件雕饰包括绘制图样、雕刻花饰。

21. 阶条石、压面石制作包括掏柱顶卡口和转角处的好头石制作。

22. 柱顶石制作包括剔凿鼓径及管脚榫眼，不包括剔凿插扦榫眼，带莲瓣柱顶石制作还包括鼓径雕刻串珠、覆莲瓣；套顶石制作包括剔凿鼓径及柱卡口。

23. 石制须弥座制作包括剔凿束腰及上下枭、雕圭脚、磨光或扁光，以及上枋掏柱顶卡口，不包括上下枋及束腰雕饰，其中带仰覆莲须弥座制作还包括上下枭雕刻串珠、莲瓣，有雕饰独立须弥座制作包括全部花饰的雕刻。

24. 须弥座龙头制作包括剔凿成型、雕刻龙头、磨光，不包括凿吐水眼。

25. 挑檐石包括雕凿挑出部分的枭混。

26. 出檐带扣脊瓦石墙帽制作包括雕凿冰盘檐、滴水头、半圆扣脊瓦，不出檐带八字石墙帽制作包括剔凿八字斜坡面或弧形面，墙帽与角柱连作包括角柱及其上墙帽。

27. 石制门窗框制作包括端头做榫卯。石制菱花窗扇制作包括正面雕饰，其他面扁光或磨光。

28. 门枕石、门鼓石制作均包括剔凿海窝槽、槛槽，门鼓石制作还包括雕饰。滚墩石制作包括剔凿成型、雕饰、磨光、剔凿插扦榫眼及槛框槽口。

29. 石角梁制作包括雕刻兽头及肚弦。

30. 各种石构件安装包括修整接头缝和并缝、稳安垫塞、灌浆，搭拆、挪移小型起重架及安全监护，其中券石、券脸石安装还包括支搭券胎，不包括券胎制作。

31. 石构件拆除（拆卸）包括必要的安全支护及监护，搭拆、挪移小型起重架，拆卸石构件并运至场内指定地点存放。

32. 石构件拆安归位包括拆除和安装的全部内容，还包括清理基层、露明面挠洗或重新剁斧、砸花锤、刷道、扁光。

33. 石构件安扒锔和安银锭销均包括剔凿卯眼、灌注胶粘剂、安装铁锔或银锭销。

34. 石构件挠洗包括挠净污渍、洗净污痕。剁斧见新和磨光见新包括挠净污渍、重新剁斧、砸花锤、刷道或磨光。

7.1.2 统一性规定及说明

1. 本章定额中细砖系指经砍磨加工后的砖件，糙砖系指未经砍磨加工的砖件，而非指砖料材质的糙细；各种细砖砌体定额规定的砖料消耗量包括砍制过程中的损耗在内，若使用已经砍制的成品砖料，应扣除砍砖工的人工费用，砖料用量乘以 0.93 系数，砖料单价按成品砖料的价格调整后执行，其他不作调整。

2. 台基下磉墩、拦土墙按其材料做法执行相应砌体定额。

3. “整砖墙拆除”、“碎砖墙拆除”适用于各类实体性黏土砖墙体的拆除，不分细砖墙（含方砖心、上下槛立八字线枋等）或糙砖墙均执行同一定额，外整里碎墙拆除按“整砖墙拆除”定额执行，墙体拆除其附着的饰面层不另行计算。十字空花墙、砖檐、墙帽、花瓦心及琉璃砌体等拆除另按相应定额执行。

4. 砖砌体墁水活打点、刷浆打点及琉璃墙面打点均包括各种砖（琉璃）饰件及什锦门窗套在内，旧有糙砖墙面、石墙面全部重新勾抹灰缝打点按本定额“抹灰工程”相应定额及相关规定执行。本章墙面勾抹灰缝定额只适用于新垒砌的糙砖墙、石墙。

5. 墙面剔补以所补换砖件相连面积之和在 $1.0m^2$ 以内为准，相连面积之和超过 $1.0m^2$ 时，应执行拆除和砌筑定额。砖件相连以两块砖之间有一定长度的砖缝为准，不含顶角相对的情况。

6. 砖墙体拆砌均以新砖添配在 30% 以内为准，新砖添配超过 30% 时，另执行新砖添配每增 10% 定额（不足 10% 亦按 10% 执行）

7. 墙体砌筑定额已综合了弧形墙、拱形墙及云墙等不同情况，实际工程中如遇上述情况定额不作调整，散砖博缝按墙体相应定额执行。

8. 定额中干摆、丝缝、淌白等细砖砌体及琉璃砖砌体砌筑均以十字缝排砖为准，其中细砖砌体已综合了所需转头砖、八字砖、透风砖的砍制，丝缝墙综合了勾凸缝和勾凹缝做法。三顺一丁排砖按定额乘以1.14系数执行，一顺一丁排砖按定额乘以 1.33 系数执行。各种细砖、琉璃砖墙体拆除、砌筑不包括里皮衬砌的糙砖砌体，里皮衬砌另执行相应的“糙砖墙体砌筑”定额。单块面积在 $2.0m^2$ 以内的山花、象眼等三角形细砖砌体的砌筑，按相应定额乘以 1.15 系数执行。

9. 什锦窗洞口面积按贴脸里口水平长乘以垂直高计算。

10. 影壁、看面墙、廊心墙、槛墙等方砖心摆砌以素做为准，有砖雕花饰者另行增加雕刻费用，其中尺七方砖裁制方砖心系指将尺七方砖裁成四小块（每块约为 25cm 见方）的做法。线枋摆砌综合了海棠池做法。

11. 穿插档摆砌以线刻如意云头三环套月为准，若做其他雕饰另行增加雕刻费用。

12. 定额中梢子、挂落以不做雕饰为准，博缝头以线刻纹饰为准，如做雕饰应另行增加雕刻费用。

13. 空花墙以一砖厚为准，定额已综合了转角处的工料。

14. 花瓦心以一进瓦（单面做法）为准，若为两进瓦按相应定额乘以 2.0 系数执行。墙帽花瓦心与墙体花瓦心执行同一定额。

15. 冰盘檐除连珠混已含雕饰外，其他各层雕饰均另行计算，鸡嗉檐、冰盘檐分层组合方式见表7-1：

表 7-1

名　　称	分层组合做法	备　注
鸡嗉檐	直檐、半混、盖板	
四层冰盘檐	直檐、半混、枭、盖板	
五层素冰盘檐	直檐、半混、卢口、枭、盖板	
五层带连珠混冰盘檐	直檐、连珠混、半混、枭、盖板	
五层带砖椽冰盘檐	直檐、半混、枭、砖椽、盖板	
六层无砖椽冰盘檐	直檐、连珠混、半混、卢口、枭、盖板	
六层带连珠混砖椽冰盘檐	直檐、连珠混、半混、枭、砖椽、盖板	
六层带方、圆砖椽冰盘檐	直檐、半混、枭、圆椽、方椽、盖板	
七层带连珠混砖椽冰盘檐	直檐、连珠混、半混、卢口、枭、砖椽、盖板	
七层带方、圆砖椽冰盘檐	直檐、连珠混、半混、枭、圆椽、方椽、盖板	
八层冰盘檐	直檐、连珠混、半混、卢口、枭、圆椽、方椽、盖板	

16. 冰盘檐拆砌分层执行相应定额。

17. 各种墙帽均以双面做法为准，包括砌胎子砖，若为单面做法按相应定额乘以0.65系数执行，宄瓦墙帽按本定额“屋面工程”中相应定额及有关规定执行。

18. 琉璃挑檐桁及琉璃斗栱的“机枋”已综合了搭角部分，如遇搭角挑檐桁、搭角机枋，定额不作调整。

19. 柱顶石定额已综合了普通和五边形、扇形等不同规格形状及连做的情况，实际工程中不论上述何种情况定额均不作调整。台基柱顶石需剔凿穿透的插扦榫眼，另执行“柱顶石剔凿插扦榫眼”定额。楼面套顶石制作定额已包括剔凿柱卡口，不得再执行“柱顶石剔凿插扦榫眼”定额。

20. 阶条石、平座压面石、陡板石、须弥座、腰线石等均以常见规格做法为准，如遇弧形或拱形时，其制作按相应定额乘以1.10系数执行。阶条石、平座压面石拆安归位若需补配，其补配部分执行拆除、制作、安装相应定额。硬山建筑山墙及后檐墙下的均边石执行腰线石定额。石窗洞口的腰线石（窗榻板）执行阶条石定额。

21. 桥面石执行地面石定额，桥面侧缘仰天石执行阶条石定额。

22. 象眼石制作以素面为准，若落方涩池（海棠池）其制作用工乘以1.35系数。

23. 角柱石制作以素面为准，不分主背角柱、墀头角柱、宇墙角柱、扶手墙角柱及须弥座角柱均执行同一定额，露明面若需落海棠池者其制作用工乘以1.2系数。

24. 墙帽与角柱连作以两者连体为准，不分其墙帽出檐带扣脊瓦或不出槽带八字均执行同一定额。

25. 独立须弥座系指用整块石料雕制的狮子座、香炉座等，不分方、圆等形状均执行同一定额。

26. 石制门槛与槛垫石连做者按本定额“地面及庭院工程”中相应定额及相关规定执行。

27. 门窗券石其栱券（或腰线石）以下部分执行角柱石定额。

28. 门鼓石雕饰，圆鼓以大鼓做浅浮雕、顶面雕兽面为准，幞头鼓以露明面做浅浮雕为准。

29. 滚墩石雕饰以大鼓做浅浮雕、顶面雕兽面为准。

30. 石构件制作、安装、剁斧见新、磨光见新均以汉白玉、青白石等普坚石材为准。若为花岗石等坚硬石材，定额人工乘以1.35系数。

31. 旧石构件如因风化、模糊、需重新落墨、剔凿出细、恢复原样者，按相应制作定额扣除石料价格后乘以系数0.7执行。

32. 定额中规定的石材消耗量以规格石料为准，其价格中已含荒料的加工损耗和加工费用，实际工程中若使用荒料加工制作定额不作调整。不带雕刻的石构件制作定额已综合了剁斧、砸花锤、刷道、扁光或磨光等做法，实际工程中不论采用上述何种做法定额亦不作调整。

7.1.3　工程量计算规则

1. 砖件、琉璃件剔补、补配按所补换砖件、琉璃件的数量以块（件）为单位计算。

2. 砖墙面、琉璃墙面打点按垂直投影面积以平方米为单位计算，不扣除柱门所占面积，扣除石构件及0.5m^2以外门窗洞口所占面积，洞口侧壁不增加，凸出墙面的砖饰侧面不展开。

3. 黏土砖砌体及毛石砌体拆除按体积以立方米为单位计算；其中墙体体积按对应的墙体垂直投影面积乘以墙体厚度计算，其附着的饰面层厚度计算在内，扣除嵌入墙体内的柱、梁、枋、檩、石构件等及琉璃砌体、0.5m^2以外的门窗洞口、过人洞所占体积，不扣除伸入墙内的梁头、桁檩头所占体积；带形基础体积按其截面积乘以中心线长计算（内墙中心线以净长为准）；磉墩体积按其水平截面积乘以高计算，放脚体积应予增加。

4. 糙砖砌体及毛石砌体拆砌、砌筑均按体积以立方米为单位计算；其中墙体体积按对应的墙体垂直投影面积乘以墙体净厚度计算，其附着的饰面层及外皮琉璃砖、玻璃贴面砖厚度不计算，墙体上边线以砖檐下皮为准，博缝内侧衬砌的金刚墙体积应予计入，扣除嵌入墙体内的柱、梁、枋、檩、石构件等及0.5m^2以外洞口所占体积，不扣除外皮细砖墙、琉璃砖墙伸入的丁头砖及伸入墙内的梁头、桁檩头所占体积；带形基础体积按其截面积乘以中心线长计算（内墙中心线以净长为准）；磉墩体积按其水平截面积乘以高计算，放脚体积应予增加。

5. 细砖墙拆砌、砌筑按垂直投影面积以平方米为单位计算，不扣除柱门所占面积，扣除石构件，梢子及0.5m^2以外洞口所占面积，洞口侧壁不增加。

6. 琉璃砖墙及琉璃贴面砖拆除、拆砌、砌筑均按垂直投影面积以平方米为单位计算，不扣除柱门所占面积。

7. 方整石砌体按体积以立方米为单位计算。

8. 十字空花墙、琉璃空花墙及花瓦心均按垂直投影面积以平方米为单位计算。

9. 砖券按体积以立方米为单位计算，其中门窗券按其垂直投影面积乘以墙体厚度计算体积，车棚券按其垂直投影面积乘以券洞长计算体积。

10. 砖、石墙面勾抹灰缝按相应墙面垂直投影面积以平方米为单位计算，扣除石构件及 $0.5m^2$ 以外门窗洞口所占面积，门窗洞口侧壁亦不增加。

11. 梢子、穿插档、小脊子以份为单位计算。

12. 上下槛、立八字按长度以米为单位计算；其中上槛（卧八字）、下槛按柱间净长计算，扣除门口所占长度；廊心墙两侧立八字按下肩上皮至小脊子下皮净长计算，槛墙两侧立八字按地面上皮至窗榻板下皮净长计算。

13. 砖饰柱、细砖箍头枋、琉璃方圆角柱均按长度以米为单位计算；其中砖饰柱、琉璃方圆角柱按下肩上皮（琉璃垂柱按垂头上皮）至箍头枋上皮间净长计算，不扣除马蹄磉所占长度；细砖箍头枋按两侧砖饰柱间净长计算。

14. 琉璃梁枋及垫板按垂直投影面积以平方米为单位计算，马蹄磉、箍头、耳子及琉璃垂头以件（份）为单位计算。

15. 线枋按其外边线长以米为单位计算。

16. 方砖心按线枋里口围成的面积以平方米为单位计算。琉璃花心拼砌按垂直投影面积以平方米为单位计算。

17. 什锦门窗砖贴脸以份为单位计算，通透什锦窗双面做砖贴脸者每座窗按两份计算，什锦门双面做转贴脸者每一门洞按两份计算。

18. 门窗筒壁贴砌按洞口周长以米为单位计算，扣除门洞口底面或元宝石所占长度。

19. 须弥座打点、拆砌、砌筑均按上枋外边线长乘以其垂直高以平方米为单位计算。

20. 冰盘檐打点按盖板外边线长乘以其垂直高以平方米为单位计算。

21. 砖檐、琉璃檐拆除、砌筑按盖板外边线长以米为单位计算。砖檐及琉璃檐拆砌分别按各层拆砌长度以米为单位计算。

22. 方砖博缝按屋面坡长以米为单位计算，不扣除博缝头所占长度，其下托山混不另行计算，方砖博缝头以块为单位计算。琉璃博缝按屋面坡长乘以博缝宽以平方米为单位计算，琉璃博缝头不另行计算，琉璃博缝托山混另行按屋面坡长以米为单位计算。

23. 方砖挂落按外皮长以米为单位计算；琉璃挂落按垂直投影面积以平方米为单位计算；琉璃滴珠板按突尖处竖直高乘以长度的面积以平方米为单位计算。

24. 琉璃山花板按垂直投影面积以平方米为单位计算。

25. 琉璃坐斗枋、琉璃挑檐桁按长度以米为单位计算，不扣除搭角部分的长度。

26. 琉璃斗栱以攒为单位计算。

27. 琉璃椽飞按角梁端头中点连线长分段以米为单位计算，正身椽飞与翼角椽飞以起翘处为分界点。

28. 琉璃角梁、石角梁以根为单位计算。

29. 砖石墙帽（压顶）按中线长以米为单位计算，扣除带墙帽角柱石所占长度。

30. 埋头石、角柱石按高、宽、厚乘积以立方米为单位计算。带墙帽角柱石以份为单位计算。

31. 土衬石、阶条石、腰线石、压砖板、挑檐石按长、宽、厚乘积以立方米为单位计算，不扣除柱顶石或柱卡口所占体积，非90°转角处阶条石长度按长角面计算，圆弧形土衬石、阶条石长度按外弧长计算。

32. 平座压面石按水平投影面积以平方米为单位计算，如遇圆弧形压面石按其外弧长乘以宽的面积计算，均不扣除其本身凹进的套顶石卡口所占面积。

33. 陡板石、象眼石按垂直投影面积以平方米为单位计算。

34. 柱顶石、套顶石按体积以立方米为单位计算，其厚度以底面至鼓径上皮为准，方形柱顶石、套顶石体积按见方长、宽乘积乘以厚的体积计算，五边形或扇形柱顶石、套顶石按两直角顶点连线长与对称轴线长乘积乘以厚的体积计算。柱顶石剔凿插扦榫眼按柱顶石的体积计算。

35. 石制须弥座按体积以立方米为单位计算；其中非独立须弥座体积按上枋长宽乘积乘以全高计算，矩形独立须弥座体积按上面面积乘以其全高计算，圆形或多边形独立须弥座体积按上面最小外接矩形面积乘以其全高计算。

36. 石制须弥座雕刻按面积以平方米为单位计算，其中上（下）枋雕刻按上（下）枋垂直投影面积计算，束腰雕刻按花饰所占长度乘以束腰高的面积计算。

37. 须弥座龙头、门枕石、门鼓石、元宝石、滚墩石等分不同规格以块为单位计算。

38. 石制门窗框按截面积乘以长以立方米为单位计算，其中框长以净长为准，上下槛两端伸入墙体长度应计算在内。

39. 石制菱花窗按垂直投影面积以平方米为单位计算。

40. 券脸石、券石按体积以立方米为单位计算，其中券脸石体积按其宽厚乘积乘以外弧长计算；券石体积按券洞长乘以券石厚乘以外弧长计算。

41. 石构件挠洗及见新按面积以平方米为单位计算；其中柱顶按水平投影面积计算，不扣除柱子所占面积，须弥座按上枋长乘以垂直高乘以 1.4 计算。

42. 本章石构件工程量计算均以成品尺寸为准，有图示者按图示尺寸计算，无图示者按原有实物计算。其隐蔽部位无法测量时，可按表 7-2 计算。表中数据与实物的差额，竣工结算时应予调整。

表 7-2

项 目	宽	厚	备 注
土衬（砖砌陡板）	细砖宽的 2 倍	4/10 宽	
土衬（石陡板）	陡板厚加 2 倍金边宽	同阶条石厚	
土衬（须弥座）	同上枋宽	同上枋厚	
须弥座各层	按上枋厚的 2.5 倍		
埋头（侧面不露明）		同阶条石厚	无土衬且埋深无图示时，埋深暂按 10cm 计算
陡板、象眼石		同阶条石厚	
方柱顶石		1/2 边长	
套顶石		地面砖厚加鼓径高	
腰线石	厚的 1.5 倍		

7.2 有关石构件定额术语的图示

详见图7-1～图7-17。

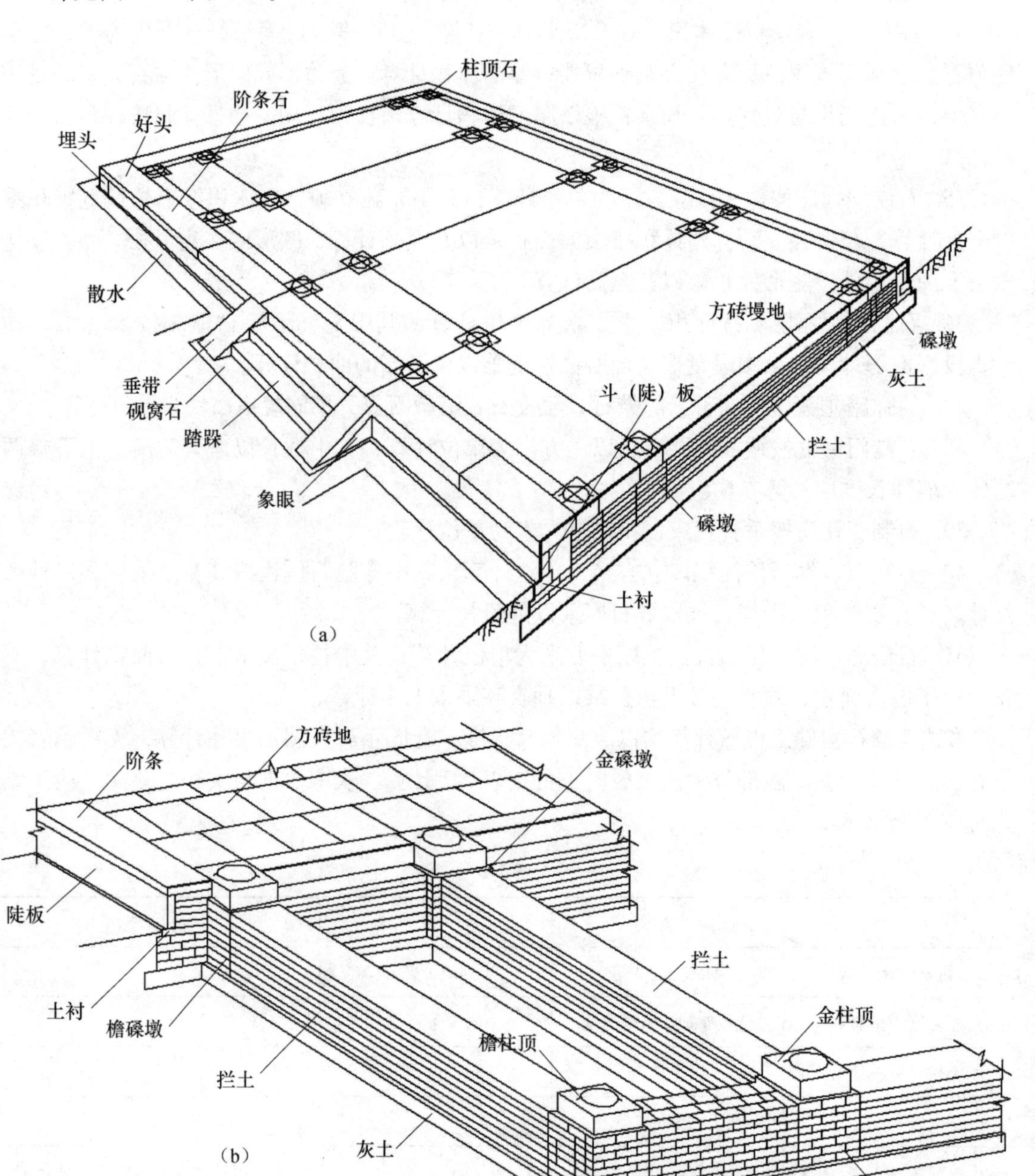

图7-1

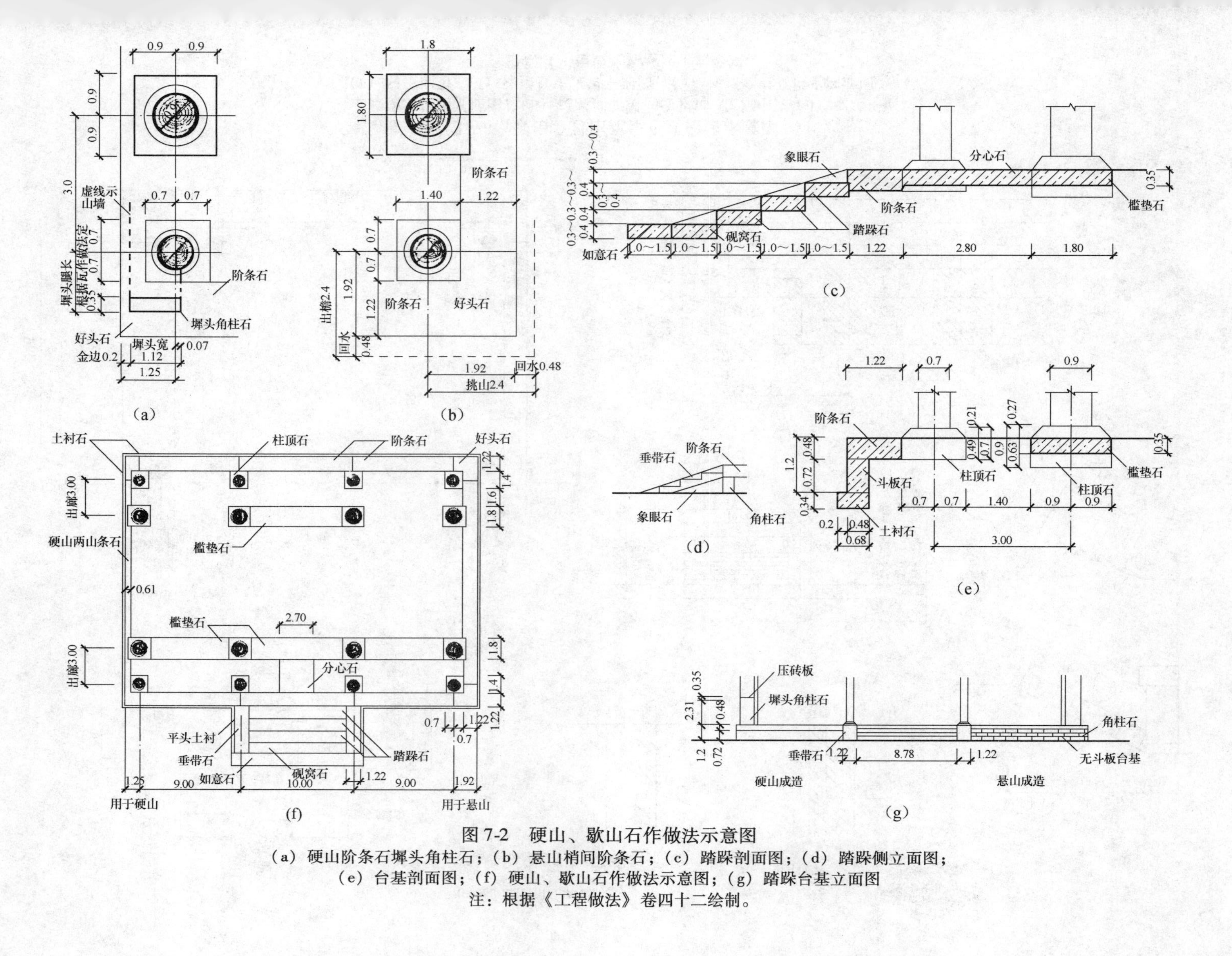

图 7-2 硬山、歇山石作做法示意图

（a）硬山阶条石墀头角柱石；（b）悬山梢间阶条石；（c）踏跺剖面图；（d）踏跺侧立面图；（e）台基剖面图；（f）硬山、歇山石作做法示意图；（g）踏跺台基立面图

注：根据《工程做法》卷四十二绘制。

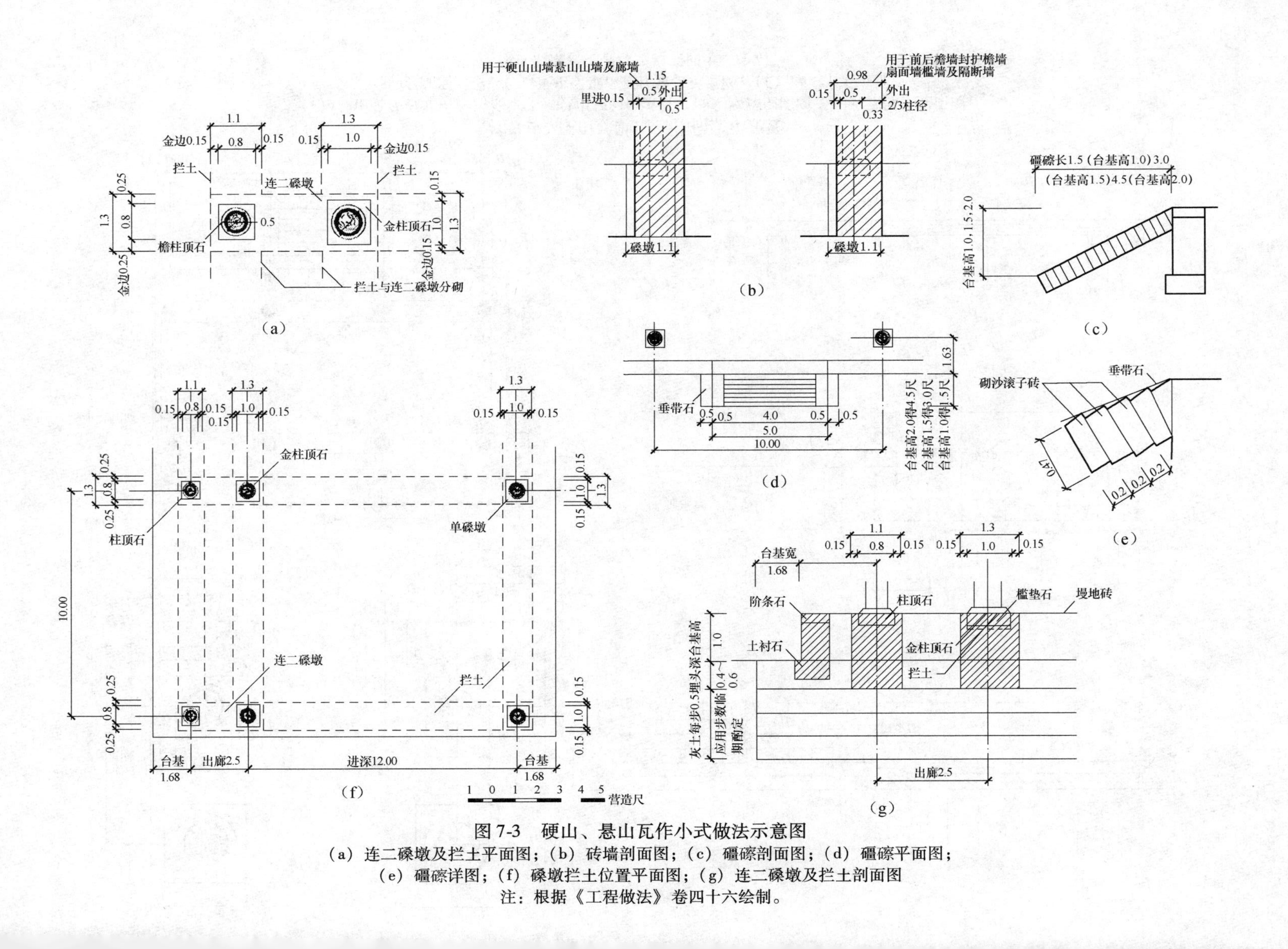

图7-3 硬山、悬山瓦作小式做法示意图

（a）连二磉墩及拦土平面图；（b）砖墙剖面图；（c）礓磜剖面图；（d）礓磜平面图；（e）礓磜详图；（f）磉墩拦土位置平面图；（g）连二磉墩及拦土剖面图

注：根据《工程做法》卷四十六绘制。

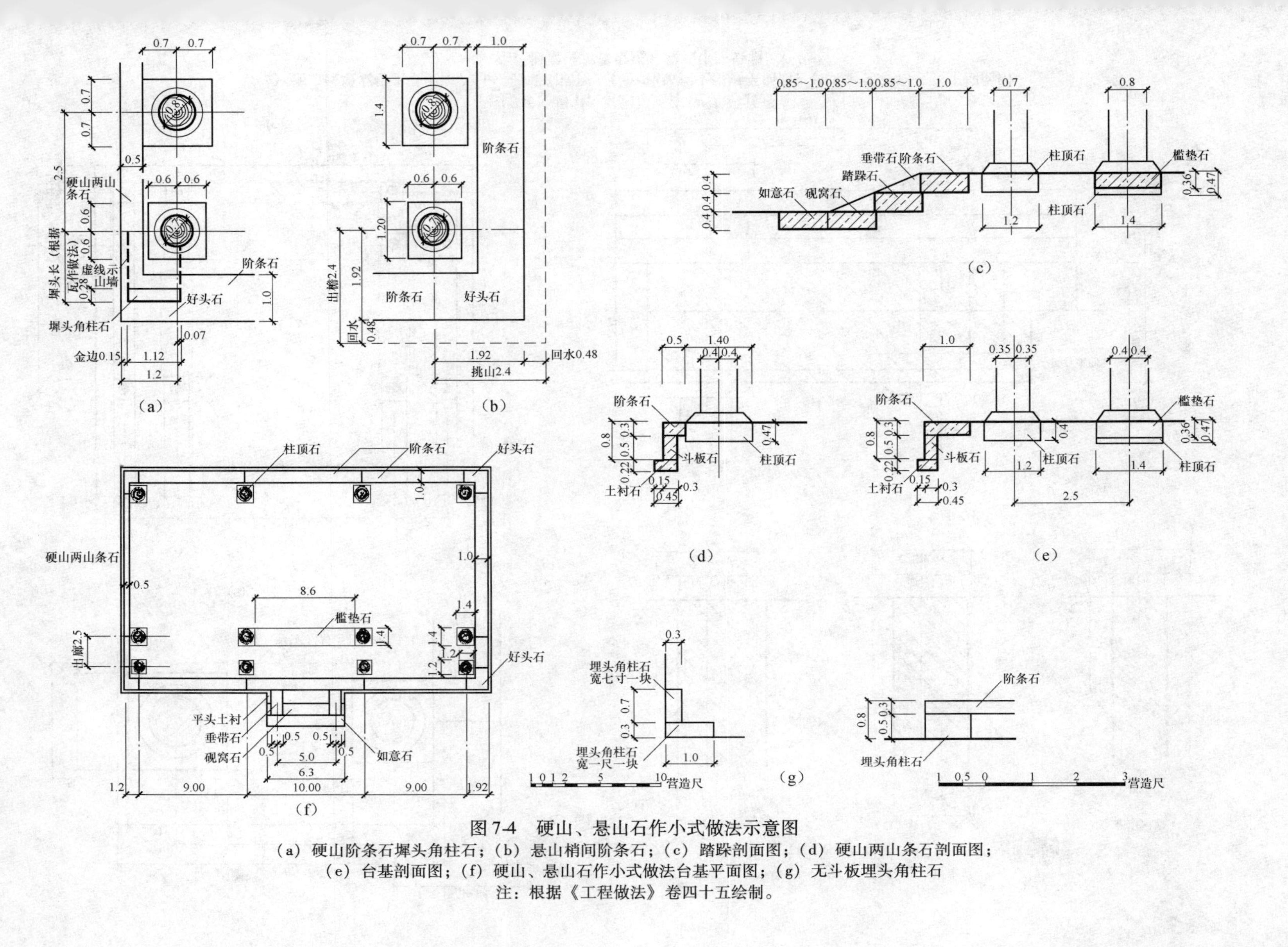

图7-4　硬山、悬山石作小式做法示意图

（a）硬山阶条石墀头角柱石；（b）悬山梢间阶条石；（c）踏跺剖面图；（d）硬山两山条石剖面图；

（e）台基剖面图；（f）硬山、悬山石作小式做法台基平面图；（g）无斗板埋头角柱石

注：根据《工程做法》卷四十五绘制。

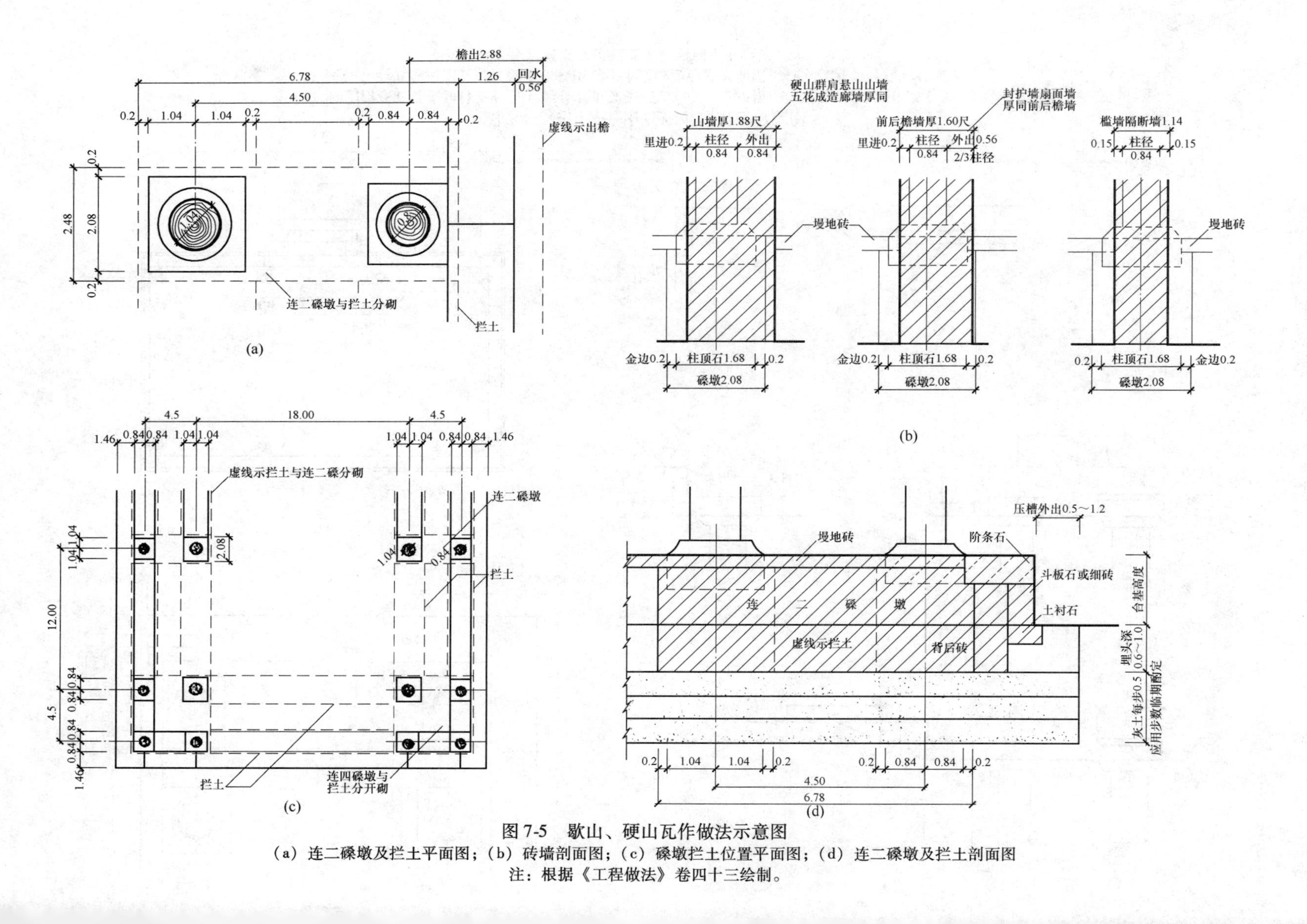

图7-5　歇山、硬山瓦作做法示意图

（a）连二磉墩及拦土平面图；（b）砖墙剖面图；（c）磉墩拦土位置平面图；（d）连二磉墩及拦土剖面图

注：根据《工程做法》卷四十三绘制。

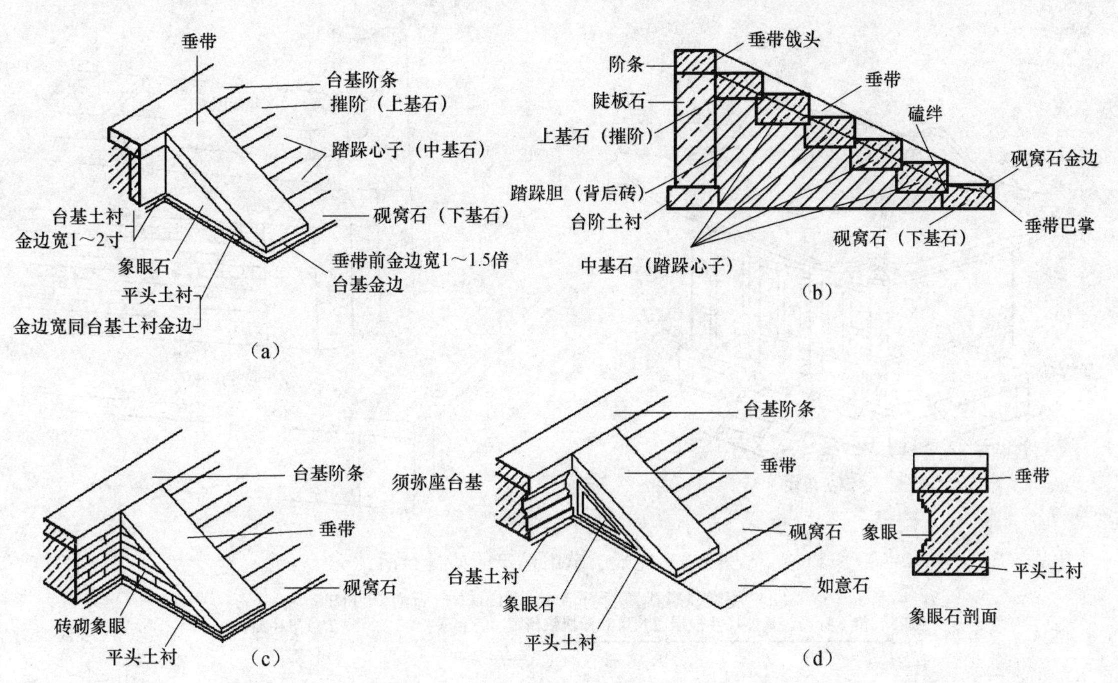

图7-6　垂带踏跺的组成

（a）踏跺分件名称；（b）踏跺剖面；（c）砖砌象眼；（d）用于须弥座石的象眼做法

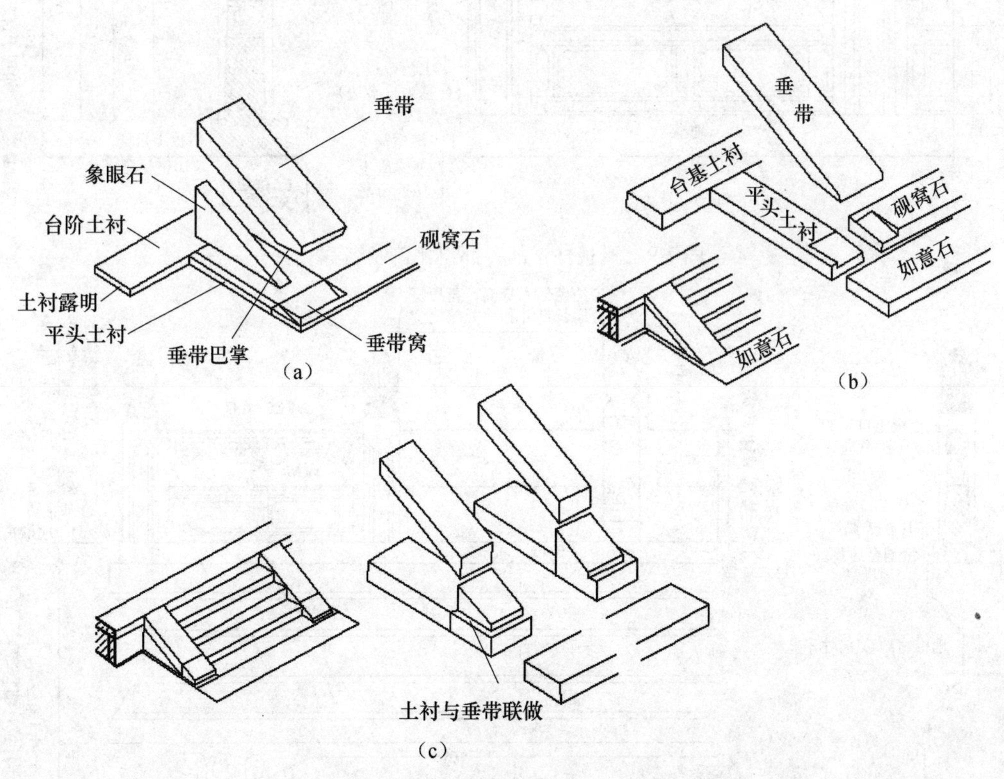

图7-7　垂带与砚窝石的组合

（a）常见形式；（b）与如意石的组合；（c）垂带与土衬的联做

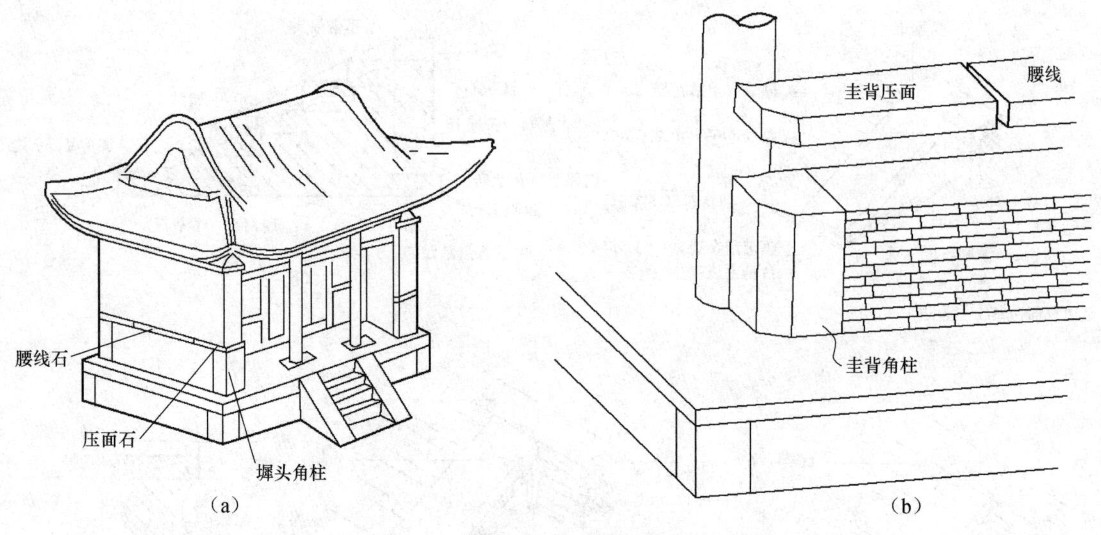

图 7-8　庑殿、歇山建筑的墙身石活

（a）庑殿、歇山墙身石活示意图；（b）石活分件图

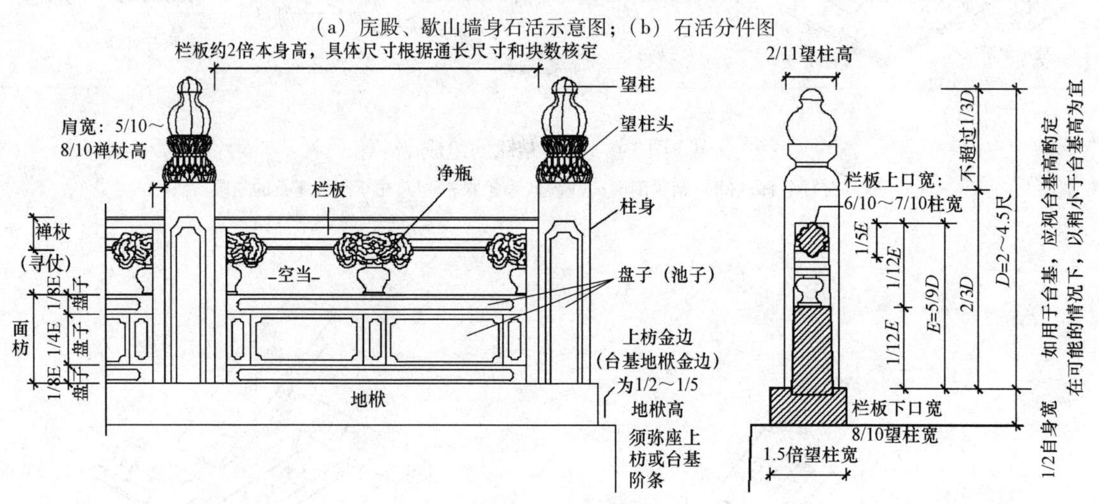

图 7-9　栏板柱子的各部位比例及名称

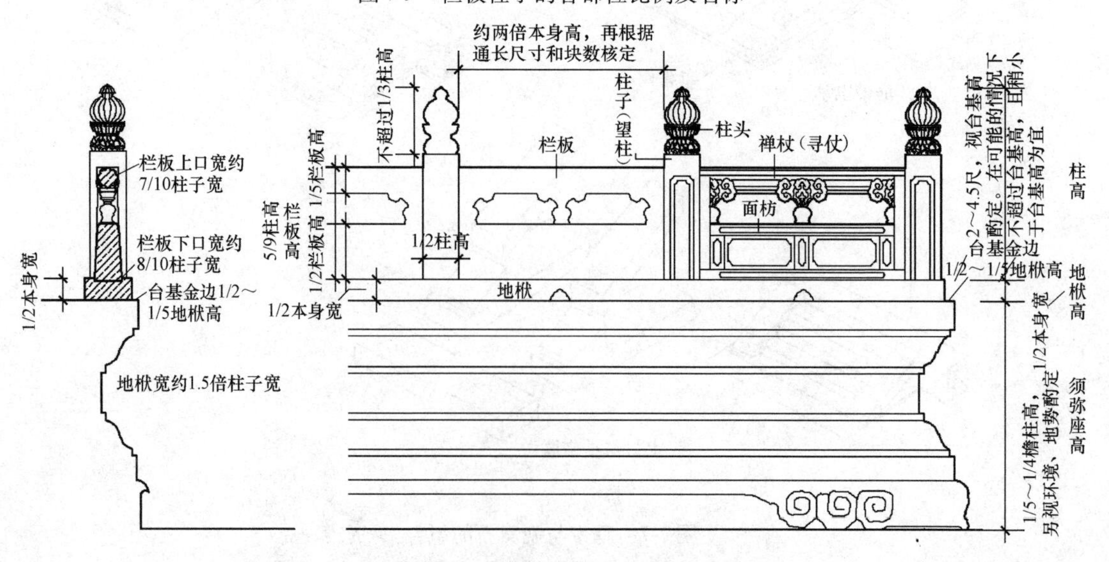

图 7-10　带栏板柱子的石须弥座

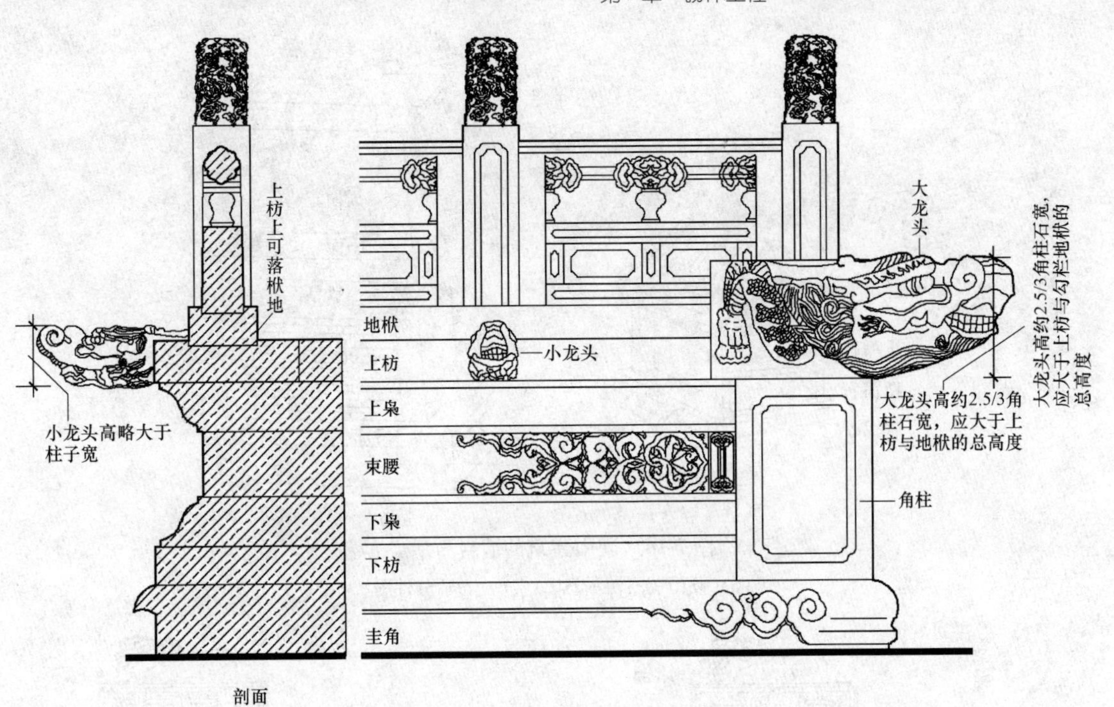

图 7-11 带龙头栏板石须弥座示意图

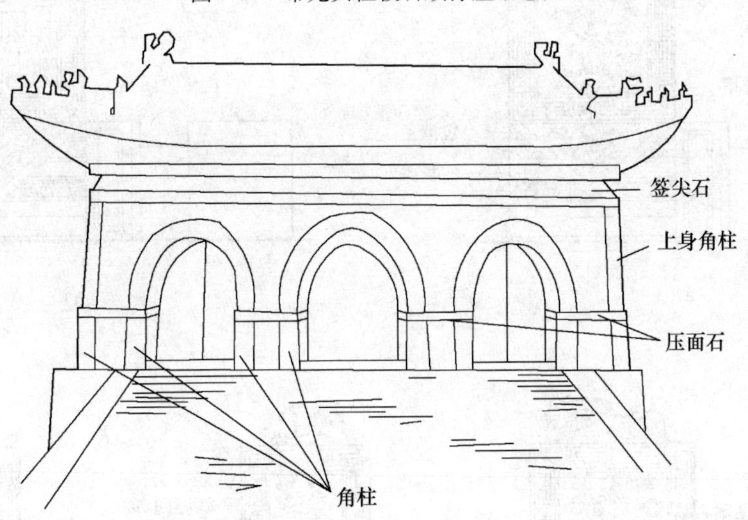

图 7-12 无梁殿建筑的墙身石活

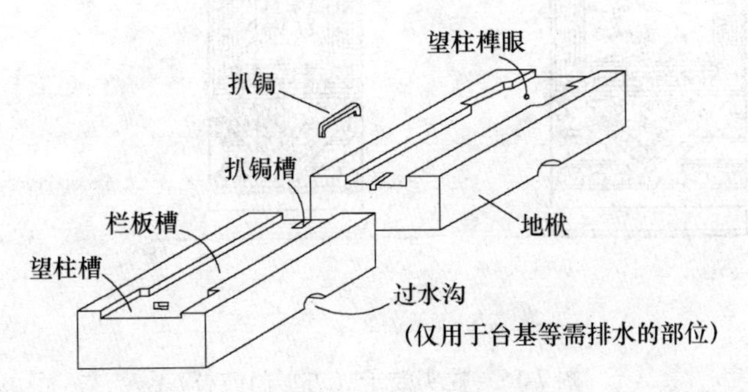

图 7-13 地栿示意图

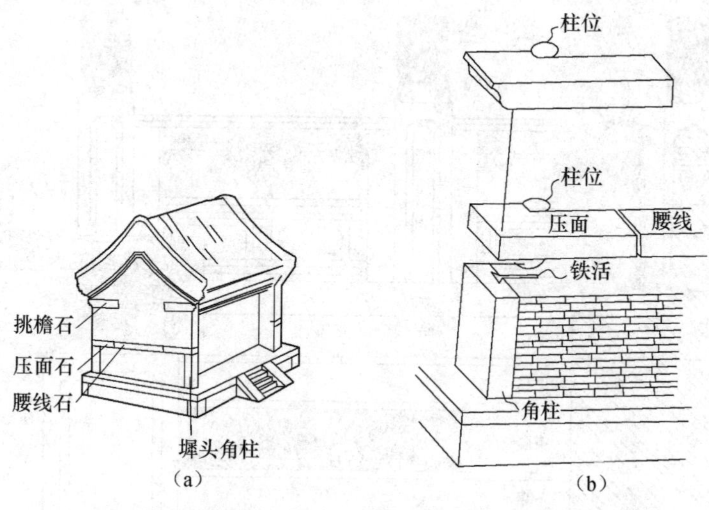

图 7-14　硬山建筑的墙身石活

(a) 硬山墙石活示意图；(b) 石活分件图

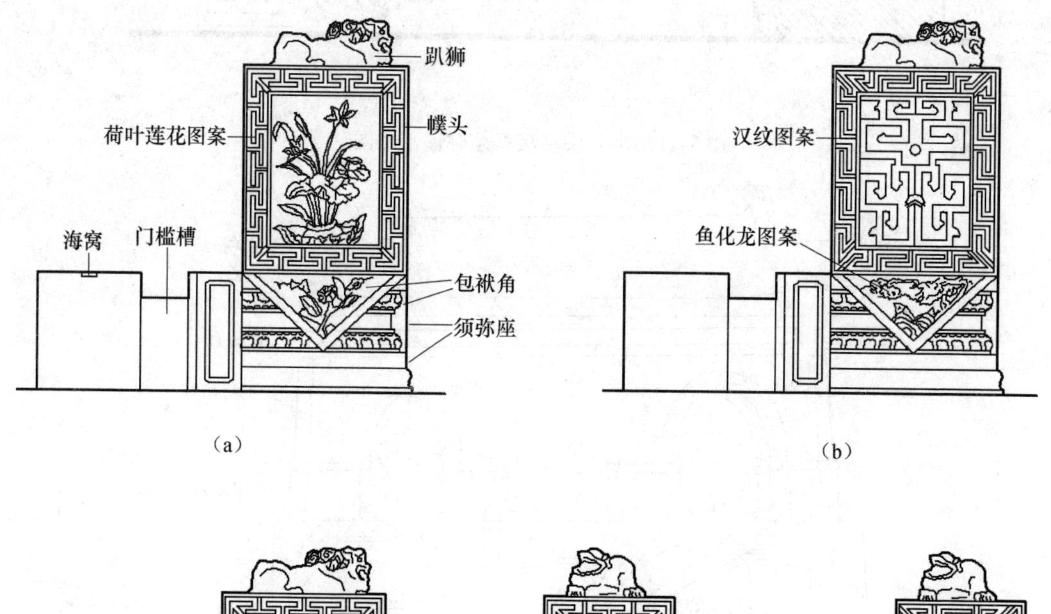

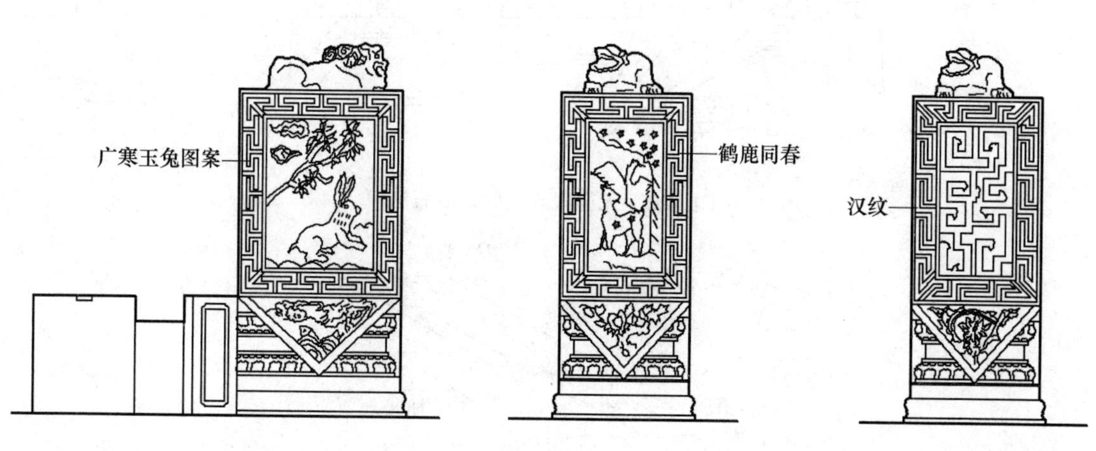

图 7-15　幞头鼓子（方形门鼓石）

(a)、(b)、(c) 方鼓子侧面；(d)、(e) 方鼓子正面

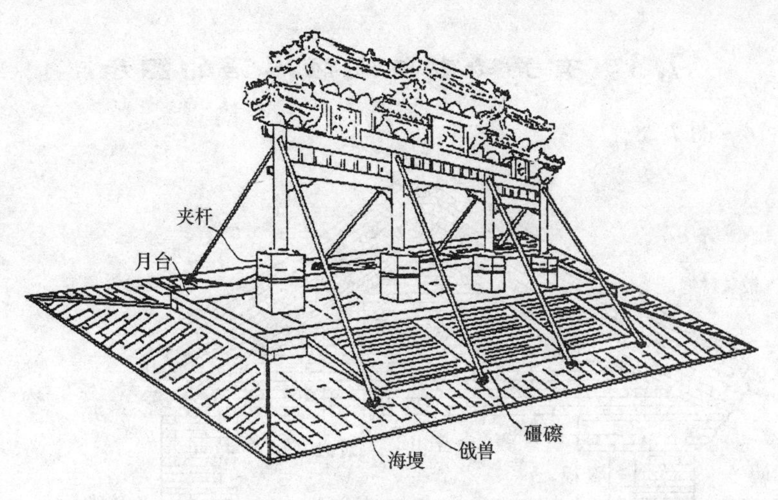

图 7-16　木牌楼石活示意图

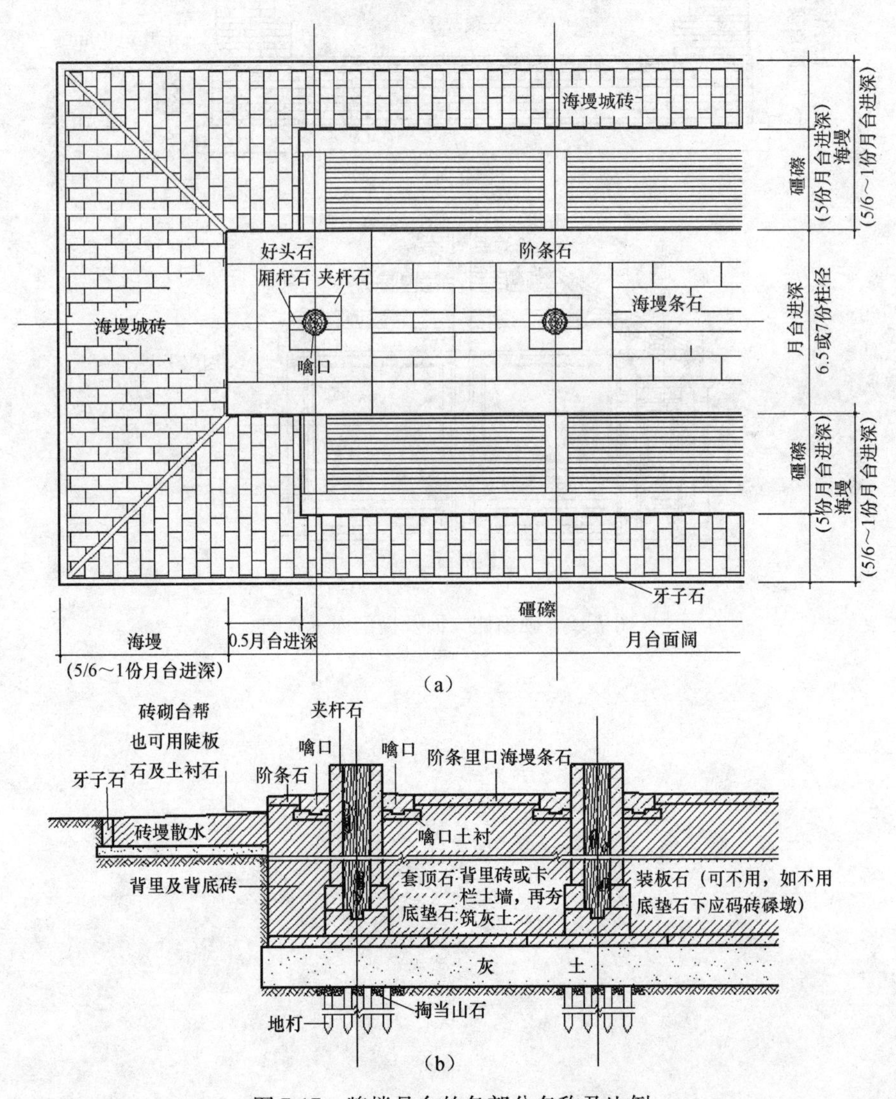

图 7-17　牌楼月台的各部分名称及比例

(a) 平面图；(b) 剖面图

7.3 有关砖砌体定额术语的图示

详见图 7-18 ~ 图 7-28。

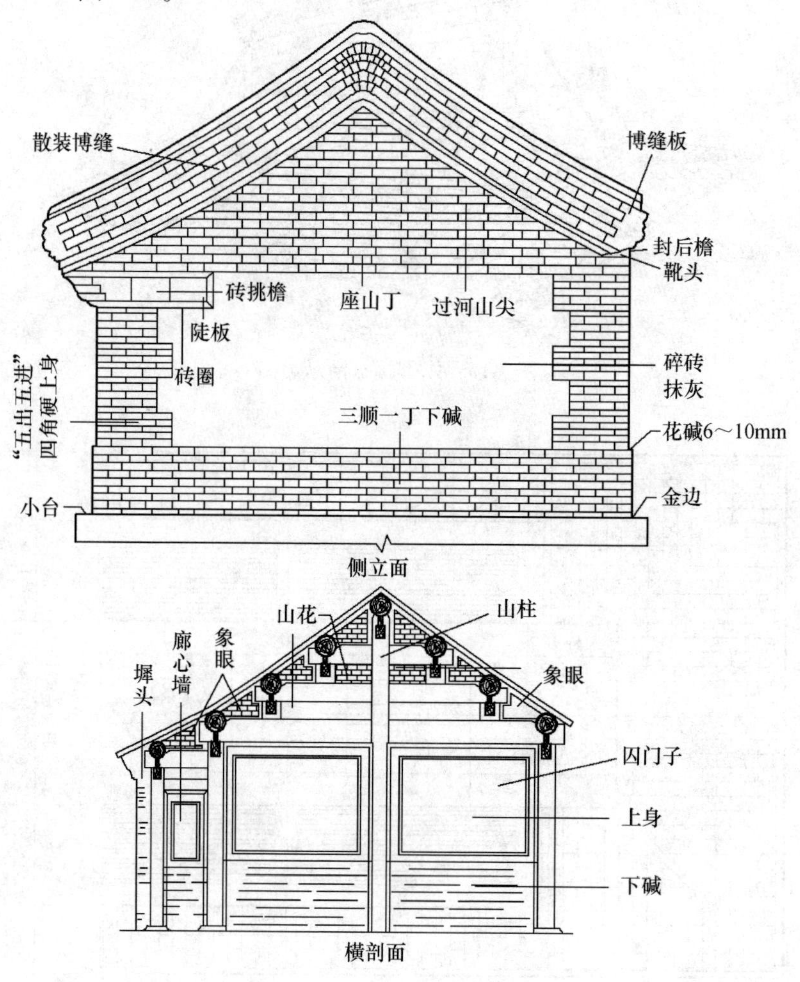

图 7-18　硬山侧立面及横剖面示意图

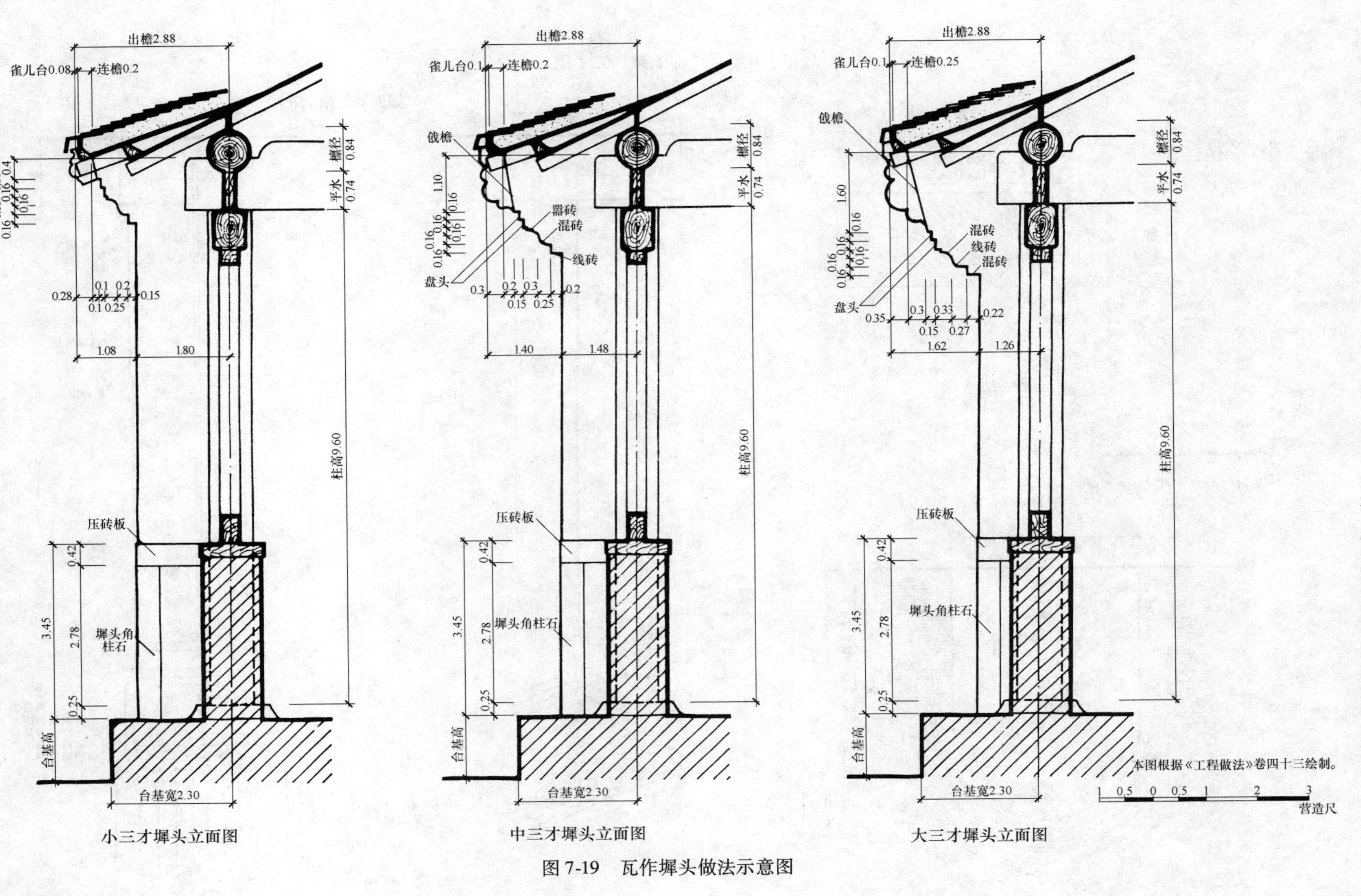

图 7-19　瓦作墀头做法示意图

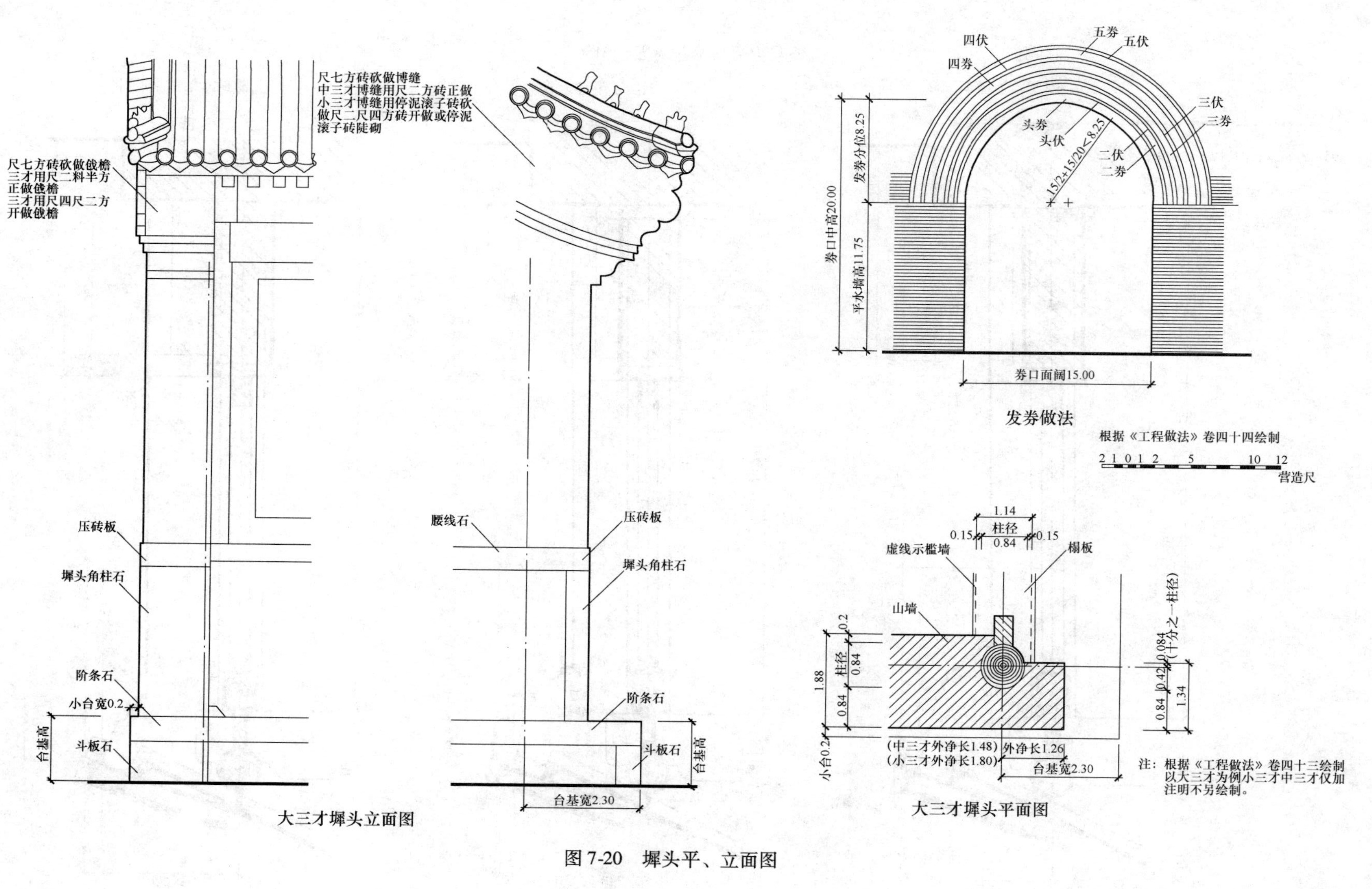
尺七方砖砍做博缝
中三才博缝用尺二方砖正做
小三才博缝用停泥滚子砖砍
做尺二尺四方砖开做或停泥
滚子砖陡砌
尺七方砖砍做戗檐
三才用尺二料半方
正做戗檐
三才用尺四尺二方
开做戗檐
压砖板
墀头角柱石
阶条石
小台宽0.2
台基高
斗板石
腰线石
台基宽2.30
大三才墀头立面图
四伏
四券
五券
五伏
三伏
三券
头券
头伏
二伏
二券
15/2+15/20≤8.25
券口中高20.00
发券分位8.25
平水墙高11.75
券口面阔15.00
发券做法
根据《工程做法》卷四十四绘制
2 1 0 1 2 5 10 12
营造尺
1.14
柱径
0.15
0.84
虚线示槛墙
榻板
山墙
0.2
柱径
0.84
1.88
0.084
(十分之一柱径)
0.42
1.34
小台0.2
(中三才外净长1.48)
(小三才外净长1.80)
外净长1.26
台基宽2.30
注：根据《工程做法》卷四十三绘制
以大三才为例小三才中三才仅加
注明不另绘制。
大三才墀头平面图

图 7-20　墀头平、立面图

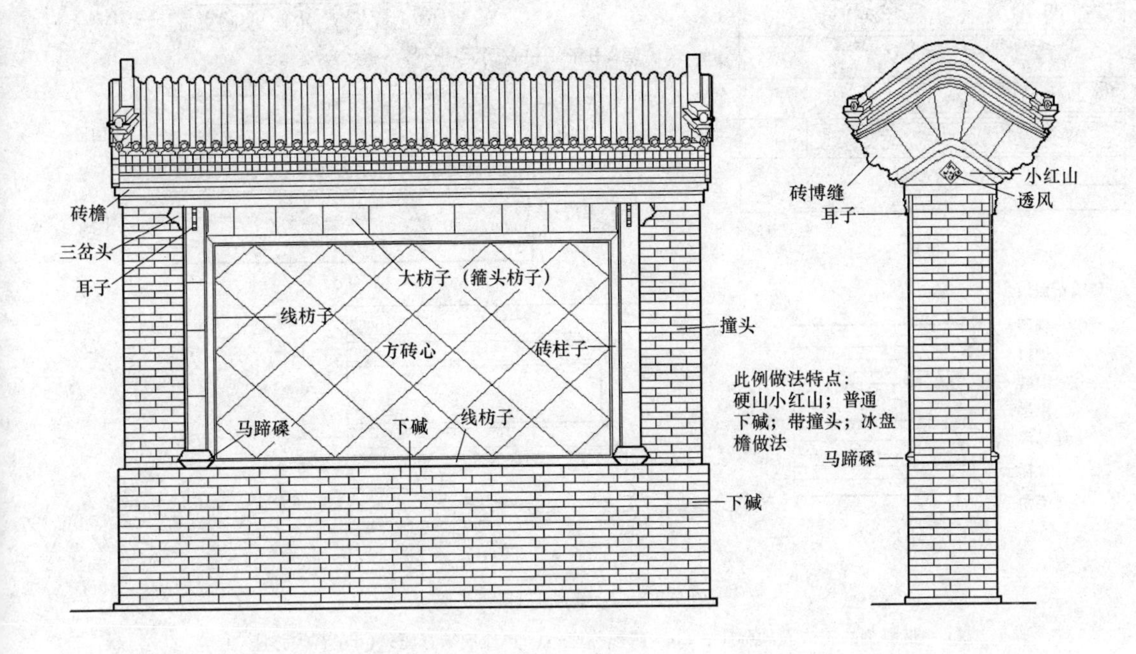

（a）

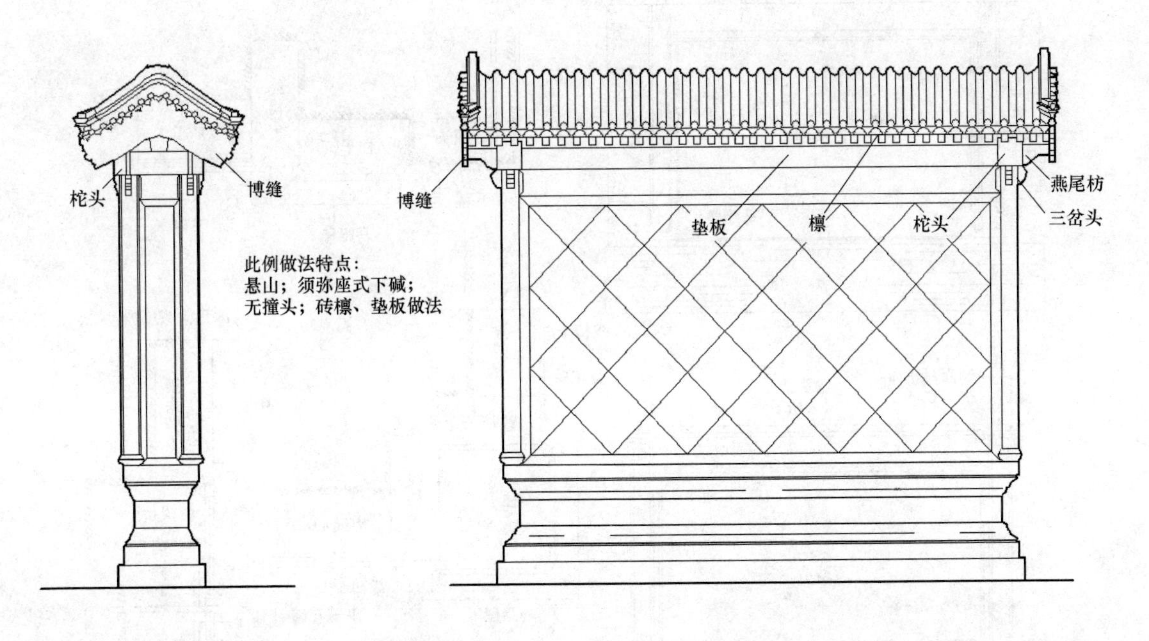

（b）

图7-21　一字影壁

（a）硬山一字影壁；（b）悬山一字影壁

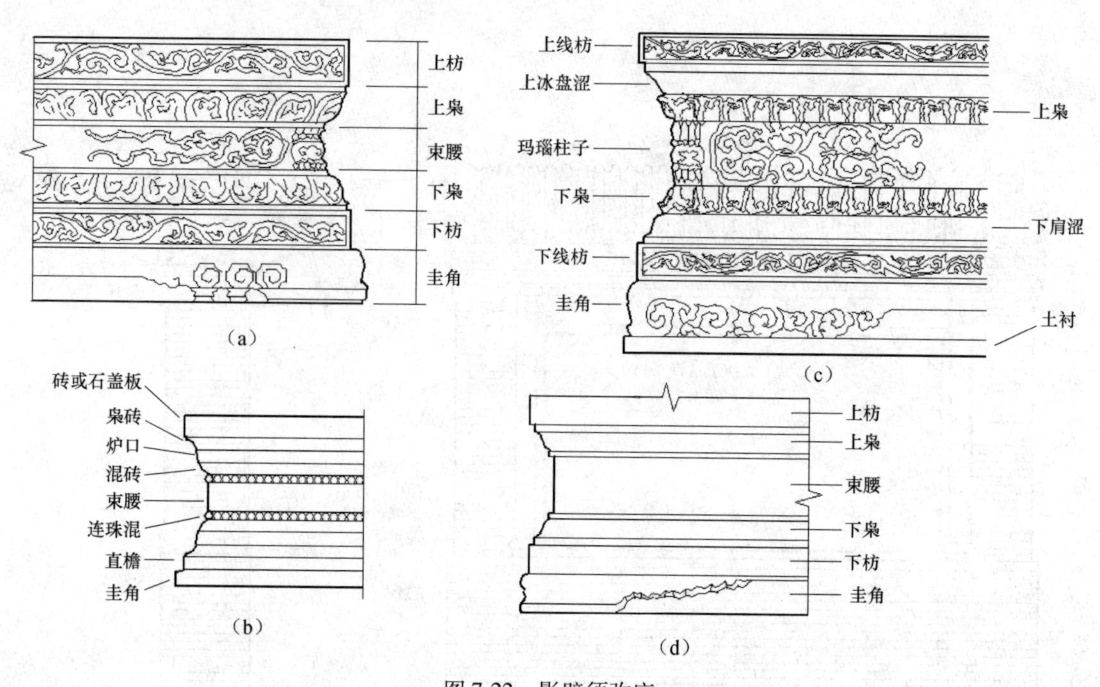

图 7-22 影壁须弥座

(a) 带雕刻的砖或石须弥座;(b) 砖须弥座;(c) 琉璃须弥座;(d) 石须弥座

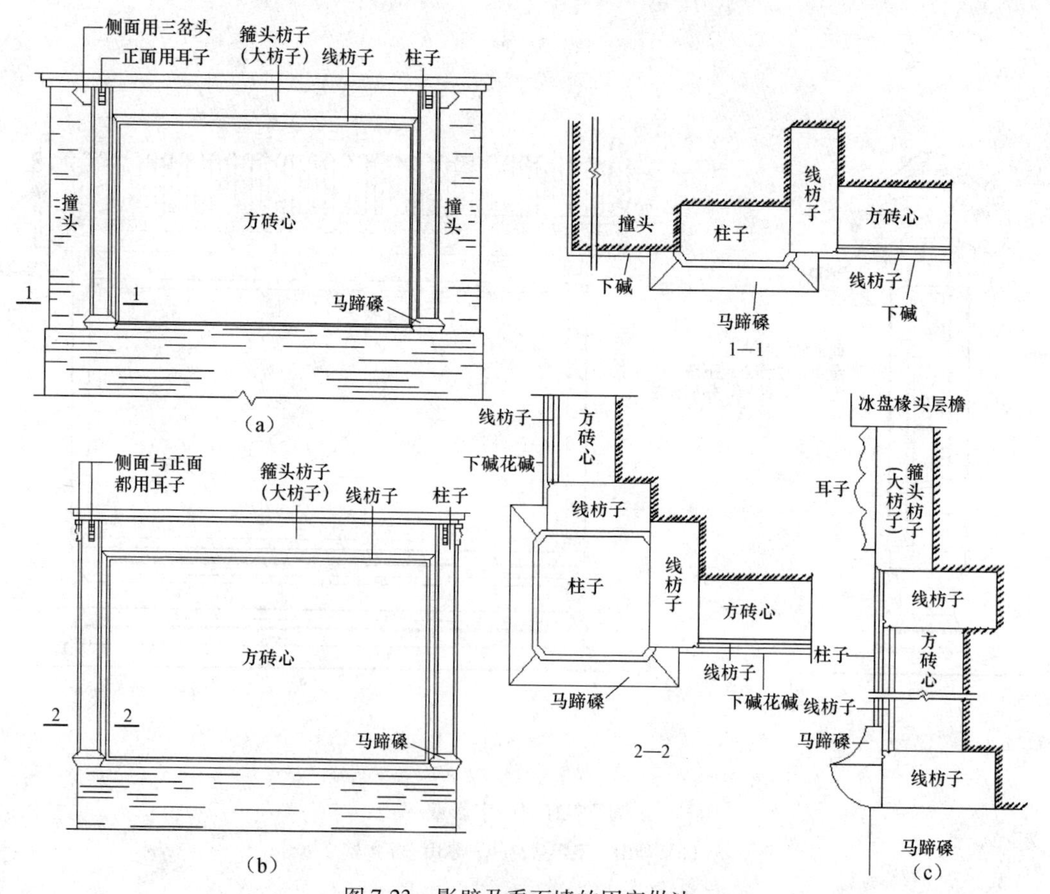

图 7-23 影壁及看面墙的固定做法

(a) 有撞头的做法;(b) 无撞头的做法;(c) 纵剖面

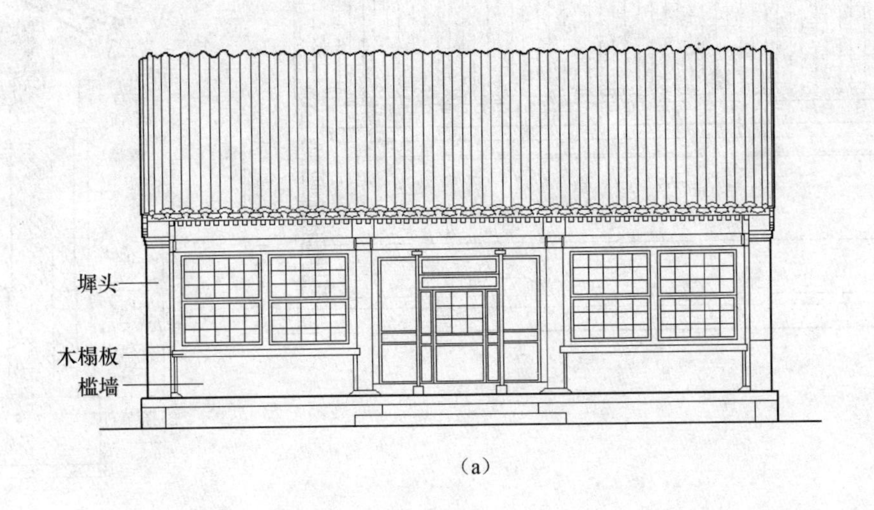

（a）

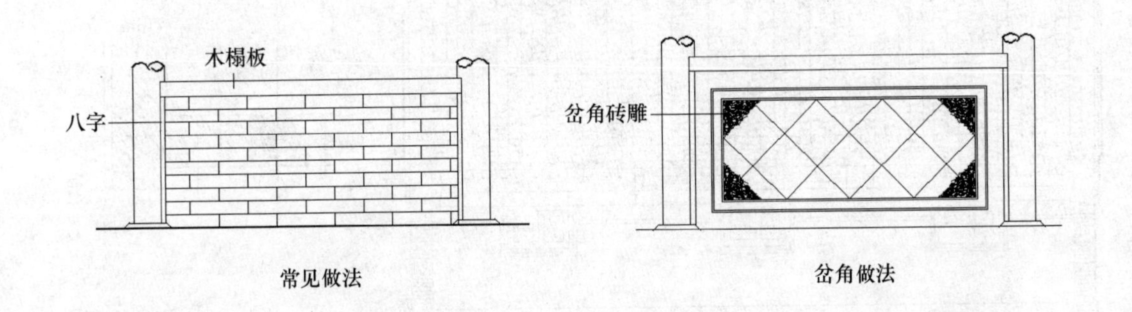

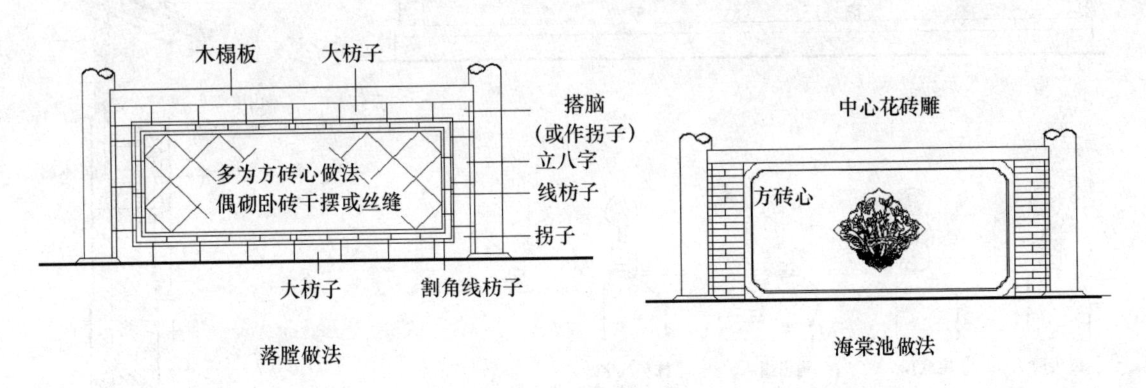

（b）

图7-24　槛墙

（a）槛墙示意图；（b）槛墙的几种做法

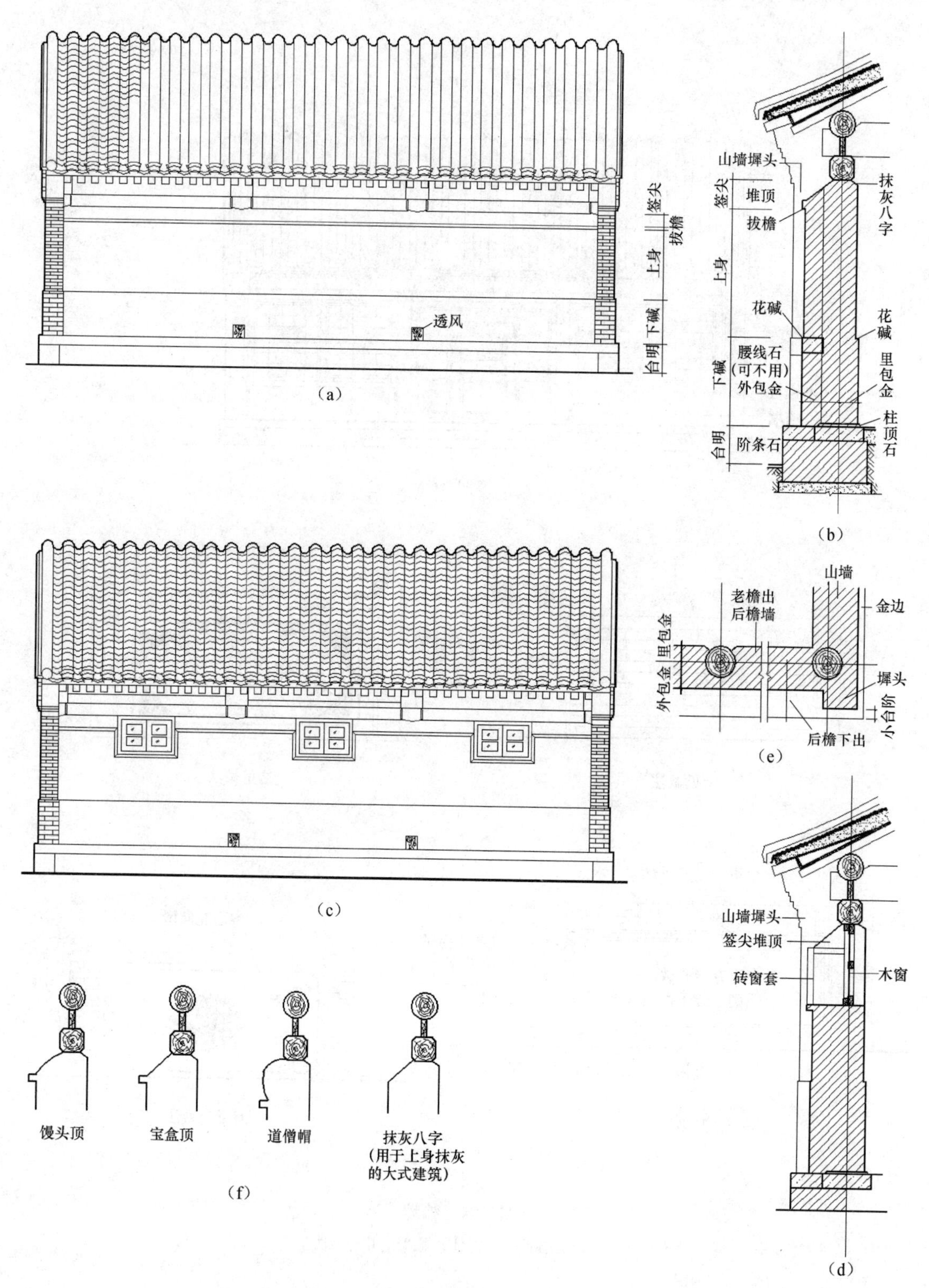

图7-25　老檐出后檐墙

（a）无窗的老檐出后檐墙；（b）无窗的老檐出后檐墙剖面；（c）有窗的老檐出后檐墙；（d）有窗的老檐出后檐墙剖面；（e）老檐出后檐墙平面；（f）签尖的几种式样

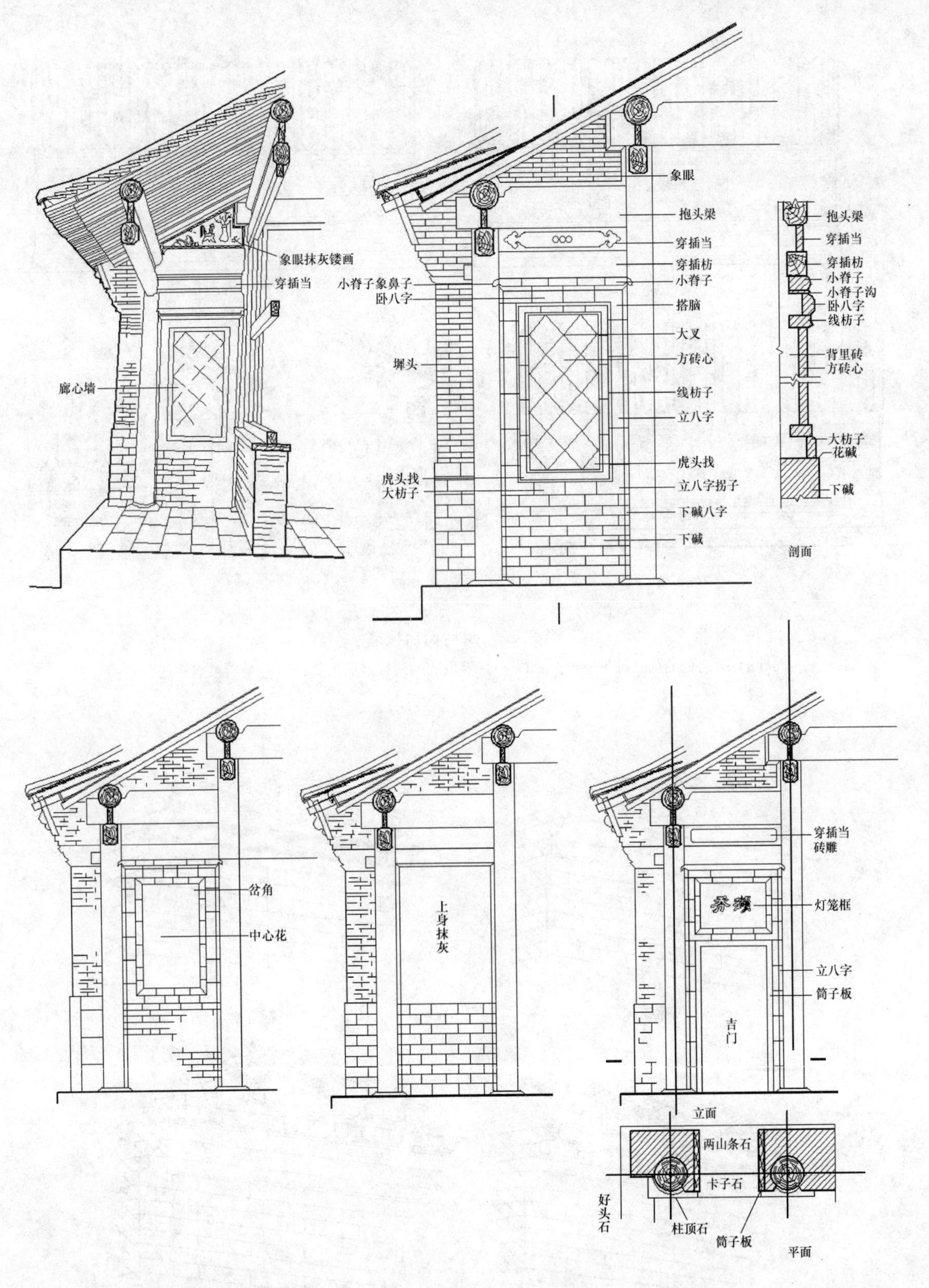
象眼抹灰镂画
穿插当
廊心墙
象眼
抱头梁
穿插当
穿插枋
小脊子象鼻子
小脊子
卧八字
搭脑
大叉
墀头
方砖心
线枋子
立八字
虎头找
虎头找
大枋子
立八字拐子
下碱八字
下碱
抱头梁
穿插当
穿插枋
小脊子
小脊子沟
卧八字
线枋子
背里砖
方砖心
大枋子
花碱
下碱
剖面
岔角
中心花
上身抹灰
穿插当砖雕
灯笼框
立八字
筒子板
吉门
立面
两山条石
卡子石
好头石
柱顶石
筒子板
平面

图7-26　廊心墙示例

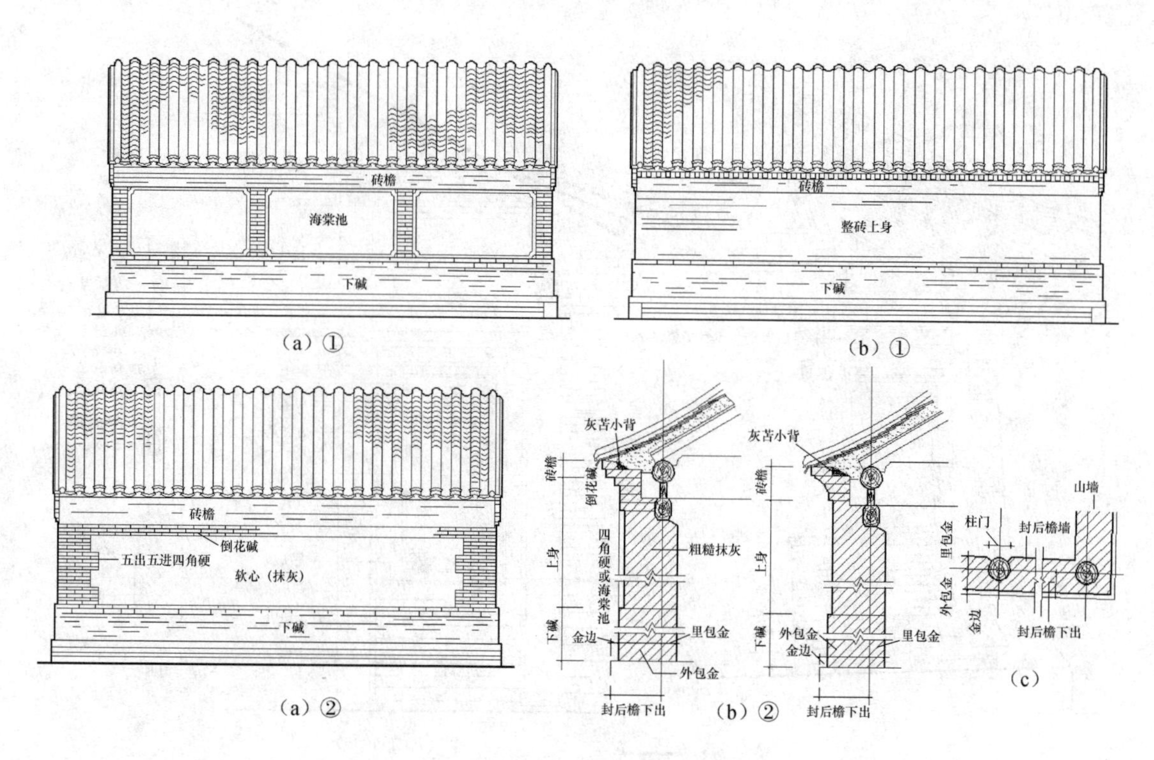

图 7-27　封后檐后檐墙

(a)封后檐墙的几种做法形式;(b)封后檐墙的两种剖面形式;(c)封后檐墙平面

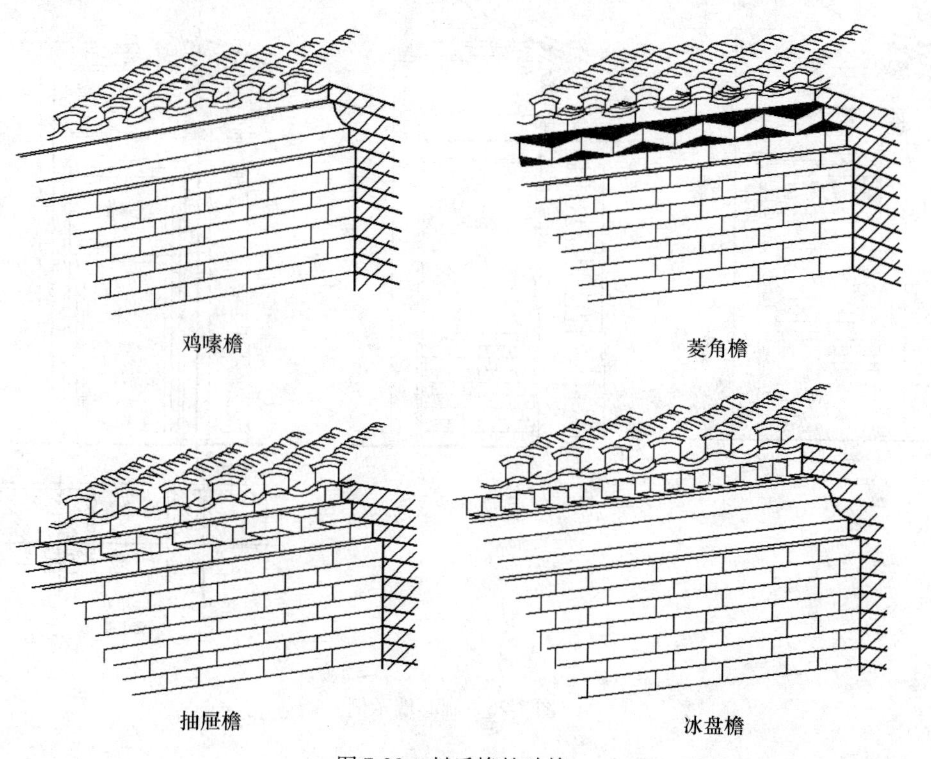

图 7-28　封后檐的砖檐

7.4 计算例题

例7-1 参照图7-29、图7-30、图7-31、图7-32和图7-33。计算下列石活。

1. 埋头石制安

已知：埋头石高 $=0.6-0.13=0.47\text{m}$

$v=0.4\times0.4\times0.47\times4=0.30\text{m}^3$

1-477 埋头石制作 $v=0.30\text{m}^3$

1-505 埋头石安装 $v=0.30\text{m}^3$

2. 踏跺石制安

已知：台阶长 $=3.20-2\times0.36/2=2.84\text{m}$

台阶宽 $=0.3\text{m}$ $s=2.84$（长）$\times0.3$（宽）$\times8$（块）$=6.82\text{m}^2$

2-189 踏跺石制作 $s=6.82\text{m}^2$

2-193 踏跺石安装 $s=6.82\text{m}^2$

3. 圆鼓径柱顶石制安

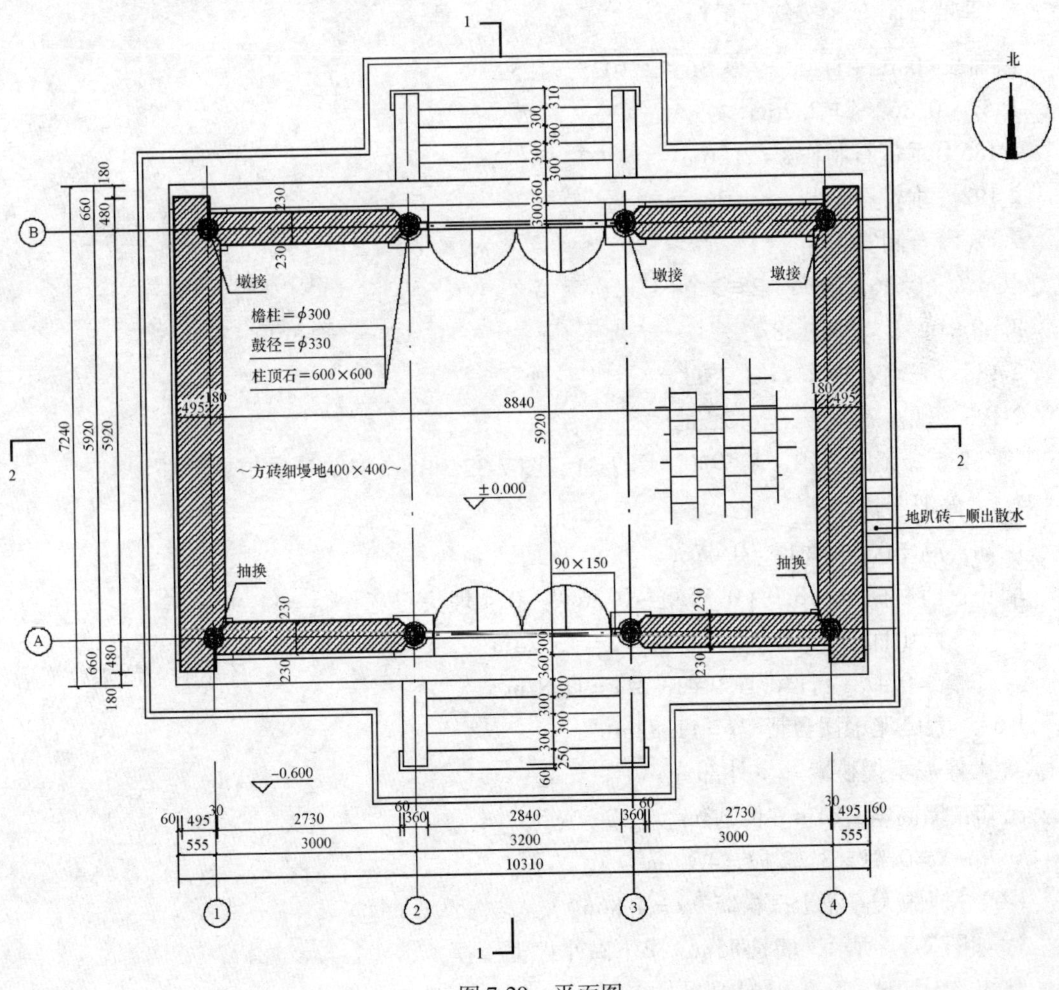

图7-29 平面图

$v=0.6\times0.6\times0.3\times8=0.86m^3$

1-492　圆鼓径柱顶石制作　$v=0.86m^3$

1-511　圆鼓径柱顶石安装　$v=0.86m^3$

4. 阶条石制安

已知：前后檐阶条石长 $=2\times10.31=20.62m$

阶条石宽 0.36m　阶条石厚 0.13m

$v=20.62$（长）$\times0.36$（宽）$\times0.13$（厚）$=0.97m^3$

1-482　前后檐阶条石制作　$v=0.97m^3$

1-506　前后檐阶条石安装　$v=0.97m^3$

5. 两山金边石制安

已知：金边石长 $=7.24-2\times0.36=6.52m$

金边石厚 $=0.13m$，宽 $=0.13\times1.5=0.20m$

$v=6.52\times2\times0.13\times0.2=0.34m^3$

1-561　两山金边石制作　$v=0.34m^3$

1-562　两山金边石安装　$v=0.34m^3$

6. 垂带石制安（按斜面积）

斜面长 $\sqrt{0.6^2+1.45^2}=\sqrt{0.36+2.1025}=1.57$

$1.57\times0.36\times4=2.26m^2$

2-186　垂带石制作 $s=2.26m^2$

2-192　垂带石安装 $s=2.26m^2$

7. 砚窝石制安

长 $3.2+0.36+0.06\times2=3.68$

$3.68\times0.31\times2=2.28$

2-188　砚窝石制作 $s=3.28m^2$

2-193　砚窝石安装 $s=3.28m^2$

例 7-2　参照图 7-29、图 7-30、图 7-31、图 7-32 和图 7-33。计算下列砖活。

1. 大停泥干摆台帮

已知：高 $=0.6-0.13=0.47m$

墙长：前后檐 $=[(3.0+0.555)-0.36/2-0.4$ 埋头石宽$]\times4=11.90m$

两山面 $=(7.42-2\times0.4)\times2=13.24m$

$s=0.47$（高）$\times(11.9+13.24)=11.82m^2$

1-69　大停泥干摆台帮　$s=11.82m^2$

2. 大停泥干摆槛墙（室外部分）

已知：墙高 $=0.81m$　长 $=3m$

$s=0.81\times3\times2$ 段 $=4.86m^2$

1-69　外侧大停泥干摆槛墙　$s=4.86m^2$

3. 如图 7-34 所示，墙长 85m，求下碱小停泥干摆

已知：干摆墙高 $=0.95m$

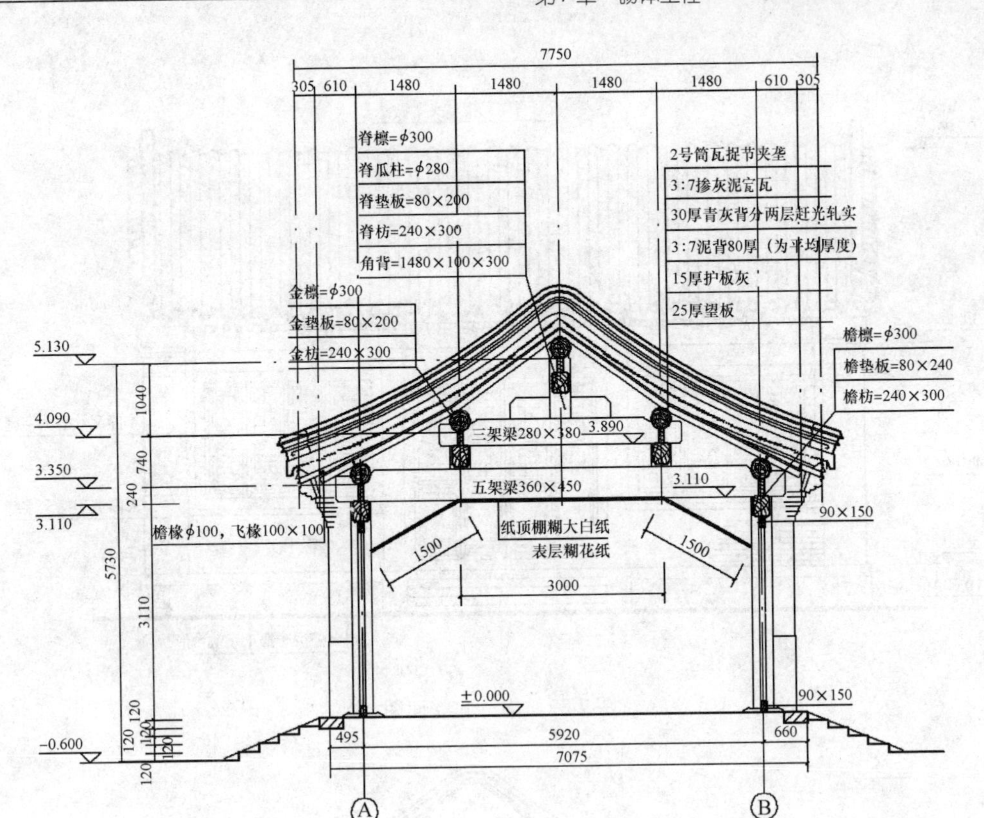

图 7-30 1—1 剖面图

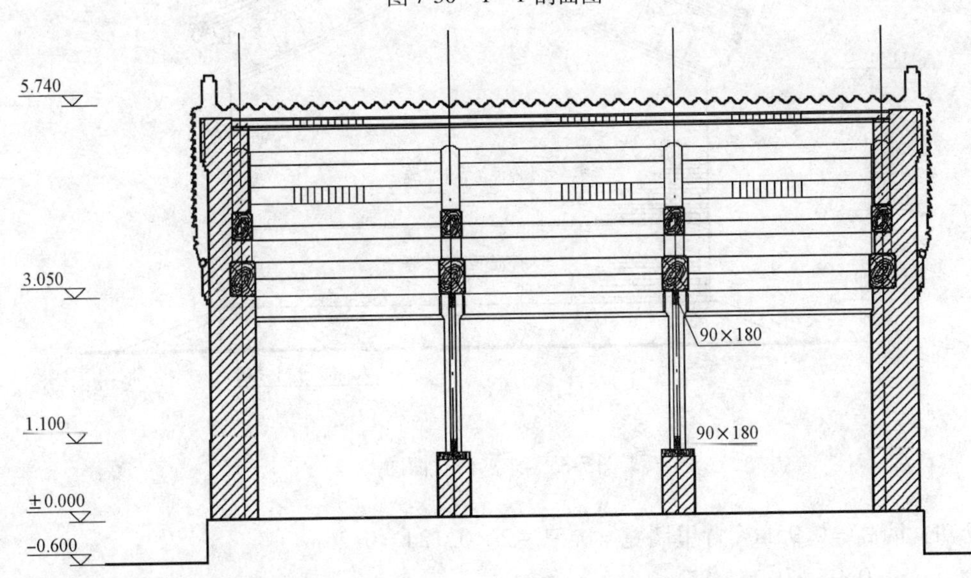

图 7-31 2—2 剖面图

$s = 0.95 \times 85 \times 2$ 段 $= 161.50\text{m}^2$

1-70 下碱小停泥干摆 $s = 161.50\text{m}^2$

4. 如图 7-34 所示，墙长 85m，求下碱背里墙

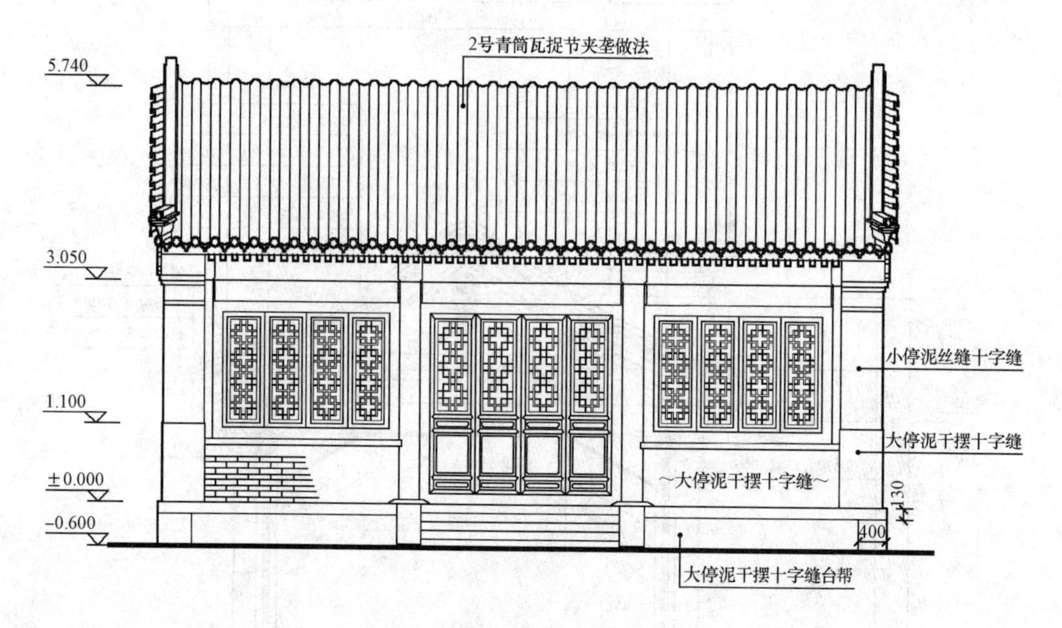

图 7-32　南、北立面图

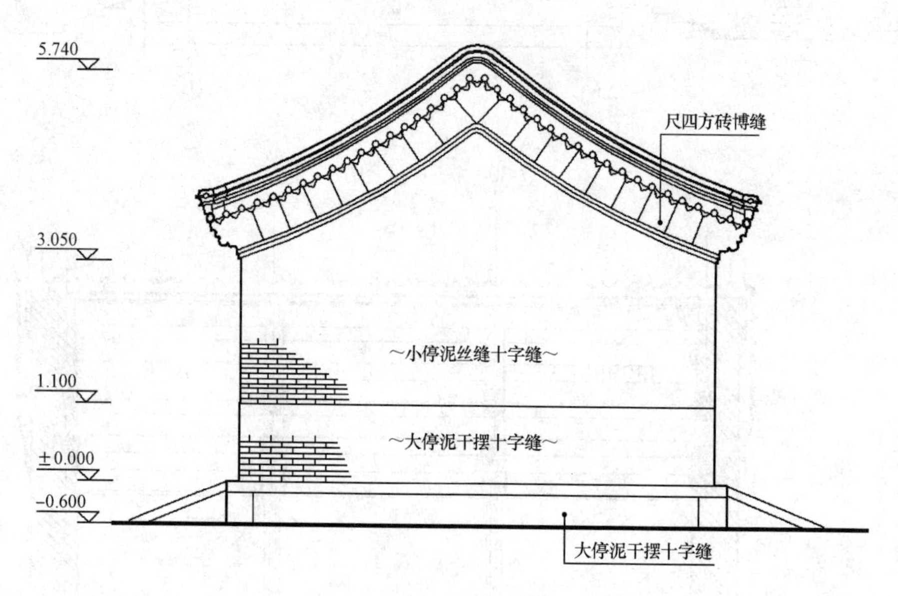

图 7-33　东、西立面图

已知：墙高 $=0.95\text{m}$　背里墙宽 $=0.51-2\times0.124=0.26\text{m}$

$v=0.95\times0.26\times85=21\text{m}^3$

1-150　下碱蓝四丁背里墙　$v=21\text{m}^3$

5. 如图 7-34 所示，墙长 85m，求墙帽冰盘檐的长

$l=2\times85=170\text{m}$

1-330　细砌五层尺四方砖冰盘檐　$l=170\text{m}$

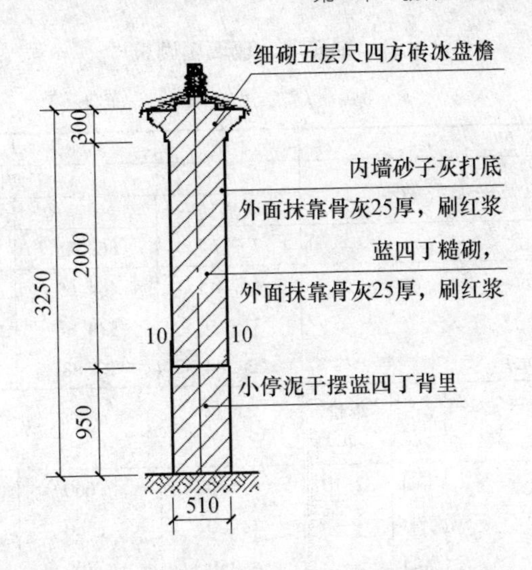

图7-34 墙身剖面图

7.5 部分定额摘录

部分定额摘录如下表所示。

砖砌体（940102）

一、细砖墙面、琉璃墙面拆砌

单位：m^2

定额编号					1-49	1-50	1-51	1-52	1-53	1-54
项目					丝缝墙拆砌					
					二样城砖		大停泥砖		小停泥砖	
					新砖添配30%以内	新砖添配每增10%	新砖添配30%以内	新砖添配每增10%	新砖添配30%以内	新砖添配每增10%
基价(元)					415.95	66.41	374.30	47.31	413.68	44.70
其中	人工费(元)				284.89	29.80	295.89	28.82	323.31	22.25
	材料费(元)				113.97	34.82	60.66	16.76	70.97	21.12
	机械费(元)				17.09	1.79	17.75	1.73	19.40	1.33
名称			单位	单价(元)	数量					
人工	870007	综合工日	工日	82.10	3.470	0.363	3.604	0.351	3.938	0.271
	00001100	瓦工	工日	—	2.232	-0.050	2.412	-0.046	2.916	-0.070
	00001200	砍砖工	工日	—	1.238	0.413	1.192	0.397	1.022	0.341
材料	440122	二样城砖448×224×112	块	12.00	8.7042	2.9014	—	—	—	—
	440074	大停泥砖	块	4.50	—	—	11.1700	3.7235	—	—
	440075	小停泥砖	块	3.00	—	—	—	—	21.1183	7.0394
	810230	素白灰浆	m^3	119.80	0.0004	—	0.0005	—	0.0010	—
	810228	老浆灰	m^3	130.40	0.0458	—	0.0486	—	0.0230	—
	840004	其他材料费	元	—	3.50	—	4.00	—	4.50	—
机械	888810	中小型机械费	元	—	14.24	1.49	14.79	1.44	16.17	1.11
	840023	其他机具费	元	—	2.85	0.30	2.96	0.29	3.23	0.22

二、细砖墙、琉璃墙砌筑

单位：m^2

定额编号					1-67	1-68	1-69	1-70
项目					干摆墙砌筑			
					大城砖	二样城砖	大停泥砖	小停泥砖
基价(元)					792.65	863.25	676.55	687.00
其中	人工费(元)				447.45	464.69	464.69	427.74
	材料费(元)				318.36	370.68	183.98	233.59
	机械费(元)				26.84	27.88	27.88	25.67
名称			单位	单价(元)	数量			
人工	870007	综合工日	工日	82.10	5.450	5.660	5.660	5.210
	00001100	瓦工	工日	—	1.200	1.360	1.500	1.800
	00001200	砍砖工	工日	—	4.250	4.300	4.160	3.410
材料	440121	大城砖 480×240×128	块	13.00	23.8856	—	—	—
	440122	二样城砖 448×224×112	块	12.00	—	30.2009	—	—
	440074	大停泥砖	块	4.50	—	—	39.0248	—
	440075	小停泥砖	块	3.00	—	—	—	74.9094
	810228	老浆灰	m^3	130.40	0.0360	0.0389	0.0389	0.0411
	840004	其他材料费	元	—	3.15	3.20	3.30	3.50
机械	888810	中小型机械费	元	—	22.37	23.23	23.23	21.39
	840023	其他机具费	元	—	4.47	4.65	4.65	4.28

单位：m^2

定额编号					1-71	1-72	1-73
项目					丝缝墙砌筑		
					二样城砖	大停泥砖	小停泥砖
基价(元)					848.51	669.82	671.42
其中	人工费(元)				463.04	464.03	426.92
	材料费(元)				357.69	177.95	218.88
	机械费(元)				27.78	27.84	25.62
名称			单位	单价(元)	数量		
人工	870007	综合工日	工日	82.10	5.640	5.652	5.200
	00001100	瓦工	工日	—	1.512	1.680	2.000
	00001200	砍砖工	工日	—	4.128	3.972	3.200
材料	440122	二样城砖 448×224×112	块	12.00	29.0140	—	—
	440074	大停泥砖	块	4.50	—	37.2345	—
	440075	小停泥砖	块	3.00	—	—	70.3943
	810230	素白灰浆	m^3	119.80	0.0004	0.0005	0.0010
	810228	老浆灰	m^3	130.40	0.0458	0.0486	0.0236
	840004	其他材料费	元	—	3.50	4.00	4.50
机械	888810	中小型机械费	元	—	23.15	23.20	21.35
	840023	其他机具费	元	—	4.63	4.64	4.27

单位：m^2

定额编号				1-74	1-75	1-76	1-77
项目				淌白墙砌筑			
				大城砖	二样城砖	大停泥砖	小停泥砖
基价(元)				384.80	420.06	342.55	382.17
其中	人工费(元)			148.60	154.35	184.73	196.22
	材料费(元)			227.28	256.45	146.73	174.18
	机械费(元)			8.92	9.26	11.09	11.77
名称		单位	单价(元)	数量			
人工	870007 综合工日	工日	82.10	1.810	1.880	2.250	2.390
	00001100 瓦工	工日	—	1.200	1.260	1.500	1.800
	00001200 砍砖工	工日	—	0.610	0.620	0.750	0.590
材料	440121 大城砖 480×240×128	块	13.00	17.0263	—	—	—
	440122 二样城砖 448×224×112	块	12.00	—	20.8699	—	—
	440074 大停泥砖	块	4.50	—	—	31.1363	—
	440075 小停泥砖	块	3.00	—	—	—	55.8936
	810228 老浆灰	m^3	130.40	0.0283	0.0269	0.0277	0.0230
	840004 其他材料费	元	—	2.25	2.50	3.00	3.50
机械	888810 中小型机械费	元	—	7.43	7.72	9.24	9.81
	840023 其他机具费	元	—	1.49	1.54	1.85	1.96

单位：m^2

定额编号				1-141	1-142	1-143	1-144	1-145
项目				带刀缝墙砌筑				
				大城砖	二样城砖	大停泥砖	大开条砖	蓝四丁砖
基价(元)				974.43	1168.74	783.86	1245.53	1089.15
其中	人工费(元)			113.30	128.08	142.85	157.63	172.41
	材料费(元)			854.33	1032.98	632.44	1078.44	906.40
	机械费(元)			6.80	7.68	8.57	9.46	10.34
名称		单位	单价(元)	数量				
人工	870007 综合工日	工日	82.10	1.380	1.560	1.740	1.920	2.100
材料	440121 大城砖 480×240×128	块	13.00	64.3094	—	—	—	
	440122 二样城砖 448×224×112	块	12.00	—	84.4863	—	—	—
	440074 大停泥砖	块	4.50	—	—	135.7969	—	—
	440076 大开条砖 288×144×64	块	3.00	—	—	—	351.7761	—
	040196 蓝四丁砖	块	1.45	—	—	—	—	604.0347
	810229 深月白浆	m^3	126.20	0.0817	0.0804	0.0900	0.0960	0.1470
	840004 其他材料费	元	—	8.00	9.00	10.00	11.00	12.00
机械	888810 中小型机械费	元	—	5.67	6.40	7.14	7.88	8.62
	840023 其他机具费	元	—	1.13	1.28	1.43	1.58	1.72

十、梢子

单位：份

定额编号					1-216	1-217	1-218	1-219
项目					干摆梢子砌筑			
					尺七方砖	尺四方砖	尺二方砖	圈石挑檐
基价(元)					1439.34	985.11	729.11	799.14
其中	人工费(元)				984.38	683.89	548.43	586.19
	材料费(元)				395.90	260.19	147.78	177.78
	机械费(元)				59.06	41.03	32.90	35.17
名称			单位	单价(元)	数量			
人工	870007	综合工日	工日	82.10	11.990	8.330	6.680	7.140
	00001100	瓦工	工日	—	4.200	3.600	3.000	2.880
	00001200	砍砖工	工日	—	7.790	4.730	3.680	4.260
材料	440081	尺七方砖 544×544×80	块	25.50	6.2150	—	—	2.8300
	440080	尺四方砖	块	16.50	—	6.2150	—	—
	440079	尺二方砖	块	13.50	—	—	5.4300	—
	440074	大停泥砖	块	4.50	50.8500	—	—	22.6000
	440075	小停泥砖	块	3.00	—	50.8500	—	—
	040196	蓝四丁砖	块	1.45	—	—	49.2000	—
	810230	素白灰浆	m^3	119.80	0.0390	0.0210	0.0140	0.0180
	840004	其他材料费	元	—	3.92	2.58	1.46	1.76
机械	888810	中小型机械费	元	—	49.22	34.19	27.42	29.31
	840023	其他机具费	元	—	9.84	6.84	5.48	5.86

山花、博缝、挂落（940104）

一、博缝

单位：见表

定额编号					1-238	1-239	1-240	1-241	1-242
项目					方砖博缝单独拆除	方砖博缝补换砖			
						尺七方砖	尺四方砖	尺二方砖	三才
					m	块			
基价(元)					10.54	154.94	113.20	99.25	72.33
其中	人工费(元)				9.85	118.22	88.67	78.82	59.11
	材料费(元)				0.10	29.63	19.21	15.70	9.67
	机械费(元)				0.59	7.09	5.32	4.73	3.55
名称			单位	单价(元)	数量				
人工	870007	综合工日	工日	82.10	0.120	1.440	1.080	0.960	0.720
	00001100	瓦工	工日	—	—	0.540	0.480	0.420	0.300
	00001200	砍砖工	工日	—	—	0.900	0.600	0.540	0.420
材料	440081	尺七方砖 544×544×80	块	25.50	—	1.1300	—	—	—
	440080	尺四方砖	块	16.50	—	—	1.1300	—	0.5700
	440079	尺二方砖	块	13.50	—	—	—	1.1300	—
	810221	深月白中麻刀灰	m^3	176.50	—	0.0030	0.0021	0.0016	0.0010
	840004	其他材料费	元	—	0.10	0.29	0.19	0.16	0.09
机械	888810	中小型机械费	元	—	0.49	5.91	4.43	3.94	2.96
	840023	其他机具费	元	—	0.10	1.18	0.89	0.79	0.59

单位：块

定额编号					1-243	1-244	1-245	1-246
项目					方砖博缝头安装、补配			
					尺七方砖	尺四方砖	尺二方砖	三才
基价(元)					183.06	151.78	134.21	90.13
其中	人工费(元)				137.93	118.22	98.52	68.96
	材料费(元)				36.85	26.47	29.77	17.03
	机械费(元)				8.28	7.09	5.92	4.14
名称			单位	单价(元)	数量			
人工	870007	综合工日	工日	82.10	1.680	1.440	1.200	0.840
	00001100	瓦工	工日	—	0.540	0.480	0.420	0.300
	00001200	砍砖工	工日	—	1.140	0.960	0.780	0.540
材料	440081	尺七方砖 544×544×80	块	25.50	1.1300	—	—	—
	440080	尺四方砖	块	16.50	—	1.1300	—	0.5700
	440079	尺二方砖	块	13.50	—	—	1.1300	—
	440075	小停泥砖	块	3.00	2.2600	2.2600	2.2600	2.2600
	810221	深月白中麻刀灰	m^3	176.50	0.0010	0.0010	0.0010	0.0010
	810230	素白灰浆	m^3	119.80	0.0030	0.0020	0.0020	0.0010
	090233	镀锌铁丝 8#～12#	kg	6.25	0.0300	0.0300	0.0300	0.0300
	090261	圆钉	kg	7.00	0.0300	0.0300	0.9900	0.0300
	840004	其他材料费	元	—	0.32	0.23	0.20	0.15
机械	888810	中小型机械费	元	—	6.90	5.91	4.93	3.45
	840023	其他机具费	元	—	1.38	1.18	0.99	0.69

三、砖檐、琉璃檐砌筑

单位：m

定额编号					1-308	1-309	1-310	1-311	1-312	1-313
项目					单层干摆砖檐砌筑				双层干摆砖檐砌筑	
					大城砖	二样城砖	大停泥砖	小停泥砖	大停泥砖	小停泥砖
基价(元)					85.43	78.12	53.68	39.27	97.55	78.14
其中	人工费(元)				49.26	42.69	37.77	24.63	66.67	49.26
	材料费(元)				33.22	32.87	13.64	13.16	26.88	25.93
	机械费(元)				2.95	2.56	2.27	1.48	4.00	2.95
名称			单位	单价(元)	数量					
人工	870007	综合工日	工日	82.10	0.600	0.520	0.460	0.300	0.812	0.600
	00001100	瓦工	工日	—	0.096	0.096	0.108	0.108	0.108	0.216
	00001200	砍砖工	工日	—	0.504	0.424	0.352	0.192	0.704	0.384
材料	440121	大城砖 480×240×128	块	13.00	2.5100	—	—	—	—	—
	440122	二样城砖 448×224×112	块	12.00	—	2.6900	—	—	—	—
	440074	大停泥砖	块	4.50	—	—	2.9000	—	5.7900	—
	440075	小停泥砖	块	3.00	—	—	—	4.1900	—	8.3700
	810230	素白灰浆	m^3	119.80	0.0020	0.0020	0.0020	0.0020	0.0040	0.0039
	840004	其他材料费	元	—	0.35	0.35	0.35	0.35	0.35	0.35
机械	888810	中小型机械费	元	—	2.46	2.13	1.89	1.23	3.33	2.46
	840023	其他机具费	元	—	0.49	0.43	0.38	0.25	0.67	0.49

三、台基石构件制作

单位：m^3

定额编号					1-474	1-475	1-476	1-477
项目					土衬石制作（垂直厚在）			埋头石制作
					15cm 以内	20cm 以内	20cm 以外	
基价(元)					3435.62	3402.26	3370.94	4530.12
其中	人工费(元)				147.78	118.22	88.67	1182.24
	材料费(元)				3276.95	3276.95	3276.95	3276.95
	机械费(元)				10.89	7.09	5.32	70.93
名称			单位	单价(元)	数量			
人工	870007	综合工日	工日	82.10	1.800	1.440	1.080	14.400
材料	450001	青白石	m^3	3000.00	1.0815	1.0815	1.0815	1.0815
	840004	其他材料费	元	—	32.45	32.45	32.45	32.45
机械	888810	中小型机械费	元	—	7.39	5.91	4.43	59.11
	840023	其他机具费	元	—	3.50	1.18	0.89	11.82

单位：m^2

定额编号					1-478	1-479	1-480	1-481
项目					陡板石制作		象眼石制作	
					厚在10cm以内	每增厚2cm	厚在10cm以内	每增厚2cm
基价(元)					473.18	96.45	484.41	95.85
其中	人工费(元)				147.78	31.53	162.56	31.53
	材料费(元)				314.51	63.02	312.09	62.42
	机械费(元)				10.89	1.90	9.76	1.90
名称			单位	单价(元)	数量			
人工	870007	综合工日	工日	82.10	1.800	0.384	1.980	0.384
材料	450001	青白石	m^3	3000.00	0.1038	0.0208	0.1030	0.0206
	840004	其他材料费	元	—	3.11	0.62	3.09	0.62
机械	888810	中小型机械费	元	—	7.39	1.58	8.13	1.58
	840023	其他机具费	元	—	3.50	0.32	1.63	0.32

单位：见表

定额编号					1-482	1-483	1-484	1-485
项目					阶条石制作（垂直厚在）			平座压面石制作
					15cm以内	20cm以内	20cm以外	
					m^3			m^2
基价(元)					5318.33	4921.74	4545.79	508.91
其中	人工费(元)				1940.84	1551.69	1197.02	201.97
	材料费(元)				3276.95	3276.95	3276.95	294.82
	机械费(元)				100.54	93.10	71.82	12.12
名称			单位	单价(元)	数量			
人工	870007	综合工日	工日	82.10	23.640	18.900	14.580	2.460
材料	450001	青白石	m^3	3000.00	1.0815	1.0815	1.0815	0.0973
	840004	其他材料费	元	—	32.45	32.45	32.45	2.92
机械	888810	中小型机械费	元	—	97.04	77.58	59.85	10.10
	840023	其他机具费	元	—	3.50	15.52	11.97	2.02

单位：m^3

定额编号					1-486	1-487	1-488	1-489	1-490
项目					无鼓径柱顶石制作	方鼓径柱顶石制作（宽在）			
						40cm以内	50cm以内	60cm以内	60cm以外
基价(元)					3590.79	6336.79	5762.42	5302.91	4958.29
其中	人工费(元)				295.56	2886.64	2344.78	1911.29	1586.17
	材料费(元)				3276.95	3276.95	3276.95	3276.95	3276.95
	机械费(元)				18.28	173.20	140.69	114.67	95.17
名称			单位	单价(元)	数量				
人工	870007	综合工日	工日	82.10	3.600	35.160	28.560	23.280	19.320
材料	450001	青白石	m^3	3000.00	1.0815	1.0815	1.0815	1.0815	1.0815
	840004	其他材料费	元	—	32.45	32.45	32.45	32.45	32.45
机械	888810	中小型机械费	元	—	14.78	144.33	117.24	95.56	79.31
	840023	其他机具费	元	—	3.50	28.87	23.45	19.11	15.86

四、台基石构件安装

单位：见表

定额编号					1-504	1-505	1-506	1-507	1-508	1-509
项目					土衬石安装	埋头石安装	阶条石安装	陡板象眼石安装		平座压面石安装
								厚10cm以内	每增厚2cm	
					m^3			m^2		
基价(元)					1046.06	1041.93	1170.08	111.84	18.43	155.85
其中	人工费(元)				876.83	886.68	1034.46	93.59	14.78	137.93
	材料费(元)				112.23	97.61	68.38	12.14	2.67	8.95
	机械费(元)				57.00	57.64	67.24	6.11	0.98	8.97
名称			单位	单价(元)	数量					
人工	870007	综合工日	工日	82.10	10.680	10.800	12.600	1.140	0.180	1.680
材料	010131	铅板	kg	22.20	—	0.3600	—	0.0500	—	—
	810007	1∶3.5水泥砂浆	m^3	252.35	0.4100	0.3200	0.2300	0.0400	0.0100	0.0300
	840004	其他材料费	元	—	8.77	8.87	10.34	0.94	0.15	1.38
机械	888810	中小型机械费	元	—	48.23	48.77	56.90	5.17	0.83	7.59
	840023	其他机具费	元	—	8.77	8.87	10.34	0.94	0.15	1.38

单位：m^3

<table>
<tr><td colspan="4">定额编号</td><td>1-510</td><td>1-511</td><td>1-512</td></tr>
<tr><td colspan="4" rowspan="2">项目</td><td colspan="3">柱顶石安装（宽在）</td></tr>
<tr><td>50cm 以内</td><td>80cm 以内</td><td>80cm 以外</td></tr>
<tr><td colspan="4">基价(元)</td><td>1100.06</td><td>1045.64</td><td>1035.43</td></tr>
<tr><td rowspan="3">其中</td><td colspan="3">人工费(元)</td><td>985.20</td><td>948.26</td><td>944.15</td></tr>
<tr><td colspan="3">材料费(元)</td><td>50.82</td><td>35.75</td><td>29.91</td></tr>
<tr><td colspan="3">机械费(元)</td><td>64.04</td><td>61.63</td><td>61.37</td></tr>
<tr><td colspan="2">名称</td><td>单位</td><td>单价(元)</td><td colspan="3">数量</td></tr>
<tr><td>人工</td><td>870007 综合工日</td><td>工日</td><td>82.10</td><td>12.000</td><td>11.550</td><td>11.500</td></tr>
<tr><td rowspan="2">材料</td><td>810006 1:3 水泥砂浆</td><td>m^3</td><td>271.91</td><td>0.1507</td><td>0.0966</td><td>0.0753</td></tr>
<tr><td>840004 其他材料费</td><td>元</td><td>—</td><td>9.85</td><td>9.48</td><td>9.44</td></tr>
<tr><td rowspan="2">机械</td><td>888810 中小型机械费</td><td>元</td><td>—</td><td>54.19</td><td>52.15</td><td>51.93</td></tr>
<tr><td>840023 其他机具费</td><td>元</td><td>—</td><td>9.85</td><td>9.48</td><td>9.44</td></tr>
</table>

单位：m^3

<table>
<tr><td colspan="4">定额编号</td><td>1-559</td><td>1-560</td><td>1-561</td><td>1-562</td><td>1-563</td><td>1-564</td></tr>
<tr><td colspan="4" rowspan="2">项目</td><td colspan="2">角柱石</td><td colspan="2">压砖板、腰线石</td><td colspan="2">挑檐石</td></tr>
<tr><td>制作</td><td>安装</td><td>制作</td><td>安装</td><td>制作</td><td>安装</td></tr>
<tr><td colspan="4">基价(元)</td><td>5235.03</td><td>1147.83</td><td>4498.79</td><td>1185.22</td><td>4498.79</td><td>1245.75</td></tr>
<tr><td rowspan="3">其中</td><td colspan="3">人工费(元)</td><td>1847.25</td><td>985.20</td><td>1152.68</td><td>1034.46</td><td>1152.68</td><td>1083.72</td></tr>
<tr><td colspan="3">材料费(元)</td><td>3276.95</td><td>98.59</td><td>3276.95</td><td>83.52</td><td>3276.95</td><td>91.59</td></tr>
<tr><td colspan="3">机械费(元)</td><td>110.83</td><td>64.04</td><td>69.16</td><td>67.24</td><td>69.16</td><td>70.44</td></tr>
<tr><td colspan="2">名称</td><td>单位</td><td>单价(元)</td><td colspan="6">数量</td></tr>
<tr><td>人工</td><td>870007 综合工日</td><td>工日</td><td>82.10</td><td>22.500</td><td>12.000</td><td>14.040</td><td>12.600</td><td>14.040</td><td>13.200</td></tr>
<tr><td rowspan="4">材料</td><td>450001 青白石</td><td>m^3</td><td>3000.00</td><td>1.0815</td><td>—</td><td>1.0815</td><td>—</td><td>1.0815</td><td>—</td></tr>
<tr><td>810007 1:3.5 水泥砂浆</td><td>m^3</td><td>252.35</td><td>—</td><td>0.3200</td><td>—</td><td>0.2900</td><td>—</td><td>0.3200</td></tr>
<tr><td>010131 铅板</td><td>kg</td><td>22.20</td><td>—</td><td>0.3600</td><td>—</td><td>—</td><td>—</td><td>—</td></tr>
<tr><td>840004 其他材料费</td><td>元</td><td>—</td><td>32.45</td><td>9.85</td><td>32.45</td><td>10.34</td><td>32.45</td><td>10.84</td></tr>
<tr><td rowspan="2">机械</td><td>888810 中小型机械费</td><td>元</td><td>—</td><td>92.36</td><td>54.19</td><td>57.63</td><td>56.90</td><td>57.63</td><td>59.60</td></tr>
<tr><td>840023 其他机具费</td><td>元</td><td>—</td><td>18.47</td><td>9.85</td><td>11.53</td><td>10.34</td><td>11.53</td><td>10.84</td></tr>
</table>

单位：块

定额编号				1-591	1-592	1-593	1-594	1-595	1-596
项目				门鼓石制作					
				圆鼓（长在）			幞头鼓（长在）		
				80cm以内	100cm以内	100cm以外	60cm以内	80cm以内	100cm以外
基价(元)				2946.69	4099.98	5398.06	1693.88	2340.64	3105.38
其中	人工费(元)			2364.48	3054.12	3743.76	1418.69	1832.47	2246.26
	材料费(元)			440.35	862.61	1429.67	190.07	398.23	724.35
	机械费(元)			141.86	183.25	224.63	85.12	109.94	134.77
名称		单位	单价(元)	数量					
人工	870007 综合工日	工日	82.10	28.800	37.200	45.600	17.280	22.320	27.360
材料	450001 青白石	m^3	3000.00	0.1453	0.2847	0.4718	0.0627	0.1314	0.2391
	840004 其他材料费	元	—	4.36	8.54	14.15	1.88	3.94	7.17
机械	888810 中小型机械费	元	—	118.22	152.71	187.19	70.93	91.62	112.31
	840023 其他机具费	元	—	23.64	30.54	37.44	14.19	18.32	22.46

二、门窗附属石构件安装

单位：块

定额编号				1-605	1-606	1-607	1-608	1-609	1-610
项目				门枕石安装（长在）		门鼓石安装			
						圆鼓（长在）		幞头鼓（长在）	
				80cm以内	80cm以外	80cm以内	80cm以外	80cm以内	80cm以外
基价(元)				73.63	92.55	100.12	138.44	84.22	117.26
其中	人工费(元)			64.04	80.46	88.67	123.15	73.89	103.45
	材料费(元)			5.43	6.86	5.68	7.29	5.53	7.09
	机械费(元)			4.16	5.23	5.77	8.00	4.80	6.72
名称		单位	单价(元)	数量					
人工	870007 综合工日	工日	82.10	0.780	0.980	1.080	1.500	0.900	1.260
材料	091357 铁件(垫铁)	kg	5.80	0.3900	0.6100	0.3900	0.6100	0.3900	0.6100
	810007 1∶3.5 水泥砂浆	m^3	252.35	0.0100	0.0100	0.0100	0.0100	0.0100	0.0100
	840004 其他材料费	元	—	0.64	0.80	0.89	1.23	0.74	1.03
机械	888810 中小型机械费	元	—	3.52	4.43	4.88	6.77	4.06	5.69
	840023 其他机具费	元	—	0.64	0.80	0.89	1.23	0.74	1.03

第8章　地面及庭院工程

8.1　定额说明

本章包括砖地面、散水、路面，石地面、路面，路牙、散水牙，槛垫石、过门石、分心石，台阶石构件，石勾栏，排水石构件，夹杆石、镶杆石，共8节254个子目。

8.1.1　工作内容

1. 本章各子目工作内容均包括准备工具、调制灰浆、挑选砖石料、清理基层、场内运输及废弃物清理，其中细砖地面、散水、路面的剔补、揭墁、铺墁还包括砖料砍制加工。

2. 砖地面、散水、路面剔补包括剔除残损旧砖、补装新砖件、勾缝或扫缝。

3. 砖地面、散水、路面揭墁包括拆除残损地面、挑选整理拆下的旧砖件、补配部分新砖依原制铺墁，其中细砖地面还包括旧砖件重新磨面及所添补砖料的砍制加工

4. 地面、散水、路面拆除包括拆除面层及结合层，回收可重新利用的旧料，不包括垫层的拆除。

5. 砖地面、散水、路面铺墁包括挂线找规矩，勾缝（扫缝）或墁水活打点。

6. 地面钻生包括刷矾水、上墨、浸油、起油、呛生、擦净。

7. 石子地面、路面铺墁包括筛选、清洗石子，其中拼花满铺者还包括裁瓦条、拼花。

8. 石板及毛石地面、路面铺墁包括挑选石板（毛石）、坐浆铺墁、勾缝。

9. 散水、路面砖石牙栽安包括清槽、栽安、回土掩埋。

10. 地面、路面、台阶石构件及石勾栏、排水石构件、夹杆石、镶杆石拆除包括搭拆挪移小型起重架，拆卸石构件运至场内指定地点存放，其中夹杆石、镶杆石拆除还包括拆铁箍、必要的安全支护及监护。

11. 地面、路面、台阶石构件制作均包括选料、下料、制作接头缝和并缝、剁斧（砸花锤）或扁光、成品码放保管，其中砚窝石制作还包括剔凿承接垂带的浅槽（砚窝）。

12. 石台阶、石礓礤打点勾缝包括剔净缝隙中杂物，勾抹严实。

13. 望柱头补配包括套样、选料、下料、雕作、粘接面处理、安装铁芯、注胶粘接、缝口勾抹打点。

14. 石勾栏、夹杆石、镶杆石制作包括选料、下料、制作并缝（或接头缝）绘制图样、雕刻、磨光、成品码放保管；其中望柱制作包括雕柱头，柱身四棱起线，两看面落盒子心，两肋落拦板槽及卯眼；寻仗栏板制作包括掏寻仗，雕净瓶、荷叶云，落绦环盒子心；罗汉栏板制作包括两面落盒子心；地栿制作包括剔走水孔；夹杆石、镶杆石制作包括剔铁箍槽、夹柱槽，有雕饰的夹杆石、镶杆石制作还包括雕莲瓣、巴达马、掐珠子、雕如意云、复莲头。

15. 排水石构件制作包括选料、下料、制作接头缝和并缝、剁斧（砸花锤）或扁光、成

品码放保管；其中带水槽沟盖制作包括剔走水槽和漏水孔；石沟嘴制作包括剔走水槽、雕滴水头；沟门、沟漏制作包括剔走水孔、漏水孔。

16. 地面石构件、路面石构件、台阶石构件及石勾栏、排水石构件、夹杆石、镶杆石安装包括修整并缝、接头缝，稳安垫塞、灌浆，搭拆挪移小型起重架及安全监护，其中夹杆石、镶杆石安装还包括制安铁箍。

17. 台阶石构件、石勾栏拆安归位包括拆除及安装的全部工作内容，其中台阶石构件拆安归位还包括截头重作接头缝。

8.1.2 统一性规定及说明

1. 本章定额中细砖系指经砍磨加工后的砖件，糙砖系指未经砍磨加工的砖件，而非指砖料材质的糙细；各种细砖地面、散水、路面、砖牙等定额规定的砖料消耗量包括砍制过程中的损耗在内，若使用已经砍制的成品砖料，应扣除砍砖工及相应人工费用，砖料用量乘以0.93系数，砖料单价按成品砖料的价格调整后执行，其他不作调整。

2. 条形砖地面铺墁工程做法中，砖料大面向上铺墁者为平铺，其中弧形铺墁或宽度在2m以内路面斜向铺墁者为异形做法，条面向上铺墁者为柳叶，若将砖料顺长度方向裁成两条后再行铺墁者为半砖柳叶。方砖地面铺墁工程做法中车辋、八卦锦、龟背锦等做法为异形做法。

3. 栽砖牙工程做法中，砖料条面向上者为顺栽，丁面向上者为立栽，砖牙宽度为砖长的1/4者为“立栽1/4砖”砖牙宽度为砖长的1/2者为“立栽1/2砖”。

4. 石路牙系指栽铺在园路两侧或散水边缘宽度在12cm以内，其底面在路面、散水结合层之下的石牙；路面铺装中随同路面石（或砖）铺墁的宽度大于12cm、上皮与路面平齐的路缘条石或分隔条石（类似于现代地面工程中的“波打线”）执行“路面石、地面石”相应定额。

5. 道路随地势起伏做垫层，顺势铺墁面层砖件或毛石、石板形成一定坡度者即为坡道，执行本章相应地面定额，迭压铺墁面层砖件或毛石、石板形成台阶状者即为踏道，执行本章相应踏道定额。在平地用砖石砌筑成的阶梯，执行本定额“砌筑工程”相应定额。

6. 地面、散水、路面踢补或补换砖以所补换砖件相连面积之和在1.0m² 以内为准，相连面积之和超过1.0m² 时，应执行拆除和铺墁定额。砖件相连以两块砖之间有一定长度的砖缝为准，不含顶角相对的情况。

7. 砖地面、散水、路面揭墁均以新砖添配在30%以内为准，新砖添配量超过30%时，另执行新砖添配每增10%定额（不足10%亦按10%执行）。

8. 地面、路面遇有方砖与石子间隔铺墁者应分别执行定额。

9. 各种砖地面、散水、路面的铺装、揭墁及栽砖石牙已综合了掏柱顶卡口、散水转角及甬路交叉、转角等因素，实际工程中遇有上述情况均按定额执行不作调整。

10. 地面、路面、台阶石构件及排水石构件制作均以常规做法为准，定额已综合了剁斧、砸花锤、打道、扁光等做法，实际工程中不论采用上述何种做法，定额均不作调整。

11. 弧形踏剁石制作按相应定额乘以1.10系数执行；路面铺装中随同路面石（或砖）铺墁的弧形路缘条石或分隔条石制作，按“路面石、地面石”制作定额乘以1.10系数执行；扇形地面石、路面石制作按相应定额乘以1.20系数执行。

12. 不带水槽沟盖制作按带水槽沟盖制作定额人工乘以0.6系数执行。

13. 象眼石、平座压面石按本定额“砌体工程”中相应定额执行。

14. 望柱定额已综合考虑了截面为五边形等情况，实际工程中不论其截面形状定额不作调整，其中狮子头望柱制作以柱头雕单只蹲狮为准，龙凤头望柱制作以柱头浮雕龙凤及祥云为准。

15. 垂带上栏板及抱鼓制作按相应定额乘以1.20系数执行，拱形、弧形栏板制作按相应定额乘以1.10系数执行。

16. 地栿、制作如遇拱形、弧形等做法时，按相应定额乘以1.10系数执行。

17. 地面、路面、台阶石构件及石勾栏、排水石构件、夹杆石、镶杆石等制作、安装均以汉白玉、青白石等普坚石材为准，若用花岗石等坚硬石材，定额人工乘以1.30系数

8.1.3　工程量计算规则

1. 地面、散水、路面剔补或补换砖按所补换砖件的数量以块为单位计算。

2. 室内外通墁地面按阶条石、平座压面石（或冰盘檐）里口围成的面积计算；室内外地面不通墁，室内地面按主墙间面积计算，檐廊部分按阶条石、平座压面石（或冰盘檐）里口至槛墙间面积以平方米为单位计算；均不扣除柱顶石、间壁墙、隔扇等所占面积。

3. 庭院地面、甬路、散水按砖石牙里口围成的面积以平方米为单位计算，踏道按投影面积计算，礓䃰、坡道按斜面面积计算，均不扣除1.0m^2内的树池、花池、井口等所占面积，做法不同时应分别计算；石子地面、路面不扣除砖条、瓦条所占面积，方砖与石子间隔铺墁的地面、路面计算石子地面积时应扣除方砖心所占面积，方砖心按其累计面积计算。

4. 各种砖牙、石路牙按其中心线长度累计以米为单位计算。

5. 地面、散水、路面局部拆除、铺墁、揭墁按其实际面积以平方米为单位计算。

6. 路面石、地面石、噙口石、槛垫石、过门石、分心石按水平投影面积以平方米为单位计算，其中噙口石不扣除夹（镶）杆石所占面积；带下槛槛垫石按截面全高乘以宽乘以长以立方米为单位计算。

7. 石台阶拆安归位及打点勾抹包括垂带在内按水平投影面积以平方米为单位计算，垂带不再另行计算。

8. 石台阶拆除、制作、安装均按面积计算，其中垂带石按上面长乘以宽的面积以平方米为单位计算，砚窝石按水平长乘以宽的面积以平方米为单位计算，踏跺石按水平投影面积以平方米为单位计算。

9. 石礓䃰按上面长乘以宽的面积以平方米为单位计算；其中拆安归位及打点勾缝包括垂带面积在内，垂带不再另行计算。

10. 望柱拆除、制作、安装均按柱身截面积乘以全高的体积以立方米为单位计算；望柱头补配以根为单位计算。

11. 栏板按垂直净高乘以相邻两望柱中至中长的面积以平方米为单位计算，随栏板抱鼓按垂直净高乘以相邻望柱中至前端长的面积以平方米为单位计算。

12. 地栿按截面积乘以长的体积以立方米为单位计算。

13. 带水槽沟盖板按水平投影面积以平方米为单位计算；石排水沟槽按中心线长度以米为单位计算；石沟嘴子、沟门、沟漏按数量以块为单位计算。

14. 夹杆石、镶杆石按宽、厚、高的乘积的体积以立方米为单位计算，不扣除夹柱槽所占体积，其高度包括埋深在内，埋深无图示者其下埋深度按露明高度计算。

8.2 有关定额术语的图示

详见图8-1 ~图8-5。

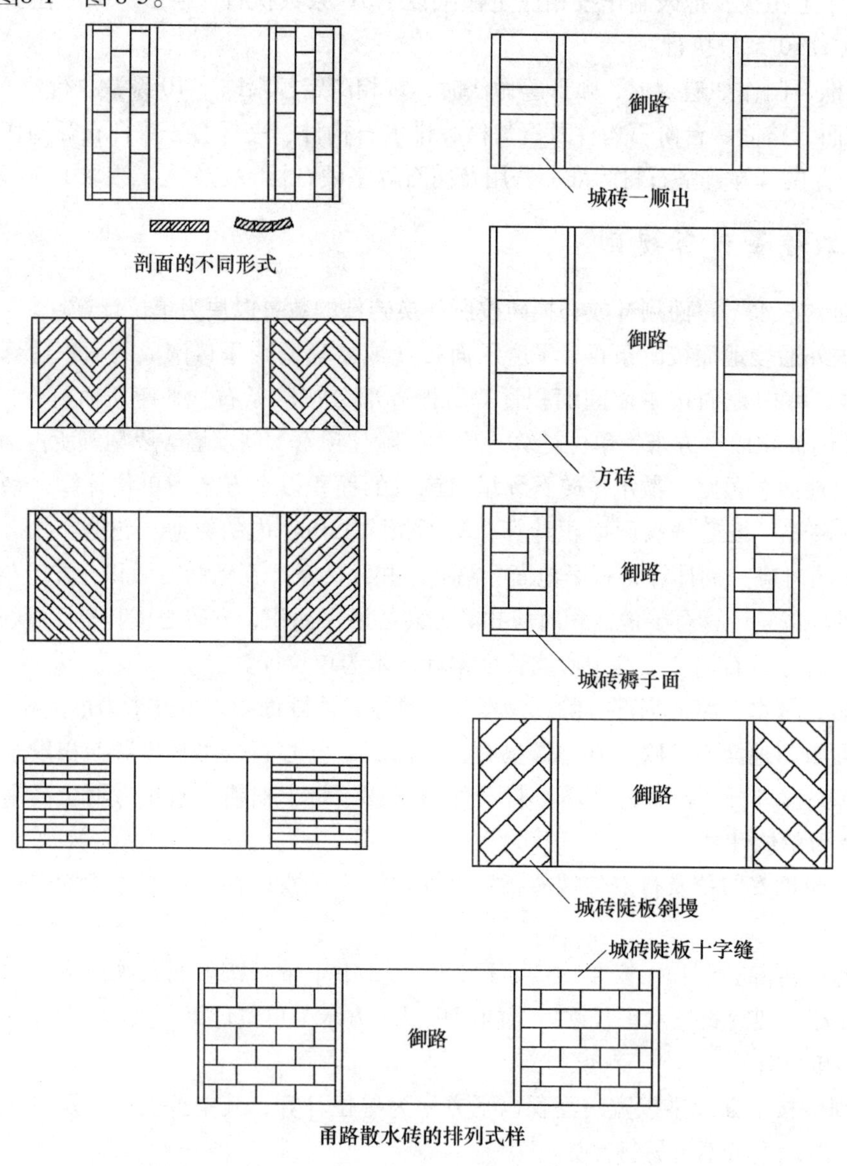

图 8-1 甬路散水砖的排列式样

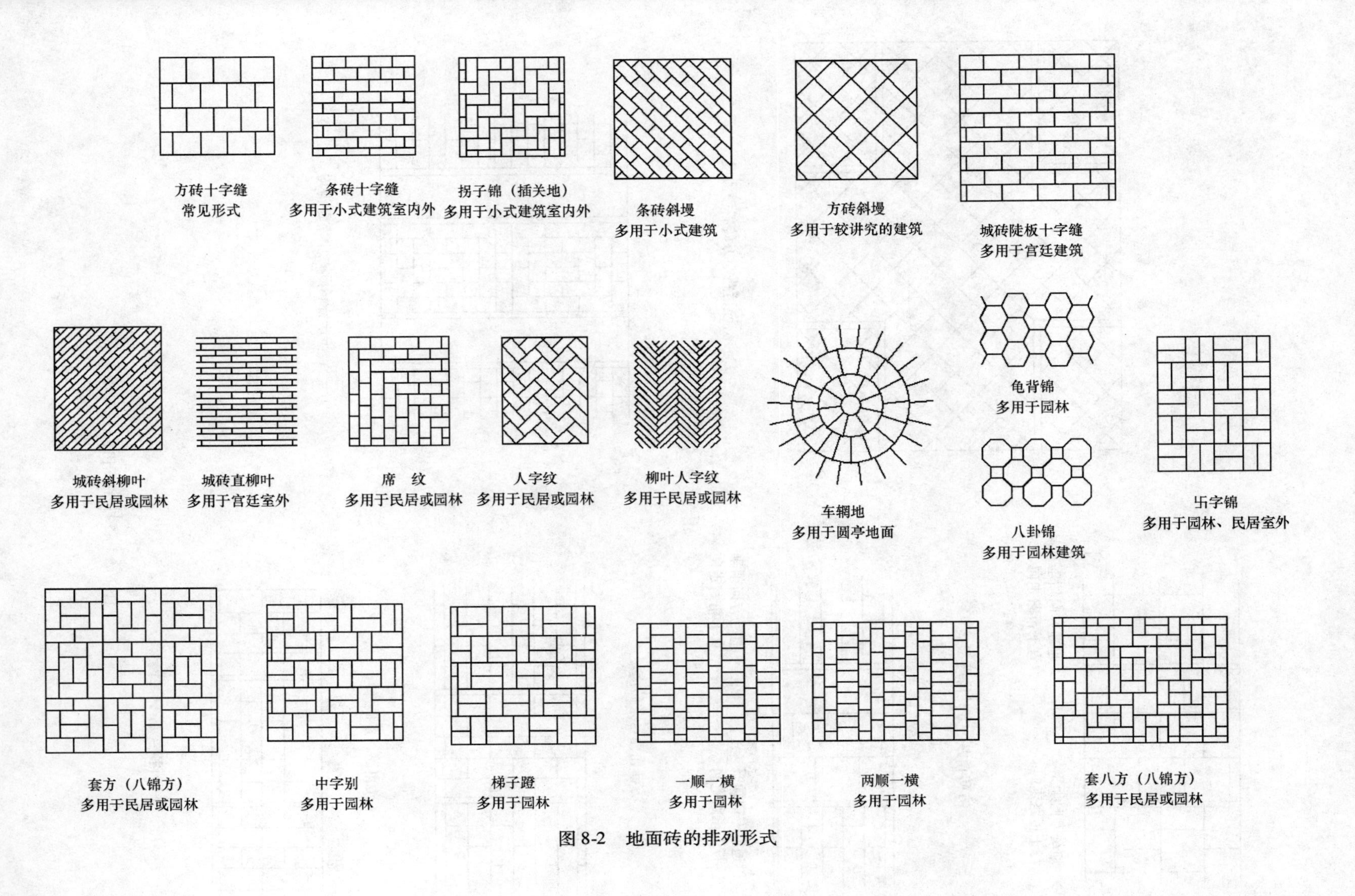

图 8-2 地面砖的排列形式

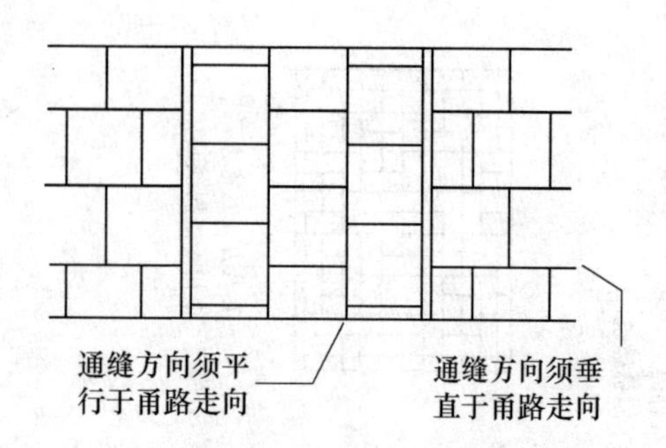

方砖甬路、方砖海墁

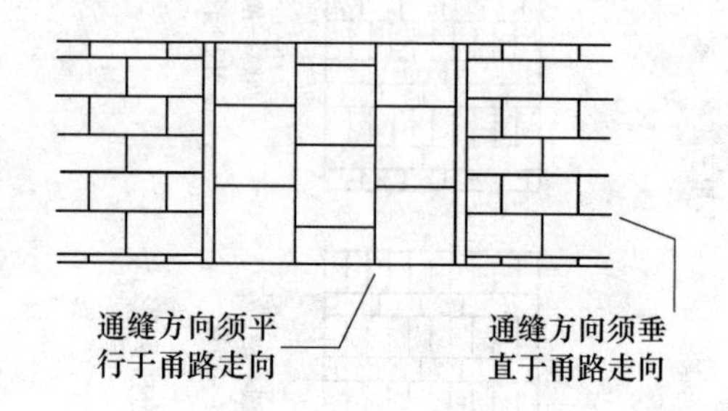

方砖甬路、条砖海墁

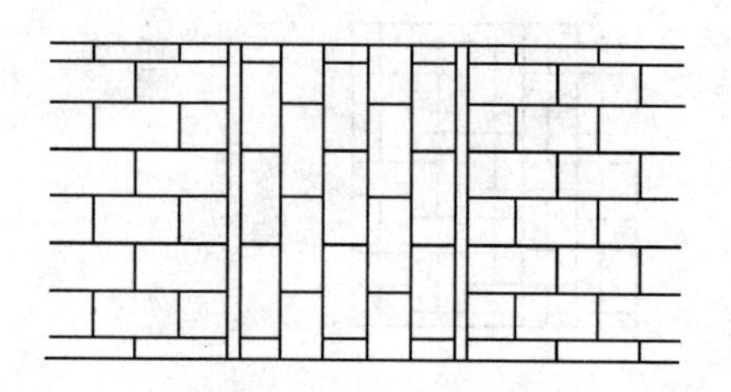

条砖甬路、条砖海墁

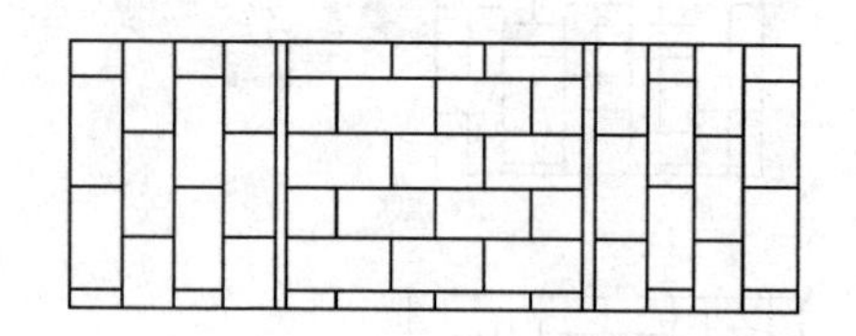

条砖甬路、条砖海墁

方砖斜墁甬路、方砖斜墁海墁

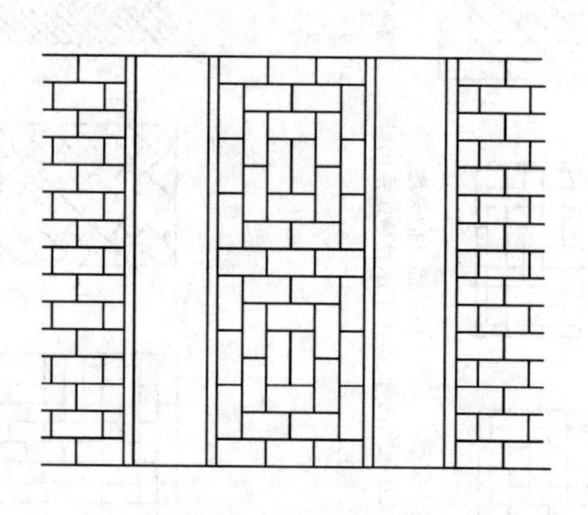

步步锦甬路、十字缝海墁

图 8-3　各种小式甬路及海墁地面

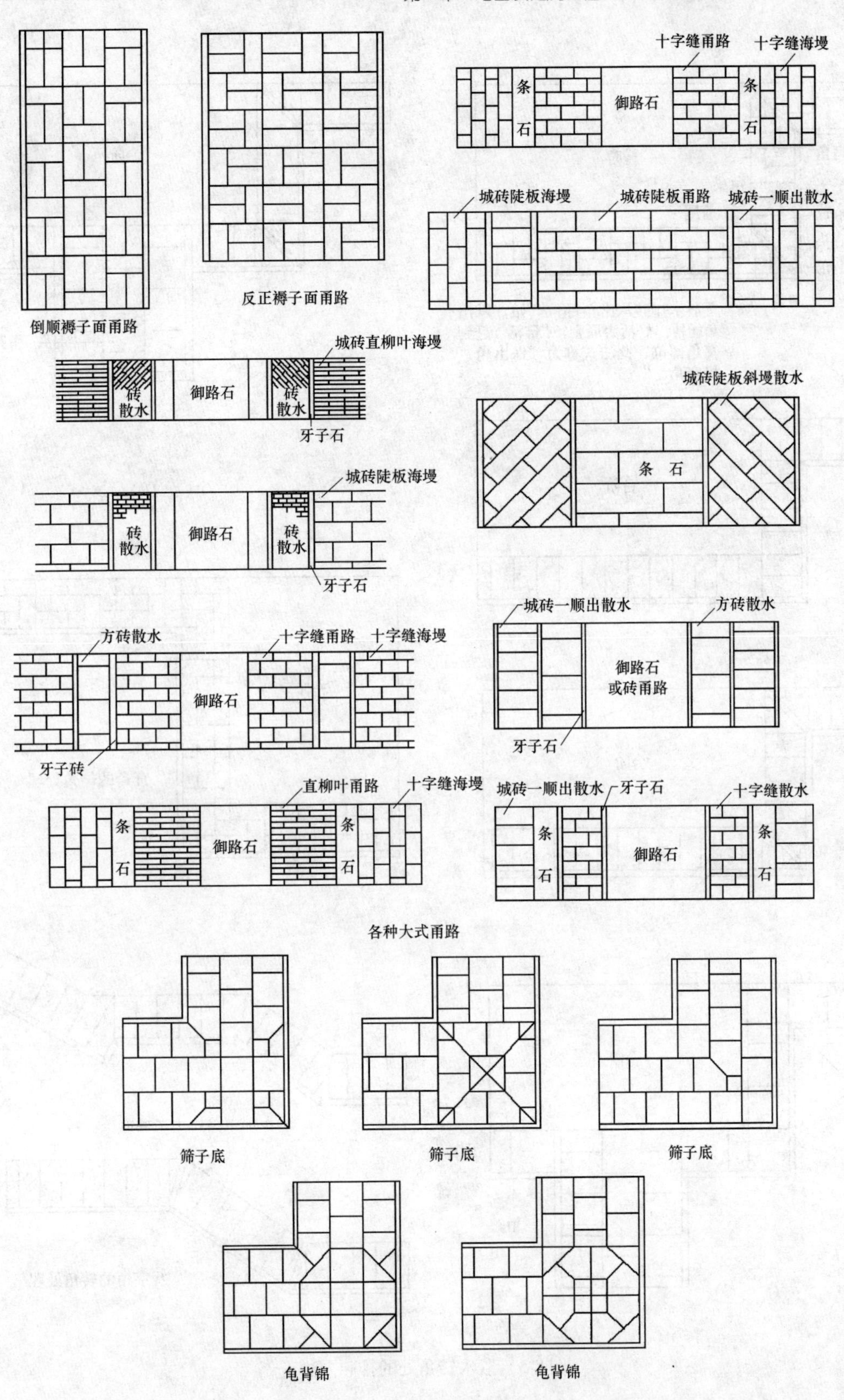

图8-4　三趟方砖小式甬路或廊子墁地的转角排砖方法

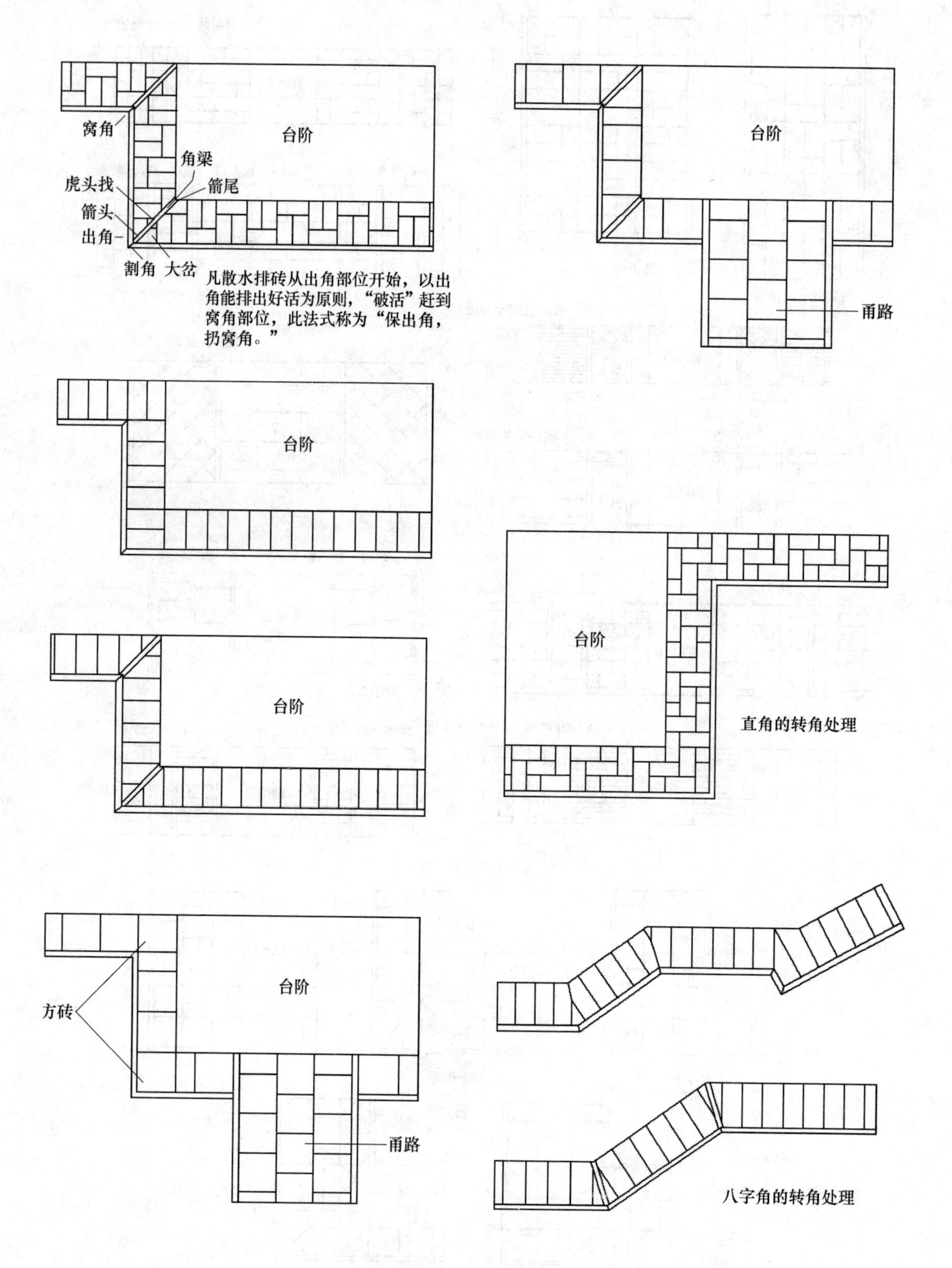

图 8-5 散水转角处的排砖方法

8.3 计算例题

例8-1 如图8-6所示，求大城砖细墁整砖直柳叶。

已知：甬路长125m，大城砖地面宽1m。

$s = 125 \times 1 = 125\text{m}^2$

2-89 大城砖细墁整砖直柳叶地面 $s = 125\text{m}^2$

例8-2 如图8-6所示，求两侧二城样细墁半砖斜柳叶地面。

已知：甬路长125m，斜柳叶地面宽 $= 2 \times 0.8 = 1.6\text{m}$

$s = 125 \times 1.6 = 200\text{m}^2$

2-98 二城样细墁半砖斜柳叶地面 $s = 200\text{m}^2$

例8-3 如图8-6所示，求顺载二城样细砖牙子。

$l = 125 \times 4 = 500\text{m}$

2-159 顺载二城样细砖牙子 $l = 500\text{m}$

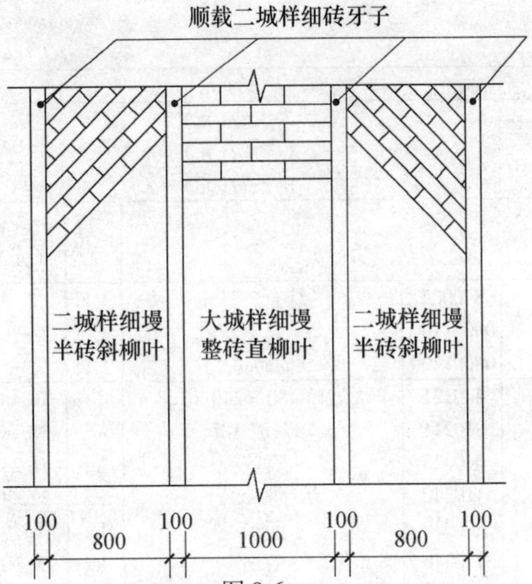

顺载二城样细砖牙子
二城样细墁半砖斜柳叶
大城样细墁整砖直柳叶
二城样细墁半砖斜柳叶
100 800 100 1000 100 800 100

图8-6

8.4 部分定额摘录

详见下表。

四、砖地面、散水、路面铺墁

单位：m^2

定额编号					2-81	2-82	2-83	2-84	2-85	2-86
项目					细砖地面、路面、散水铺墁			车辋、龟背锦等异形细砖地面铺墁		
					尺七方砖	尺四方砖	尺二方砖	尺七方砖	尺四方砖	尺二方砖
基价(元)					323.01	313.17	382.23	507.26	565.88	525.57
其中	人工费(元)				193.76	185.55	234.97	346.13	403.11	345.64
	材料费(元)				118.59	117.41	134.34	142.09	140.60	160.92
	机械费(元)				10.66	10.21	12.92	19.04	22.17	19.01
		名称	单位	单价(元)	数量					
人工	870007	综合工日	工日	82.10	2.360	2.260	2.862	4.216	4.910	4.210
	00001100	瓦工	工日	—	0.720	0.840	0.960	1.344	1.180	1.334
	00001200	砍砖工	工日	—	1.640	1.420	1.090	2.872	3.730	4.330
材料	440081	尺七方砖544×544×80	块	25.00	4.2800	—	—	5.1400	—	—
	440080	尺四方砖	块	16.50	—	6.4600	—	—	7.7500	—
	440079	尺二方砖	块	13.50	—	—	9.0400	—	—	10.8500
	810211	掺灰泥3:7	m^3	28.90	0.0412	0.0412	0.0412	0.0412	0.0412	0.0412
	040023	石灰	kg	0.23	2.2266	2.2651	2.3026	2.2641	2.3098	2.3556
	110240	生桐油	kg	32.00	0.1871	0.2236	0.2633	0.2247	0.2707	0.3166
	460020	面粉	kg	1.70	0.0935	0.1124	0.1323	0.1134	0.1365	0.1596
	110246	松烟	kg	2.30	0.1862	0.2226	0.2621	0.2236	0.2694	0.3151
	840004	其他材料费	元	—	1.17	1.25	1.33	1.41	1.49	1.59
机械	888810	中小型机械费	元	—	8.72	8.35	10.57	15.58	18.14	15.55
	840023	其他机具费	元	—	1.94	1.86	2.35	3.46	4.03	3.46

单位：m^2

定额编号					2-87	2-88	2-89	2-90	2-91	2-92
项目					细砖地面、路面、散水铺墁					
					大城砖 平铺		大城砖 直柳叶		大城砖 斜柳叶	
					普通	异形	整砖	半砖	整砖	半砖
基价(元)					454.48	852.95	764.07	632.57	852.14	695.39
其中	人工费(元)				280.78	628.89	429.38	449.91	483.57	506.56
	材料费(元)				158.25	289.47	311.08	157.91	341.97	160.95
	机械费(元)				15.45	34.59	23.61	24.75	26.60	27.87
名称			单位	单价(元)	数量					
人工	870007	综合工日	工日	82.10	3.420	7.660	5.230	5.480	5.890	6.170
	00001100	瓦工	工日	—	0.960	1.150	1.440	1.320	1.730	1.580
	00001200	砍砖工	工日	—	2.460	6.500	3.790	4.170	4.170	4.580
材料	440121	大城砖 480×240×128	块	13.00	11.0800	13.2900	22.1600	11.0800	24.3700	11.2200
	810211	掺灰泥 3:7	m^3	28.90	0.0412	0.0412	0.0412	0.0412	0.0412	0.0412
	040023	石灰	kg	0.23	2.3494	2.4107	2.5542	2.2974	2.6062	2.3234
	110240	生桐油	kg	32.00	0.3104	0.3720	0.5162	0.2581	0.5685	0.2842
	460020	面粉	kg	1.70	0.1565	0.1880	0.2594	0.1302	0.2856	0.1428
	110246	松烟	kg	2.30	0.3089	0.3702	0.5138	0.2569	0.5658	0.2829
	840004	其他材料费	元	—	1.57	1.88	3.08	3.08	3.39	3.39
机械	888810	中小型机械费	元	—	12.64	28.30	19.32	20.25	21.76	22.80
	840023	其他机具费	元	—	2.81	6.29	4.29	4.50	4.84	5.07

单位：m^2

定额编号					2-93	2-94	2-95	2-96	2-97	2-98
项目					细砖地面、路面、散水铺墁					
					二样城砖 平铺		二样城砖 直柳叶		二样城砖 斜柳叶	
					普通	异形	整砖	半砖	整砖	半砖
基价(元)					454.17	829.84	771.58	625.60	861.44	687.07
其中	人工费(元)				270.11	594.40	412.14	431.03	465.51	486.03
	材料费(元)				169.21	202.75	336.77	170.86	370.32	174.31
	机械费(元)				14.85	32.69	22.67	23.71	25.61	26.73
名称			单位	单价(元)	数量					
人工	870007	综合工日	工日	82.10	3.290	7.240	5.020	5.250	5.670	5.920
	00001100	瓦工	工日	—	1.008	1.210	1.510	1.390	1.810	1.670
	00001200	砍砖工	工日	—	2.282	6.030	3.510	3.860	3.860	4.250
材料	440122	二样城砖 448×224×112	块	12.00	12.8400	15.4100	25.6800	12.8400	28.2500	13.0000
	810211	掺灰泥 3:7	m^3	28.90	0.0412	0.0412	0.0412	0.0412	0.0412	0.0412
	040023	石灰	kg	0.23	2.3722	2.4388	2.7050	2.3722	2.7716	2.4055
	110240	生桐油	kg	32.00	0.3334	0.4002	0.6678	0.3334	0.7346	0.3668
	460020	面粉	kg	1.70	0.1680	0.2016	0.3360	0.1680	0.3707	0.1848
	110246	松烟	kg	2.30	0.3318	0.3983	0.6646	0.3318	0.7311	0.3650
	840004	其他材料费	元	—	1.68	2.01	3.33	3.33	3.67	3.67
机械	888810	中小型机械费	元	—	12.15	26.75	18.55	19.40	20.95	21.87
	840023	其他机具费	元	—	2.70	5.94	4.12	4.31	4.66	4.86

单位：m^2

定额编号					2-99	2-100	2-101	2-102	2-103
项目					细砖地面、路面、散水铺墁		细砖礓礤坡道铺墁		细砖地面钻生
					大停泥砖平铺	小停泥砖平铺	二样城砖	大停泥砖	
基价(元)					348.60	367.34	803.93	614.62	31.59
其中	人工费(元)				251.64	241.37	441.12	401.63	13.96
	材料费(元)				83.12	112.70	338.55	208.97	16.86
	机械费(元)				13.84	13.27	24.26	4.02	0.77
名称			单位	单价(元)	数量				
人工	870007	综合工日	工日	82.10	3.065	2.940	5.373	4.892	0.170
	00001100	瓦工	工日	—	1.056	1.150	1.056	1.150	—
	00001200	砍砖工	工日	—	2.009	1.790	3.424	2.290	—
材料	440122	二样城砖 448×224×112	块	12.00	—	—	25.6800	—	—
	440074	大停泥砖	块	4.50	15.0700	—	—	38.9700	—
	440075	小停泥砖	块	3.00	—	30.5400	—	—	—
	810211	掺灰泥 3:7	m^3	28.90	0.0412	0.0412	0.0412	0.0412	—
	040023	石灰	kg	0.23	2.4014	2.5553	10.3574	12.9813	—
	110240	生桐油	kg	32.00	0.3626	0.5173	0.6678	0.7420	0.5225
	460020	面粉	kg	1.70	0.1817	0.2615	0.3360	0.3728	—
	110246	松烟	kg	2.30	0.3609	0.5148	0.6646	0.7384	—
	840004	其他材料费	元	—	0.82	1.12	3.35	3.35	0.14
机械	888810	中小型机械费	元	—	11.32	10.86	19.85	—	0.63
	840023	其他机具费	元	—	2.52	2.41	4.41	4.02	0.14

台阶石构件（950205）

单位：m^2

定额编号					2-186	2-187	2-188	2-189	2-190	2-191
项目					垂带石制作		砚窝石制作	踏跺石制作		礓礤石制作
					踏跺用	礓礤用		垂带踏跺	如意踏跺	
基价(元)					727.51	654.41	612.63	649.10	680.52	784.95
其中	人工费(元)				290.63	221.67	182.26	216.74	246.30	344.82
	材料费(元)				419.44	419.44	419.44	419.35	419.44	419.44
	机械费(元)				17.44	13.30	10.93	13.01	14.78	20.69
名称			单位	单价(元)	数量					
人工	870007	综合工日	工日	82.10	3.540	2.700	2.220	2.640	3.000	4.200
材料	450001	青白石	m^3	3000.00	0.1384	0.1384	0.1384	0.1384	0.1384	0.1384
	840004	其他材料费	元	—	4.15	4.15	4.15	4.15	4.15	4.15
机械	888810	中小型机械费	元	—	14.53	11.08	9.11	10.84	12.32	17.24
	840023	其他机具费	元	—	2.91	2.22	1.82	2.17	2.46	3.45

单位：m²

定额编号					2-104	2-105	2-106	2-107	2-108
项目					糙砖地面、路面、散水铺墁				
					尺七方砖	尺四方砖	尺二方砖	大城砖平铺	大城砖柳叶
基价(元)					110.83	108.86	119.99	146.52	270.10
其中	人工费(元)				15.60	18.06	19.70	24.63	44.33
	材料费(元)				94.37	89.81	99.20	120.53	223.34
	机械费(元)				0.86	0.99	1.09	1.36	2.43
名称			单位	单价(元)	数量				
人工	870007	综合工日	工日	82.10	0.190	0.220	0.240	0.300	0.540
材料	440081	尺七方砖 544×544×80	块	25.50	3.4600	—	—	—	—
	440080	尺四方砖	块	16.50	—	5.0700	—	—	—
	440079	尺二方砖	块	13.50	—	—	6.8900	—	—
	440121	大城砖 480×240×128	块	13.00	—	—	—	8.7400	16.4800
	810012	1:3 石灰砂浆	m³	163.32	0.0319	0.0319	0.0319	0.0350	0.0422
	840004	其他材料费	元	—	0.93	0.95	0.98	1.19	2.21
机械	888810	中小型机械费	元	—	0.70	0.81	0.89	1.11	1.99
	840023	其他机具费	元	—	0.16	0.18	0.20	0.25	0.44

单位：m²

定额编号					2-192	2-193	2-194
项目					垂带石安装	踏跺石、砚窝石安装	礓礤石安装
基价(元)					177.03	190.12	168.96
其中	人工费(元)				157.63	167.48	147.78
	材料费(元)				9.15	11.76	11.57
	机械费(元)				10.25	10.88	9.61
名称			单位	单价(元)	数量		
人工	870007	综合工日	工日	82.10	1.920	2.040	1.800
材料	810007	1:3.5 水泥砂浆	m³	252.35	0.0300	0.0400	0.0400
	840004	其他材料费	元	—	1.58	1.67	1.48
机械	888810	中小型机械费	元	—	8.67	9.21	8.13
	840023	其他机具费	元	—	1.58	1.67	1.48

三、石勾栏构件制作

单位：m^3

定额编号					2-211	2-212	2-213	2-214	2-215	2-216
项目					石望柱制作					
					素方头（柱径在）			莲花头、石榴头（柱径在）		
					15cm以内	20cm以内	20cm以外	15cm以内	20cm以内	20cm以外
基价(元)					8587.28	6947.71	6023.49	20283.57	17599.69	16048.89
其中	人工费(元)				5009.74	3462.98	2591.08	16043.98	13512.02	12049.00
	材料费(元)				3276.95	3276.95	3276.95	3276.95	3276.95	3276.95
	机械费(元)				300.59	207.78	155.46	962.64	810.72	722.94
名称			单位	单价(元)	数量					
人工	870007	综合工日	工日	82.10	61.020	42.180	31.560	195.420	164.580	146.760
材料	450001	青白石	m^3	3000.00	1.0815	1.0815	1.0815	1.0815	1.0815	1.0815
	840004	其他材料费	元	—	32.45	32.45	32.45	32.45	32.45	32.45
机械	888810	中小型机械费	元	—	250.49	173.15	129.55	802.20	675.60	602.45
	840023	其他机具费	元	—	50.10	34.63	25.91	160.44	135.12	120.49

四、石勾栏构件安装

单位：见表

定额编号					2-228	2-229	2-230	2-231	2-232	2-233
项目					石望柱安装　柱径在			石栏板及抱鼓安装		地伏安装
					15cm以内	20cm以内	20cm以外	厚在10cm以内	每增厚2cm	
						m^3			m^2	m^3
基价(元)					1601.39	1282.72	1070.35	124.30	15.59	1135.60
其中	人工费(元)				1477.80	1182.24	985.20	112.48	13.14	985.20
	材料费(元)				27.53	23.64	21.11	4.51	1.60	86.36
	机械费(元)				96.06	76.84	64.04	7.31	0.85	64.04
名称			单位	单价(元)	数量					
人工	870007	综合工日	工日	82.10	18.000	14.400	12.000	1.370	0.160	12.000
材料	020117	水泥(综合)	kg	0.52	8.0000	6.4000	5.5200	3.6700	0.6100	123.1300
	020003	白水泥	kg	0.95	0.6300	0.5300	0.4200	0.6300	0.1100	4.7300
	010131	铅板	kg	22.20	0.3600	0.3600	0.3600	0.0400	0.3600	0.3600
	840004	其他材料费	元	—	14.78	11.82	9.85	1.12	0.13	9.85
机械	888810	中小型机械费	元	—	81.28	65.02	54.19	6.19	0.72	54.19
	840023	其他机具费	元	—	14.78	11.82	9.85	1.12	0.13	9.85

第9章 屋面工程

9.1 定额说明

本章包括瓦屋面，屋脊，屋面其他项目，共3节565个子目。

9.1.1 工作内容

1. 本章各子目工作内容均包括准备工具、调制灰浆、场内运输及余料、废弃物的清运，其中布瓦屋脊、吻兽、蝎子尾、宝顶等摆砌、安装还包括砖瓦件砍制加工，琉璃瓦铺宽、琉璃脊摆砌、琉璃吻兽安装等还包括样活及清擦釉面。

2. 屋面除草冲垄包括将屋面、屋脊的杂草、积土全部清除，冲刷干净，勾抹打点。

3. 布瓦屋面打点刷浆包括屋面、屋脊的勾抹打点及刷浆、绞脖。

4. 屋面查补包括除草冲垄，铲除空鼓酥裂的灰皮，抽换破损瓦件，归安松动的脊件，补抹夹垄灰或裹垄灰，以及瓦面、屋脊勾抹打点，不包括脊件的添配；其中布瓦屋面查补还包括刷浆绞脖。

5. 脊件添配包括拆除残损的脊件、补配新件，其中垂兽、岔兽添配均包括兽角，仙人添配包括仙人头。

6. 檐头整修、天沟沿整修、窝角沟整修包括归安及补换瓦件、勾抹打点，其中布瓦屋面檐头整修还包括刷浆绞脖。

7. 青灰背屋面查补包括清扫积土、冲刷、铲除空鼓酥裂的灰皮、补抹灰、刷浆。

8. 瓦面拆除、屋脊拆除包括拆除瓦件、脊件及宽瓦灰泥，挑选整理瓦件、脊件，运至场内指定地点分类码放。

9. 灰泥背拆除包括拆除灰背和泥背，不包括拆铅板（锡）背。

10. 铅板背拆除包括烫开焊口、分段揭除并将其运至场内指定地点存放。

11. 望板勾缝包括用麻刀灰将望板缝隙勾抹平整严实，抹护板灰包括望板勾缝及苫抹护板灰。

12. 屋面苫泥背包括分层摊抹、轧实；苫灰背包括分层摊抹、拍麻刀轧实擀光。

13. 铅板（锡）背铺装包括清扫基层、裁剪铅板、整平铺钉、焊接。

14. 铅（锡）板拆铺包括拆除和铺装的全部工作内容，及旧铅板的整理清扫、补焊钉眼。

15. 瓦面及檐头附件、天沟沿、窝角沟等铺宽包括分中号垄、排钉瓦口、挑选瓦件、挂线、铺灰宽瓦及宽檐头附件、背瓦翅、扎蛐蜒档、挂熊头灰、捉节夹垄（夹腮）或裹垄，其中天沟沿铺宽还包括沟沿砌砖；窝角沟铺宽包括宽沟底及沟沿；布瓦面铺宽还包括打瓦脸、刷浆、绞脖、瓦件沾浆，琉璃瓦面铺宽不包括檐头、中腰节及沟沿的钉帽安装。

16. 琉璃钉帽安装包括钉瓦钉、安钉帽。

17. 软瓦口砌抹包括砌砖（瓦）及抹灰。

18. 青灰背屋面砖瓦檐包括砌砖瓦檐及勾抹。

19. 屋面揭宼除包括瓦面拆除及铺宼的全部工作内容外，还包括旧瓦件挑选、整理、清扫，不包括屋脊挑修。

20. 调脊包括安脊桩、扎肩、摆砌脊件、分层填馅背里、附件安装、勾抹打点，其中铃铛排山脊还包括铺宼排山勾滴及安钉帽；披水排山脊还包括摆砌披水砖及披水头；布瓦屋脊还包括刷浆描线。

21. 正吻（兽）、合角吻（兽）歇山垂兽、宝顶等安装包括安吻兽桩、扎肩、安吻兽座、拼装吻兽、镶扒锔、勾抹打点。

22. 布瓦清水脊蝎子尾包括扎肩、摆砌脊件、安草花盘子及蝎子尾。

23. 宝顶座、宝顶珠安装均包括分层拼装、填馅背里、镶扒锔。

9.1.2 统一性规定及说明

1. 瓦屋面查补、檐头、天沟沿、窝角沟整修均已综合考虑了屋面及檐头、天沟沿、窝角沟各自的不同损坏程度，执行中不作调整；其中琉璃檐头、天沟沿、窝角沟整修均包括补配钉帽，若不发生时应扣减钉帽的价格。

2. 垂兽、岔兽添配已包括兽角，仙人添配已包括仙人头，均不得再执行兽角、仙人头添配定额，兽角、仙人头添配定额只适用于单独添配的情况。

3. 青灰背查补按青灰背屋面查补定额执行；青灰背屋面按屋面苫背相应定额执行。

4. 布瓦瓦面揭宼以新瓦件添配在30%以内为准，琉璃瓦瓦面揭宼以新瓦件添配在20%以内为准，瓦件添配量超过上述数量时，另执行相应的新瓦添配每增10%定额（不足10%亦按10%执行）。

5. 抹护板灰已包括望板勾缝，不得再另执行望板勾缝定额。

6. 屋面苫泥背以厚度平均4～6cm（含）为准，厚度平均在6～9cm（含）时，按定额乘以系数1.5执行，厚度平均在9～12cm（含）时，按定额乘以系数2.0执行，依此类推。

7. 苫灰背以每层厚度平均2～3.5cm（含）为准，厚度平均在3.5～5.0cm（含）时，按定额乘以系数1.5执行，厚度平均在5.0～7.0cm（含）时，按定额乘以系数2.0执行，依此类推。

8. 瓦面与角脊、戗（岔）脊及庑殿、攒尖垂脊相交处裁割角瓦所需增加的工料已包括在相应屋脊定额中，实际工程中不论屋顶形式及瓦面面积大小定额均不作调整。

9. 琉璃屋面以使用黄琉璃瓦件、脊件为准，如使用其他颜色的琉璃瓦应换算瓦件、脊件及相应灰浆价格，其用量不作调整

10. 琉璃钉帽安装定额以在中腰节安装为准，窝角沟双侧安装琉璃钉帽者按相应定额乘以1.4系数执行。

11. 各种脊已分别综合了弧形、拱形等情况；其中角脊、戗（岔）脊及庑殿、攒尖垂脊定额均已包括瓦面与其相交处裁瓦所需增加的工料。

12. 琉璃博脊若采用围脊筒做法时按围脊定额执行，琉璃围脊若采用博脊承奉连做法时按博脊定额执行。

13. 布瓦屋脊除脊端附件及蝎子尾部分有雕饰外，其他均以无雕饰为准，需雕饰者另增

加工料。

14. 布瓦屋脊砖件以在现场砍制为准，若购入已经砍制的成品砖件，应扣除砍砖工的人工费用，砖件用量乘以0.93系数，砖件单价按成品价格调整，其他不作调整。

9.1.3 工程量计算规则

1. 屋面除草冲垄、屋面打点刷浆、屋面查补、青灰背查补、苫灰泥背、瓦面揭宼、瓦面拆除、瓦面铺宼均按屋面面积以平方米为单位计算，不扣除各种脊所压占面积，屋角飞檐冲出部分不增加，同一屋顶瓦面做法不同时应分别计算面积，其中屋面除草冲垄、屋面打点刷浆、屋面查补的屋脊面积不再另行计算。屋面各部位边线及坡长规定如下：

（1）檐头边线以图示木基层或砖檐外边线为准；

（2）硬山、悬山建筑两山以博缝外皮为准；

（3）歇山建筑拱山部分边线以博缝外皮为准，撒头上边线以博缝外皮连线为准；

（4）重檐建筑下层檐上边线以重檐金柱（或重檐童柱）外皮连线为准；

（5）坡长按脊中或上述上边线至檐头折线长计算。

2. 檐头、天沟沿均按长度以米为单位计算，其中硬山、悬山建筑按两山博缝外皮间净长计算，带角梁的建筑按仔角梁端头中点连接直线长计算，其中天沟沿以单侧沿为准，两侧沿累加计算。

3. 软瓦口砌抹、青灰背屋面砖瓦檐摆砌均按檐头长以米为单位计算。

4. 窝角沟按其走向按脊中至檐头中心线长度以米为单位计算，窝角沟附件安装以份为单位计算。

5. 脊件添配按添配的实际数量以件（份、对）为单位计算。

6. 屋脊均按脊中心线长度以米为单位计算，戗脊、角脊及庑殿、攒尖、硬山、悬山垂脊带垂（岔）兽者，以兽后口为界，兽前、兽后分别计算，其中：

（1）歇山、硬山、悬山建筑正脊按两山博缝外皮间净长计算，庑殿建筑正脊按脊檩（扶脊木）图示长度计算，均扣除正吻（兽）、平草、跨草、落落草所占长度；

（2）庑殿、攒尖垂脊按雷公柱中至角梁端点长计算，硬山、悬山垂脊按坡长计算，歇山垂脊按正脊中至兽座或盘子后口长度计算，分别扣除正吻（兽）、宝顶所占长度；

（3）戗脊按博缝外皮至角梁端点长计算；

（4）琉璃博脊按两挂尖端头间长度计算，不扣除挂尖所占长度，布瓦博脊按戗脊间净长计算；

（5）围脊按重檐金柱（或重檐童柱）外皮间图示净长计算，扣除合角吻所占长度；

（6）角脊按重檐角柱外皮至角梁端点长计算，扣除合角吻所占长度；

（7）披水梢垄按坡长计算。

7. 排山脊卷棚部分以每山为一计量单位以份为单位计算。

8. 各种脊附件安装以单坡为一计量单位以条为单位计算。

9. 正吻、歇山垂兽、宝顶座、宝顶珠、平草、跨草、落落草均以份为单位计算，合角吻以对为单位计算。

10. 铅板背（锡背）按图示或实际面积以平方米为单位计算。

9.2　有关定额术语的图示

详见图9-1 ~ 图 9-8。

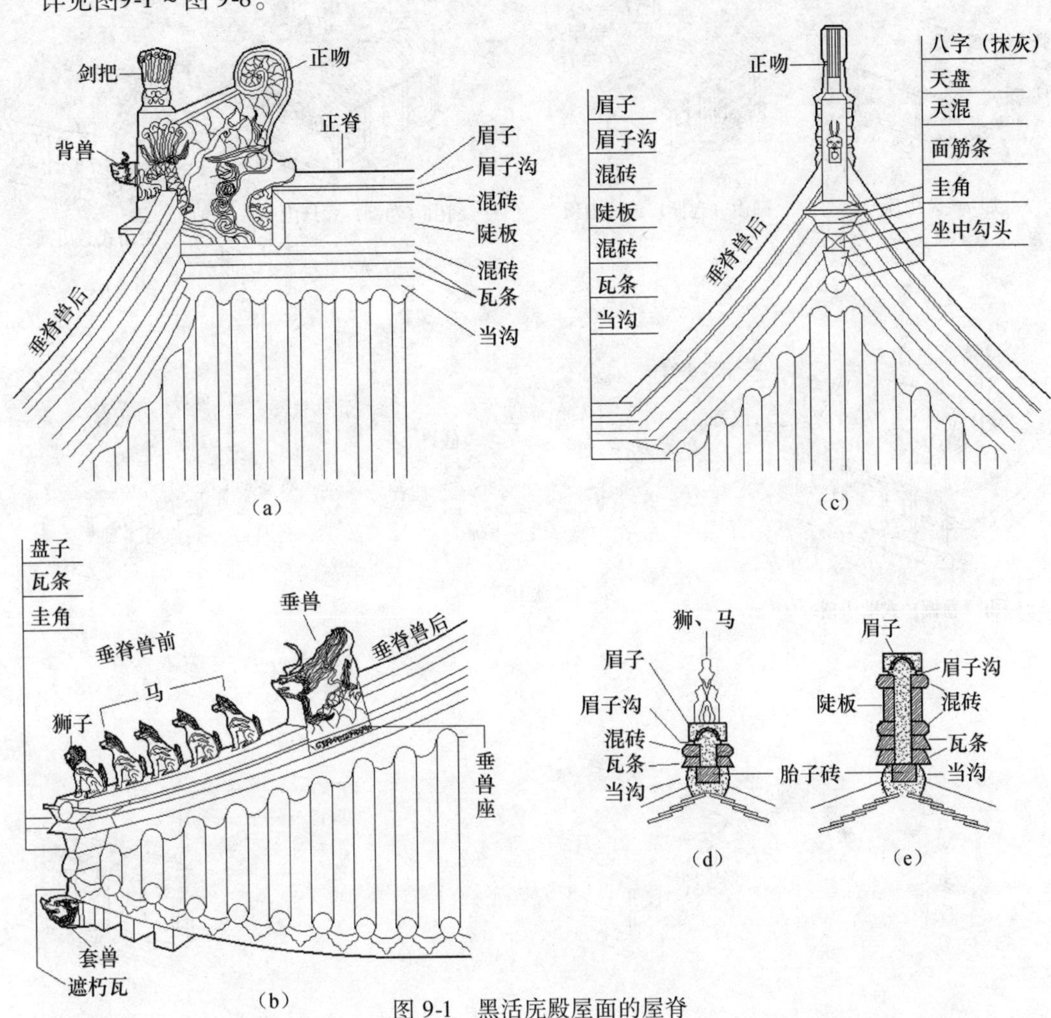

图 9-1　黑活庑殿屋面的屋脊

(a) 正脊和垂脊兽后；(b) 垂脊兽后与兽前；(c) 山面；(d) 垂脊兽前剖面；(e) 垂脊兽后剖面

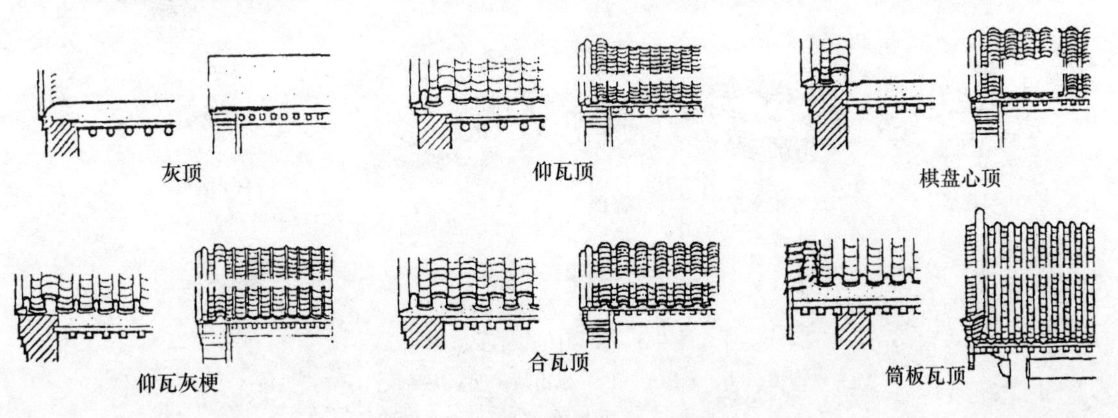

图 9-2　北京地区常见屋面种类图

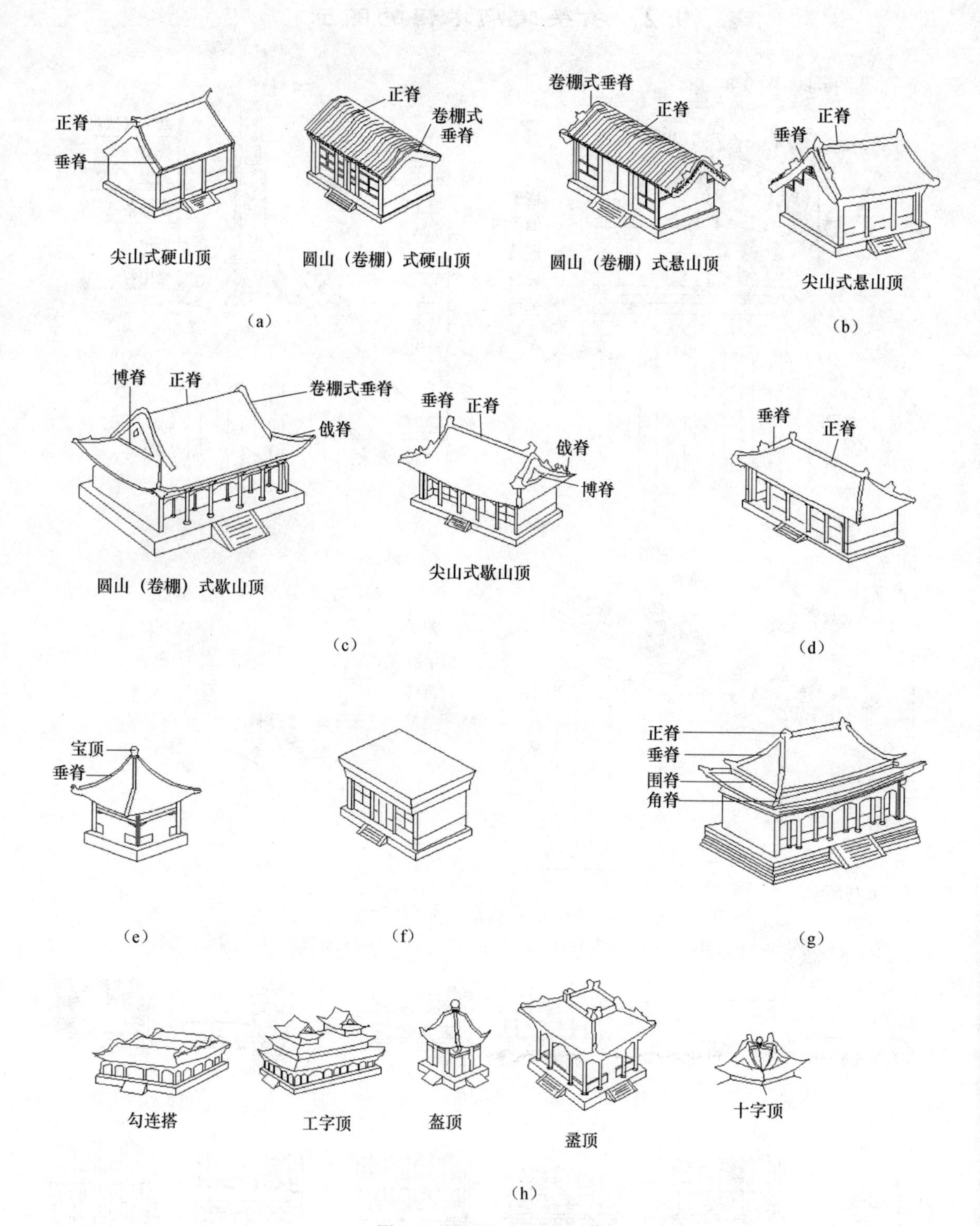

图9-3　屋顶的式样示意图

（a）硬山顶；（b）悬山顶；（c）歇山顶；（d）庑殿顶；（e）攒尖顶；
（f）平顶；（g）重檐顶；（h）几种变化形式

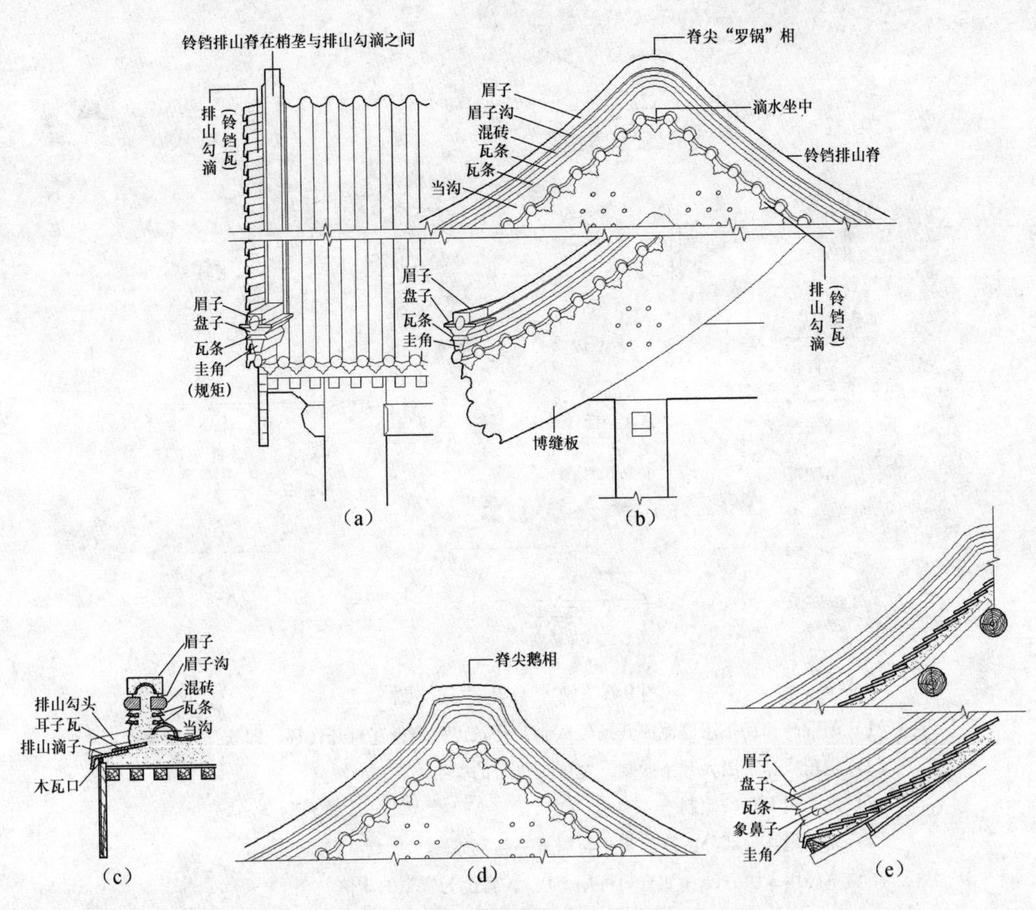

图9-4　小式黑活铃铛排山脊（以悬山为例）

（a）正立面；（b）侧立面；（c）铃铛排山脊剖面；（d）脊尖鹅相的箍头脊；（e）从内侧看排山脊

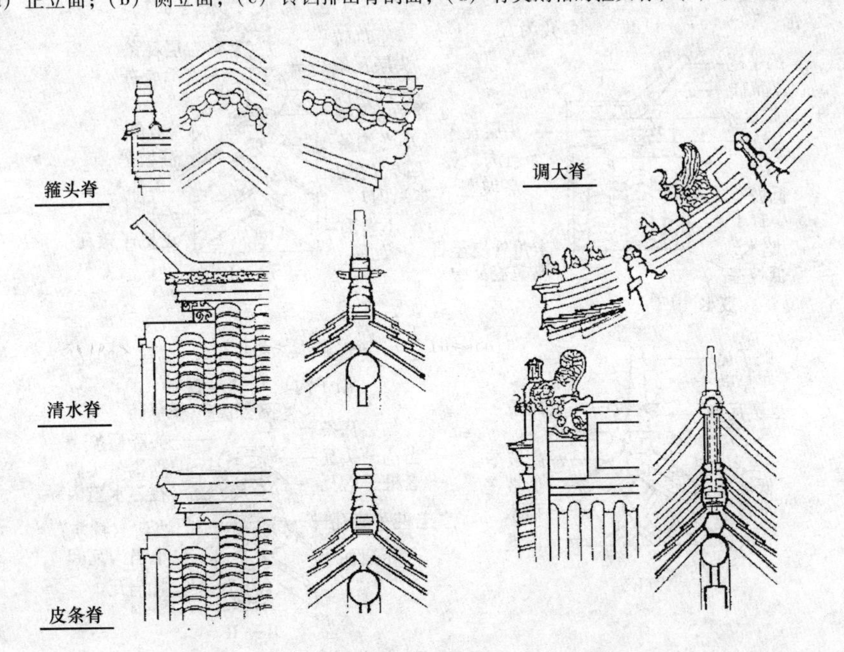

图9-5　北京地区常见屋脊形式图

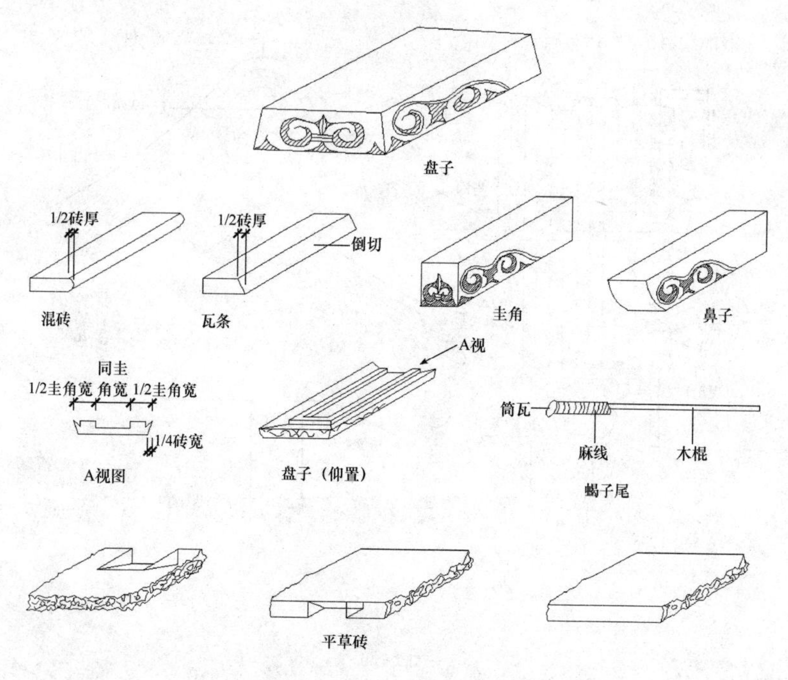

图9-6　清水脊瓦件分件图

注：(1) 圆混砖和瓦条用停泥或开条砖砍制，瓦条也可用板瓦对开代替，即软瓦条做法。

(2) 圭角或鼻子用大开条砍制，宽度为盘子的一半。

(3) 盘子用大开条砍制。

(4) 蝎子尾其余部分留待安装时与眉子一起完成。

(5) 草砖用3块方砖（如脊短可用2块），宽度为脊宽的3倍。

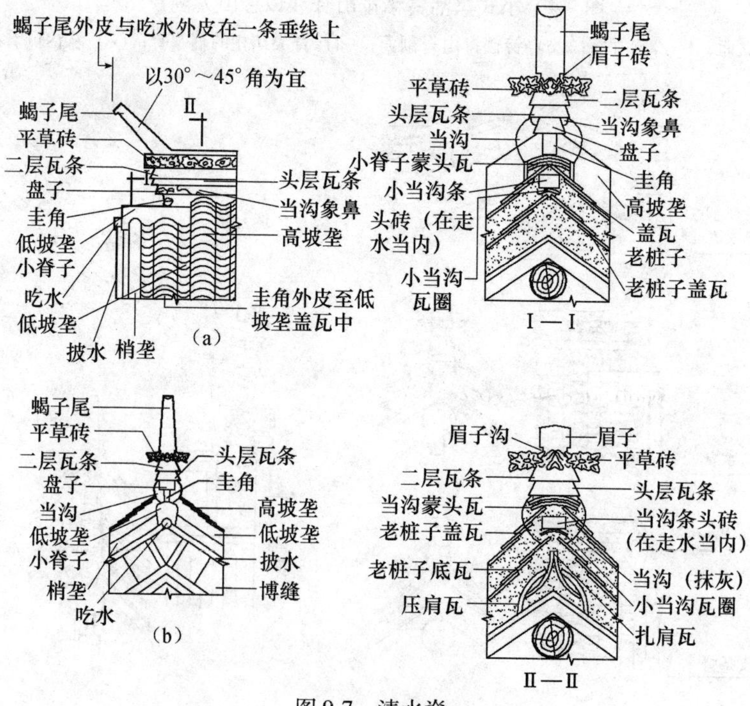

图9-7　清水脊

(a) 正立面；(b) 侧立面

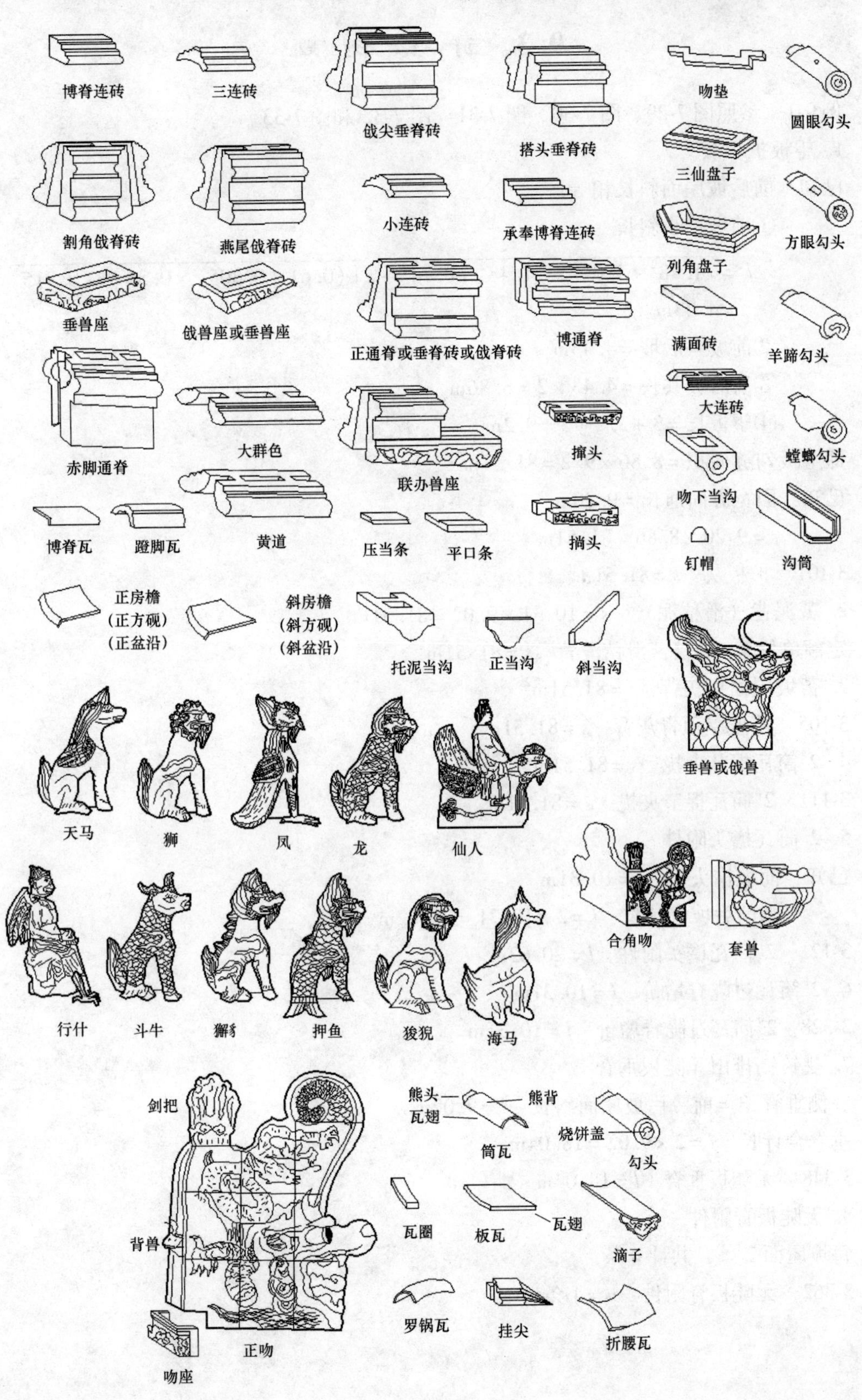

博脊连砖
三连砖
戗尖垂脊砖
搭头垂脊砖
吻垫
圆眼勾头
三仙盘子
割角戗脊砖
燕尾戗脊砖
小连砖
承奉博脊连砖
方眼勾头
列角盘子
垂兽座
戗兽座或垂兽座
正通脊或垂脊砖或戗脊砖
博通脊
满面砖
羊蹄勾头
大连砖
赤脚通脊
大群色
撺头
螳螂勾头
联办兽座
吻下当沟
博脊瓦
蹬脚瓦
黄道
压当条
平口条
捎头
钉帽
沟筒
正房檐
(正方砚)
(正盆沿)
斜房檐
(斜方砚)
(斜盆沿)
托泥当沟
正当沟
斜当沟
垂兽或戗兽
天马
狮
凤
龙
仙人
合角吻
套兽
行什
斗牛
獬豸
押鱼
狻猊
海马
剑把
背兽
吻座
正吻
熊头
熊背
瓦翅
筒瓦
烧饼盖
勾头
瓦圈
板瓦
瓦翅
滴子
罗锅瓦
挂尖
折腰瓦

图9-8　常见琉璃瓦件

9.3 计算例题

例9-1 参照图7-29、图7-30、图7-31、图7-32和图7-33。

1. 望板护板灰

已知：前后坡屋面斜长相等

①前坡檐步斜长

$$l=\sqrt{1.48^2+1.04^2}+\sqrt{1.48^2+0.74^2}+\sqrt{[(0.61+0.305)\times0.35]^2+0.915^2}$$
$$=4.43\text{m}$$

②前坡 = 后坡 = 4.43m

③前后坡共长 $=4.43\times2=8.86\text{m}$

④望板长 $=3+3.2+3=9.2\text{m}$

即望板勾缝面积 $=8.86\times9.2=81.51\text{m}^2$

已知：面宽方向通长 $=9.20\text{m}$

$s=9.20\times8.86=81.51\text{m}^2$

3-101 护板灰 $s=81.51\text{m}^2$

2. 苫泥背（滑秸泥） $s=10.31\times9.02=81.51\text{m}^2$

定额单价 ×1.5 倍苫滑秸泥背 $s=81.51\text{m}^2$

3. 苫坡屋面青灰背 $s=81.51\text{m}^2$

3-105 苫坡屋顶青灰背 $s=81.51\text{m}^2$

4. 2#筒瓦捉节夹拢 $s=81.51\text{m}^2$

3-111 2#筒瓦捉节夹拢 $s=81.51\text{m}^2$

5. 2#筒瓦檐头附件

已知：前坡檐头长 $l=10.31\text{m}$

则前后坡合计长 $l=2\times10.31=20.62\text{m}$

3-121 2#筒瓦檐头附件 $l=20.62\text{m}$

6. 2#筒瓦过陇脊增价 $l=10.31\text{m}$

3-328 2#筒瓦过陇脊增价 $l=10.31\text{m}$

7. 挑铃铛排山无陡板垂脊

一侧垂脊长 = 前、后坡屋面斜长 $l=9.02\text{m}$

垂脊合计长 $l=2\times9.02=18.04\text{m}$

3-348 无陡板垂脊 $l=18.04\text{m}$

8. 无陡板脊附件

每坡屋面2条，共计4条

3-362 无陡板脊附件 $n=4$ 条

9.4 部分定额摘录

详见下表。

四、屋面苫背

单位：m^2

		定额编号			3-100	3-101	3-102	3-103
		项目			望板勾缝	抹护板灰	屋面苫泥背（厚4~6cm）	
							滑秸泥	麻刀泥
		基价(元)			2.42	15.92	26.22	26.18
其中		人工费(元)			1.97	3.28	13.96	13.14
		材料费(元)			0.31	12.41	11.28	12.12
		机械费(元)			0.14	0.23	0.98	0.92
		名称	单位	单价(元)	数量			
人工	870007	综合工日	工日	82.10	0.024	0.040	0.170	0.160
材料	810216	护板灰	m^3	146.70	—	0.0185	—	—
	460021	滑秸	kg	0.25	—	—	0.3775	—
	150017	麻刀	kg	1.21	—	—	—	0.7725
	030001	板方材	m^3	1900.00	—	0.0050	0.0050	0.0050
	810211	掺灰泥3:7	m^3	28.90	—	—	0.0515	0.0515
	810218	浅月白中麻刀灰	m^3	172.40	0.0012	—	—	—
	840004	其他材料费	元	—	0.10	0.20	0.20	0.20
机械	888810	中小型机械费	元	—	0.12	0.20	0.84	0.79
	840023	其他机具费	元	—	0.02	0.03	0.14	0.13

单位：m^2

		定额编号			3-104	3-105	3-106	3-107	3-108
		项目			屋面苫灰背（厚2~3.5cm）		屋面苫青灰背（厚2~3.5cm）		屋面青灰背查补
					白灰	月白灰	坡顶	平顶	
		基价(元)			36.96	43.12	70.14	59.01	18.53
其中		人工费(元)			19.70	24.63	49.26	34.48	14.78
		材料费(元)			15.88	16.76	17.43	22.12	2.86
		机械费(元)			1.38	1.73	3.45	2.41	0.89
		名称	单位	单价(元)	数量				
人工	870007	综合工日	工日	82.10	0.240	0.300	0.600	0.420	0.180
材料	440051	板瓦2#	块	0.80	—	—	—	5.8333	—
	150017	麻刀	kg	1.21	—	0.3178	0.5228	0.5228	—
	040049	青灰	kg	0.35	—	1.0300	2.0600	2.0600	2.0600
	030001	板方材	m^3	1900.00	0.0050	0.0050	0.0050	0.0050	—
	810220	深月白大麻刀灰	m^3	206.50	—	—	0.0309	0.0309	0.0102
	810217	浅月白大麻刀灰	m^3	204.50	—	0.0309	—	—	—
	810214	大麻刀白灰	m^3	200.10	0.0309	—	—	—	—
	840004	其他材料费	元	—	0.20	0.20	0.20	0.22	0.03
机械	888810	中小型机械费	元	—	0.18	1.48	2.96	2.07	2.74
	840023	其他机具费	元	—	0.20	0.25	0.49	0.34	0.15

五、布瓦瓦面铺宽

单位：m^2

定额编号				3-109	3-110	3-111	3-112	3-113
项目				筒瓦瓦面铺宽(捉节夹垄)				
				头#瓦	1#瓦	2#瓦	3#瓦	10#瓦
基价(元)				207.17	204.21	204.99	204.91	287.85
其中	人工费(元)			88.67	91.13	93.59	96.06	133.00
	材料费(元)			113.18	107.61	105.78	103.09	146.87
	机械费(元)			5.32	5.47	5.62	5.76	7.98
名称		单位	单价(元)	数量				
人工 870007	综合工日	工日	82.10	1.080	1.110	1.140	1.170	1.620
材料 440101	筒瓦头#	块	1.76	17.5000	—	—	—	—
440062	筒瓦1#	块	1.30	—	22.7273	—	—	—
440063	筒瓦2#	块	1.00	—	—	28.3401	—	—
440064	筒瓦3#	块	0.90	—	—	—	36.3322	—
440065	筒瓦10#	块	0.60	—	—	—	—	97.2222
440104	板瓦头#	块	1.20	60.0000	—	—	—	—

单位：m^2

定额编号				3-114	3-115	3-116	3-117	3-118
项目				筒瓦瓦面铺宽(裹垄)				
				头#瓦	1#瓦	2#瓦	3#瓦	10#瓦
基价(元)				216.15	212.57	213.82	214.03	299.15
其中	人工费(元)			98.52	100.49	103.45	106.40	147.78
	材料费(元)			111.71	106.06	104.17	101.25	142.50
	机械费(元)			5.92	6.02	6.20	6.38	8.87
名称		单位	单价(元)	数量				
人工 870007	综合工日	工日	82.10	1.200	1.224	1.260	1.296	1.800
材料 440101	筒瓦头#	块	1.76	17.1569	—	—	—	—
440062	筒瓦1#	块	1.30	—	22.2222	—	—	—
440063	筒瓦2#	块	1.00	—	—	27.6316	—	—
440064	筒瓦3#	块	0.90	—	—	—	35.2941	—
440065	筒瓦10#	块	0.60	—	—	—	—	93.3333
440104	板瓦头#	块	1.20	58.8235	—	—	—	—
440050	板瓦1#	块	1.00	—	66.6667	—	—	—

六、琉璃瓦面铺宽

单位：m^2

定额编号				3-146	3-147	3-148	3-149	3-150	3-151	3-152
项目				琉璃瓦瓦面铺宽						
				四样	五样	六样	七样	八样	九样	竹节瓦
基价(元)				267.39	292.45	289.07	295.40	304.93	312.12	317.13
其中	人工费(元)			78.82	81.28	83.74	86.21	88.67	91.13	103.45
	材料费(元)			183.84	206.30	200.30	204.02	210.94	215.52	207.48
	机械费(元)			4.73	4.87	5.03	5.17	5.32	5.47	6.20
名称		单位	单价(元)	数量						
人工	870007 综合工日	工日	82.10	0.960	0.990	1.020	1.050	1.080	1.110	1.260
材料	430460 板瓦四样	件	4.90	22.4551	—	—	—	—	—	—
	430204 板瓦五样	件	4.30	—	29.0360	—	—	—	—	—
	430205 板瓦六样	件	3.80	—	—	32.2878	—	—	—	—
	430206 板瓦七样	件	3.20	—	—	—	38.6735	—	—	—
	430207 板瓦八样	件	3.00	—	—	—	—	42.9595	—	—
	430208 板瓦九样	件	2.70	—	—	—	—	—	49.4910	—

三、布瓦正脊及附件

单位：m

定额编号				3-319	3-320	3-321	3-322	3-323	3-324
项目				合瓦过垄脊			合瓦鞍子脊		
				1#瓦	2#瓦	3#瓦	1#瓦	2#瓦	3#瓦
基价(元)				30.62	34.69	38.93	70.59	81.23	93.87
其中	人工费(元)			17.24	21.35	26.27	42.69	53.37	65.68
	材料费(元)			12.35	12.27	11.54	25.34	24.66	24.25
	机械费(元)			1.03	1.07	1.12	2.56	3.20	3.94
名称		单位	单价(元)	数量					
人工	870007 综合工日	工日	82.10	0.210	0.260	0.320	0.520	0.650	0.800
材料	440144 折腰板瓦1#	块	1.50	4.7727	—	—	4.7727	—	—
	440145 折腰板瓦2#	块	1.40	—	5.3846	—	—	5.3846	—
	440146 折腰板瓦3#	块	1.20	—	—	6.1765	—	—	6.1765
	440050 板瓦1#	块	1.00	4.7727	—	—	4.7727	—	—
	440051 板瓦2#	块	0.80	—	5.3846	—	—	5.3836	—
	440052 板瓦3#	块	0.60	—	—	6.1765	—	—	6.1765
	040196 蓝四丁砖	块	1.45	—	—	—	1.5500	1.5500	2.0600
	810212 掺灰泥4:6	m^3	47.90	0.0059	0.0059	0.0059	0.0154	0.0137	0.0119
	810218 浅月白中麻刀灰	m^3	172.40	—	—	—	0.0552	0.0532	0.0522
	810222 深月白小麻刀灰	m^3	163.60	0.0001	0.0001	0.0001	0.0040	0.0030	0.0020
	840004 其他材料费	元	—	0.12	0.12	0.12	0.25	0.25	0.25
机械	888810 中小型机械费	元	—	0.86	0.86	0.86	2.13	2.67	3.28
	840023 其他机具费	元	—	0.17	0.21	0.26	0.43	0.53	0.66

四、布瓦垂脊、戗（岔）脊、角脊及附件

单位：m

定额编号					3-341	3-342	3-343	3-344	3-345	3-346
项目					布瓦屋面					
					有陡板角脊、戗（岔）脊、庑殿及攒尖垂脊兽前	有陡板角脊、戗（岔）脊、庑殿及攒尖垂脊兽后（脊高在）		有陡板硬山、悬山垂脊兽前	有陡板硬山、悬山、歇山垂脊兽后（脊高在）	
						40cm以下	40cm以上		40cm以下	40cm以上
基价(元)					231.25	407.37	492.15	305.19	485.78	585.88
其中	人工费(元)				168.31	287.35	339.07	197.86	307.05	358.78
	材料费(元)				52.84	102.78	132.74	95.46	160.31	205.57
	机械费(元)				10.10	17.24	20.34	11.87	18.42	21.53
名称			单位	单价(元)	数量					
人工	870007	综合工日	工日	82.10	2.050	3.500	4.130	2.410	3.740	4.370
	0001100	瓦工	工日	—	1.200	1.560	1.800	1.560	1.800	2.040
	00001200	砍砖工	工日	—	0.850	1.940	2.330	0.850	1.940	2.330
材料	440051	板瓦2#	块	0.80	11.6667	11.6667	11.6667	23.3333	23.3333	23.3333
	440063	筒瓦2#	块	1.00	5.5263	5.5263	5.5263	5.5263	5.5263	5.5263
	440047	滴水2#	块	1.40	—	—	—	5.8333	5.8333	5.8333

五、布瓦博脊、围脊及附件

单位：见表

定额编号					3-362	3-363	3-364	3-365	3-366
项目					布瓦屋面				
					博脊、无陡板围脊	有陡板围脊（脊高在）		合角吻安装（脊高在）	
						40cm以下	40cm以上	40cm以下	40cm以上
					m			份	
基价(元)					231.60	392.19	473.60	1408.34	2007.98
其中	人工费(元)				122.33	215.92	241.37	275.04	455.66
	材料费(元)				101.93	171.95	217.75	1116.80	1524.98
	机械费(元)				7.34	4.32	14.48	16.50	27.34
名称			单位	单价(元)	数量				
人工	870007	综合工日	工日	82.10	1.490	2.630	2.940	3.350	5.550
	00001100	瓦工	工日	—	0.720	0.900	1.080	1.200	3.000
	00001200	砍砖工	工日	—	0.770	1.730	1.860	2.150	2.550
材料	440051	板瓦2#	块	0.80	5.83333	5.8333	5.8333	11.6667	11.6667
	440063	筒瓦2#	块	1.00	5.5263	5.5263	5.5263	—	—
	440075	小停泥砖	块	3.00	3.9236	7.8472	7.8472	11.2372	13.4972
	040196	蓝四丁砖	块	1.45	47.4624	75.9398	101.2531	25.3133	31.6416

第10章 抹灰工程

10.1 定额说明

本章包括抹灰面修补，墙面抹灰及铲灰皮，墙面勾缝，共3节49个子目。

10.1.1 工作内容

1. 本章各子目工作内容均包括准备工具、调制灰浆、场内运输及余料、废弃物的清运。

2. 抹灰面修补包括铲除空鼓残损灰皮并砍出麻刀口、清理浮土、刷水、打底找平、罩面轧光。

3. 抹灰包括清理墙面、刷水、打底找平、罩面轧光。

4. 象眼抹青灰镂花包括打底抹白灰、抹青灰、绘制画谱、镂花。

5. 旧砖墙及旧毛石墙勾缝打点包括清理墙面、剔除残损勾缝灰、勾缝并打点；旧毛石墙勾缝打点还包括补背塞。

10.1.2 统一性规定及说明

1. 抹灰面修补定额适用于单片墙面局部补抹的情况，若单片墙（每面墙可由柱门、枋、梁等分割成若干单片）整体铲抹时，应执行铲灰皮和抹灰定额。

2. 抹灰面修补不分墙面、山花、象眼、穿插档、匾心、券底等部位，均执行同一定额。

3. 抹灰面修补及抹灰定额均已考虑了梁底、柱门抹八字线角、门窗洞口抹护角等因素；其中补抹青灰已综合了轧竖间小抹子花或做假砖缝等因素。

10.1.3 工程量计算规则

1. 墙面、券底等抹灰面修补按实际补抹面积累计计算，冰盘檐、须弥座抹灰面修补按实际补抹部分的垂直投影面积计算，墙帽补抹按实际补抹的长度计算。

2. 抹灰工程量均以建筑物结构尺寸计算，不扣除柱门、踢脚线、挂镜线、装饰线、什锦窗及0.5m^2以内孔洞所占面积，扣除0.5m^2以外门窗及孔洞所占面积，其内侧壁面积亦不增加，墙面抹灰各部位边界线如表10-1所示：

3. 券底抹灰按券弧长乘以券洞长的面积以平方米为单位计算。

4. 冰盘檐、须弥座抹灰分别按盖板或上枋外边线长乘以其垂直高以平方米为单位计算。

5. 旧糙砖墙勾缝打点、旧毛石墙勾缝打点按垂直投影面积以平方米为单位计算。

6. 抹灰后做假砖缝或轧竖向小抹子花、象眼抹青灰镂花均按垂直投影面积以平方米为单位计算。

表 10-1 墙面抹灰各部位边界线表

<table>
<tr><th>工程部位</th><th colspan="2">底边线</th><th colspan="2">上边线</th><th>左右竖向边线</th></tr>
<tr><td rowspan="2">室内抹灰</td><td>有墙裙</td><td>墙裙上皮</td><td>梁枋露明</td><td>梁枋下皮</td><td rowspan="2">砖墙里皮（不扣柱门），若以柱门为界分块者以柱中为准</td></tr>
<tr><td>无墙裙</td><td>地（楼）面上皮（不扣除踢脚板）</td><td>梁枋不露明</td><td>顶棚下皮（吊顶不抹灰者算至顶棚另加 20cm）</td></tr>
<tr><td rowspan="2">室外抹灰</td><td>下肩抹灰</td><td>台明上皮</td><td colspan="2" rowspan="2">墙帽或博缝出檐下皮</td><td rowspan="2">砖墙外皮棱线（垛的侧面积应计算）</td></tr>
<tr><td>下肩不抹灰</td><td>下肩上皮</td></tr>
<tr><td>槛墙抹灰</td><td colspan="2">地面上皮</td><td colspan="2">窗榻板下皮</td><td>同室内</td></tr>
<tr><td>棋盘心墙</td><td colspan="2">下肩上皮</td><td colspan="2">山尖清水砖下皮</td><td>墀头清水砖里口</td></tr>
</table>

10.2 有关定额术语的解释

10.2.1 靠骨灰

靠骨灰又叫刮骨灰或刻骨灰。其特点是底层和面层都用麻刀灰。不同颜色的靠骨灰有不同的叫法：白色的叫白麻刀灰或白灰，抹白灰叫抹“白活”，浅灰色或深灰色的叫月白灰，月白灰抹后刷青浆赶轧呈灰黑色的叫青灰，红色的叫红灰或葡萄灰，黄色的叫黄灰。

10.2.2 泥底灰

所谓泥底灰是以泥底作为底层，灰作为面层，泥内如不掺入白灰，叫素泥。掺入白灰的叫掺灰泥。为增强拉结力，泥内可掺入麦余等骨料。面层所用的白灰内一般应掺入麻刀。有特殊要求者，也可掺入棉花或其他纤维材料。

10.2.3 滑秸泥

滑秸泥做法俗称“抹大泥”，多见于明代以前的建筑，在明、清官式建筑中，已不多见，但在民居和地方建筑中，还常有使用。滑秸泥中的泥料，既可以是掺灰泥，也可以是素泥。泥中掺入的滑秸又叫麦余，麦余即小麦秆，有时也用麦壳，也可用大麦秆、荞麦秆、莜麦秆或稻草代替。使用前可将麦秆适当剪短并用斧子将麦秆砸劈，并用白灰浆把滑秸“烧”软，最后再把泥拌匀。如果麦秆中含有麦壳，可将麦秆和麦壳事先分开，打底用的泥内应以麦秆为主，罩面用的泥内应以麦壳为主。

滑秸泥的表面经赶轧出亮后，可根据不同的需要涂刷不同颜色的浆，如刷白灰浆等。

10.2.4 壁画抹灰

壁画抹灰的底层做法与上述几种做法的底层相同，但面层常改用其他做法，如蒲棒灰、棉花灰、麻刀灰、棉花泥等。这几种做法均需赶轧出亮但一般不再刷浆，如为抹泥做法，表面可涂刷白矾水，以防止绘画时色彩的反底变色。

10.2.5 其他做法

①纸筋灰

适用于室内抹白灰的面层，厚度一般不超过2mm。底层应平整。

②三合灰

三合灰俗称混蛋灰，由白灰、青灰和水泥三合而成。具有短时间内硬结并达到较高强度的特点。

③毛灰

适用于外檐抹灰的面层，主要特点是在灰中掺入人的毛发或动物的鬃毛。整体性较好，不易开裂和脱落。

④焦渣灰

民间做法，煤料炉渣内掺入白灰制成。焦渣灰墙面较坚固，但表面较粗糙。多用于普通民房的室外抹灰，也可作为各种麻刀灰墙面的底层灰。

⑤煤球灰

煤球是一种传统燃料，是用煤粉掺入黄土制成的小圆球。煤球灰使用煤球的燃后废料炉灰过筛后，与白灰掺和再加水调匀制成的。用于做法简单的民宅，煤球灰做法与砂子灰相同。用于室外，表面多轧成光面。

⑥砂子灰

即现在所称的白灰砂浆，但做法与现代抹灰方法不尽相同。抹砂子灰一般不需要找直、冲筋等工序，表面只要求平顺。砂子灰一般分2次抹，破损较多或明显不平的墙面，以及要求轧光交活的墙可抹3次。抹前应将墙用水浇湿，破损处应补抹平整。用铁抹子抹底层砂子灰，并可用平尺板将墙刮一遍。底子灰抹好后马上用木抹子抹一遍罩面灰。如果面层为白灰或月白灰等做法的，要用平尺板把墙面刮平，然后用木抹子将墙面搓平，平尺板未刮到的地方要及时补抹平整。如果表面不再抹白灰或青灰等，应直接将墙面抹平顺，不要用平尺板刮墙面。以砂子灰作为面层交活的，有麻面砂子灰和光面砂子灰之分。麻面交活的要用木抹子将表面抹平抹顺，无接槎搭痕，无粗糙槎痕，抹痕应有规律，表面细致、美观。光面交活的在抹完面层后要适时地将表面用铁抹子揉轧出浆，并将表面轧出亮光。

⑦锯末灰

见于地方建筑。底层一般为砂子灰，焦渣灰。底层灰稍干后即可抹锯末灰，面层厚度一般为0.3~0.4cm。抹好后可用木抹子把墙面搓平顺，并用铁轧子把墙面赶轧光亮。

⑧擦抹素灰膏

素灰膏指不掺麻刀灰的纯白灰膏，所谓擦抹是指应将灰抹得薄。这种做法一般在砂子灰表面进行。砂子灰要求抹得很平整、光顺。素灰膏应较稀，必要时可适当掺水稀释。擦抹灰膏必须在砂子灰表面比较湿润的时候就开始进行。用铁抹子或铁轧子将灰膏抹得越薄越好，一般不超过1mm厚。抹完后立即用下轧子反复揉轧，以能把灰膏轧进砂子灰但不完全露出砂子为好。最后轧光交活。

⑨滑秸灰

多见于地方建筑，以白色滑秸灰比较常见。其做法与靠骨灰或泥底灰抹法相同。

10.2.6 抹灰后做缝

抹灰后做缝包括抹青灰做假砖缝、抹白灰刷烟子浆镂缝、抹白灰描黑缝。

10.3 计算例题

例10-1 如图7-34所示，墙长85m。

求：外墙面抹靠骨灰。

已知：抹灰高度2m，墙长85m 抹灰面积 $=2\times85\times2=340\text{m}^2$

4-18墙面抹靠骨灰 $s=340\text{m}^2$

(4-23)×2靠骨灰增厚 $s=340\text{m}^2$

(注：抹灰厚25mm－15mm＝10mm；10mm÷5mm＝2)

10.4 部分定额摘录

详见下表。

抹灰面修补（940401）

单位：m^2

		定额编号			4-1	4-2	4-3	4-4	4-5
项目					墙面、券底修补靠骨灰				
					白灰	月白灰	青灰	红灰	黄灰
基价(元)					23.68	23.78	24.70	30.46	24.96
其中	人工费(元)				18.06	18.06	18.88	18.06	18.06
	材料费(元)				4.36	4.46	4.50	11.14	5.64
	机械费(元)				1.26	1.26	1.32	1.26	1.26
名称			单位	单价(元)	数量				
人工	870007	综合工日	工日	82.10	0.220	0.220	0.230	0.220	0.220
材料	810214	大麻刀白灰	m^3	200.10	0.0213	—	—	—	—
	810217	浅月白大麻刀灰	m^3	204.50	—	0.0213	—	—	—
	810220	深月白大麻刀灰	m^3	206.50	—	—	0.0213	—	—
	810223	大麻刀红灰	m^3	518.20	—	—	—	0.0213	—
	810227	大麻刀黄灰	m^3	260.00	—	—	—	—	0.0213
	840004	其他材料费	元	—	0.10	0.10	0.10	0.10	0.10
机械	840023	其他机具费	元	—	0.18	0.18	0.19	0.18	0.18
	888810	中小型机械费	元	—	1.08	1.08	1.13	1.08	1.08

单位：见表

定额编号				4-16	4-17
项目				冰盘檐、须弥座补抹青灰	墙帽补抹
				m^2	m
基价(元)				32.93	16.75
其中	人工费(元)			25.45	9.85
	材料费(元)			6.55	6.21
	机械费(元)			0.93	0.69
名称		单位	单价(元)	数量	
人工	870007 综合工日	工日	82.10	0.310	0.120
材料	810220 深月白大麻刀灰	m^3	206.50	0.0310	0.0296
	840004 其他材料费	元	—	0.15	0.10
机械	840023 其他机具费	元	—	0.10	0.10
	888810 中小型机械费	元	—	0.83	0.59

墙面抹灰及铲灰皮（940401）

单位：m^2

定额编号				4-18	4-19	4-20	4-21	4-22	4-23
项目				墙面抹靠骨灰（厚15mm）					墙面抹靠骨灰每增厚5mm
				白灰	月白灰	青灰	红灰	黄灰	
基价(元)				14.76	14.83	15.74	19.91	15.73	4.60
其中	人工费(元)			10.67	10.67	11.49	10.67	10.67	3.28
	材料费(元)			3.34	3.41	3.45	8.49	4.31	1.09
	机械费(元)			0.75	0.75	0.80	0.75	0.75	0.23
名称		单位	单价(元)	数量					
人工	870007 综合工日	工日	82.10	0.130	0.130	0.140	0.130	0.130	0.040
材料	810214 大麻刀白灰	m^3	200.10	0.0162	—	—	—	—	—
	810217 浅月白大麻刀灰	m^3	204.50	—	0.0162	—	—	—	—
	810220 深月白大麻刀灰	m^3	206.50	—	—	0.0162	—	—	0.0052
	810223 大麻刀红灰	m^3	518.20	—	—	—	0.0162	—	—
	810227 大麻刀黄灰	m^3	260.00	—	—	—	—	0.0162	—
	840004 其他材料费	元	—	0.10	0.10	0.10	0.10	0.10	0.02
机械	840023 其他机具费	元	—	0.11	0.11	0.11	0.11	0.11	0.03
	888810 中小型机械费	元	—	0.64	0.64	0.69	0.64	0.64	0.20

单位：m²

定额编号					4-24	4-25	4-26	4-27	4-28
项目					券底抹靠骨灰（厚15mm）				冰盘檐、须弥座抹青灰
					白灰	月白灰	黄灰	每增厚5mm	
基价(元)					18.22	18.30	19.23	4.25	23.43
其中	人工费(元)				13.79	13.79	13.79	2.96	17.73
	材料费(元)				3.46	3.54	4.47	1.08	4.69
	机械费(元)				0.97	0.97	0.97	0.21	1.01
名称			单位	单价(元)	数量				
人工	870007	综合工日	工日	82.10	0.168	0.168	0.168	0.036	0.216
材料	810214	大麻刀白灰	m³	200.10	0.0168	—	—	—	—
	810217	浅月白大麻刀灰	m³	204.50	—	0.0168	—	0.0052	—
	810220	深月白大麻刀灰	m³	206.50	—	—	—	—	0.0220
	810227	大麻刀黄灰	m³	260.00	—	—	0.0168	—	—
	840004	其他材料费	元	—	0.10	0.10	0.10	0.02	0.15
机械	840023	其他机具费	元	—	0.14	0.14	0.14	0.03	0.18
	888810	中小型机械费	元	—	1.83	0.83	0.83	0.18	0.83

单位：m²

定额编号					4-29	4-30	4-31	4-32	4-33	4-34
项目					墙面砂子灰底（厚16mm）麻刀灰罩面					
					白灰	月白灰	青灰	红灰	黄灰	砂子灰底每增厚5mm
基价(元)					15.98	15.99	17.05	16.65	16.11	4.04
其中	人工费(元)				11.82	11.82	12.81	11.82	11.82	2.96
	材料费(元)				3.33	3.34	3.34	4.00	3.46	0.87
	机械费(元)				0.83	0.83	0.90	0.83	0.83	0.21
名称			单位	单价(元)	数量					
人工	870007	综合工日	工日	82.10	0.144	0.144	0.156	0.144	0.144	0.036
材料	810214	大麻刀白灰	m³	200.10	0.0021	—	—	—	—	—
	810217	浅月白大麻刀灰	m³	204.50	—	0.0021	—	—	—	—
	810220	深月白大麻刀灰	m³	206.50	—	—	0.0021	—	—	—
	810223	大麻刀红灰	m³	518.20	—	—	—	0.0021	—	—
	810227	大麻刀黄灰	m³	260.00	—	—	—	—	0.0021	—
	810012	1:3 石灰砂浆	m³	163.32	0.0172	0.0172	0.0172	0.0172	0.0172	0.0052
	840004	其他材料费	元	—	0.10	0.10	0.10	0.10	0.10	0.02
机械	840023	其他机具费	元	—	0.12	0.12	0.13	0.12	0.12	0.03
	888810	中小型机械费	元	—	0.71	0.71	0.77	0.71	0.71	0.18

第11章　木构架及木基层

11.1　定额说明

本章包括柱类构件，枋类构件、梁架构件、雀替类构件、桁檩、角梁、板类构件、楼层构件、其他构件、斗栱，屋面木基层，木构件修补加固等，共11节1471个子目。

11.1.1　工作内容

1. 本章各子目工作内容均包括准备工具、场内运输及余料、废弃物的清运。

2. 本章各类木构件制作均包括排制丈杆样板、弹线画线、锯裁成型、刨光、做榫卯、雕凿、弹安装线、编写安装号、试装等、其中圆形截面的构件制作还包括砍节子、剥刮树皮、砍圆；木构件吊装（安装）均包括垂直起重、翻身就位、修整榫卯、入位、校正、钉拉杆，挪移抱杆及完成吊装后拆拉杆等；木构件拆卸包括安全、支护及监护、编号、起退销钉或拉接铁件、分解出位、垂直起重、运至场内指定地点分类存放、及挪移抱杆等。

3. 柱类构件中垂头柱制作包括垂头雕刻，牌楼边柱、高栱柱包括与其相连的角料斗栱通天斗制作。

4. 抽换柱包括安全支护及监护、抽出损坏的旧柱、安装新柱、不包括所配换的新柱制作，抽换单檐建筑的金柱不包括抱头梁、穿插枋、檐枋、檐柱等相关构件的拆安。

5. 柱墩接包括安全支护及监护、锯截糟朽柱脚、做墩接榫、预制接脚、安装接脚及铁箍。

6. 包镶柱根包括剔除糟朽部分、钉拼包木质、修整、涂刷防腐油，不包括安铁箍。

7. 拼攒柱拆换拼包木榾包括安全支护及监护、起退铁箍及糟朽木榾、配换新料、修整、剔槽安装铁箍、刷防腐油等。

8. 垂头柱补换四季花草贴脸包括拆除损坏的贴脸、雕作并安装新贴脸。

9. 枋类构件中麻叶榫头穿插枋制作包括雕刻麻叶头，搭角额（檩）枋制作包括雕凿霸王拳或三岔头，承椽枋制作包括剔凿椽窝。

10. 梁类构件中普通梁头制作包括扫眉、描眉，桃尖梁头、麻叶梁头制作包括雕刻，采步金制作包括剔凿椽窝。

11. 瓜柱类构件中带垂头的雷公柱、交金柱包括雕凿垂头。

12. 童柱下墩斗制作包括铁箍制安。

13. 雀替制安包括放样、锯裁成型、雕刻纹饰、安装；额枋下雀替制安还包括翘栱制作安装，不包括三幅云栱、麻叶云栱制安。

14. 扶脊木制作包括剔凿椽窝及吻桩、脊桩卯眼。

15. 角梁制作包括放大样、仔角梁安装包括砍梁背、钉角梁钉。

16. 博缝板、挂檐板、挂落板、滴珠板等制安包括拼缝、穿带、刨光、裁锯成型、制作接头榫卯、雕刻纹饰或剔挂落砖的胆卡口、挂线调直找平钉牢及铁件的制作安装，其中博缝板还包括锯挖博缝头、剔挖檩窝；拆安包括拆卸、重新拼缝穿带、修整接头缝、重新安装。

17. 博脊板、棋枋板、柁档板、象眼山花板制作包括拼板或做企口缝、刨光、裁锯成型及制作边缝压条；安装包括修整边缝（含檩窝）入位安装及钉边缝压条，拼装者还包括企口缝的修整。

18. 立闸山花板制安包括裁板、做企口缝、雕刻纹饰、挖檩窝、钉装并找平；拆安包括拆卸、修整、重新安装。

19. 木楼板制作安装包括裁制、做企口缝、铺钉；安装后净面磨平包括刮刨和磨平。

20. 木楼梯制安包括帮板、踢板、踩板及铁件的制作组装，整梯安装；拆修安包括拆卸、解体、更换损坏的踢板、踩板及铁件、重新组装、整梯安装；木楼梯补配踢板、踩板包括拆除损坏的踢板、踩板，制作安装新踢板、踩板；拆除包括拆卸、分解、运至场内指定地点存放。

21. 牌楼边柱、高栱柱制作均包括与之相连的通天斗制作。

22. 花板制安包括拼板、刨光、裁锯成型、雕刻纹饰、安装。

23. 牌楼匾制安包括拼心板、做边框、安装、不包括匾心刻字。

24. 构部件剔补包括将糟朽部位剔除、用同硬度木料补镶严实平整。

25. 安装加固铁件包括铁件制作、修整、剔槽安装者包括按铁件的宽厚在木构件上剔出卧槽，明安者包括清除施工部位木构件表面的麻灰。

26. 斗栱检修包括检查斗栱各部件、附件的损坏情况、统计需添配的部件、附件，进行简单修理及用圆钉、木螺钉加固。

27. 斗栱添配部件、附件包括清除已损坏部件、附件的残存部分，配制安装相应新部件、附件。

28. 昂嘴剔补包括剔除损坏的昂嘴头，铲刨平整，配制安装新昂嘴头。

29. 斗栱拨正归安包括桁檩拆除后，对歪闪移位的斗栱进行复位整修，不包括部件、附件的添配。

30. 斗栱拆修包括将整攒斗栱拆下、解体整理、添换缺损的部件及草架摆验，不包括附件添配。

31. 斗栱拆除包括斗栱部件及附件全部拆除，运至场内指定地点存放。

32. 斗栱制作包括坐斗、翘、昂、耍头、撑头、桁椀、栱、升斗、销等全部部件的制作，挖栱翘眼，雕麻叶云、三福云，草架摆验；不包括垫栱板、枋、盖斗扳等附件制作；其中隔架雀替斗栱制作还包括荷叶墩制作，牌楼角科斗栱不包括与高栱柱或边柱相连的通天斗。

33. 昂翘斗栱、平座斗栱、溜金斗栱正心及外拽附件制作包括正心枋、外拽枋、挑檐枋及外拽盖（斜）斗板等的制作。

34. 昂翘斗栱、平座斗栱里拽附件制作包括里拽枋、井口枋及里拽盖（斜）斗板的制作。

35. 内里品字斗栱正心附件制作包括正心枋制作。

36. 内里品字斗栱两拽附件制作包括拽枋、井口枋及两拽盖（斜）斗板的制作。

37. 牌楼斗栱正心及两拽附件包括正心枋、拽枋、挑檐枋及盖（斜）斗板。

38. 垫栱板制作包括拼板，裁锯成型，有金钱眼的垫栱板还包括雕刻金钱眼。

39. 斗栱安装包括斗栱全部部件及附件的安装。

40. 斗栱保护网拆除包括摘下运至场内指定地点存放。

41. 斗栱保护网安装包括网的整理、缝连及钉装。

42. 斗栱保护网拆安包括摘下、整理、缝补断丝、缝连、重新钉装。

43. 各种椽制作均包括锯裁成型、刨光、做接头，安装包括排椽档铺钉及挂线盘截檐椽头飞椽头，其中翘飞椽、翼角椽、罗锅椽制作还包括放样、排制杖杆、制作放线卡匣及画线样板。

44. 椽类拆钉包括拆椽、整理、排椽档、重新铺钉；旧椽长改短重新铺钉包括锯截、排椽档、铺钉。

45. 椽类拆除包括拆椽及拆闸挡板、椽椀、隔椽板、机枋条等附件。

46. 大连檐制安、小连檐制安均包括锯裁成型、刨光、挂线钉装，翼角大连檐、小连檐制安还包括锯缝、浸泡、摽绑钉装；

47. 大连檐拆安、拆除均包括瓦口的拆除。

48. 里口木制安包括锯裁成型、刨光、排椽档、锯剔飞椽口、挂线钉装。

49. 隔椽板、椽椀制安均包括锯裁成型、刨光，其中椽椀制安还包括排椽档、挖椀口。

50. 闸挡板制安包括刨光、锯裁、修整安装。

51. 瓦口制作包括套样板、刨光、锯裁。

52. 望板制安包括裁望板、铺钉，其中顺望板制安包括按椽档分块裁制，带柳叶缝望板制安包括裁柳叶缝。

53. 望板拆除、拆钉均包括拆小连檐。

11.1.2　统一性规定及说明

1. 定额中各类构、部件分档规格均以图示尺寸（即成品净尺寸）为准，柱径以与柱础或墩斗接触的底面直径为准，扶脊木按其下脊檩径分档。

2. 墩接柱的接腿长度以明柱不超过柱高的1/5，暗柱不超过柱高的1/3为准。

3. 柱类构件抽换不分方柱圆柱，均执行该定额。

4. 新配制的木构件除另有注明者外，均不包括安铁箍等加固铁件，实际工程需要时另按安装加固铁件定额执行。

5. 直接使用原木经截配、剥刮树皮、稍加修整即弹线、作榫卯、梁头的柱、梁、瓜柱、檩等均执行“草栿”定额。

6. 各种柱拆卸、制作、安装及抽换定额已综合考虑了角柱的情况，实际工程中遇有角柱拆卸、制作、安装、抽换，定额均不作调整。

7. 木构件拆卸、吊装定额已综合考虑了重檐或多层檐建筑的情况，实际工程中不论其出檐层数，定额均不作调整。

8. 牌楼边柱上端不论有无通天斗均与牌楼明柱执行同一定额。

9. 下端带有垂头的悬挑童柱，执行攒尖雷公柱、交金灯笼柱定额。

10. 实际工程中遇有需拼攒制作柱时，其费用另计。

11. 带斗底昂嘴随梁制作、吊装、拆卸均执行带桃尖头梁定额。

12. 枋类构件吊装定额，大额枋、单额枋、桁檩枋类系指一端或两端榫头交在卯口中的枋及随梁，常见的有大额枋、单额枋、桁檩枋等；小额枋、跨空枋类系指两端榫头均需插入柱身卯眼的枋及随梁，常见的有小额枋、跨空枋、棋枋、博脊枋、天花枋、承椽枋等。

13. 三架梁至九架梁、单步梁至三步梁的梁头需挖翘栱者，按带麻叶头梁定额执行。

14. 除草栿瓜柱外，各种瓜柱以方形截面为准，若遇圆形截面者定额不调整。

15. 太平梁上雷公柱若与吻桩连作者另行计算；实际工程中更换脊檩若遇太平梁上雷公柱与吻桩连作的情况，需在檩木端头凿透眼时执行带搭角头圆檩定额。

16. 檩木一端或两端带搭角头（包括脊檩一端或两端凿透眼）均以单根檩木为准。

17. 额枋下雀替的翘栱以单翘为准，不带翘者定额不调整，重翘者与第 13 章中的丁头栱定额合并执行；三幅云栱、麻叶云栱另按第 13 章中添配三幅云栱、麻叶云栱定额执行。

18. 桁檩垫板与燕尾枋连作者分别执行桁檩垫板和燕尾枋定额。

19. 挂檐板和挂落板不论横拼、竖拼均执行同一定额；其外虽安装砖挂落，但无需做胆卡口者执行普通挂檐（落）板定额。

20. 木楼板安装后净面磨平定额，只适用于其上无砖铺装、直接油饰的做法。

21. 木楼梯以其帮板与地面夹角小于 45°为准。帮板与地面夹角大于 45°小于 60°时按定额乘以 1.4 系数执行，帮板与地面夹角大与 60°时按定额乘以 2.7 系数执行；木楼梯转折处休息平台柱、按本章梅花柱定额执行，休息平台梁按本章楞木定额执行，休息平台板按本章木楼板定额执行。在侧梁上钉三角木铺装踏步板，踢板的新式木楼梯，按北京市房屋修缮工程计价依据《土建工程预算定额》相应项目及相关规定执行。

22. 牌楼匾刻字另按本定额第 13 章油饰彩绘工程中相应项目及相关规定执行。

23. 斗栱检修适用于建筑物的构架基本完好，无需拆动的情况下，对斗栱所进行的检查、简单整修加固；斗栱拨正归安定额适用于木构架拆动至檩木，不拆斗栱的情况下，对斗栱进行复位整修及加固。

24. 斗栱检修、斗栱拨正归安其所需添换的升斗、斗耳、单才栱、麻叶云栱、三幅云栱宝瓶、盖（斜）斗板及枋等另执行斗栱部件、附件添配相应定额。

25. 斗栱检修、斗栱拨正归安定额均以平身科，柱头科为准，牌楼斗栱角科检修及拨正归安按牌楼斗栱平身科检修、拨正归安相应定额乘以 3.0 系数执行，其他类斗栱角科按其相应平身科、柱头科定额乘以 2.0 系数执行。

26. 斗栱拆修定额适用于将整攒斗栱拆下进行修理的情况，定额已综合了缺损部件添换的工料在内，实际工程中不论添换多少定额均不作调整，也不得再另执行部件添配定额；斗栱拆修若需添换正心枋、拽枋、挑檐枋、井口枋及盖斗板、斜斗板等附件，另执行相应附件添配定额。

27. 昂嘴剔补定额以平身科昂嘴为准，柱头科昂嘴、角科斜昂嘴及由昂嘴剔补按相应定额乘以 2.5 系数执行。

28. 正心枋、拽枋、挑檐枋、井口枋配换定额已综合考虑了各种枋截面不同、形制不同的工料差别，实际工程中不论配换哪种枋均执行同一定额。

29. 昂翘、平座斗栱的里拽及内里品字斗栱两拽均以使用单才栱为准，若改用麻叶云栱、三幅云栱定额不作调整。

30. 角科斗栱带枋的部件，以科中为界，外端的工料包括在角科斗栱之内，里端的枋另按附件计算。

31. 斗栱里拽或内里品字斗栱正心若使用压斗枋，压斗枋执行本章楞木相应定额，不再执行斗栱里拽附件和内里品字斗栱正心附件定额。

32. 斗栱拆除、拨正归安、拆修、制作、安装定额，除牌楼斗栱以5cm斗口为准外，其他斗栱均以8cm斗口为准，实际工程中斗口尺寸与定额规定不符时按表11-1规定的系数调整；

表 11-1

项目 \ 斗口		4cm	5cm	6cm	7cm	8cm	9cm	10cm	11cm	12cm	13cm	14cm	15cm
昂翘斗栱、平座斗栱、内里品字斗栱、镏金斗栱、麻叶斗栱、隔架斗栱、丁头栱	人工调整系数	0.64	0.7	0.78	0.88	1	1.14	1.3	1.48	1.68	1.9	2.14	2.4
	机械调整系数	0.64	0.7	0.78	0.88	1	1.14	1.3	1.48	1.68	1.9	2.14	2.4
	材料调整系数	0.136	0.257	0.434	0.678	1	1.409	1.918	2.536	3.225	4.145	5.156	6.315
牌楼斗栱	人工调整系数	0.9	1	1.12	1.26	1.43							
	机械调整系数	0.9	1	1.12	1.26	1.43							
	材料调整系数	0.53	1	1.688	2.637	3.89							

33. 望板、连檐制安及拆安定额均以正身为准，翼角部分望板、连檐制安及拆安按定额乘以1.3系数执行；同一坡屋面望板、连檐正身部分的面积（长度）小于翼角部分的面积（长度）时，正身部分与翼角翘飞部分的工程量合并计算，定额乘以1.2系数执行。

34. 顺望板、柳叶缝望板制安项目所标注的厚度，括弧外为刨光前厚度，括弧内为刨光后的厚度。

11.1.3　工程量计算规则

1. 柱类构件按体积以立方米为单位计算，其截面积均以底端面为准（方柱按见方面积计算），柱高按图示由柱础或墩斗上皮算至梁、平板枋或檩下皮，插扦柱、牌楼柱下埋部分按实长计入柱高中；其中牌楼柱下埋无图示时下埋长按夹杆石露明高计算，上端连作通天斗者，柱高计至通天斗（边楼脊檩）上皮。

2. 柱墩接、包镶柱根按图示数量以根为单位计算。

3. 拼攒柱拆换拼包木植按更换部分表面面积以平方米为单位计算，更换两层或两层以上时分层累计计算。

4. 垂头柱补换四季花草贴脸按补换的数量以块为单位计算。

5. 枋、梁、承重、楞木、沿边木按体积以立方米为单位计算，其截面积除草栿梁外均按宽乘以全高计算，草栿梁截面积计算同圆柱截面积计算，长度按以下规定计算：

(1) 枋类端头为半榫或银锭榫的长度按轴线间距计算，端头为透榫或箍头榫的长度计至榫头外端，透榫露明长度无图示者按半柱径计；

(2) 梁类构件中两端均有梁头者按图示全长计算，端头插入柱身或扒于其他构件上的半榫或扒梁榫计算至柱中轴线，插入柱身的透榫计算方法同枋类透榫；

(3) 承重出挑部分长度计算至挂落板外皮；

(4) 踏脚木按外皮长两端计算至角梁中线；

(5) 楞木、沿边木长度按轴线间距计算，沿边木转角处按外皮长计算至斜向梁的中心线。

6. 假梁头、角云、捧梁云、通雀替、角背、柁墩、交金墩及童柱下墩斗均按全长乘以全高乘以宽（厚）的体积以立方米为单位计算。

7. 瓜柱、交金瓜柱、太平梁上雷公柱按截面积乘以柱高的体积以立方米为单位计算，其中金瓜柱、交金瓜柱高按上下梁间图示净高计算，脊瓜柱、太平梁上雷公柱高按三架梁或太平梁与脊檩间图示净高计算。

8. 交金灯笼柱、攒尖雷公柱按圆形截面积乘以柱高的体积以立方米为单位计算，攒尖雷公柱长度无图示者按其本身径的7倍计算，截面为多边形的攒尖雷公柱按其外接圆计算截面积。

9. 额枋下雀替、替木、菱角木以块为单位计算。

10. 桁檩、扶脊木按圆形截面积乘以长度的体积以立方米为单位计算，其长度按每间梁架轴线间距计算，搭角出头部分按实计入，悬山出挑、歇山收山者，山面计算至博缝板外皮，硬山建筑山面计算至排山梁架外皮；扶脊木截面积按其下脊檩截面积计算。

11. 角梁按截面积乘以长度的体积以立方米为单位计算，老角梁长度以檐步架水平长+檐椽平出+2椽径+后尾榫长为基数，仔角梁长度以檐步架水平长+飞椽平出+3檐径+后尾榫长为基数，正方角乘以1.5、六方角乘以1.26、八方角乘以1.2计算长度，其后尾榫长按1柱径或1檩径计算。

12. 压金仔角梁以根为单位计算。

13. 由戗按截面积乘以长度的体积以立方米为单位计算。

14. 桁檩垫板、由额垫板按截面积乘以长度的体积以立方米为单位计算，其长度按每间梁架轴线间距计算。

15. 博脊板、棋枋板、柁档板按垂直投影面积以平方米为单位计算；象眼山花板按三角形垂直投影面积以平方米为单位计算，不扣除桁檩窝所占面积。

16. 挂檐板、挂落板按垂直投影面积以平方米为单位计算；滴珠板按突尖处竖直高乘以长度的面积以平方米为单位计算。

17. 博缝板按屋面坡长（上口长）乘以板宽的面积以平方米为单位计算；梅花钉以个为单位计算。

18. 立闸山花板按三角形面积以平方米为单位计算，其底边长同踏脚木，竖向高由踏脚木上皮算至脊檩上皮另加1.5椽径计算。

19. 踏脚木按截面高乘以截面宽乘以中线长的体积以立方米为单位计算，踏脚木中线长度两端计算至角梁中线。

20. 木楼板按水平投影面积以平方米为单位计算，不扣除柱所占面积。

21. 木楼梯按水平投影面积以平方米为单位计算。木楼梯补换踏步板按累计长度以米为单位计算。

22. 折柱、高栱柱以根为单位计算；壶瓶抱牙及垂花门荷叶墩以块为单位计算。

23. 龙凤板、花板、牌楼匾按垂直投影面积以平方米为单位计算。

24. 牌楼霸王杠按质量以千克为单位计算，牌楼云冠以份为单位计算。

25. 斗栱检修、斗栱拨正归安、斗栱拆修、斗栱拆除、斗栱制作、斗栱安装均以攒为单位计算，丁头栱制作包括小斗在内以份为单位计算。

26. 斗栱附件制作以档为单位计算（每相邻的两攒斗栱科中至科中为一档）；垫栱板制作以块为单位计算

27. 昂嘴雕如意云头及昂嘴剔补均以个为单位计算。

28. 斗栱部件添配以件为单位计算。

29. 挑檐枋、井口枋、正心枋、拽枋配换按长度以米为单位计算，不扣梁所占长度，角科位置算至科中；盖（斜）斗板添配以块为单位计算。

30. 斗栱保护网的拆除、拆安及安装均按网展开面积以平方米为单位计算。

31. 直椽按檩中至檩中 斜长以米为单位累计计算，檐椽出挑算至小连檐外边线，后尾装入承椽枋者算至枋中线，封护檐檐椽算至檐檩外皮线、翼角椽单根长度按其正身檐椽单根长度计算。

32. 大连檐按长度以米为单位计算，硬、悬山建筑两端算至博缝板外皮，带角梁的建筑按仔角梁端头中点连线长分段计算。

33. 瓦口按长度以米为单位计算，其中檐头瓦口长度同大连檐长，排山瓦口长度同博缝板长。

34. 小连檐、里口木、闸档板按长度以米为单位计算、硬山建筑两端算至排山梁架外皮线，悬山建筑算至博缝板外皮，带角梁的建筑按老角梁端头中点连接分段计算，闸档板不扣椽所占长度。

35. 椽椀、隔椽板、机枋条按每间梁架轴线至轴线间距以米为单位计算，悬山出挑、歇山收山者山面算至博缝板外皮、硬山建筑山面算至排山梁架外皮线。

36. 枕头木以块为单位计算。

37. 望板按屋面不同几何形状的斜面积以平方米为单位计算，飞椽、翘飞椽椽尾重叠部分应计算在内，不扣除连檐、扶脊木、角梁所占面积，屋角冲出部分亦不增加；同一屋顶望板做法不同时应分别计量。各部位边界线及屋面坡长规定如下；

（1）檐头边线出檐者以图示木基层外边线为准、封护檐以檐檩外皮线为准；

（2）硬山建筑两山以排山梁架轴线为准，悬山建筑两山以博缝板外皮为准；

（3）歇山建筑栱山部分边线以博缝板外皮为准；撒头上边线以踏脚木外皮线为准；

（4）重檐建筑下层檐上边线以承椽枋中线为准；

（5）坡长按脊中或上述上边线至檐头大连檐外皮折线长计算；

（6）飞椽、翘飞椽椽尾重叠部分下边线以小连檐外边线为准，上边线以飞椽尾端连线为准。

38. 望板涂刷防腐剂。按望板面积扣除飞椽、翘飞椽椽尾叠压部分的面积，以平方米为单位计算。

39. 木构造（不包括望板）贴靠砖墙等部位涂刷防腐剂，按展开面积以平方米为单位计算。

11.2 有关木构架定额术语的图示

详见图 11-1 ~ 图 11-10。

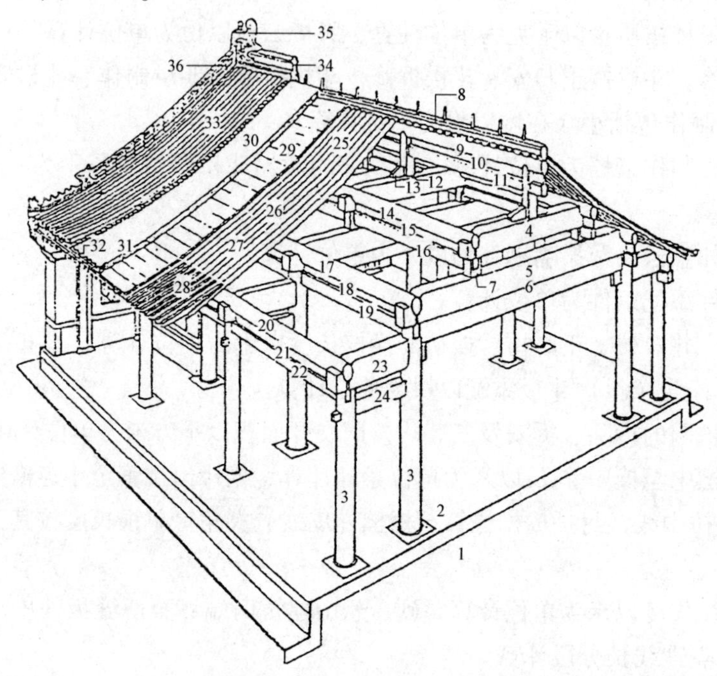

图 11-1 清官式一般房屋构架剖视图

1—台基；2—柱础；3—柱；4—三架梁；5—五架梁；6—随梁枋；7—瓜柱；8—扶脊木；9—脊檩；10—脊垫板；11—脊枋；12—脊瓜柱；13—角背；14—上金檩；15—上金垫板；16—上金枋；17—老檐檩；18—老檐垫板；19—老檐枋；20—檐檩；21—檐垫板；22—檐枋；23—抱头梁；24—穿插枋；25—脑椽；26—花架椽；27—檐椽；28—飞椽；29—望板；30—苫背；31—连檐；32—瓦口；33—筒板瓦；34—正脊；35—吻兽；36—垂兽

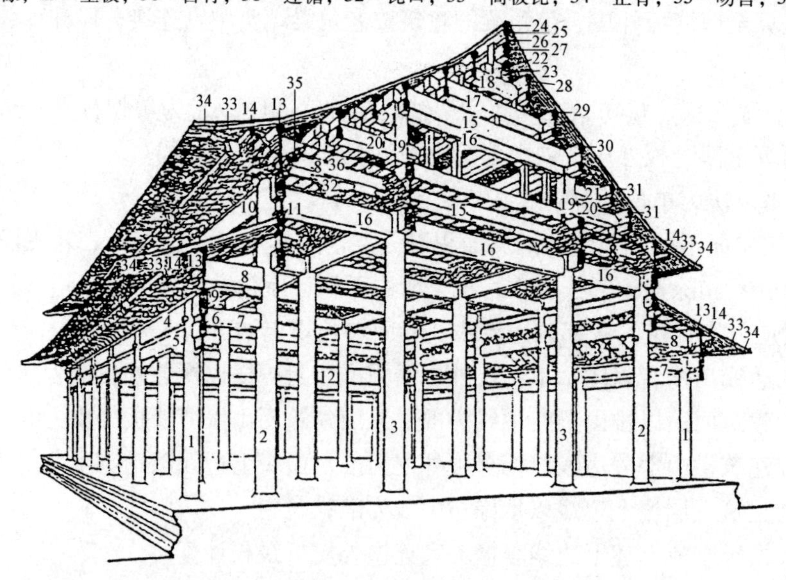

图 11-2 清官式大型殿堂构架剖视图

1—檐柱；2—老檐柱；3—金柱；4—大额枋；5—小额枋；6—由额垫板；7—桃尖随梁；8—桃尖梁；9—平板枋；10—上檐额枋；11—博脊枋；12—走马板；13—正心桁；14—挑檐桁；15—七架梁；16—随梁枋；17—五架梁；18—三架梁；19—童柱；20—双步梁；21—单步梁；22—雷公柱；23—脊角背；24—扶脊木；25—脊桁；26—脊垫板；27—脊枋；28—上金桁；29—中金桁；30—下金桁；31—金桁；32—隔架科；33—檐椽；34—飞檐椽；35—镏金斗栱；36—井口天花

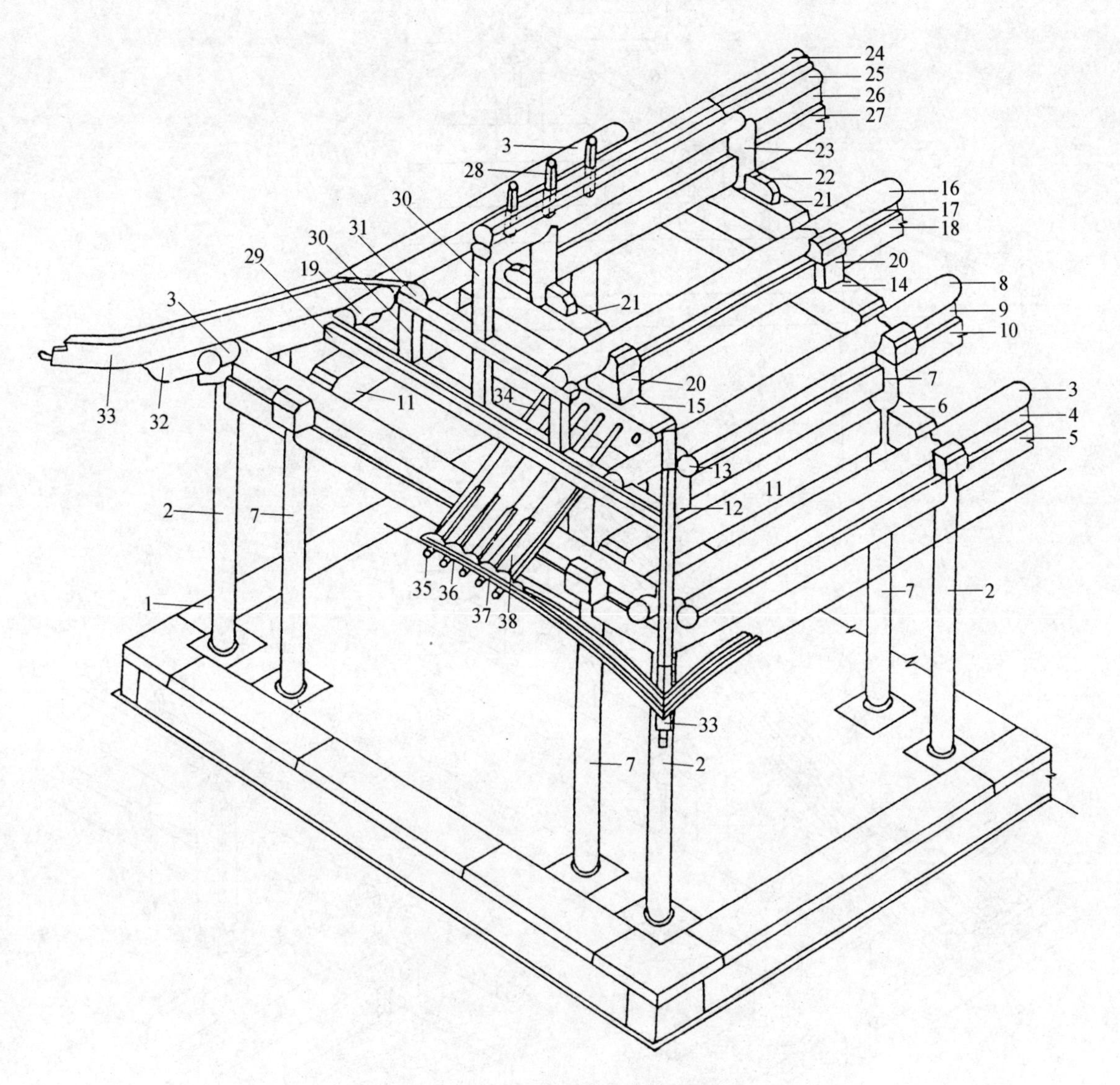

图11-3　清式歇山木构架

1—台基；2—檐柱；3—檐檩；4—檐垫板；5—檐枋；

6—抱头梁；7—金柱；8—下金檩；9—下金垫板；10—下金枋；

11—顺扒梁；12—交金墩；13—假桁头；14—五架梁；15—踩步金；

16—上金檩；17—上金垫板；18—上金枋；19—挑山檩；20—柁墩；

21—三架梁；22—角背；23—脊瓜柱；24—扶脊木；25—脊檩；

26—脊垫板；27—脊枋；28—脊椽；29—踢脚木；30—草架柱子；

31—穿梁；32—老角梁；33—仔角梁；34—檐椽；35—飞檐椽；

36—连檐；37—瓦口；38—望板

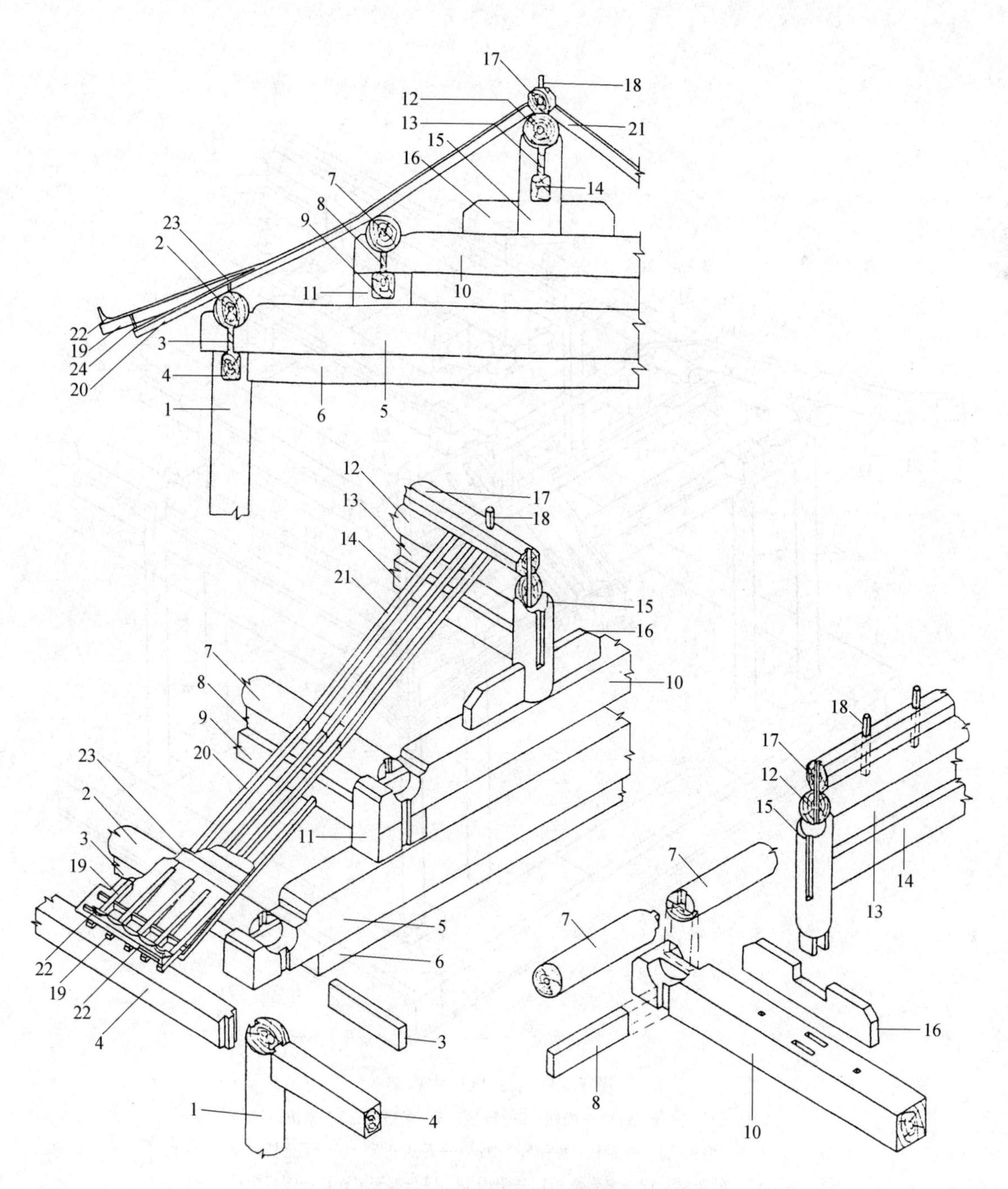

图 11-4　清式梁架分件做法

1—檐柱；2—檐檩；3—檐垫板；4—檐枋；5—五架梁；
6—随梁枋；7—金檩；8—金垫板；9—金枋；10—三架梁；
11—柁墩；12—脊檩；13—脊垫板；14—脊枋；15—脊瓜柱；
16—角背；17—扶脊木（用六角形或八角形）；18—脊椽；
19—飞檐椽；20—檐椽；21—脑架椽；22—瓦口与连檐；
23—望板与裹口木；24—小连檐与闸档板

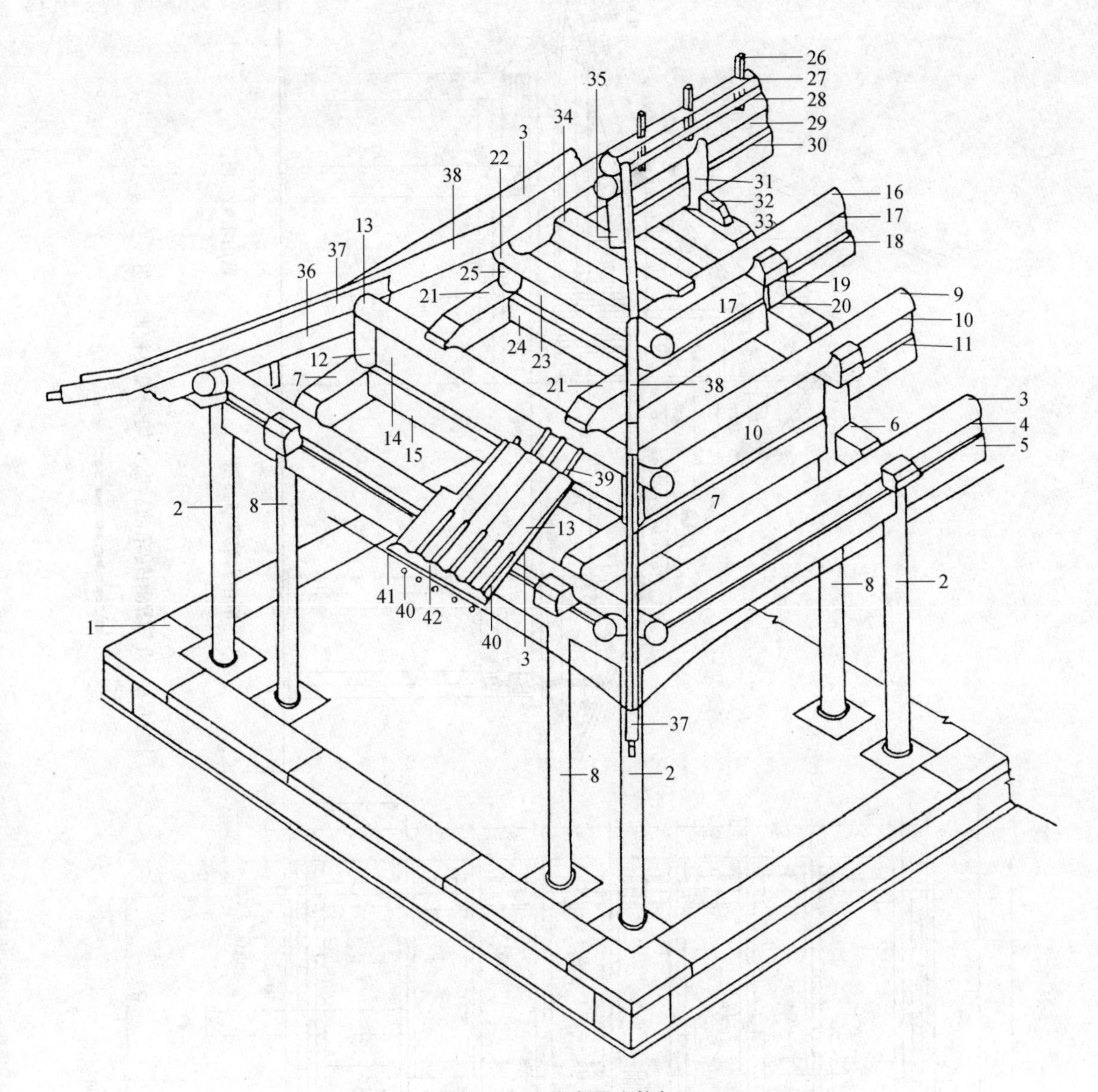

图 11-5　清式庑殿木构架

1—台基；2—檐柱；3—檐檩；4—檐垫板；5—檐枋；6—抱头梁；
7—下顺扒梁；8—金柱；9—下金檩；10—下金垫板；11—下金枋；
12—下交金瓜柱；13—两山下金檩；14—两山下金垫板；15—两山下金枋；
16—上金檩；17—上金垫板；18—上金枋；19—柁墩；20—五架梁；21—上顺扒梁；
22—两山上金檩；23—两山上金垫板；24—两山上金枋；25—上交金瓜柱；
26—脊椽；27—扶脊木；28—脊檩；29—脊垫板；30—脊枋；31—脊瓜柱；32—角背；
33—三架梁；34—太平梁；35—雷公柱；36—老角梁；37—子角梁；38—由戗；
39—檐椽；40—飞檐椽；41—连檐；42—瓦口

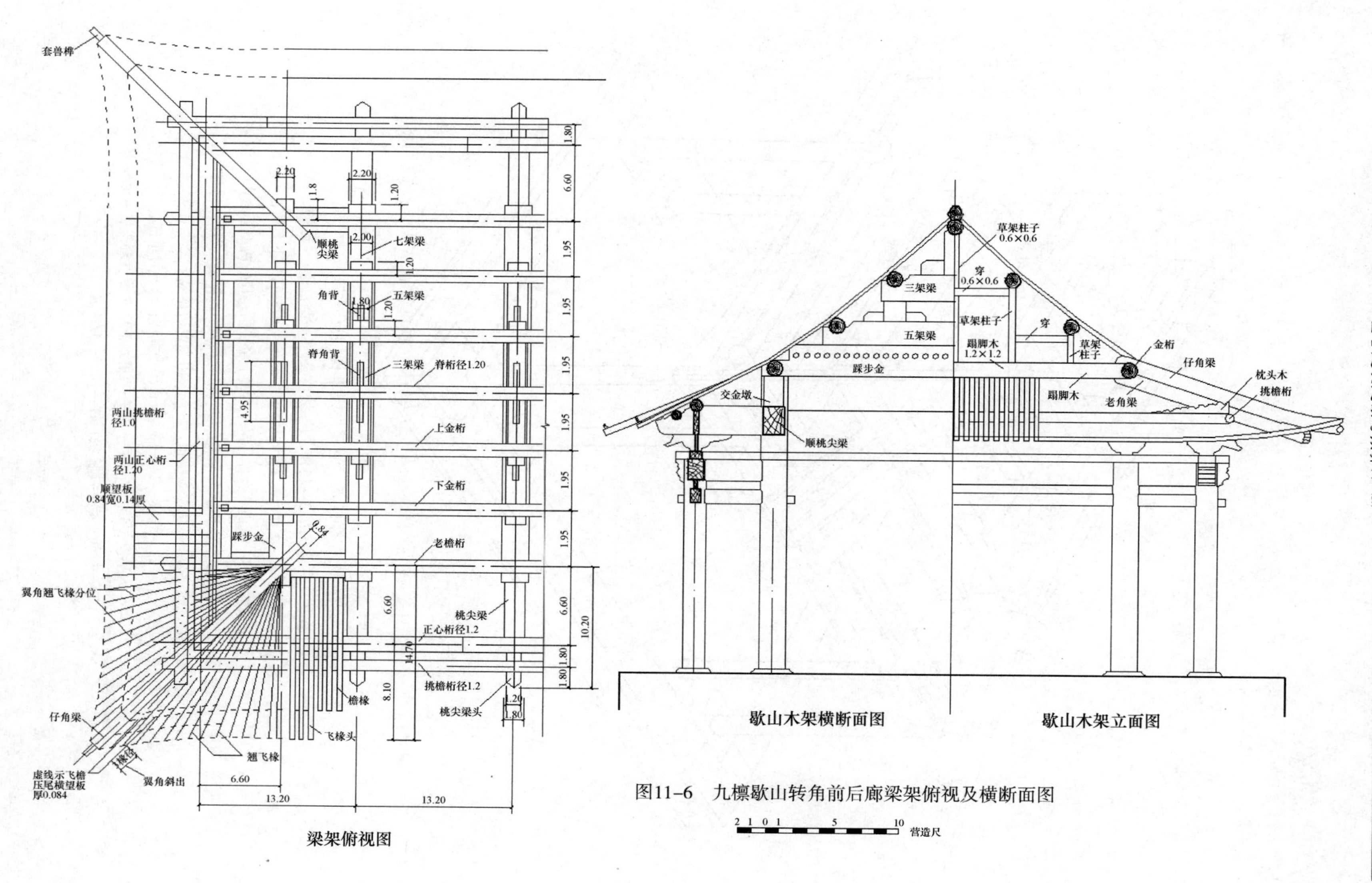

图11-6　九檩歇山转角前后廊梁架俯视及横断面图

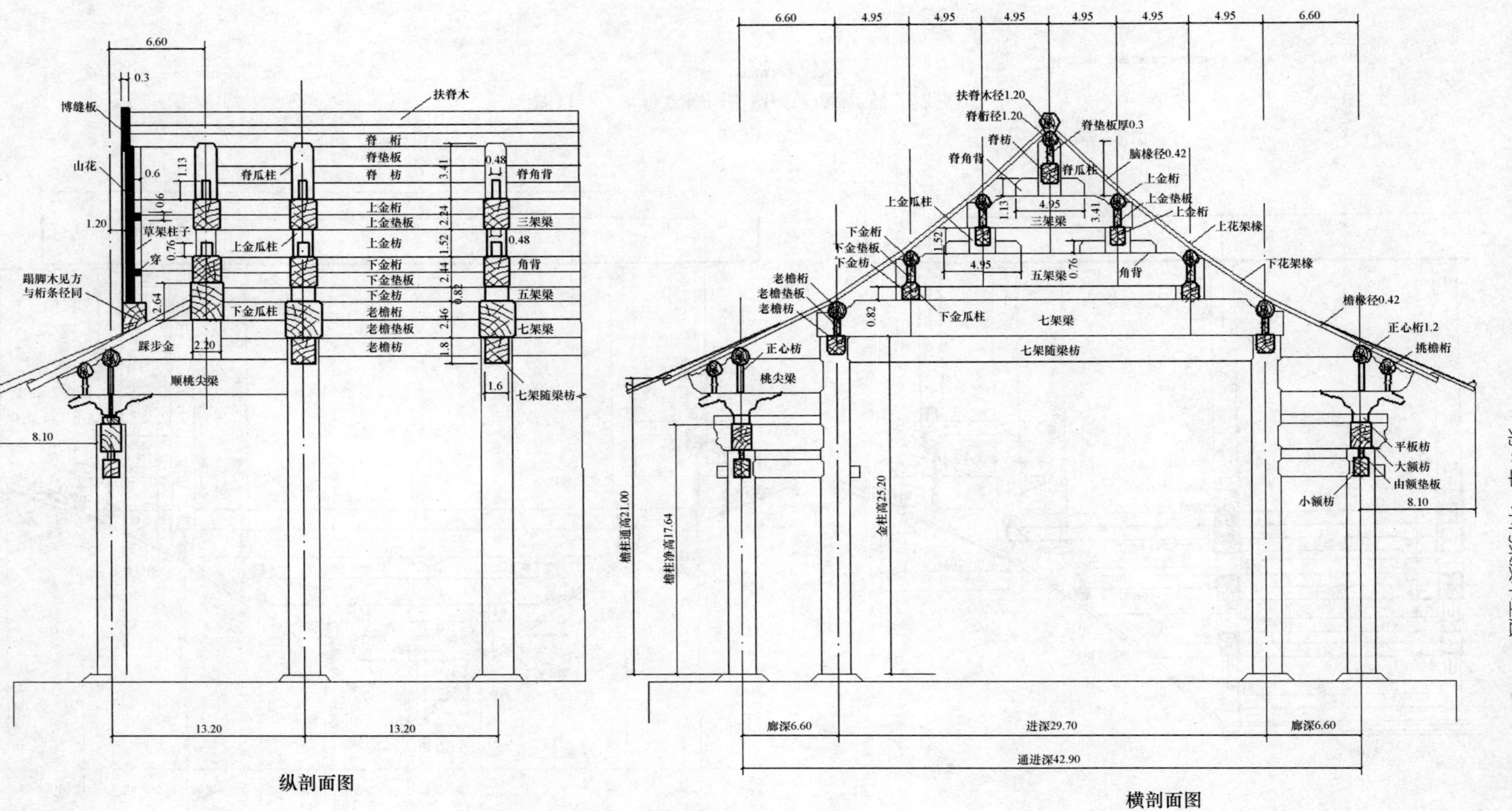

图11-7　九檩歇山转角前后廊梁架纵、横剖面图

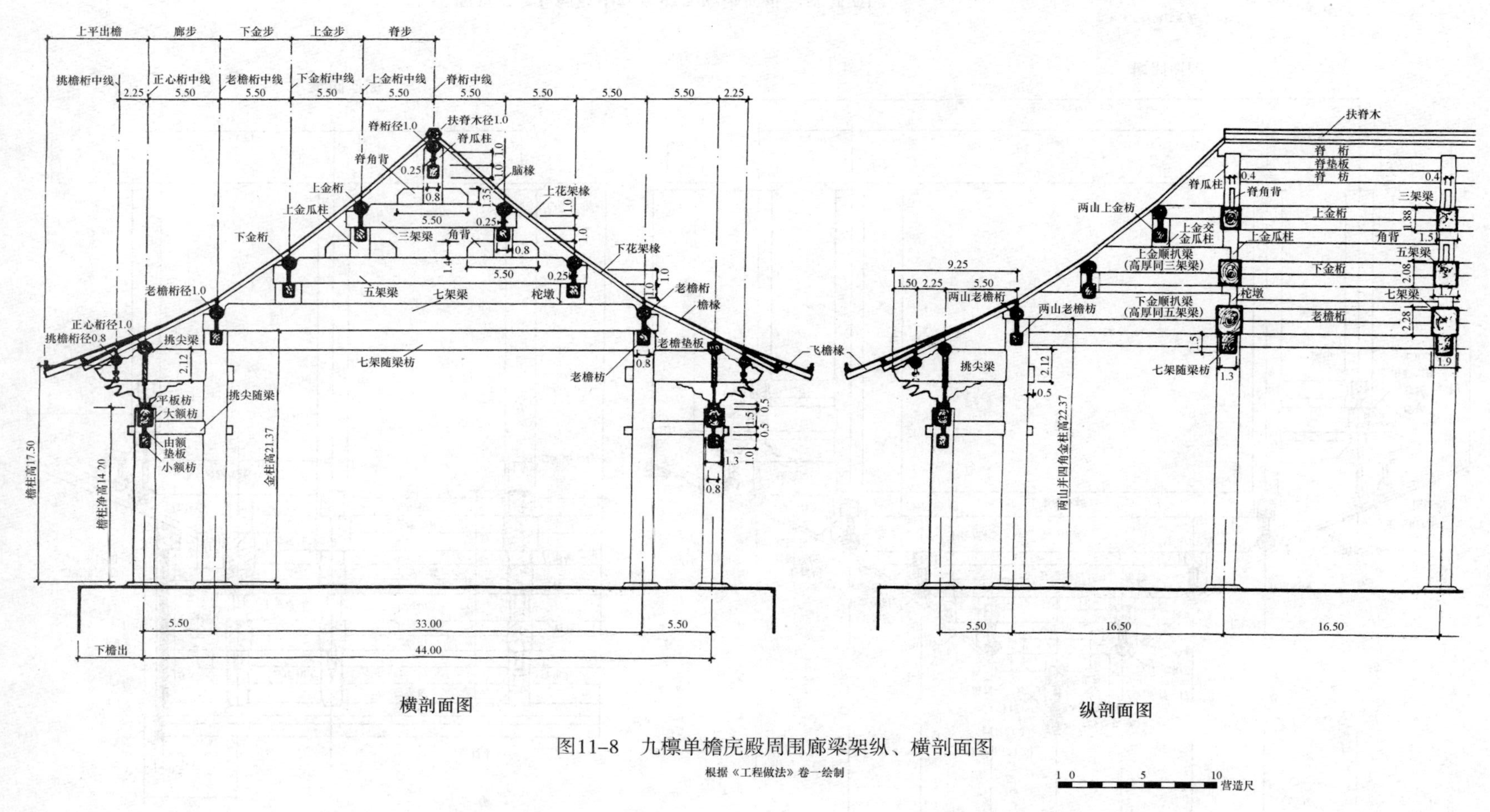

图11-8 九檩单檐庑殿周围廊梁架纵、横剖面图

根据《工程做法》卷一绘制

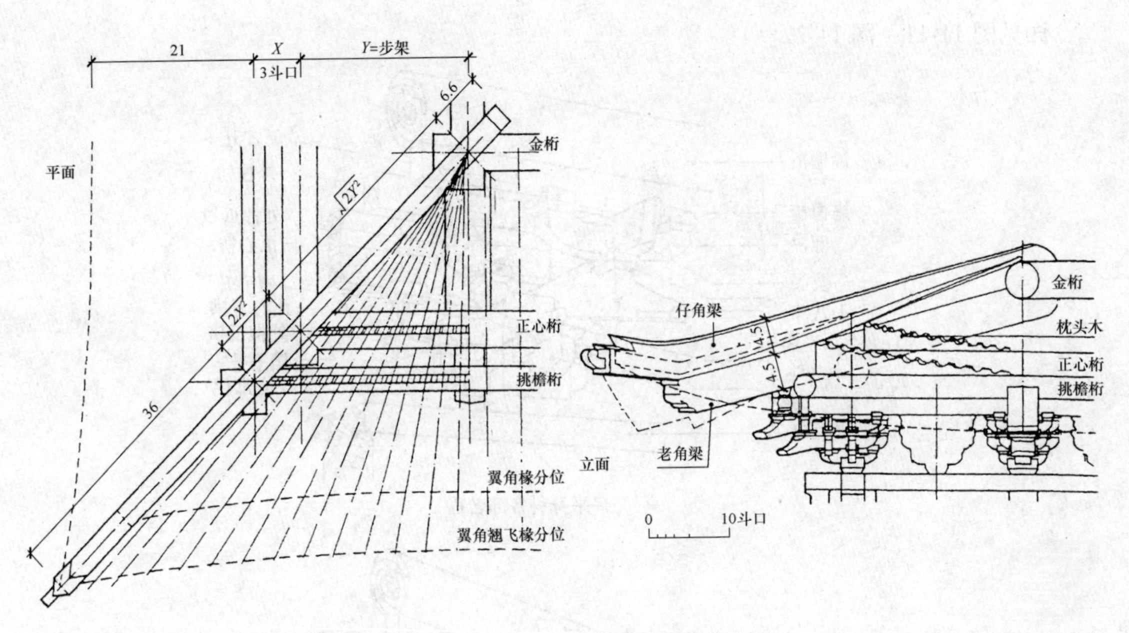

图11-9　清官式大木翼角及角梁结构图

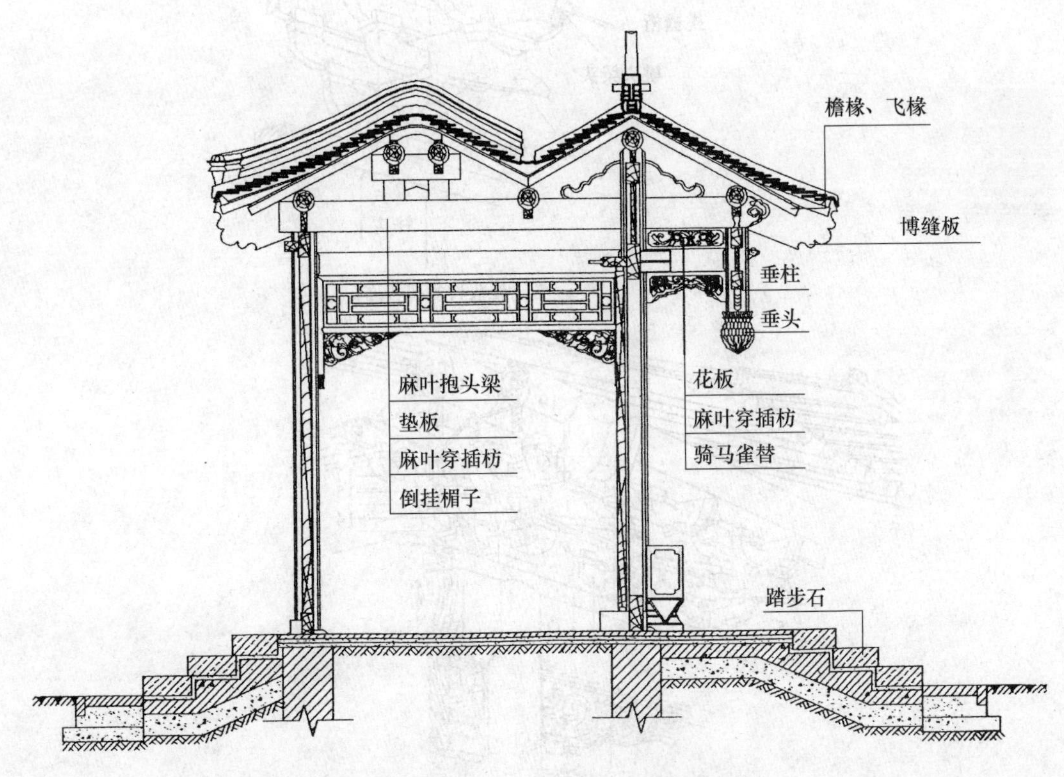

图11-10　一殿一卷垂花门剖面图

11.3 有关斗栱定额术语的图示

详见图 11-11 ~ 图 11-22。

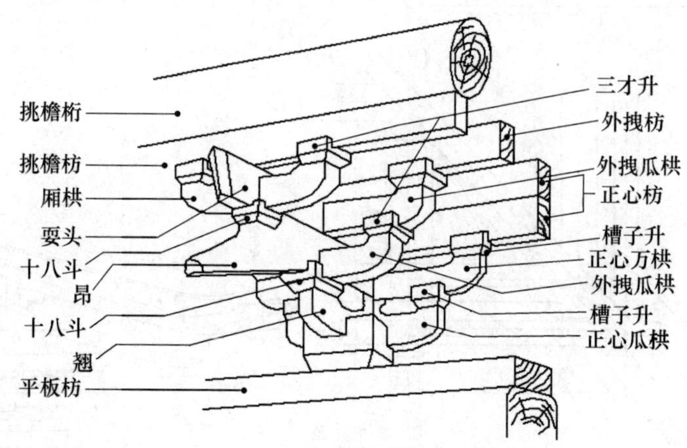

平身科各部名称

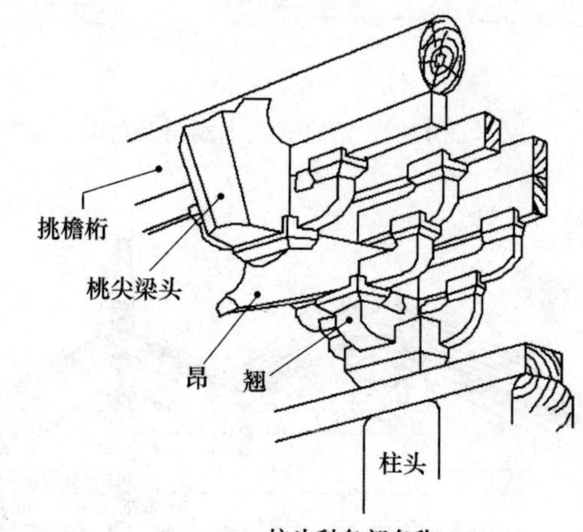

柱头科各部名称

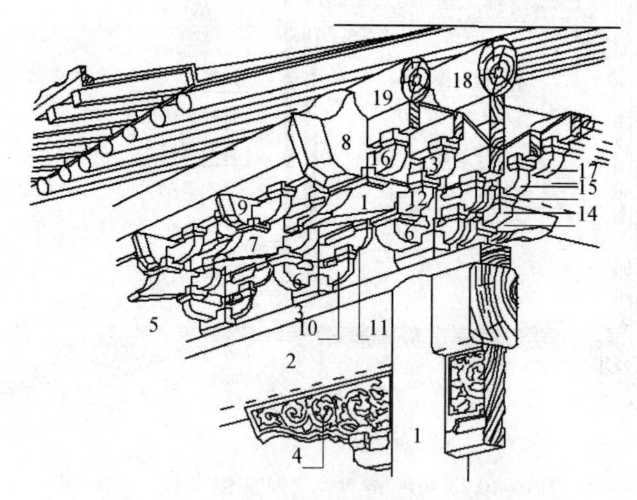

图 11-11　斗栱各部位名称示意图

1—檐柱；2—额枋；3—平板枋；4—雀替；5—坐斗；6—翘；7—昂；8—桃尖梁头；9—蚂蚱头；10—正心瓜栱；11—正心万栱；12—外拽瓜栱；13—外拽万栱；14—里拽瓜栱；15—里拽万栱；16—外拽厢栱；17—里拽厢栱；18—正心桁；19—挑檐桁

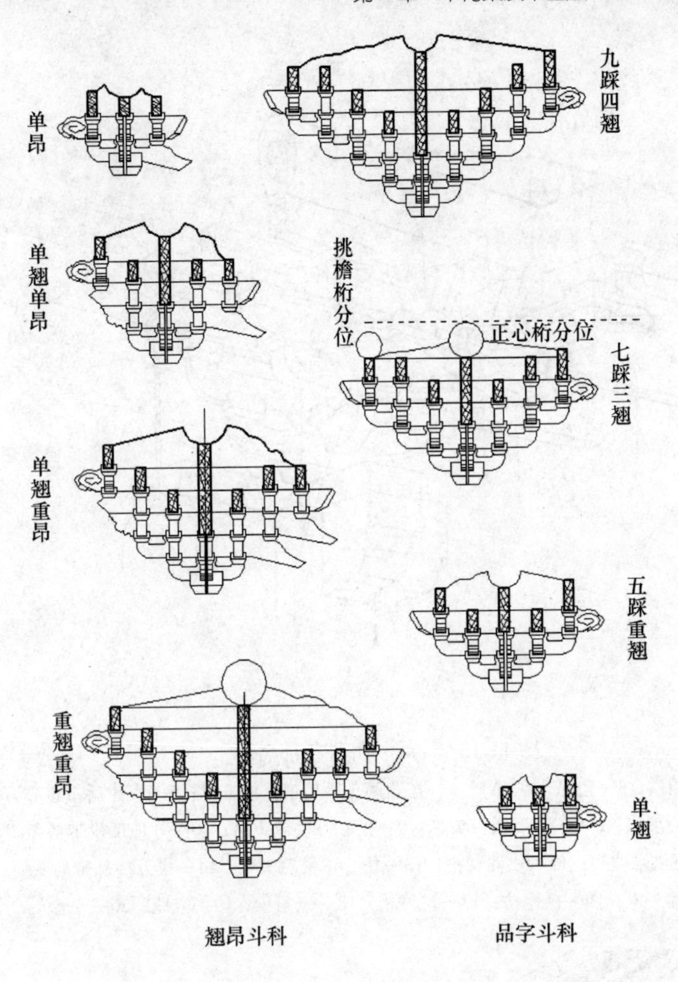

（a）

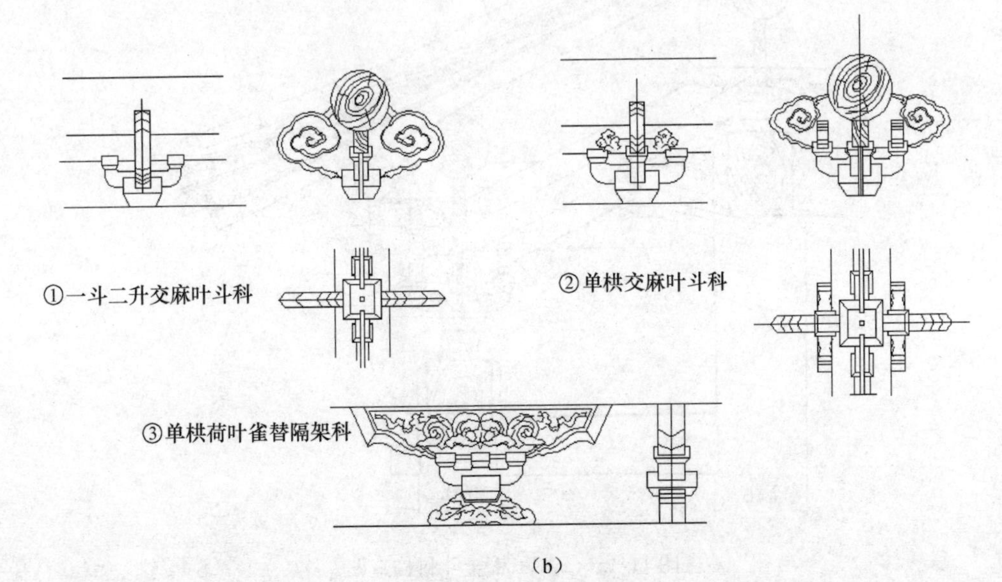

（b）

图11-12　斗栱名称示意图

（a）翘昂斗科及品字斗科出踩图；（b）一斗二升交麻叶及隔架科斗科

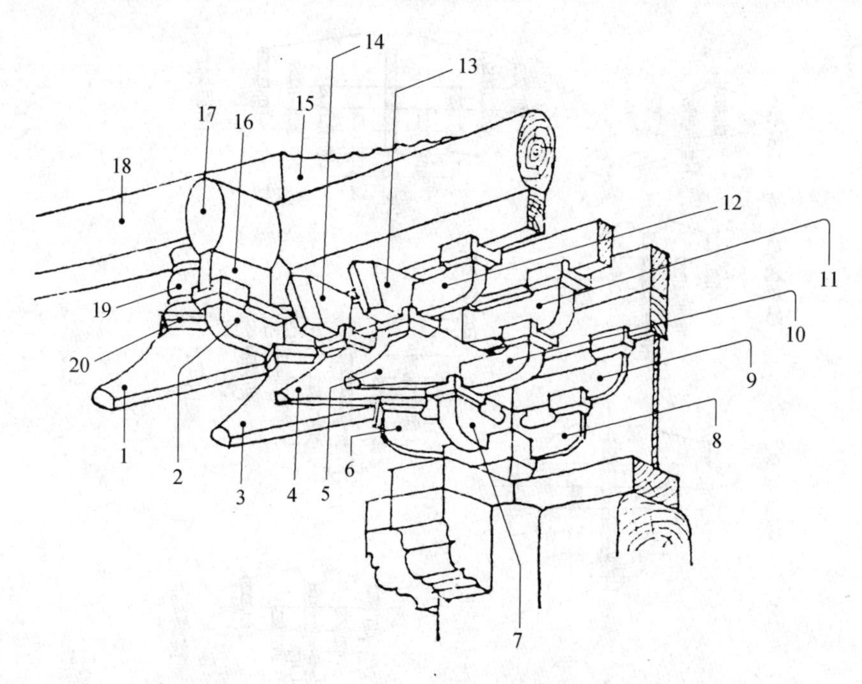

图 11-13（a） 角科各部名称

1—由昂；2—把臂厢栱；3—角昂（斜昂）；4—搭角闹头昂后带外拽瓜栱；5—头昂后带正心万栱；6—斜翘；7—头翘后带正心瓜栱；8—正心瓜栱带头翘；9—正心万栱带头昂；10—外拽瓜栱带搭角闹头昂；11—外拽万栱带要头；12—栱厢臂把；13—枋心正带后头要；14—栱万拽外带后头要；15—枕头木；16—挑檐枋；17—挑檐桁；18—老角梁；19—宝瓶；20—平盘

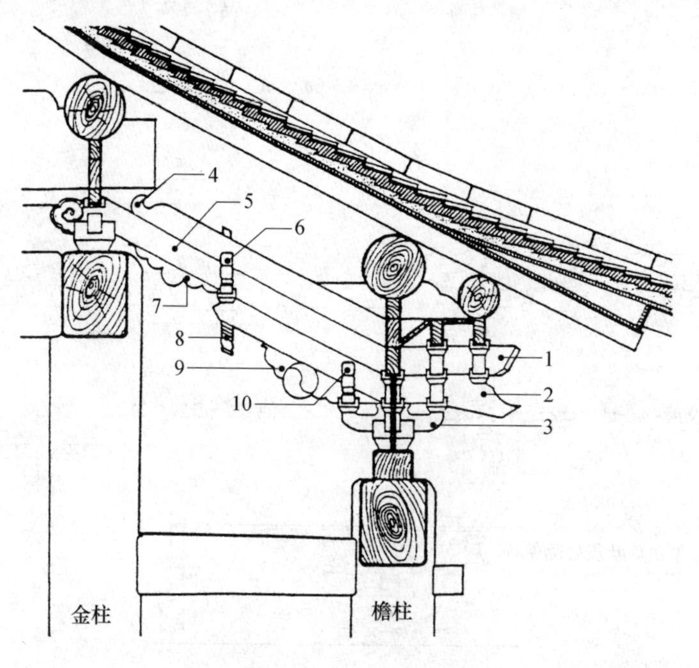

图 11-13（b） 镏金斗科构造图

1—蚂蚱头；2—昂；3—翘；4—撑头后带夔龙尾；5—蚂蚱头后起秤杆；6—三福云；7—菊花头；8—复莲梢；9—菊花头带太极图；10—三福云

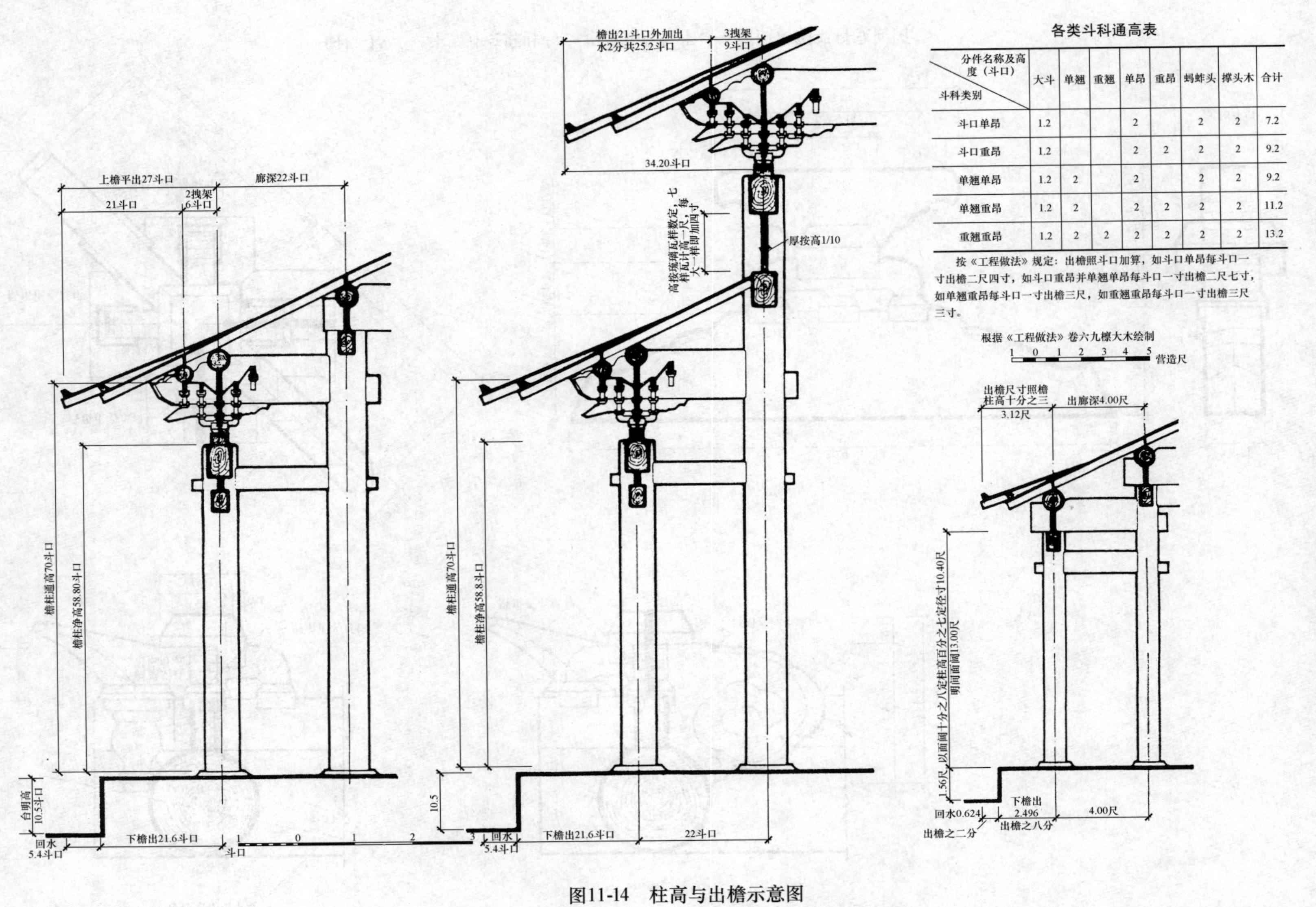

各类斗科通高表

分件名称及高度（斗口）／斗科类别	大斗	单翘	重翘	单昂	重昂	蚂蚱头	撑头木	合计
斗口单昂	1.2			2		2	2	7.2
斗口重昂	1.2			2	2	2	2	9.2
单翘单昂	1.2	2		2		2	2	9.2
单翘重昂	1.2	2		2	2	2	2	11.2
重翘重昂	1.2	2	2	2	2	2	2	13.2

按《工程做法》规定：出檐照斗口加算，如斗口单昂每斗口一寸出檐二尺四寸，如斗口重昂并单翘单昂每斗口一寸出檐二尺七寸，如单翘重昂每斗口一寸出檐三尺，如重翘重昂每斗口一寸出檐三尺三寸。

图11-14　柱高与出檐示意图

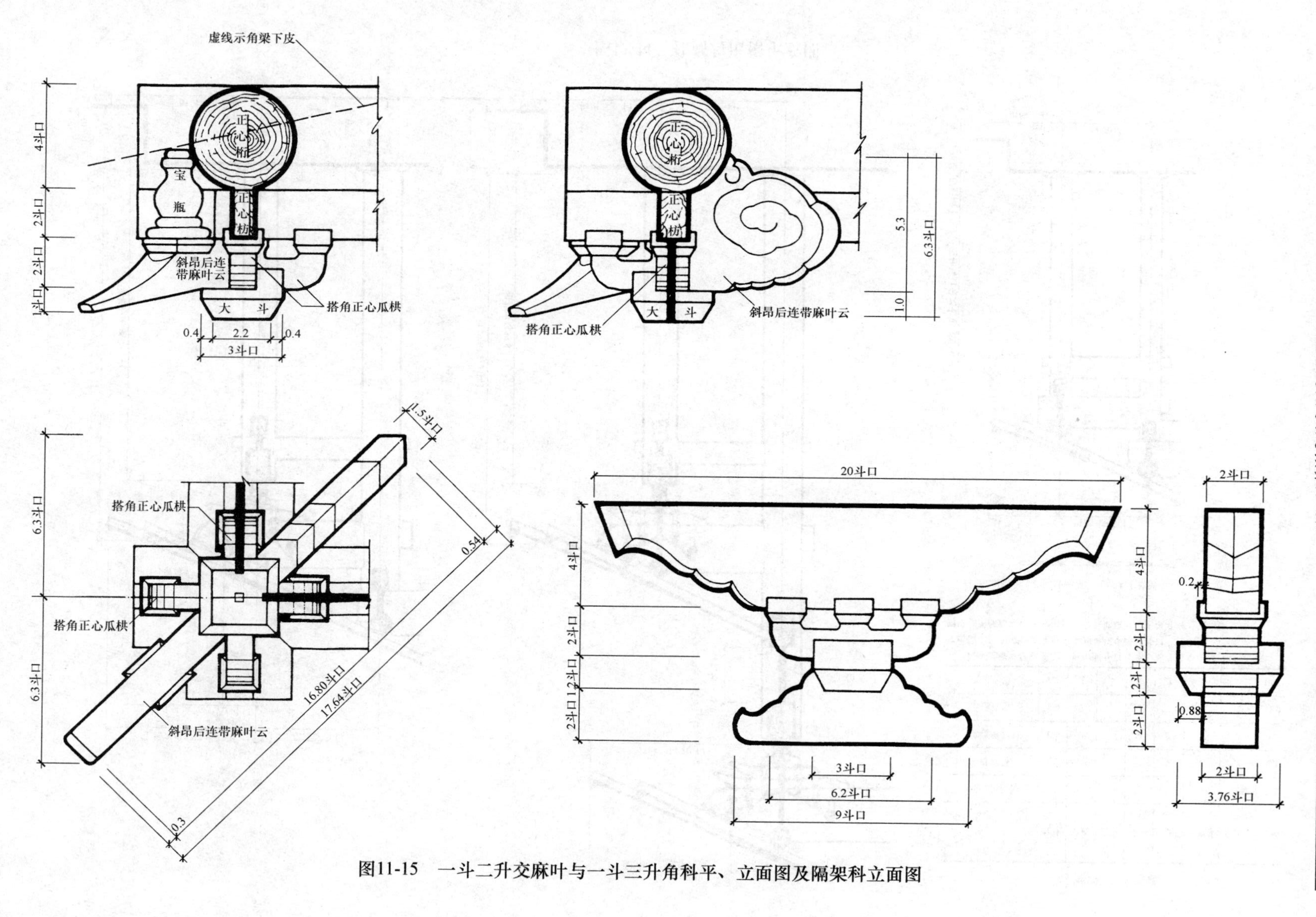

图11-15　一斗二升交麻叶与一斗三升角科平、立面图及隔架科立面图

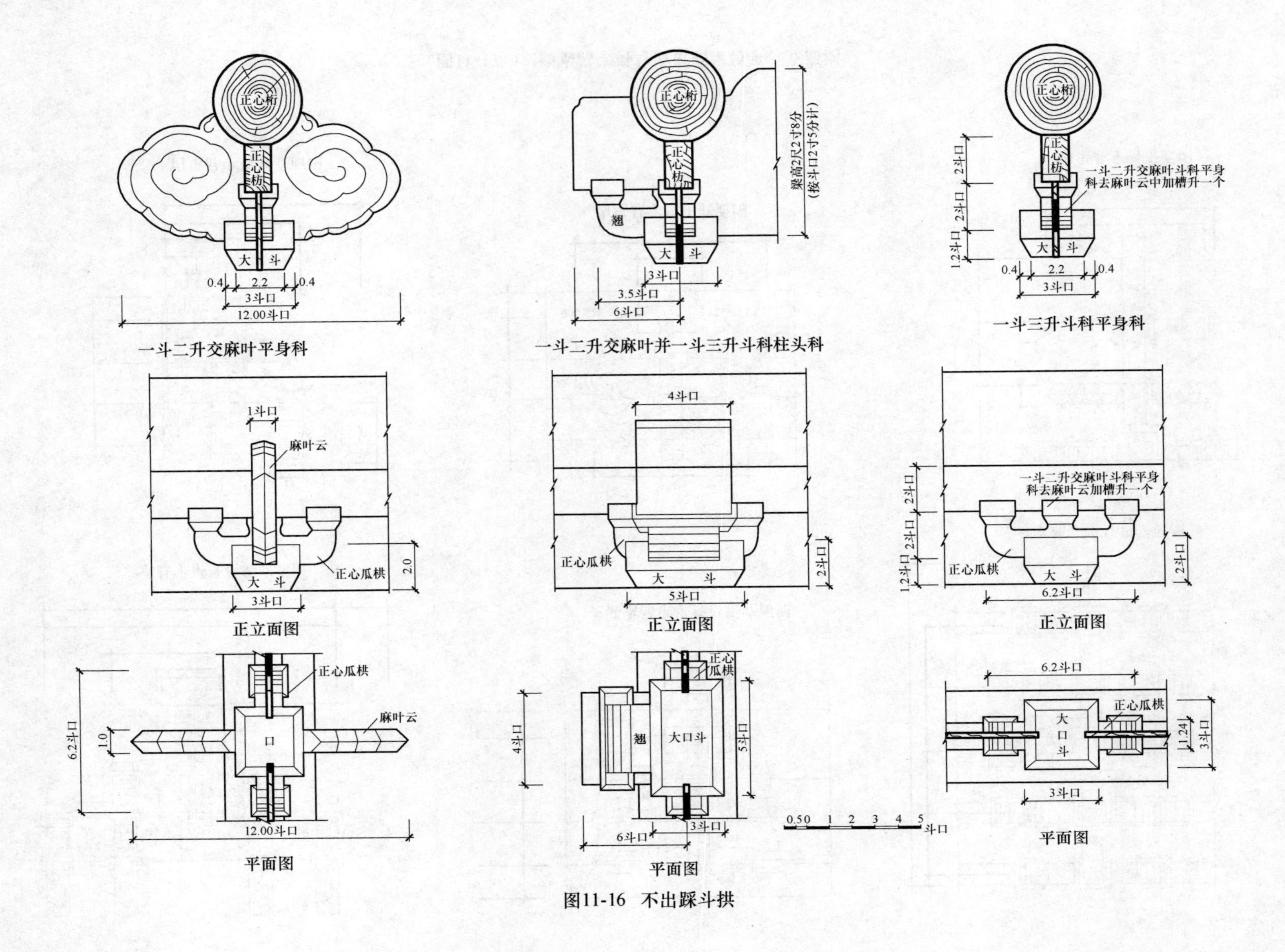
一斗二升交麻叶平身科
一斗二升交麻叶并一斗三升斗科柱头科
一斗三升斗科平身科
正立面图
平面图
正心桁
正心枋
大
斗
麻叶云
正心瓜栱
翘
大口斗
一斗二升交麻叶斗科平身科去麻叶云中加槽升一个
梁高2尺2寸8分
(按斗口2寸5分计)
3斗口
12.00斗口
6.2斗口
5斗口
4斗口
6斗口
3.5斗口
2斗口
1.2斗口
1斗口
0.4
2.2
1.0
2.0
1.24
0.50 1 2 3 4 5斗口

图11-16　不出踩斗拱

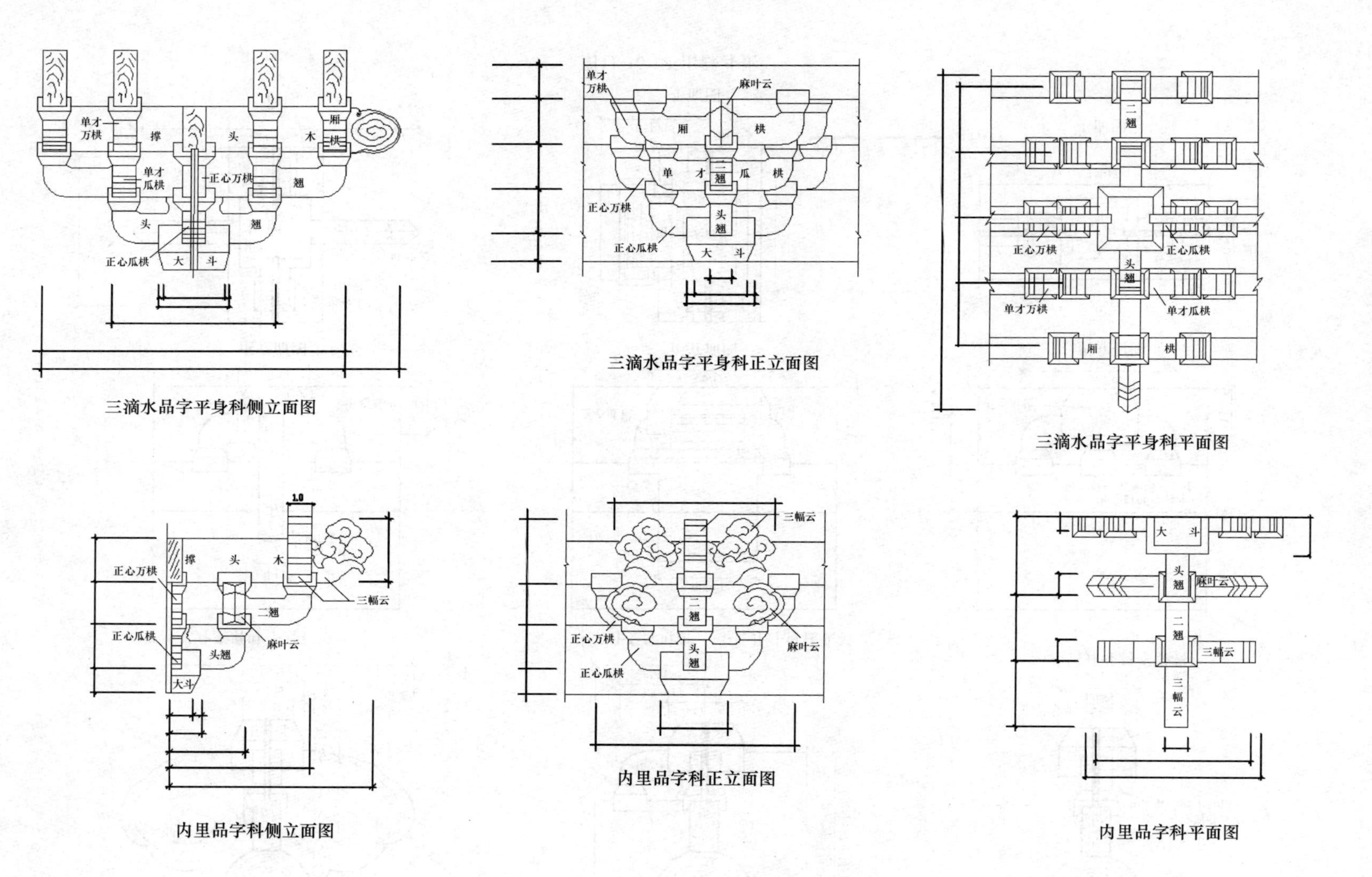

图11-17　三滴水品字科与内里品字科平、立面图

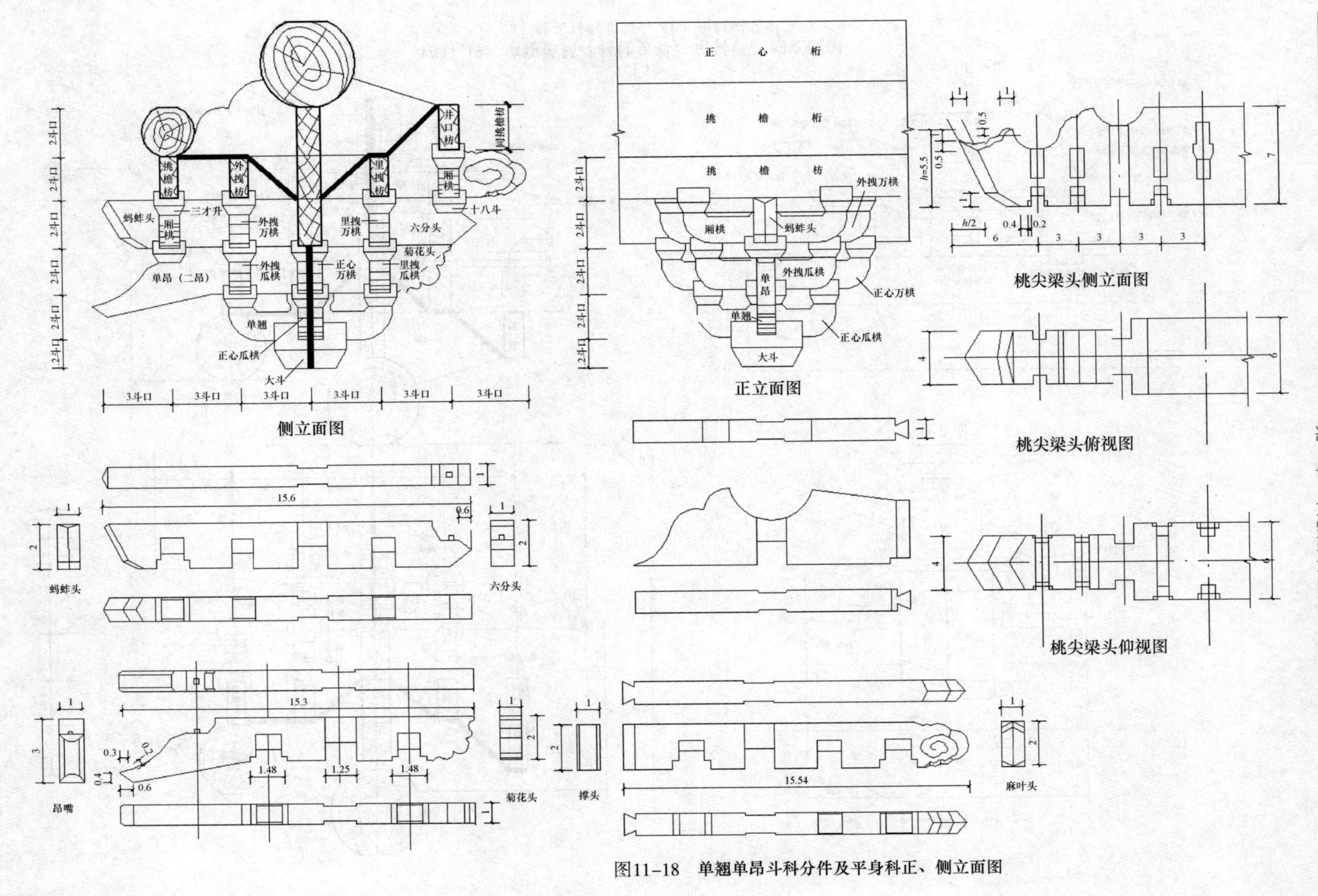

图11-18 单翘单昂斗科分件及平身科正、侧立面图

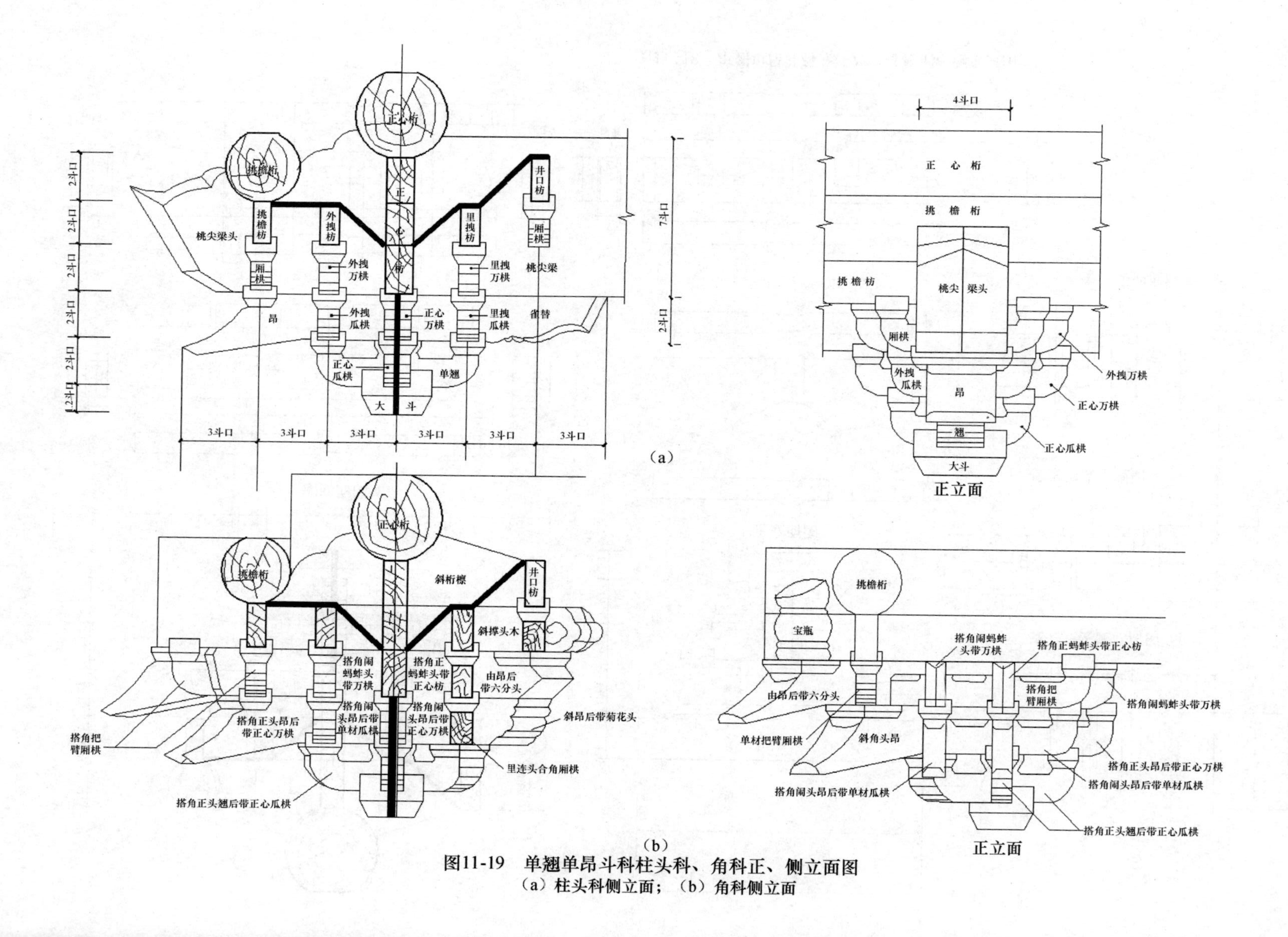

图11-19 单翘单昂斗科柱头科、角科正、侧立面图
(a)柱头科侧立面；(b)角科侧立面

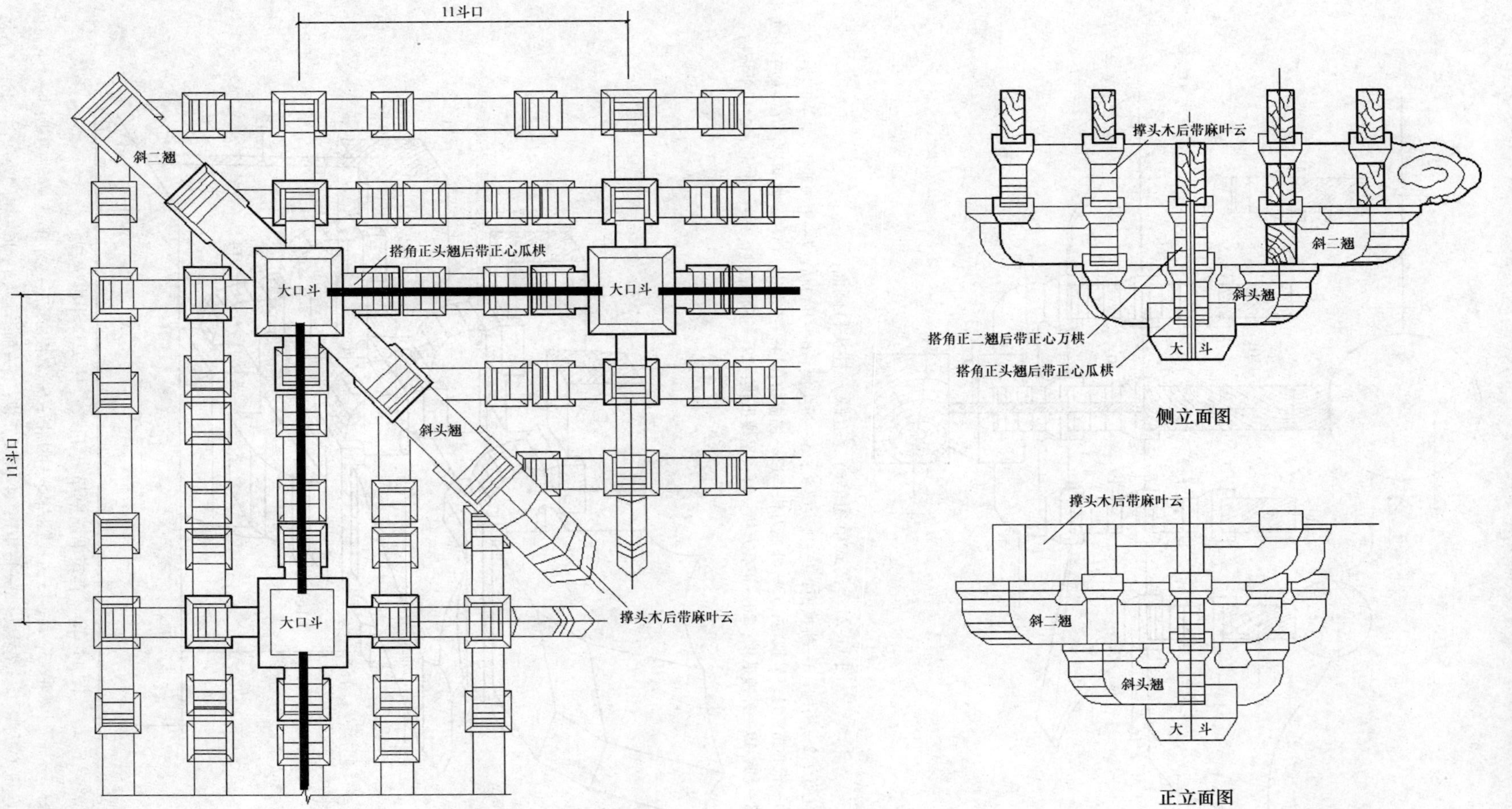

图11-20 三滴水品字科角科平、立面图

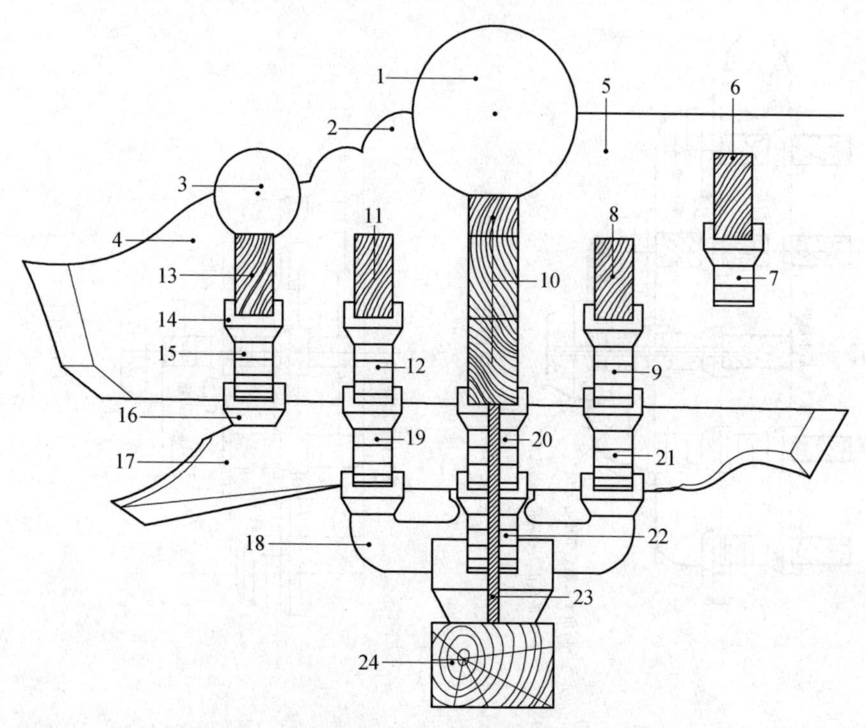

图 11-21 清式单翘单昂（五踩）柱头科侧面图

1—正心桁；2—桁椀；3—挑檐桁；4—挑尖梁头；5—挑尖梁；6—井口枋；7—里拽厢栱；8—里拽枋；9—里拽万栱；10—正心枋；11—外拽枋；12—外拽万栱；13—挑檐枋；14—三才升；15—外拽厢栱；16—桶子十八斗；17—昂；18—翘；19—外拽瓜栱；20—正心万栱；21—里拽瓜栱；22—正心瓜栱；23—垫栱板；24—平板枋

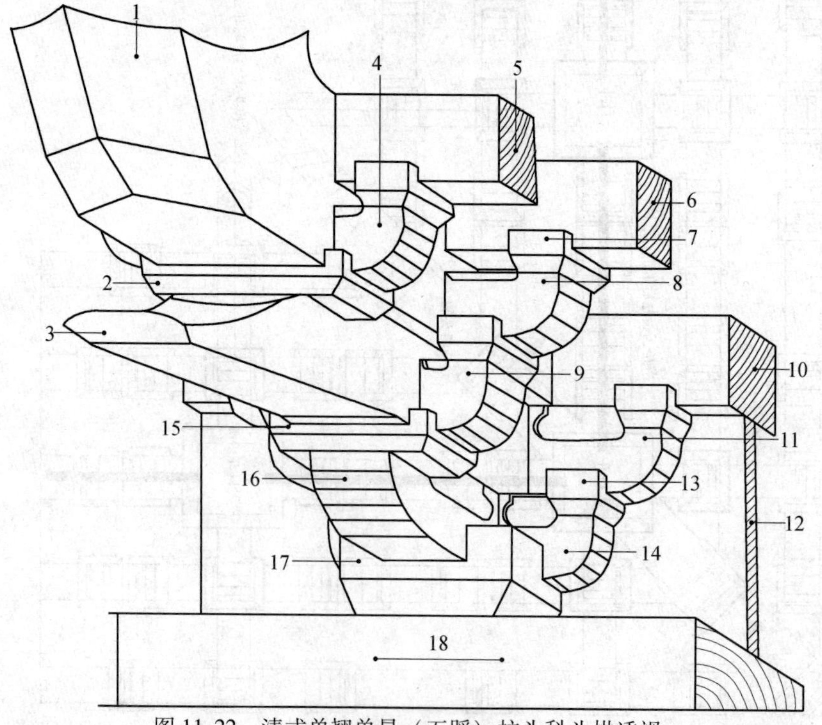

图 11-22 清式单翘单昂（五踩）柱头科斗栱透视

1—挑尖梁头；2—桶子十八斗；3—昂；4—外拽厢栱；5—挑檐枋；6—外拽枋；7—三才升；8—外拽万栱；9—外拽瓜栱；10—正心枋；11—正心万栱；12—垫栱板；13—槽升子；14—正心瓜栱；15—桶子十八斗；16—翘；17—坐斗；18—平板枋

11.4　计 算 例 题

例 11-1　参照图 7-29。

1. 如图所示，明柱子墩接 2 根ϕ300

   5-119　ϕ300 圆柱子墩接　$n=2$ 根

2. 如图所示，后檐暗柱子墩接 2 根ϕ300

   5-120　ϕ300 暗柱子墩接　$n=2$ 根

3. 如图所示前檐山墙内柱子抽换　$n=2$ 根

   5-103　檐柱抽换　$n=2$ 根

   另外，抽换旧柱子，还需制作两根新柱子

   $v=0.15^2\times3.05\times2\times3.14=0.43\text{m}^3$

   5-24　新单檐柱制作　$v=0.43\text{m}^3$

   参照图 7-29 ~ 图 7-33。

4. 如图所示，前后檐柱制作

已知：柱径ϕ300　柱高 $h=3.05\text{m}$ 共计 8 根

　　$v=0.15^2\times\pi\times3.11\times8$ 根 $=1.76\text{m}^3$

5-24　ϕ300 檐柱制作　$v=1.76\text{m}^3$

5-67　ϕ300 檐柱吊装　$v=1.76\text{m}^3$

5. 如图所示，五架梁制作

已知：五架梁长 $l=4\times1.48+2\times0.3=6.52\text{m}$

　　五架梁截面　宽 × 高 = 360 × 450　共四架

$v=6.52\times0.36\times0.45\times4=4.23\text{m}^3$

5-306　400mm 以内宽五架梁制作　$v=4.23\text{m}^3$

五架梁吊装

5-369　400mm 以内宽五架梁吊装　$v=4.23\text{m}^3$

6. 三架梁制作

已知：三架梁长　$l=2\times1.48+0.3\times2=3.56\text{m}$

　　三架梁截面　宽 × 高 = 280 × 380　共四架

$v=3.56\times0.28\times0.38\times4=1.51\text{m}^3$

5-314　300mm 以内宽三架梁制作　$v=1.51\text{m}^3$

5-377　300mm 以内宽三架梁安装　$v=1.51\text{m}^3$

7. 檐、金、脊檩制作

已知：明间檩长 $l=3.2\text{m}$　次间檩长 $l=3\text{m}$

　　面宽方向檩子通长 $l=3.2+2\times3+2\times0.36/2=9.56\text{m}$

檩子直径$\phi=300\text{mm}$　每间共计 5 根

$v=0.15^2\times\pi\times9.56\times5=3.38\text{m}^3$

5-601　300mm 以内普通圆檩制作　$v=3.38\text{m}^3$

5-622　300mm 以内普通圆檩安装　$v=3.38\text{m}^3$

8. 金、脊垫板制作

已知：金、脊垫板规格相同，截面为80×200

金、脊垫板长（明间3.2m 次间3m）

$l=3.2+2\times3=9.2\text{m}$

$v=0.08\times0.2\times9.2\times3=0.44\text{m}^3$

5-725 200mm以内高桁檩垫板制作 $v=0.44\text{m}^3$

5-734 200mm以内高桁檩垫板吊装 $v=0.44\text{m}^3$

9. 檐垫板制作

已知：檐垫板规格 厚×高=80×240

檐垫板长（明间3.2m 次间3m）

$l=3.2+2\times3=9.2\text{m}$

$v=0.08\times0.24\times9.2\times2=0.35\text{m}^3$

5-726 250mm以内高桁檩垫板制作 $v=0.35\text{m}^3$

5-735 250mm以内高桁檩垫板吊装 $v=0.35\text{m}^3$

10. 枋子制作

已知：檐、金、脊枋规格相同，宽×高=240×300

枋子长 （明间3.2m 次间3m）

$l=3.2+2\times3=9.2\text{m}$

$v=0.24\times0.3\times9.2\times5=3.31\text{m}^3$

5-181 300mm以内高桁檩枋制作 $v=3.31\text{m}^3$

5-232 300mm以内高桁檩枋吊装 $v=3.31\text{m}^3$

11. 角背制作

已知：角背长1.48m 高0.30m 厚0.1m

每架梁上一个，共四个

$v=0.1\times0.3\times1.48\times4=0.18\text{m}^3$

5-533 100mm以内厚角背制作 $v=0.18\text{m}^3$

5-541 100mm以内厚角背吊装 $v=0.18\text{m}^3$

12. $\phi100$圆椽制安

椽子根数的确定 $n=(3.2+2\times3)\div(0.1\times2)$

$n=46$根

椽子长度的确定：檐椽长$=\sqrt{(1.48+0.61+0.305)^2+0.74^2}=2.51\text{m}$

脑椽长$=\sqrt{1.48^2+1.04^2}=1.81\text{m}$

前坡椽子长=后坡椽长=2.51+1.81=4.32m

则前后坡椽长合计=2×4.32=8.64m

屋面椽子总长=46根×8.64=397.44m

5-1256 $\phi100$以内圆直椽制安 $l=397.44\text{m}$

13. 飞椽制安

已知：飞椽规格宽 × 高 = 100 × 100

又知：飞椽数量与每坡屋面檐椽数量相等

则飞椽总量 = 2 × 46 = 92 根

5-1308　100 以内的飞椽制安　$n = 92$ 根

14. 大连檐制安

$l = 2 \times 10.31 = 20.62$m

5-1403　大连檐制安　$l = 20.62$m

15. 小连檐制安

$l = 2 \times (3 + 3.2 + 3) = 18.40$m

5-1416　小连檐制安　$l = 18.40$m

16. 闸档板

$l = 2 \times (3 + 3.2 + 3) = 18.40$m

5-1417　闸档板制安　$l = 18.40$m

$l = 2 \times (3 + 3.2 + 3 + 0.36) = 19.12$m

17. 瓦口制作

$l = 2 \times 10.31 = 20.62$m

5-1434　筒瓦瓦口制作　$l = 20.62$m

例 11-2　某单层檐歇山古建筑共三间，明间平身科斗栱四攒，次间平身科斗栱三攒，斗口 80mm，均为三踩单昂斗栱，确定平身科斗栱制作的数量及选定定额编号（注：前后檐斗栱相同，山面有平身科斗栱 6 攒）。

已知：明间平身科斗栱 = 4 × 2 = 8(攒)

　　　次间平身科斗栱 = 3 × 2 × 2 = 12(攒)

山面平身科斗栱 6 × 2 = 12（攒）

8 + 12 + 12 = 32（攒）

5-1038　平身科三踩单昂斗栱制作，32(攒)。

例 11-3　如上题所述，计算柱头科斗栱制作数量。

柱头科斗栱只有明间两侧的柱子上有，共计 4 攒。

5-1039　三踩单昂柱头科斗栱制作，4 攒。

例 11-4　如第一题所述，计算角科斗栱制作数量。

因只在建筑物各转角的位置上有角科斗栱，共计 4 攒。

角科三踩单昂角科斗栱制作，4 攒。

斗栱安装

5-1038　平身科三踩单昂斗栱制作 32(攒)

5-1037　平身科三踩单昂斗共安装 32(攒)

5-1039　柱头科三踩单昂斗栱制作 4(攒)

5-1038　柱头科三踩单昂斗栱安装 4(攒)

5-1040　角科三踩单昂斗栱制作 4(攒)

5-1139　角科三踩单昂斗栱安装 4(攒)

11.5 部分定额摘录

详见下表。

二、柱类构件制作

单位：m^3

定额编号					5-22	5-23	5-24	5-25	5-26	5-27
项目					檐柱、单檐金柱制作（柱径在）					
					20cm 以内	25cm 以内	30cm 以内	40cm 以内	50cm 以内	50cm 以外
基价（元）					4380.64	3884.96	3528.07	3131.53	2893.60	2734.99
其中	人工费（元）				2247.08	1775.00	1435.11	1057.45	830.85	679.79
	材料费（元）				2021.21	2021.21	2021.21	2021.21	2021.21	2021.21
	机械费（元）				112.35	88.75	71.75	52.87	41.54	33.99
名称			单位	单价（元）	数量					
人工	870007	综合工日	工日	82.10	27.370	21.620	17.480	12.880	10.120	8.280
材料	030191	原木（落叶松）	m^3	1450.00	1.3500	1.3500	1.3500	1.3500	1.3500	1.3500
	030001	板方材	m^3	1900.00	0.0230	0.0230	0.0230	0.0230	0.0230	0.0230
	840004	其他材料费	元	—	20.01	20.01	20.01	20.01	20.01	20.01
机械	888810	中小型机械费	元	—	89.88	71.00	57.40	42.30	33.23	27.19
	840023	其他机具费	元	—	22.47	17.75	14.35	10.57	8.31	6.80

单位：m^3

定额编号					5-28	5-29	5-30	5-31	5-32	5-33
项目					重檐金柱、通柱制作（柱径在）					
					25cm 以内	30cm 以内	40cm 以内	50cm 以内	60cm 以内	60cm 以外
基价（元）					4281.51	3865.13	3389.29	3091.88	2884.12	2754.82
其中	人工费（元）				2152.66	1756.12	1302.93	1019.68	821.82	698.67
	材料费（元）				2021.21	2021.21	2021.21	2021.21	2021.21	2021.21
	机械费（元）				107.64	87.80	65.15	50.99	41.09	34.94
名称			单位	单价（元）	数量					
人工	870007	综合工日	工日	82.10	26.220	21.390	15.870	12.420	10.010	8.510
材料	030191	原木（落叶松）	m^3	1450.00	1.3500	1.3500	1.3500	1.3500	1.3500	1.3500
	030001	板方材	m^3	1900.00	0.0230	0.0230	0.0230	0.0230	0.0230	0.0230
	840004	其他材料费	元	—	20.01	20.01	20.01	20.01	20.01	20.01
机械	888810	中小型机械费	元	—	86.11	70.24	52.12	40.79	32.87	27.95
	840023	其他机具费	元	—	21.53	17.56	13.03	10.20	8.22	6.99

单位：m^3

定额编号				5-34	5-35	5-36	5-37	5-38	5-39
项目				中柱、山柱制作（柱径在）					
				25cm 以内	30cm 以内	40cm 以内	50cm 以内	60cm 以内	60cm 以外
基价（元）				3885.14	3538.18	3151.54	2913.61	2749.04	2643.96
其中	人工费（元）			1756.12	1425.67	1057.45	830.85	674.12	574.04
	材料费（元）			2041.22	2041.22	2041.22	2041.22	2041.22	2041.22
	机械费（元）			87.80	71.29	52.87	41.54	33.70	28.70
名称		单位	单价（元）	数量					
人工	870007 综合工日	工日	82.10	21.390	17.365	12.880	10.120	8.211	6.992
材料	030191 原木（落叶松）	m^3	1450.00	1.3500	1.3500	1.3500	1.3500	1.3500	1.3500
	030001 板方材	m^3	1900.00	0.0230	0.0230	0.0230	0.0230	0.0230	0.0230
	840004 其他材料费	元	—	40.02	40.02	40.02	40.02	40.02	40.02
机械	888810 中小型机械费	元	—	70.24	57.03	42.30	33.23	26.96	22.96
	840023 其他机具费	元	—	17.56	14.26	10.57	8.31	6.74	5.74

三、柱类构件吊装

单位：m^3

定额编号				5-65	5-66	5-67	5-68	5-69	5-70
项目				檐柱、单檐金柱、中柱、山柱吊装（柱径在）					
				20cm 以内	25cm 以内	30cm 以内	40cm 以内	50cm 以内	50cm 以外
基价（元）				704.88	638.37	589.61	527.54	485.42	456.61
其中	人工费（元）			578.81	517.23	472.08	414.61	375.61	348.93
	材料费（元）			79.76	79.76	79.76	79.76	79.76	79.76
	机械费（元）			46.31	41.38	37.77	33.17	30.05	27.92
名称		单位	单价（元）	数量					
人工	870007 综合工日	工日	82.10	7.050	6.300	5.750	5.050	4.575	4.250
材料	030001 板方材	m^3	1900.00	0.0400	0.0400	0.0400	0.0400	0.0400	0.0400
	840004 其他材料费	元	—	3.76	3.76	3.76	3.76	3.76	3.76
机械	888810 中小型机械费	元	—	40.52	36.21	33.05	29.02	26.29	24.43
	840023 其他机具费	元	—	5.79	5.17	4.72	4.15	3.76	3.49

单位：m^3

定额编号					5-71	5-72	5-73	5-74	5-75	5-76
项目					重檐金柱、通柱吊装（柱径在）					
					25cm 以内	30cm 以内	40cm 以内	50cm 以内	60cm 以内	60cm 以外
基价（元）					764.26	709.29	631.70	580.71	546.13	519.54
其中	人工费（元）				623.14	572.24	500.40	453.19	421.17	396.54
	材料费（元）				91.27	91.27	91.27	91.27	91.27	91.27
	机械费（元）				49.85	45.78	40.03	36.25	33.69	31.73
名称			单位	单价（元）	数量					
人工	870007	综合工日	工日	82.10	7.590	6.970	6.095	5.520	5.130	4.830
材料	030001	板方材	m^3	1900.00	0.0460	0.0460	0.0460	0.0460	0.0460	0.0460
	840004	其他材料费	元	—	3.87	3.87	3.87	3.87	3.87	3.87
机械	888810	中小型机械费	元	—	43.62	40.06	35.03	31.72	29.48	27.76
	840023	其他机具费	元	—	6.23	5.72	5.00	4.53	4.21	3.97

单位：m^3

定额编号					5-225	5-226	5-227	5-228	5-229
项目					平板枋（坐斗枋）制作（截面高在）				旧枋改短重新作榫
					10cm 以内	15cm 以内	20cm 以内	20cm 以外	
基价（元）					3662.54	3186.69	2869.46	2710.84	262.88
其中	人工费（元）				1453.99	1000.80	698.67	547.61	226.60
	材料费（元）				2135.85	2135.85	2135.85	2135.85	24.95
	机械费（元）				72.70	50.04	34.94	27.38	11.33
名称			单位	单价（元）	数量				
人工	870007	综合工日	工日	82.10	17.710	12.190	8.510	6.670	2.760
材料	030001	板方材	m^3	1900.00	1.1130	1.1130	1.1130	1.1130	0.0130
	840004	其他材料费	元	—	21.15	21.15	21.15	21.15	0.25
机械	888810	中小型机械费	元	—	58.16	40.03	27.95	21.90	9.06
	840023	其他机具费	元	—	14.54	10.01	6.99	5.48	2.27

三、枋类构件吊装

单位：m^3

定额编号				5-230	5-231	5-232	5-233
项目				大额枋、桁檩枋类构件吊装（截面高在）			
				20cm以内	25cm以内	30cm以内	40cm以内
基价（元）				344.54	308.74	272.94	255.05
其中	人工费（元）			316.09	283.25	250.41	233.99
	材料费（元）			3.16	2.83	2.50	2.34
	机械费（元）			25.29	22.66	20.03	18.72
名称		单位	单价（元）	数量			
人工	870007 综合工日	工日	82.10	3.850	3.450	3.050	2.850
材料	840004 其他材料费	元	—	3.16	2.83	2.50	2.34
机械	888810 中小型机械费	元	—	22.13	19.83	17.53	16.38
	840023 其他机具费	元	—	3.16	2.83	2.50	2.34

二、梁类构件制作

单位：m^3

定额编号				5-275	5-276	5-277	5-278	5-279	5-280
项目				桃尖头梁制作（截面宽在）					
				25cm以内	30cm以内	40cm以内	50cm以内	60cm以内	60cm以外
基价（元）				3880.64	3563.41	3186.69	2958.68	2809.97	2700.93
其中	人工费（元）			1661.70	1359.58	1000.80	783.64	642.02	538.17
	材料费（元）			2135.85	2135.85	2135.85	2135.85	2135.85	2135.85
	机械费（元）			83.09	67.98	50.04	39.19	32.10	26.91
名称		单位	单价（元）	数量					
人工	870007 综合工日	工日	82.10	20.240	16.560	12.190	9.545	7.820	6.555
材料	030001 板方材	m^3	1900.00	1.1130	1.1130	1.1130	1.1130	1.1130	1.1130
	840004 其他材料费	元	—	21.15	21.15	21.15	21.15	21.15	21.15
机械	888810 中小型机械费	元	—	66.47	54.38	40.03	31.35	25.68	21.53
	840023 其他机具费	元	—	16.62	13.60	10.01	7.84	6.42	5.38

三、梁类构件吊装

单位：m^3

定额编号					5-346	5-347	5-348	5-349	5-350	5-351
项目					桃尖头梁、天花梁吊装（截面宽在）					
					25cm以内	30cm以内	40cm以内	50cm以内	60cm以内	60cm以外
基价（元）					535.74	504.71	460.37	429.33	411.60	393.86
其中	人工费（元）				451.55	422.82	381.77	353.03	336.61	320.19
	材料费（元）				48.06	48.06	48.06	48.06	48.06	48.06
	机械费（元）				36.13	33.83	30.54	28.24	26.93	25.61
名称			单位	单价（元）	数量					
人工	870007	综合工日	工日	82.10	5.500	5.150	4.650	4.300	4.100	3.900
材料	030001	板方材	m^3	1900.00	0.0240	0.0240	0.0240	0.0240	0.0240	0.0240
	840004	其他材料费	元	—	2.46	2.46	2.46	2.46	2.46	2.46
机械	888810	中小型机械费	元	—	31.61	29.60	26.72	24.71	23.56	22.41
	840023	其他机具费	元	—	4.52	4.23	3.82	3.53	3.37	3.20

七、瓜柱类制作

单位：m^3

定额编号					5-454	5-455	5-456	5-457	5-458
项目					无角背金瓜柱制作（柱径在）				
					20cm以内	25cm以内	30cm以内	40cm以内	40cm以外
基价（元）					6604.38	5008.29	4264.78	3858.32	3511.35
其中	人工费（元）				3729.39	2209.31	1501.20	1114.10	783.64
	材料费（元）				2688.52	2688.52	2688.52	2688.52	2688.52
	机械费（元）				186.47	110.46	75.06	55.70	39.19
名称			单位	单价（元）	数量				
人工	870007	综合工日	工日	82.10	45.425	26.910	18.285	13.570	9.545
材料	030001	板方材	m^3	1900.00	1.4010	1.4010	1.4010	1.4010	1.4010
	840004	其他材料费	元	—	26.62	26.62	26.62	26.62	26.62
机械	888810	中小型机械费	元	—	149.18	88.37	60.05	44.56	31.35
	840023	其他机具费	元	—	37.29	22.09	15.01	11.14	7.84

八、瓜柱类吊装

单位：m^3

定额编号				5-493	5-494	5-495	5-496	5-497	5-498
项目				瓜柱、交金瓜柱、太平梁上雷公柱吊装（柱径在）					草栿瓜柱吊装
				20cm以内	25cm以内	30cm以内	40cm以内	40cm以外	
基价（元）				1212.41	791.23	580.65	469.81	381.14	425.47
其中	人工费（元）			1015.99	626.01	431.03	328.40	246.30	287.35
	材料费（元）			115.14	115.14	115.14	115.14	115.14	115.14
	机械费（元）			81.28	50.08	34.48	26.27	19.70	22.98
名称		单位	单价（元）	数量					
人工	870007 综合工日	工日	82.10	12.375	7.625	5.250	4.000	3.000	3.500
材料	030001 板方材	m^3	1900.00	0.0600	0.0600	0.0600	0.0600	0.0600	0.0600
	840004 其他材料费	元	—	1.14	1.14	1.14	1.14	1.14	1.14
机械	888810 中小型机械费	元	—	71.12	43.82	30.17	22.99	17.24	20.11
	840023 其他机具费	元	—	10.16	6.26	4.31	3.28	2.46	2.87

二、桁檩、扶脊木制作

单位：m^3

定额编号				5-599	5-600	5-601	5-602	5-603
项目				普通圆檩制作（径在）				
				20cm以内	25cm以内	30cm以内	40cm以内	40cm以外
基价（元）				3627.21	3290.15	3052.23	2782.57	2616.02
其中	人工费（元）			1529.52	1208.51	981.92	725.11	566.49
	材料费（元）			2021.21	2021.21	2021.21	2021.21	2021.21
	机械费（元）			76.48	60.43	49.10	36.25	28.32
名称		单位	单价（元）	数量				
人工	870007 综合工日	工日	82.10	18.630	14.720	11.960	8.832	6.900
材料	030191 原木（落叶松）	m^3	1450.00	1.3500	1.3500	1.3500	1.3500	1.3500
	030001 板方材	m^3	1900.00	0.0230	0.0230	0.0230	0.0230	0.0230
	840004 其他材料费	元	—	20.01	20.01	20.01	20.01	20.01
机械	888810 中小型机械费	元	—	61.18	48.34	39.28	29.00	22.66
	840023 其他机具费	元	—	15.30	12.09	9.82	7.25	5.66

单位：m³

定额编号					5-604	5-605	5-606	5-607	5-608
项目					单端搭角圆檩制作（径在）				
					20cm 以内	25cm 以内	30cm 以内	40cm 以内	40cm 以外
基价（元）					3805.65	3428.94	3171.18	2859.55	2675.51
其中	人工费（元）				1699.47	1340.69	1095.21	798.42	623.14
	材料费（元）				2021.21	2021.21	2021.21	2021.21	2021.21
	机械费（元）				84.97	67.04	54.76	39.92	31.16
名称			单位	单价（元）	数量				
人工	870007	综合工日	工日	82.10	20.700	16.330	13.340	9.725	7.590
材料	030191	原木（落叶松）	m³	1450.00	1.3500	1.3500	1.3500	1.3500	1.3500
	030001	板方材	m³	1900.00	0.0230	0.0230	0.0230	0.0230	0.0230
	840004	其他材料费	元	—	20.01	20.01	20.01	20.01	20.01
机械	888810	中小型机械费	元	—	67.98	53.63	43.81	31.94	24.93
	840023	其他机具费	元	—	16.99	13.41	10.95	7.98	6.23

三、桁檩、扶脊木吊装

单位：m³

定额编号					5-620	5-621	5-622	5-623	5-624	5-625
项目					圆檩、扶脊木吊装（径在）					草栿檩吊装
					20cm 以内	25cm 以内	30cm 以内	40cm 以内	40cm 以外	
基价（元）					344.54	313.20	290.85	263.99	246.10	223.72
其中	人工费（元）				316.09	287.35	266.83	242.20	225.78	205.25
	材料费（元）				3.16	2.87	2.67	2.42	2.26	2.05
	机械费（元）				25.29	22.98	21.35	19.37	18.06	16.42
名称			单位	单价（元）	数量					
人工	870007	综合工日	工日	82.10	3.850	3.500	3.250	2.950	2.750	2.500
材料	840004	其他材料费	元	—	3.16	2.87	2.67	2.42	2.26	2.05
机械	888810	中小型机械费	元	—	22.13	20.11	18.68	16.95	15.80	14.37
	840023	其他机具费	元	—	3.16	2.87	2.67	2.42	2.26	2.05

五、角梁、由戗制作

单位：m^3

	定额编号			5-654	5-655	5-656	5-657	5-658
	项目			老角梁制作（截面宽在）				
				15cm 以内	20cm 以内	25cm 以内	30cm 以内	30cm 以外
	基价（元）			3815.41	3379.21	3121.46	2950.94	2744.74
其中	人工费（元）			1548.41	1132.98	887.50	725.11	528.72
	材料费（元）			2189.58	2189.58	2189.58	2189.58	2189.58
	机械费（元）			77.42	56.65	44.38	36.25	26.44
	名称	单位	单价（元）	数量				
人工	870007 综合工日	工日	82.10	18.860	13.800	10.810	8.832	6.440
材料	030001 板方材	m^3	1900.00	1.1410	1.1410	1.1410	1.1410	1.1410
	840004 其他材料费	元	—	21.68	21.68	21.68	21.68	21.68
机械	888810 中小型机械费	元	—	61.94	45.32	35.50	29.00	21.15
	840023 其他机具费	元	—	15.48	11.33	8.88	7.25	5.29

六、角梁、由戗吊装

单位：m^3

	定额编号			5-687	5-688	5-689	5-690	5-691
	项目			由戗吊装（截面宽在）				
				15cm 以内	20cm 以内	25cm 以内	30cm 以内	30cm 以外
	基价（元）			715.02	635.37	584.36	487.71	442.08
其中	人工费（元）			655.98	582.91	536.11	447.45	405.57
	材料费（元）			6.56	5.83	5.36	4.47	4.06
	机械费（元）			52.48	46.63	42.89	35.79	32.45
	名称	单位	单价（元）	数量				
人工	870007 综合工日	工日	82.10	7.990	7.100	6.530	5.450	4.940
材料	840004 其他材料费	元	—	6.56	5.83	5.36	4.47	4.06
机械	888810 中小型机械费	元	—	45.92	40.80	37.53	31.32	28.39
	840023 其他机具费	元	—	6.56	5.83	5.36	4.47	4.06

单位：m^3

定额编号					5-724	5-725	5-726	5-727	5-728	5-729
项目					桁檩垫板制作（截面高在）					
					15cm以内	20cm以内	25cm以内	30cm以内	40cm以内	40cm以外
基价（元）					2906.90	2654.84	2591.82	2507.80	2455.28	2402.77
其中	人工费（元）				594.81	368.22	311.57	236.04	188.83	141.62
	材料费（元）				2245.23	2245.23	2245.23	2245.23	2245.23	2245.23
	机械费（元）				66.86	41.39	35.02	26.53	21.22	15.92
名称			单位	单价（元）	数量					
人工	870007	综合工日	工日	82.10	7.245	4.485	3.795	2.875	2.300	1.725
材料	030001	板方材	m^3	1900.00	1.1700	1.1700	1.1700	1.1700	1.1700	1.1700
	840004	其他材料费	元	—	22.23	22.23	22.23	22.23	22.23	22.23
机械	888810	中小型机械费	元	—	60.91	37.71	31.90	24.17	19.33	14.50
	840023	其他机具费	元	—	5.95	3.68	3.12	2.36	1.89	1.42

五、斗栱制作

单位：攒

定额编号					5-1038	5-1039	5-1040	5-1041	5-1042	5-1043
项目					单昂斗栱制作（8cm斗口）			单翘单昂斗栱制作（8cm斗口）		
					三踩			五踩		
					平身科	柱头科	角科	平身科	柱头科	角科
基价（元）					977.95	872.47	2254.32	1626.59	1559.76	4662.79
其中	人工费（元）				635.54	539.64	1297.18	1006.55	908.68	2666.12
	材料费（元）				296.85	294.10	864.11	547.87	585.88	1805.39
	机械费（元）				45.56	38.73	93.03	72.17	65.20	191.28
名称			单位	单价（元）	数量					
人工	870007	综合工日	工日	82.10	7.741	6.573	15.800	12.260	11.068	32.474
	00001300	木工	工日	—	7.375	6.573	15.434	11.894	11.068	32.108
	00001400	雕刻工	工日	—	0.366	—	0.366	0.366	—	0.366
材料	030001	板方材	m^3	1900.00	0.1528	0.1520	0.4460	0.2832	0.3036	0.9352
	110132	乳胶	kg	6.50	0.1500	0.1500	0.4500	0.2700	0.2700	0.8000
	090261	圆钉	kg	7.00	0.0300	0.0300	0.0600	0.0300	0.0400	0.0900
	460078	细麻绳（连绳）	kg	12.00	0.2000	0.1000	0.4000	0.2000	0.1000	0.4000
	840004	其他材料费	元	—	2.94	2.91	8.56	5.42	5.80	17.88
机械	888810	中小型机械费	元	—	39.20	33.33	80.06	62.10	56.11	164.62
	840023	其他机具费	元	—	6.36	5.40	12.97	10.07	9.09	26.66

单位：攒

定额编号				5-1044	5-1045	5-1046	5-1047	5-1048	5-1049
项目				重昂斗栱制作（8cm斗口）			单翘重昂斗栱制作（8cm斗口）		
				五踩			七踩		
				平身科	柱头科	角科	平身科	柱头科	角科
基价（元）				1702.49	1680.54	4873.99	2386.96	2460.92	7824.40
其中	人工费（元）			1050.14	968.78	2751.34	1413.43	1373.70	4343.09
	材料费（元）			577.04	642.23	1925.26	872.15	988.64	3169.68
	机械费（元）			75.31	69.53	197.39	101.38	98.58	311.63
名称		单位	单价（元）	数量					
人工	870007 综合工日	工日	82.10	12.791	11.800	33.512	17.216	16.732	52.900
	0001300 木工	工日	—	12.425	11.800	33.146	16.850	16.732	52.534
	0001400 雕刻工	工日	—	0.366	—	0.366	0.366	—	0.366
材料	030001 板方材	m^3	1900.00	0.2984	0.3330	0.9997	0.4511	0.5124	1.6434
	110132 乳胶	kg	6.50	0.2700	0.2700	0.2700	0.3900	0.3900	1.2000
	090261 圆钉	kg	7.00	0.0300	0.0300	0.0300	0.0400	0.0500	0.1200
	460078 细麻绳（连绳）	kg	12.00	0.2000	0.1000	0.4000	0.3000	0.2000	0.6000
	840004 其他材料费	元	—	5.71	6.36	19.06	8.64	9.79	31.38
机械	888810 中小型机械费	元	—	64.81	59.84	169.88	87.25	84.84	268.20
	840023 其他机具费	元	—	10.50	9.69	27.51	14.13	13.74	43.43

二、椽制安

单位：m

定额编号				5-1252	5-1253	5-1254	5-1255	5-1256	5-1257
项目				圆直椽制安（椽径在）					
				6cm以内	7cm以内	8cm以内	9cm以内	10cm以内	11cm以内
基价（元）				17.01	21.09	24.44	29.30	33.41	39.09
其中	人工费（元）			7.47	8.54	8.54	9.61	9.61	10.67
	材料费（元）			8.59	11.46	14.80	18.44	22.54	27.03
	机械费（元）			0.95	1.09	1.10	1.25	1.26	1.39
名称		单位	单价（元）	数量					
人工	870007 综合工日	工日	82.10	0.091	0.104	0.104	0.117	0.117	0.130
材料	030001 板方材	m^3	1900.00	0.0044	0.0059	0.0076	0.0095	0.0116	0.0139
	090261 圆钉	kg	7.00	0.0200	0.0200	0.0300	0.0300	0.0400	0.0500
	840004 其他材料费	元	—	0.09	0.11	0.15	0.18	0.22	0.27
机械	888810 中小型机械费	元	—	0.88	1.00	1.01	1.15	1.16	1.28
	840023 其他机具费	元	—	0.07	0.09	0.09	0.10	0.10	0.11

单位：m

定额编号				5-1258	5-1259	5-1260	5-1261	5-1262	5-1263	5-1264
项目				圆直椽制安（椽径在）						
				12cm以内	13cm以内	14cm以内	15cm以内	16cm以内	17cm以内	18cm以内
基价（元）				43.91	50.30	56.06	63.43	69.96	78.08	85.18
其中	人工费（元）			10.67	11.74	11.74	12.81	12.81	13.87	13.87
	材料费（元）			31.83	37.01	42.76	48.92	55.45	62.36	69.46
	机械费（元）			1.41	1.55	1.56	1.70	1.70	1.85	1.85
名称		单位	单价（元）	数量						
人工	870007 综合工日	工日	82.10	0.130	0.143	0.143	0.156	0.156	0.169	0.169
材料	030001 板方材	m^3	1900.00	0.0164	0.0191	0.0221	0.0252	0.0286	0.0322	0.0359
	090260 铁钉	kg	7.00	0.0500	0.0500	0.0500	0.0800	0.0800	0.0800	0.0800
	840004 其他材料费	元	—	0.32	0.37	0.42	0.48	0.55	0.62	0.69
机械	888810 中小型机械费	元	—	1.30	1.43	1.44	1.57	1.57	1.71	1.71
	840023 其他机具费	元	—	0.11	0.12	0.12	0.13	0.13	0.14	0.14

单位：m

定额编号				5-1265	5-1266	5-1267	5-1268	5-1269	5-1270
项目				圆翼角椽制安（椽径在）					
				6cm以内	7cm以内	8cm以内	9cm以内	10cm以内	11cm以内
基价（元）				28.86	32.96	37.51	42.38	47.68	53.40
其中	人工费（元）			18.14	19.21	20.28	21.35	22.41	23.48
	材料费（元）			8.59	11.46	14.80	18.44	22.54	27.03
	机械费（元）			2.13	2.29	2.43	2.59	2.73	2.89
名称		单位	单价（元）	数量					
人工	870007 综合工日	工日	82.10	0.221	0.234	0.247	0.260	0.273	0.286
材料	030001 板方材	m^3	1900.00	0.0044	0.0059	0.0076	0.0095	0.0116	0.0139
	090261 圆钉	kg	7.00	0.0200	0.0200	0.0300	0.0300	0.0400	0.0500
	840004 其他材料费	元	—	0.09	0.11	0.15	0.18	0.22	0.27
机械	888810 中小型机械费	元	—	1.95	2.10	2.23	2.38	2.51	2.66
	840023 其他机具费	元	—	0.18	0.19	0.20	0.21	0.22	0.23

单位：根

定额编号					5-1308	5-1309	5-1310	5-1311	5-1312
项目					飞椽制安（椽径在）				
					10cm 以内	11cm 以内	12cm 以内	13cm 以内	14cm 以内
基价（元）					39.57	51.30	63.43	77.46	94.45
其中	人工费（元）				12.81	15.76	17.73	19.70	22.66
	材料费（元）				24.99	33.38	43.24	54.94	68.64
	机械费（元）				1.77	2.16	2.46	2.82	3.15
名称			单位	单价（元）	数量				
人工	870007	综合工日	工日	82.10	0.156	0.192	0.216	0.240	0.276
材料	030001	板方材	m^3	1900.00	0.0128	0.0171	0.0222	0.0283	0.0354
	090261	圆钉	kg	7.00	0.0600	—	—	—	—
	090260	铁钉	kg	7.00	—	0.0800	0.0900	0.0900	0.1000
	840004	其他材料费	元	—	0.25	0.33	0.43	0.54	0.68
机械	888810	中小型机械费	元	—	1.64	2.00	2.28	2.62	2.92
	840023	其他机具费	元	—	0.13	0.16	0.18	0.20	0.23

四、望板制安

单位：m^2

定额编号					5-1388	5-1389	5-1390	5-1391	5-1392	5-1393
项目					顺望板制安			带柳叶缝望板制安		
					厚2.1cm	厚2.5cm	每增厚0.5cm	厚2.1cm	厚2.5（2.2）cm	每增厚0.5cm
基价（元）					81.73	95.95	17.61	68.99	81.22	14.96
其中	人工费（元）				8.87	9.20	0.33	6.90	7.22	0.33
	材料费（元）				71.89	85.75	17.24	61.37	73.24	14.60
	机械费（元）				0.97	1.00	0.04	0.72	0.76	0.03
名称			单位	单价（元）	数量					
人工	870007	综合工日	工日	82.10	0.108	0.112	0.004	0.084	0.088	0.004
材料	030001	板方材	m^3	1900.00	0.0368	0.0438	0.0088	0.0315	0.0375	0.0075
	090261	圆钉	kg	7.00	0.1800	0.2400	0.0500	0.1300	0.1800	0.0300
	840004	其他材料费	元	—	0.71	0.85	0.17	0.61	0.73	0.14
机械	888810	中小型机械费	元	—	0.88	0.91	0.04	0.65	0.69	0.03
	840023	其他机具费	元	—	0.09	0.09	—	0.07	0.07	—

单位：m^2

定额编号				5-1394	5-1395	5-1396	5-1397	5-1398
项目				顺望板、带柳叶缝望板刨光	毛望板铺钉			
					厚1.8cm	厚2.1cm	厚2.5cm	每增厚0.5cm
基价（元）				5.37	48.08	56.47	66.31	12.38
其中	人工费（元）			4.93	4.93	5.01	5.09	0.25
	材料费（元）			—	43.71	51.01	60.76	12.11
	机械费（元）			0.44	0.44	0.45	0.46	0.02
名称		单位	单价（元）	数量				
人工	870007 综合工日	工日	82.10	0.060	0.060	0.061	0.062	0.003
材料	030001 板方材	m^3	1900.00	—	0.0223	0.0261	0.0310	0.0062
	090261 圆钉	kg	7.00	—	0.1300	0.1300	0.1800	0.0300
	840004 其他材料费	元	—	—	0.43	0.51	0.60	0.12
机械	888810 中小型机械费	元	—	0.39	0.39	0.40	0.41	0.02
	840023 其他机具费	元	—	0.05	0.05	0.05	0.05	—

单位：m

定额编号				5-1433	5-1434	5-1435	5-1436
项目				瓦口制作			
				四至六样琉璃瓦及削割瓦	七至九样琉璃瓦及1、2、3号（筒）布瓦	10号（筒）布瓦	头、1、2、3号合瓦
基价（元）				8.57	7.42	5.82	10.21
其中	人工费（元）			3.78	3.78	3.78	5.66
	材料费（元）			4.36	3.21	1.61	3.91
	机械费（元）			0.43	0.43	0.43	0.64
名称		单位	单价（元）	数量			
人工	870007 综合工日	工日	82.10	0.046	0.046	0.046	0.069
材料	030001 板方材	m^3	1900.00	0.0022	0.0016	0.0008	0.0020
	090261 圆钉	kg	7.00	0.0200	0.0200	0.0100	0.0100
	840004 其他材料费	元	—	0.04	0.03	0.02	0.04
机械	888810 中小型机械费	元	—	0.39	0.39	0.39	0.58
	840023 其他机具费	元	—	0.04	0.04	0.04	0.06

单位：块

定额编号				5-1437	5-1438	5-1439	5-1440	5-1441	5-1442	5-1443
项目				枕头木制安（椽径在）						
				6cm以内	8cm以内	10cm以内	12cm以内	14cm以内	16cm以内	18cm以内
基价（元）				20.55	39.30	64.89	100.21	146.90	207.92	272.47
其中	人工费（元）			11.82	17.73	23.64	29.56	35.47	41.38	47.29
	材料费（元）			7.89	20.31	39.57	68.55	108.92	163.61	221.83
	机械费（元）			0.84	1.26	1.68	2.10	2.51	2.93	3.35
名称		单位	单价（元）	数量						
人工	870007 综合工日	工日	82.10	0.144	0.216	0.288	0.360	0.432	0.504	0.576
材料	030001 板方材	m^3	1900.00	0.0040	0.0104	0.0204	0.0355	0.0565	0.0850	0.1153
	090261 圆钉	kg	7.00	0.0300	0.0500	0.0600	0.0600	0.0700	0.0700	0.0800
	840004 其他材料费	元	—	0.08	0.20	0.39	0.68	1.08	1.62	2.20
机械	888810 中小型机械费	元	—	0.72	1.08	1.44	1.80	2.16	2.52	2.88
	840023 其他机具费	元	—	0.12	0.18	0.24	0.30	0.35	0.41	0.47

第12章 木装修工程

12.1 定额说明

本章包括槛框，帘架大框，门窗扇，什锦窗，坐凳、倒挂楣子，栏杆，木板墙，天棚，匾额，糊饰，共10节510个子目。

12.1.1 工作内容

1. 本章各子目工作内容均包括准备工具、选料、下料、场内运输及余料、废弃物的清运。

2. 检查加固包括检查并记载损坏情况，用木螺钉、圆钉、木楔等进行加固；其中槛框、通连楹、门栊检查加固包括门簪、楹斗、门枢护口、木门枕等附件的加固，门头板、余塞板检查加固包括补配边缝压条，筒子板检查加固包括木贴脸的加固，帘架大框检查加固包括配换卡子及紧固荷叶墩、荷花栓斗、栏杆检查加固包括望柱的检查加固，鹅颈靠背检查加固包括添配拉结铁件。

3. 检修包括检查并记载损坏情况，用木螺钉、圆钉、木楔等进行加固，以及添换小五金件、刮刨口缝等简单修理；其中什锦窗检修包括心屉、贴脸及桶座的检修，不包括心屉补换棂条。

4. 整修包括拆卸、整治扭翘窜角、添配小五金及重新安装。

5. 拆安包括拆卸、修整榫卯、重新安装。其中槛框、通连楹、门栊拆安包括楹斗、门簪、门枢护口、木门枕等附件的拆安，门头板、余塞板拆安包括拼帮及添换边缝压条，筒子板、窗榻板、坐凳面拆安包括拼帮、重新穿带或紧带，帘架大框拆安包括更换卡子及拆装荷叶墩、荷花栓斗，木护墙板拆安包括补换龙骨。

6. 拆修安包括拆卸解体，配换缺损的部件，重新组攒，补换转轴及套筒踩钉、鹅项踓铁、合页、销子、拉环、梃钩及插销等小五金件、重新安装；其中隔扇、槛窗、支摘窗扇拆修安不包括裙板、绦环板的雕刻及心屉的修理；大门扇及屏门扇拆修安包括拼帮、重新穿带，不包括门钉、包叶、壶瓶形护口的补换；栏杆拆修安包括望柱的拆修安及柱脚铁件的添配，寻仗栏杆拆修安还包括所配换部件的雕刻；天花井口板拆修安包括摘下、重新拼缝穿带；木顶格白樘箅子拆修安包括补换棂条及吊挂。

7. 门窗扇、楣子补换棂条包括修换仔边、补换棂条、重新组攒、安装，不包括卡子花类雕饰件及十字海棠花瓣的补配，其中菱花心屉补换棂条还包括补配菱花扣。

8. 倒挂楣子补配白菜头包括锯截损毁的白菜头，雕作配换新白菜头。

9. 本章拆除项目均包括拆下、运至场内指定地点分类存放；其中槛框、通连楹、门栊拆除包括楹斗、门簪、木门枕等附件的拆除，帘架大框拆除包括拆卡子及荷叶墩、荷花栓斗，栏杆拆除包括望柱的拆除，栈板墙拆除包括拆圜窗口，圜门口及牙子，天花支条及贴梁、木顶格白樘箅子拆除包括拆吊挂。

10. 本章制作项目均包括选料、截配料、刨光、画线制作成型、组攒等全部内容；雕刻或雕作项目包括拓样或绘稿、雕刻成型；本章安装项目包括组攒安装或整体安装，其中贴靠砖墙、地面的木装修安装包括下木砖及涂刷防腐材料，贴靠木结构的装修安装包括在木构件上剔凿安装卯眼，门窗扇等安装包括铰接件（或销子）及拉环、梃钩及插销等小五金件的安装；制安包括制作与安装的全部工作内容。

11. 槛框、通连楹、门栊制安包括企口、企线、做榫卯及溜销、剔凿门簪卯眼及门枢孔、钉拆护口条，其中框制安还包括砍抱豁，门栊制安还包括挖弯企雕边线。

12. 槛框包铜皮包括铜板的裁切加工及钉装；拆钉铜皮包括拆除铜板、修整并重新钉装；拆换铜皮包括拆除旧铜板并钉装新铜板

13. 楹斗制安包括剔凿门枢孔；门簪制安包括做榫卯及销子，侧面企梅花线角，端面雕刻；木门枕制安包括剔凿槛豁及海窝眼、制安海窝。

14. 门头板、余塞板制安包括裁口拼装、制安边缝压条。

15. 窗榻板、筒子板、坐凳面制安包括拼缝、穿带、做榫卯、安装。

16. 帘架大框制安包括制安卡子；荷叶墩、荷花栓斗制安包括雕刻。

17. 隔扇、槛窗制作包括边抹、裙板、绦环板的制作、组攒加楔，不包括裙板、绦环板的雕刻及心屉的制作。

18. 隔扇及槛窗心屉制安包括仔边、棂条的制作、组攒加楔及安卡子花类雕饰件，不包括卡子花类雕饰件的雕作；其中菱花心屉包括安菱花扣，十字海棠花心屉包括海棠花瓣的制安。

19. 支摘窗扇制作、楣子制作包括边抹、心屉的制作、组攒加楔及安卡子花类雕饰件，不包括卡子花类雕饰件的制安；其中十字海棠花心屉包括海棠花瓣制安，支窗纱扇制作包括钉纱；楣子制作包括框外延伸部分及楣子腿，不包括白菜头的雕刻。

20. 实榻大门扇、撒带大门扇及屏门扇制作包括拼板、穿带，攒边门扇制作包括组攒加楔，做木插销。

21. 门窗扇安装采用转轴铰接的包括制安转轴及套筒踩钉，鹅项踫铁铰接的包括制安鹅项碰铁，合页铰接的包括制安合页，销子固定的包括制安销子及剔凿销子眼。

22. 门窗扇制作、安装不包括栓杆、门钹（兽面）、门钉、面叶、包叶、壶瓶形护口的制安。

23. 什锦窗制安包括套样，其窗屉制安包括边抹心屉及安卡子花类雕饰件，不包括卡子花类雕饰件的雕作。

24. 栏杆制安不包括望柱制安；寻仗栏杆制安包括扶手、边框、心板、走水牙子、净瓶等制作及雕刻，组攒安装；花栏杆、直档栏杆制安包括扶手、边框、棂条等制作、组攒安装，不包括荷叶墩雕作。

25. 望柱制安包括雕刻柱头、梅花棱线、海棠池，制安柱脚铁件。

26. 鹅颈靠背（美人靠）制安包括扶手、鹅颈棂条制作组攒，在坐凳面上剔凿卯眼安装及制安拉接铁件。

27. 栈板墙补换压缝引条包括拆除破损引条、制安新引条；栈板墙制安包括栈板、压缝引条的制作及安装、不包括圜门口、圜窗口及牙子的制安；圜门口、圜窗口制安包括套样制作成型、安装；圜门、圜窗牙子制安包括雕作及定位安装。

28. 木护墙板补换面板包括拆除破损旧面板、修补龙骨、制安新面板。

29. 井口天花支顶加固包括支护、松开吊挂、支顶、重新吊挂及吊挂件的添换、撤除支护。

30. 天花井口板制安包括拼板穿带、制作成型及安装。

31. 天花支条及贴梁制安包括企线、企口、做榫卯、安装及吊挂制安；仿井口天花压条制安包括企线、分格钉装。

32. 木顶格白樘箅子制作包括边框、棂条制作、组攒加楔，安装包括制安吊挂。

33. 匾额制作包括拼板穿带、制作成型，不包括刻字，其中毗卢帽斗型匾和雕花边框平匾包括毗卢帽、匾边框的雕刻。.

34. 匾托、匾钩补换包括拆除损毁的旧匾托、匾钩，制作并安装新匾托、匾钩。

35. 白杆骨架纸天棚新作包括定位栓骨架、裁纸、分层裱糊、圈边掩缝及检查口制作、通风孔镞花，其中银花纸面层裱糊还包括拼花拼缝。白杆骨架纸天棚拆除包括撕除面层、拆除骨架。

36. 裱糊包括清理基层、修补细小空隙、钉帽除锈、裁纸（布）、分层裱糊、圈边掩缝，其中花饰面层裱糊还包括拼花拼缝。各种糊饰层揭除包括揭除所有裱糊层、焖水洗挠干净。

37. 心屉装纱包括摘安心屉、清理基层、裁纱、糊纱、心屉换纱除包括上述内容外还包括撕除旧纱。

12.1.2 统一性规定及说明

1. 槛框包括上槛、中槛、下槛、风槛、抱框、间框（柱）、腰枋。

2. 槛框、通连楹及门栊检查加固、拆安、拆除、制安定额已综合考虑了隔扇、槛窗、支摘窗、屏门、大门及内檐隔扇装修的不同情况，其中通连楹和门栊在实际工程中挖弯企雕边线者执行门栊定额，否则执行通连楹定额。帘架大框下槛亦执行相应槛框定额。

3. 槛框、通连楹、门栊及帘架大框检查加固、拆安、拆除定额已包括附属的楹斗、门簪、荷叶墩、荷花栓斗等附件在内，楹斗、门簪、荷叶墩、荷花栓斗等检查加固、拆安、拆除不得再另行计算。槛框、通连楹、门栊及帘架大框检查加固、拆安需添换的楹斗、门簪、荷叶墩、荷花栓斗另按本章相应制安定额执行。

4. 楹斗不分单楹、连二楹或栓斗按不同规格执行相应定额，门簪以其外端面形制为准执行定额。

5. 筒子板的侧板、顶板执行同一定额，若需钉木贴脸或配换木贴脸另按本定额“土建工程”中相应定额及相关规定执行。

6. 帘架风门及余塞腿子、随支摘窗夹门按隔扇相应定额执行；随隔扇、槛窗的横披窗及帘架横披窗按槛窗相应定额执行；随支摘窗的横披窗按支摘窗相应定额执行。

7. 隔扇、槛窗拆除不分松木、硬木执行同一定额。

8. 隔扇、槛窗的裙板、绦环板雕刻以松木单面雕刻为准，松木双面雕刻按定额乘以 2.0 系数执行，硬木单面雕刻按定额乘以 1.8 系数执行，硬木双面雕刻按定额乘以 3.6 系数执行。

9. 门窗扇合页铰接安装者执行鹅项碰铁铰接安装定额。

10. 门窗心屉有无仔边，定额均不作调整；码三箭心屉按正方格心屉相应定额执行；心屉补换棂条定额均以单层心屉为准，其单扇棂条损坏量超过40%时按心屉制安定额执行。

11. 什锦窗洞口面积按贴脸里口水平长乘以垂直高计算，桶座不分是否通透均执行同一定额。

12. 坐凳面需安装拉结铁件者另按本定额“木构架及木基层工程”中木构件安装加固铁件相应定额及相关规定执行。

13. 井口天花支顶加固适用于梁架间整体支顶加固的情况。

14. “仿井口天花”又称“假硬天花”。系整体吊顶后分格钉装压条以达井口天花之观感的工程做法，其吊顶执行北京市房屋修缮工程计价依据《土建工程预算定额》中相应项目及相关规定，压条制安或补换执行本章“仿井口天花压条制安、补换”定额。

15. 匾额刻字按本定额“油饰彩绘工程”中相应定额及相关规定执行；匾托、匾钩制安与补换执行同一定额。

16. 梁柱槛框裱糊包括柱、枋、梁、檩、垫板等木构件及槛框、榻板，并已包括楹斗糊饰的工料机消耗在内，楹斗糊饰不再另行计算；门窗扇裱糊以室内面糊饰为准，包括边抹、裙板、绦环板及转轴，不包括心屉；心屉若需糊饰执行木顶格裱糊相应定额。

12.1.3　工程量计算规则

1. 槛框、通连楹、门栊按长度以米为单位计算，其中抱框、间框（柱）、腰枋按净长计算、槛、通连楹、门栊按轴线间距计算；随墙门的槛、通连楹、门栊长度按露明长加入墙长度计算，入墙长度有图示者按图示计算，无图示者两端各按本身厚2份计算。

2. 槛框拆钉铜皮、拆换铜皮、包钉铜皮均按展开面积以平方米为单位计算，计算面积时框按净长计算，槛按露明长计算。

3. 封护檐随墙窗框按垂直投影面积以平方米为单位计算，框外延伸部分面积不增加。

4. 楹斗、门簪、木门枕及帘架荷叶墩、荷花栓斗以件（块）为单位计算。

5. 门头板、余塞板按露明垂直投影面积以平方米为单位计算。

6. 筒子板的侧板按垂直投影面积、顶板按水平投影面积，以平方米为单位计算。

7. 窗榻板、坐凳面均按柱中至柱中长（扣除出入口处长度）乘以上面宽的面积以平方米为单位计算、坐凳出入口处的膝盖腿应计算到坐凳面面积中。

8. 过木按体积以立方米为单位计算，长度无图示者按洞口宽度乘以1.4计算。

9. 帘架大框按垂直投影面积以平方米为单位计算，其下端以地面上皮为准，框外延伸部分面积不增加。

10. 各种门窗扇、楣子按垂直投影面积以平方米为单位计算，门枢、白菜头、楣子腿等框外延伸部分均不计算面积。

11. 裙板、绦环板雕刻按露明垂直投影面积以平方米为单位计算。

12. 隔扇、槛窗心屉制安及补换棂条均按仔边外皮（边抹里口）围成的面积以平方米为单位计算，双面夹纱（玻）心屉双面均需补换棂条者按两面计算。

13. 门钹、门钉、面叶、包叶、壶瓶形护口、铁门栓、栓杆及工字、握拳、卡子花等分别以件、个、根为单位计算。

14. 支摘窗梃钩补配以份为单位计算；菱花扣单独添配以百个为单位计算；心屉海棠花瓣补配以件为单位计算（一个完整的海棠花由四瓣组成，每瓣算一件）。

15. 什锦窗桶座、贴脸、心屉分别以座、份、扇为单位计算，通透什锦窗双面做木贴脸、心屉者按两份、扇计算。

16. 倒挂楣子、白菜头补配及雕刻均以个为单位计算。

17. 花牙子、骑马牙子以块为单位计算。

18. 望柱按柱身截面积乘以全高的体积以立方米为单位计算。

19. 栏杆按地面或楼梯帮板上皮至扶手上皮间竖直高乘以长（不扣除望柱所占长度）的面积以平方米为单位计算；花栏杆荷叶墩以块为单位计算。

20. 鹅颈靠背（美人靠）按上口长以米为单位计算。

21. 栈板墙补换压缝引条按所补换引条的长度累计以米为单位计算。

22. 栈板墙、护墙板、隔墙板均按垂直投影面积以平方米为单位计算，扣除门窗洞口所占面积。

23. 圜门口、圜窗口以份为单位计算；圜门、圜窗牙子以块为单位计算。

24. 斗形匾以块为单位计算，平匾按正面投影面积以平方米为单位计算。

25. 匾托以件为单位计算，匾钩按质量以千克为单位计算。

26. 井口天花支顶加固按井口枋里皮围成的面积以平方米为单位计算，扣除梁枋所占面积。

27. 天花井口板分规格以块为单位计算。

28. 天花支条、贴梁、仿井口天花压条均按其中心线长度累计以米为单位计算。

29. 帽儿梁按最大截面积乘以梁架中至中长的体积以立方米为单位计算。

30. 木顶格白樘箅子按面积以平方米为单位计算，其平装者按水平投影面积计算，斜装者按斜投影面积计算。

31. 白杆骨架纸天棚“平”、“切”分别按水平投影面积和斜投影面积以平方米为单位计算，扣除梁枋等所占面积；木顶格糊饰按木顶格白樘箅子面积计算。

32. 梁柱槛框糊饰按面积以平方米为单位计算，扣除墙体，天花顶棚等所掩盖面积，其中：

（1）柱按其底面周长乘以柱露明高计算面积，枋、梁按其露明高与底面宽之和乘以净长计算面积，均扣除槛框、墙体所掩盖面积；垫板按截面高乘以净长计算面积；檐檩按糊饰宽度乘以净长计算面积；

（2）槛框按截面周长乘以长度计算面积，其中槛长以柱间净长为准，框及间柱长以上下两槛间净长为准；扣除贴靠柱、枋、梁、榻板、墙体、地面等侧的面积，楹斗、门簪等附件不再另行计算；带门栊的上槛不扣除门栊所压占面积，门栊只计算底面的面积；

（3）窗榻板按室内露明宽与厚之和乘以净长计算面积。

33. 墙面糊饰按垂直投影面积以平方米为单位计算，不扣除柱门、踢脚线、挂镜线、装饰线及 $0.5m^2$ 以内孔洞所占面积，扣除 $0.5m^2$ 以外门窗洞口及孔洞所占面积，其侧壁不增加。

34. 门窗扇糊饰按垂直投影面积以平方米为单位计算，边框外延伸部分及转轴面积不增加。

35. 心屉装纱、换纱按心屉仔边外皮（边抹里口）围成的面积以平方米为单位计算。

12.2 有关定额术语的解释和图示

木装修是指室内外所用的木制围护结构，南方称装折。它除了具有实用功能以外，也是美学装饰的重要部位，对建筑艺术风格的形成作用很大。木装修的制作工艺一般称小木作，至迟在宋代已从加工结构的大木作中分化出来，专门从事细微纤巧的木件加工，是一门工艺性很强的技术工种。清代建筑受时代审美观影响，装修技术更向精巧华美方向发展，并取得很高的成就。木装修一般划分为外檐与内檐两部分。外檐包括门、窗、栏杆等；内檐装修包括隔断、藻井天花、龛橱之类。如图 12-1 ~ 图 12-18 所示。

图 12-1　北京颐和园排云殿碧纱橱

图 12-2　北京颐和园乐寿堂落地罩及博古架

图 12-3　北京紫禁城养心殿几腿罩

图 12-4　北京紫禁城重华宫天然罩

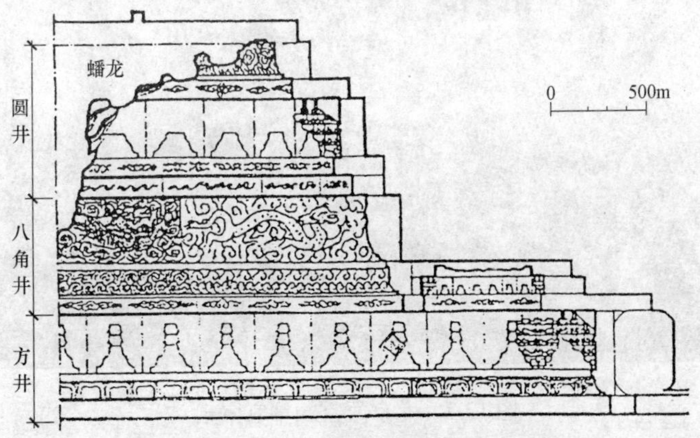

图 12-5　北京紫禁城太和殿龙井剖面图

图 12-6　北京故宫太和殿藻井

图 12-7　北京故宫翊坤宫隔扇

图12-8 北京故宫漱芳斋落地花罩

图12-9 北京故宫乐寿堂楠木雕花博古架

图 12-10　苏州网师园内小山丛桂轩室内装修

图 12-11　苏州狮子林内花兰厅室内装修

图 12-12　苏州拙政园内枇杷园玉壶冰厅堂装修

图 12-13　苏州网师园内殿春簃室内装修

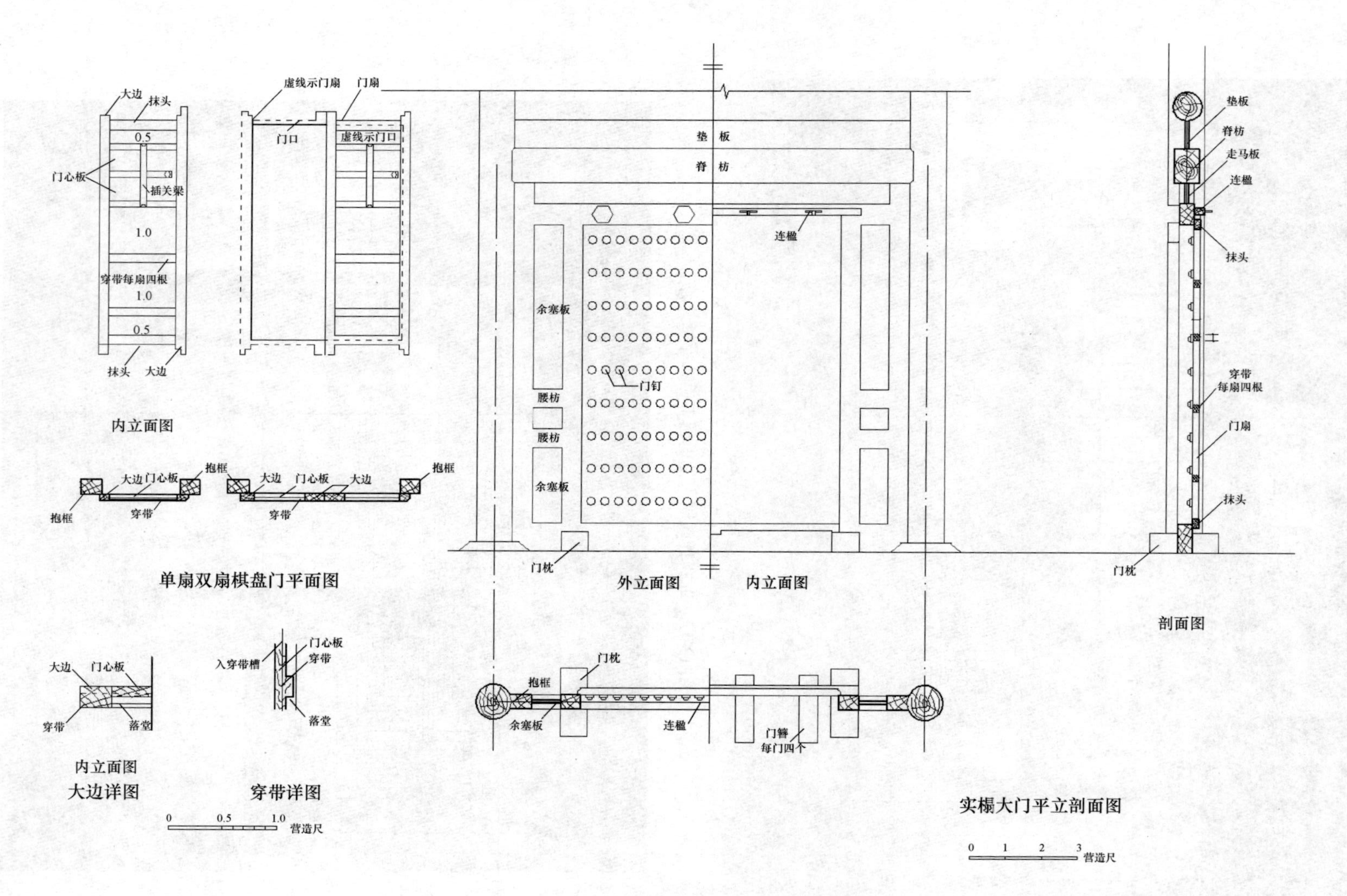

图 12-14 棋盘门与实榻大门平、立、剖面图

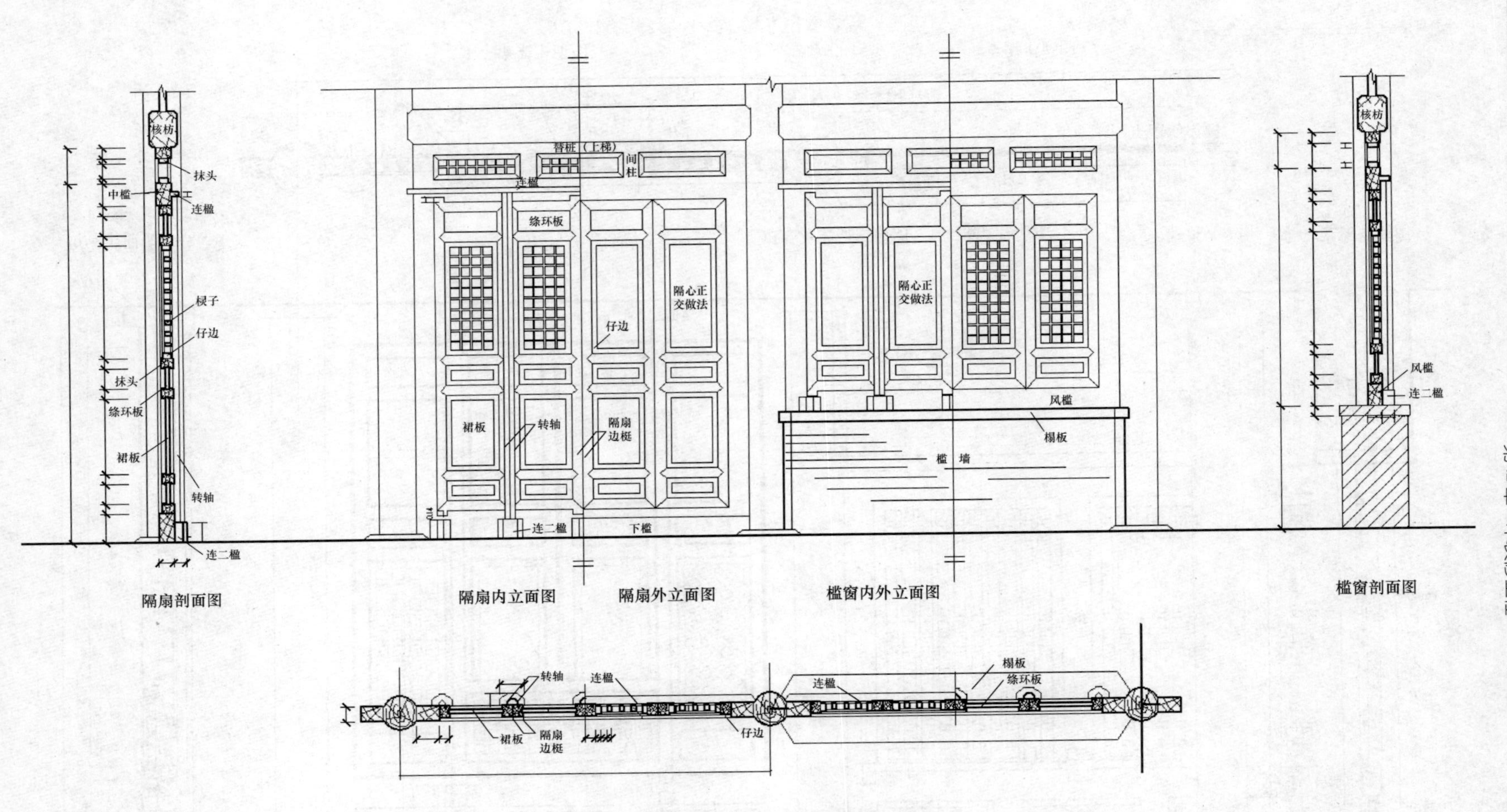

图 12-15 隔扇、槛窗平、立、剖面图（一）

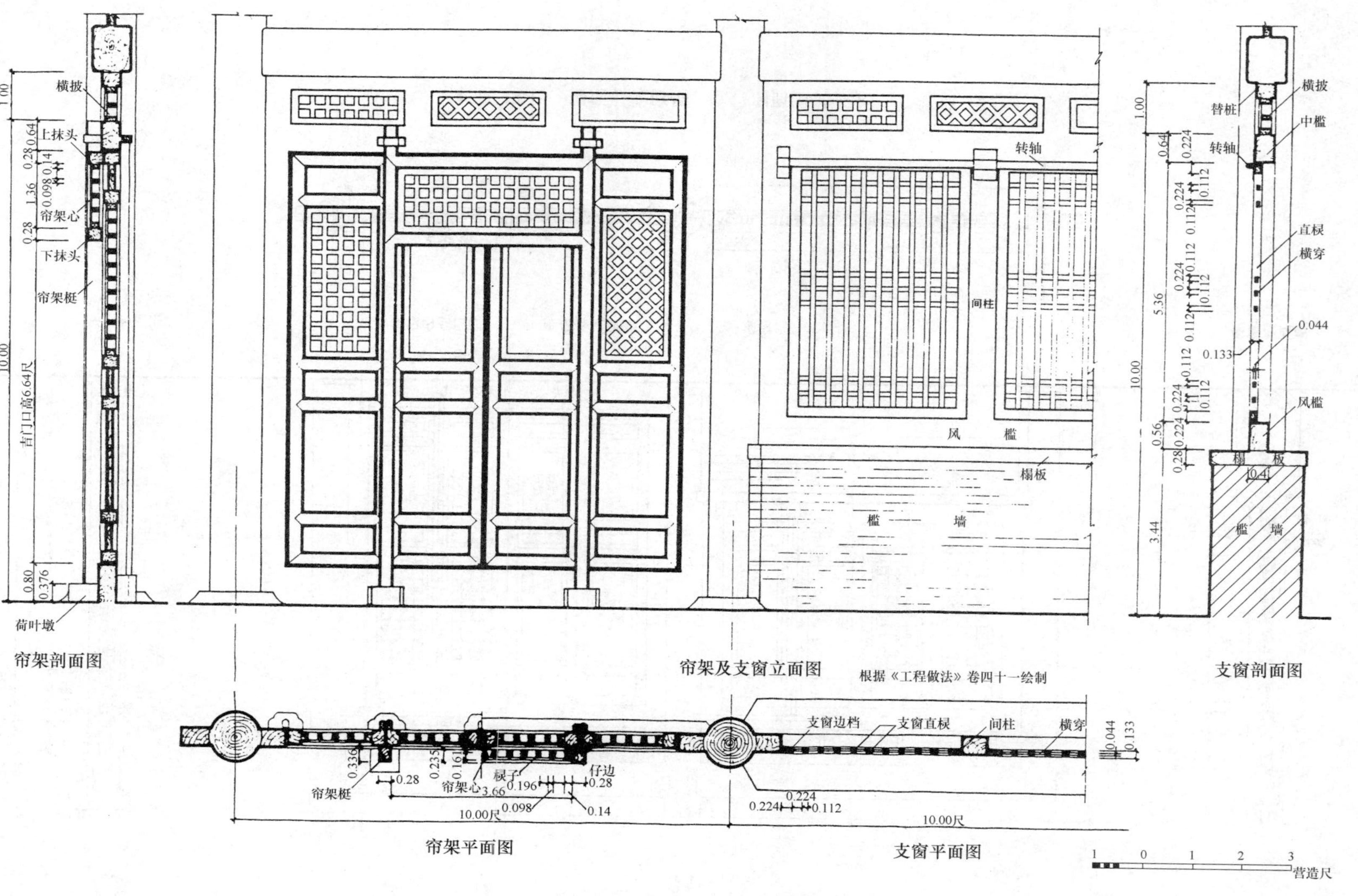

图 12-16 隔扇、槛窗平、立、剖面图（二）

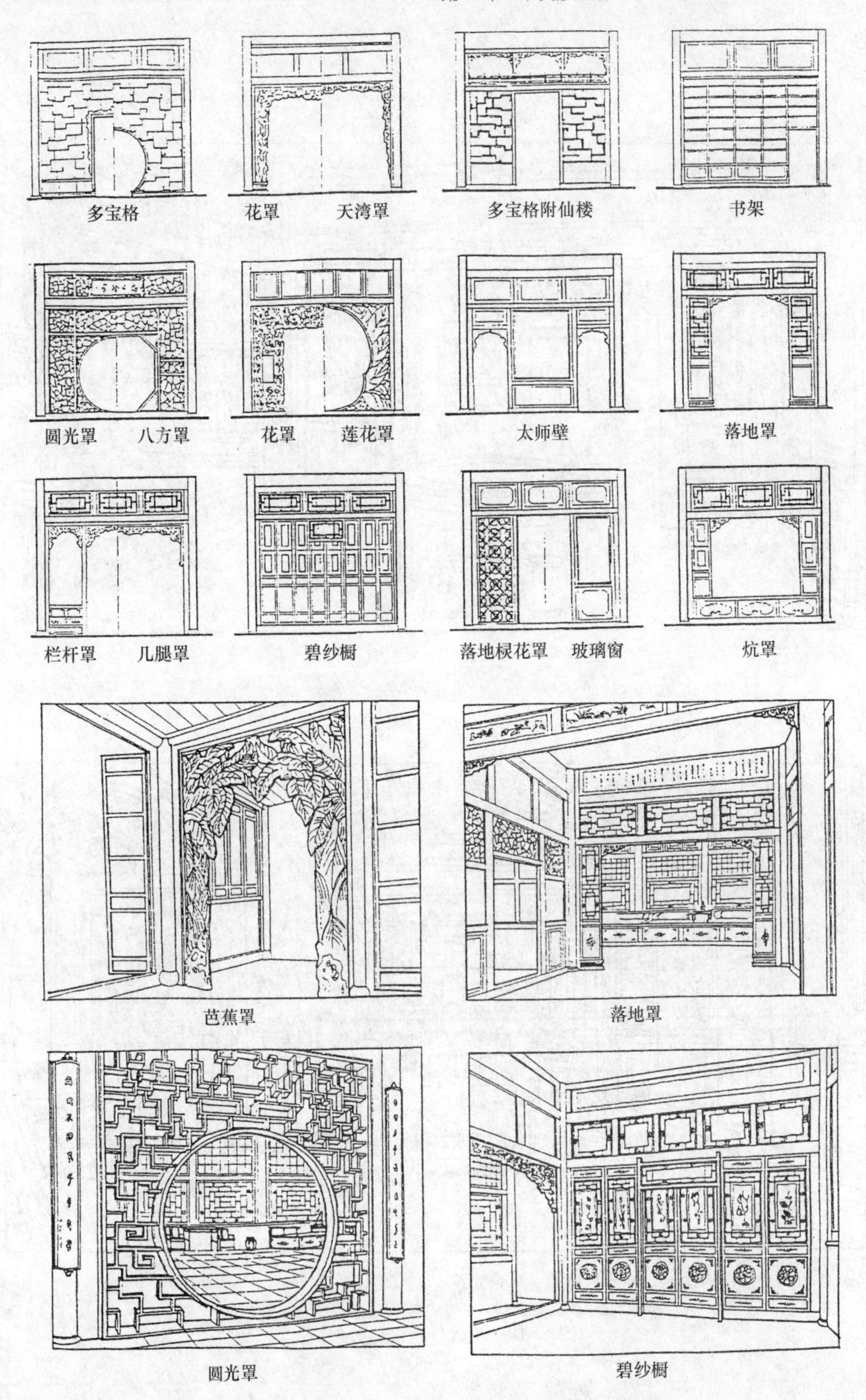

图12-17 清代内檐隔断种类图

北京四合院

苏州住宅

图 12-18　清代住宅内檐装修图

12.3　计 算 例 题

参照图12-19，计算下例各项，并查阅定额编号。

1. 窗榻板制安

已知：次间面宽为2640mm，窗榻板宽为400mm ，厚为90mm

$$s = 2.64 \times 0.4 \times 2 = 2.11\text{m}^2$$

6-54　6cm厚窗榻板制安　$s = 2.11\text{m}^2$

2. 窗榻板增厚

(6-55)×3 窗榻板增厚　$s = 2.11\text{m}^2$

3. 槛框制安 厚=90mm

次间：$[(0.125 + 0.16 + 2.64 + 0.125 + 0.16) \times 2 + (1.05 + 0.05 \times 2) \times 2] \times 2 = 17.44\text{m}$

明间：$(2.53 + 0.125 \times 2) \times 2 + (2.03 - 0.2) \times 2 = 9.22\text{m}$

槛框合计 $9.22 + 17.44 = 26.66\text{m}$

6-9　明、次间槛框制安　$l = 26.66\text{m}$

4. 明间四抹隔扇制作

隔扇宽 $= 2.53 \div 4 = 0.63\text{m}$　隔扇高 $= 2.03 - 0.2 = 1.83\text{m}$

$s = 0.63 \times 1.83 \times 4 = 4.61\text{m}^2$

6-86　松木四抹隔扇制作　$s = 4.61\text{m}^2$

隔扇安装　$s = 4.61\text{m}^2$

6-103　隔扇安装　$s = 4.61\text{m}^2$

5. 二抹槛窗制作

槛窗宽 $= 2.64 \div 4 = 0.66\text{m}$　槛窗高 $= 1.15\text{m}$

$s = 0.66 \times 1.15 \times 8 = 6.07\text{m}^2$

6-119　松木二抹槛窗制作　$s = 6.07\text{m}^2$

槛窗安装　$s = 6.07\text{m}^2$

6-131　槛窗安装　$s = 6.07\text{m}^2$

6. 正方格心屉制安

隔扇心屉宽 $= 0.63 - 0.05 \times 2 = 0.53$

隔扇心屉高 $= 1.05\text{m}$

$s = 0.53 \times 1.05 \times 4 = 2.23\text{m}^2$

正方格心屉合计：$s = 2.23 + 4.70 = 6.93\text{m}^2$

6-149　正方格心屉制安　$s = 6.93$

7. 通连楹制安

$l = 2.64 + 2.53 + 2.64 = 7.81\text{m}$

6-7　60厚通连楹制安　$l = 7.81\text{m}$

8. 单楹、连二楹制安

单楹：6个

连二楹：9个

单楹、连二楹合计15个

6-28　单楹、连二楹制安15个

9. 隔扇栓杆　长 = 1.83m

数量：明间 3 根

6-209　隔扇栓杆　3 根

10. 槛窗栓杆　长 = 1.15m

数量：次间 2 × 2 = 4 根

6-216　槛窗栓杆　4 根

11. 隔扇、裙板、绦环板雕刻

隔扇：0.53 宽 × (0.48 + 0.1) × 4 = 1.23m

6-138　裙板、绦环板雕刻　$s = 1.23m^2$（浮雕博古花卉）

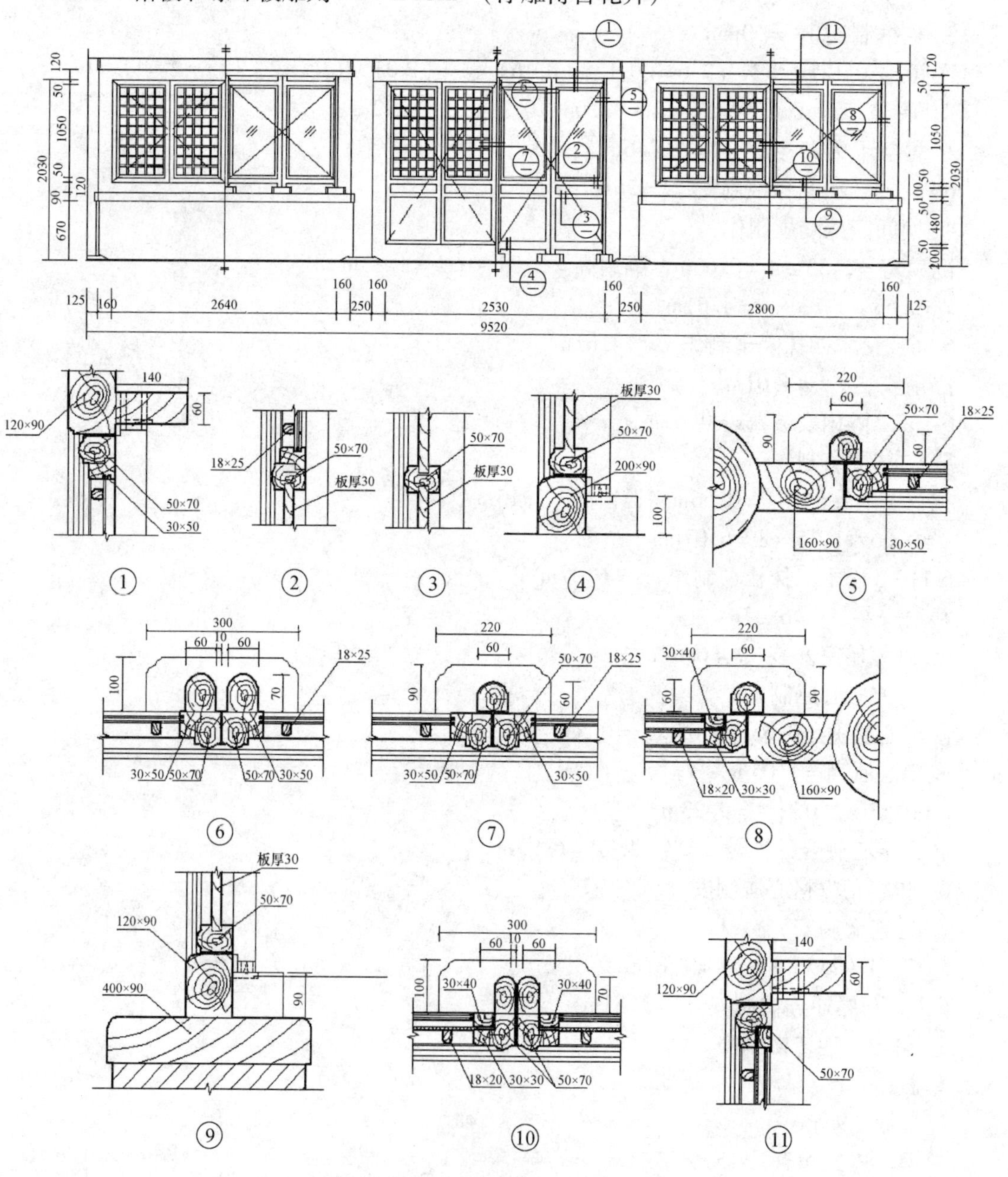

图 12-19

12.4　部分定额摘录

详见下表。

一、槛框

单位：m

定额编号					6-1	6-2	6-3	6-4	6-5	6-6
项目					槛框、通连楹、门栊					
					检查加固(厚在)		拆安(厚在)		拆除(厚在)	
					10cm 以内	10cm 以外	10cm 以内	10cm 以外	10cm 以内	10cm 以外
基价(元)					4.94	5.84	11.60	13.39	3.61	4.52
其中	人工费(元)				4.11	4.93	9.85	11.49	3.28	4.11
	材料费(元)				0.50	0.51	0.96	0.99	0.07	0.08
	机械费(元)				0.33	0.40	0.79	0.91	0.26	0.33
名称			单位	单价(元)	数量					
人工	870007	综合工日	工日	82.10	0.050	0.060	0.120	0.140	0.040	0.050
材料	030054	烘干板方材	m^3	2720.00	0.0001	0.0001	0.0002	0.0002	—	—
	090261	圆钉	kg	7.00	0.0100	0.0100	0.0200	0.0200	—	—
	110132	乳胶	kg	6.50	0.0100	0.0100	0.0100	0.0100	—	—
	840004	其他材料费	元	—	0.09	0.10	0.21	0.24	0.07	0.08
机械	840023	其他机具费	元	—	0.04	0.05	0.10	0.11	0.03	0.04
	888810	中小型机械费	元	—	0.29	0.35	0.69	0.80	0.23	0.29

单位：m

定额编号					6-7	6-8	6-9	6-10	6-11	6-12
项目					槛框、通连楹制安(厚在)					
					7cm 以内	8cm 以内	9cm 以内	10cm 以内	11cm 以内	12cm 以内
基价(元)					68.09	84.04	100.63	118.46	136.97	157.38
其中	人工费(元)				20.69	22.99	24.63	27.91	30.54	33.66
	材料费(元)				45.74	59.21	74.03	88.32	103.98	121.02
	机械费(元)				1.66	1.84	1.97	2.23	2.45	2.70
名称			单位	单价(元)	数量					
人工	870007	综合工日	工日	82.10	0.252	0.280	0.300	0.340	0.372	0.410
材料	030054	烘干板方材	m^3	2720.00	0.0166	0.0215	0.0269	0.0321	0.0378	0.0440
	090261	圆钉	kg	7.00	0.0100	0.0100	0.0100	0.0100	0.0100	0.0100
	110132	乳胶	kg	6.50	0.0100	0.0100	0.0100	0.0100	0.0100	0.0100
	840004	其他材料费	元	—	0.45	0.59	0.73	0.87	1.03	1.20
机械	840023	其他机具费	元	—	0.21	0.23	0.25	0.28	0.31	0.34
	888810	中小型机械费	元	—	1.45	1.61	1.72	1.95	2.14	2.36

二、门头板、余塞板

单位：m^2

定额编号				6-40	6-41	6-42	6-43	6-44
项目				门头板、余塞板				
				检查加固	拆安	拆除	制安	
							厚2cm	每增厚0.5cm
基价(元)				8.61	46.25	6.72	173.53	27.35
其中	人工费(元)			2.46	24.63	6.40	36.45	2.46
	材料费(元)			5.96	19.65	0.13	134.17	24.70
	机械费(元)			0.19	1.97	0.19	2.91	0.19
名称		单位	单价(元)	数量				
人工	870007 综合工日	工日	82.10	0.030	0.300	0.078	0.444	0.030
材料	030184 松木规格料	m^3	4126.60	0.0014	0.0040	—	0.0316	0.0058
	090261 圆钉	kg	7.00	0.0100	0.1200	—	0.0600	0.0100
	110132 乳胶	kg	6.50	—	0.2500	—	0.3100	0.0700
	840004 其他材料费	元	—	0.11	0.68	0.13	1.33	0.24
机械	840023 其他机具费	元	—	0.02	0.25	0.06	0.36	0.02
	888810 中小型机械费	元	—	0.17	1.72	0.13	2.55	0.17

三、筒子板、窗榻板

单位：m^2

定额编号				6-45	6-46	6-47	6-48	6-49
项目				筒子板				
				检查加固	拆安	拆除	制安	
							厚4cm	每增厚0.5cm
基价(元)				2.98	66.90	5.61	270.03	24.89
其中	人工费(元)			2.46	49.26	5.34	100.49	6.90
	材料费(元)			0.33	13.70	0.11	161.51	17.44
	机械费(元)			0.19	3.94	0.16	8.03	0.55
名称		单位	单价(元)	数量				
人工	870007 综合工日	工日	82.10	0.030	0.600	0.065	1.224	0.084
材料	030054 烘干板方材	m^3	2720.00	—	0.0038	—	0.0552	0.0062
	030028 木砖	m^3	1073.00	—	0.0014	—	0.0070	—
	090261 圆钉	kg	7.00	0.0400	0.0800	—	0.0800	0.0300
	110132 乳胶	kg	6.50	—	0.0300	—	0.2600	0.0300
	840004 其他材料费	元	—	0.05	1.11	0.11	1.60	0.17
机械	840023 其他机具费	元	—	0.02	0.49	0.05	1.00	0.07
	888810 中小型机械费	元	—	0.17	3.45	0.11	7.03	0.48

二、帘架荷叶墩、荷花栓斗

单位：件

定额编号					6-69	6-70	6-71	6-72	6-73	6-74
项目					帘架荷叶墩、荷花栓斗制安(槛框厚在)					
					8cm以内	10cm以内	12cm以内	14cm以内	16cm以内	18cm以内
基价(元)					72.23	88.00	106.68	125.83	147.54	169.44
其中	人工费(元)				60.02	70.93	81.85	92.77	103.77	114.69
	材料费(元)				7.41	11.39	18.28	25.64	35.47	45.57
	机械费(元)				4.80	5.68	6.55	7.42	8.30	9.18
名称			单位	单价(元)	数量					
人工	870007	综合工日	工日	82.10	0.731	0.864	0.997	1.130	1.264	1.397
	0001300	木工	工日	—	0.384	0.456	0.528	0.600	0.672	0.744
	0001400	雕刻工	工日	—	0.347	0.408	0.469	0.530	0.592	0.653
材料	030184	松木规格料	m^3	4126.60	0.0015	0.0024	0.0040	0.0057	0.0080	0.0104
	090261	圆钉	kg	7.00	0.0500	0.0700	0.0900	0.1100	0.1400	0.1500
	110132	乳胶	kg	6.50	0.0200	0.0200	0.0200	0.0300	0.0300	0.0300
	840004	其他材料费	元	—	0.74	0.87	1.01	1.15	1.28	1.41
机械	840023	其他机具费	元	—	0.60	0.71	0.82	0.93	1.04	1.15
	888810	中小型机械费	元	—	4.20	4.97	5.73	6.49	7.26	8.03

一、隔扇

单位：m^2

定额编号					6-75	6-76	6-77	6-78	6-79
项目					松木隔扇		硬木隔扇		隔扇拆除
					检修	整修	检修	整修	
基价(元)					6.92	31.57	8.65	38.14	5.87
其中	人工费(元)				4.93	24.63	5.91	29.56	5.34
	材料费(元)				1.59	4.97	2.27	6.21	0.11
	机械费(元)				0.40	1.97	0.47	2.37	0.42
名称			单位	单价(元)	数量				
人工	870007	综合工日	工日	82.10	0.060	0.300	0.072	0.360	0.065
材料	030184	松木规格料	m^3	4126.60	0.0003	0.0010	—	—	—
	030185	硬木规格料	m^3	4790.90	—	—	0.0003	0.0010	—
	091356	自制古建筑门窗五金	kg	8.10	0.0200	0.0300	0.0200	0.0300	—
	090261	圆钉	kg	7.00	0.0100	0.0200	0.0100	0.0200	—
	110132	乳胶	kg	6.50	—	0.0500	—	0.0500	—
	840004	其他材料费	元	—	0.12	0.14	0.60	0.71	0.11
机械	840023	其他机具费	元	—	0.05	0.25	0.06	0.30	0.05
	888810	中小型机械费	元	—	0.35	1.72	0.41	2.07	0.37

四、隔扇、槛窗心屉

单位：m^2

定额编号				6-142	6-143	6-144	6-145	6-146	6-147
项目				隔扇、槛窗心屉制安					
				三交六椀菱花心屉(棂条厚在)			双交四椀菱花心屉(棂条厚在)		
				2.5cm以内	3.0cm以内	3.0cm以外	2.5cm以内	3.0cm以内	3.0cm以外
基价(元)				1714.25	1600.61	1516.87	1223.99	1132.32	1060.44
其中	人工费(元)			1231.50	1182.24	1132.98	886.68	837.42	788.16
	材料费(元)			433.48	371.08	338.57	301.84	261.41	240.76
	机械费(元)			49.27	47.29	45.32	35.47	33.49	31.52
名称		单位	单价(元)	数量					
人工	870007 综合工日	工日	82.10	15.000	14.400	13.800	10.800	10.200	9.600
材料	030184 松木规格料	m^3	4126.60	0.0402	0.0470	0.0537	0.0281	0.0329	0.0376
	0460042 菱花扣	个	2.00	130.0000	85.0000	55.0000	90.0000	60.0000	40.0000
	091356 自制古建筑门窗五金	kg	8.10	0.1600	0.1800	0.2000	0.1600	0.1800	0.2000
	090261 圆钉	kg	7.00	0.1000	0.1000	0.1000	0.0800	0.0800	0.0800
	110132 乳胶	kg	6.50	0.2000	0.2000	0.2000	0.1600	0.1600	0.1600
	840004 其他材料费	元	—	4.29	3.67	3.35	2.99	2.59	2.38
机械	840023 其他机具费	元	—	12.32	11.82	11.33	8.87	8.37	7.88
	888810 中小型机械费	元	—	36.95	35.47	33.99	26.60	25.12	23.64

单位：m^2

定额编号				6-184	6-185	6-186	6-187
项目				隔扇、槛窗心屉制安			
				龟背锦单层心屉(棂条宽在)		龟背锦双层心屉(棂条宽在)	
				1.5cm以内	1.5cm以外	1.5cm以内	1.5cm以外
基价(元)				509.24	439.68	899.98	772.25
其中	人工费(元)			403.93	325.12	709.34	571.42
	材料费(元)			72.99	88.55	133.90	155.12
	机械费(元)			32.32	26.01	56.74	45.71
名称		单位	单价(元)	数量			
人工	870007 综合工日	工日	82.10	4.920	3.960	8.640	6.960
材料	030184 松木规格料	m^3	4126.60	0.0173	0.0210	0.0316	0.0366
	090261 圆钉	kg	7.00	0.0600	0.0700	0.0600	0.0700
	110132 乳胶	kg	6.50	0.0700	0.0800	0.1200	0.1300
	091356 自制古建筑门窗五金	kg	8.10	—	—	0.1200	0.1500
	840004 其他材料费	元	—	0.72	0.88	1.33	1.54
机械	840023 其他机具费	元	—	4.04	3.25	7.09	5.71
	888810 中小型机械费	元	—	28.28	22.76	49.65	40.00

单位：m^2

定额编号					6-258	6-259	6-260	6-261	6-262	6-263
项目					门扇制安					
					实榻大门		撒带大门		攒边门	
					厚8cm	每增厚1cm	边厚6cm	每增厚1cm	边厚6cm	每增厚1cm
基价(元)					940.09	97.37	435.45	65.61	533.06	47.21
其中	人工费(元)				423.64	39.41	167.48	29.56	295.56	14.78
	材料费(元)				482.56	54.81	254.58	33.68	213.85	31.25
	机械费(元)				33.89	3.15	13.39	2.37	23.65	1.18
	名称		单位	单价(元)	数量					
人工	870007	综合工日	工日	82.10	5.160	0.480	2.040	0.360	3.600	0.180
材料	030184	松木规格料	m^3	4126.60	0.1111	0.0127	0.0564	0.0077	0.0484	0.0074
	091356	自制古建筑门窗五金	kg	8.10	0.3700	0.0700	0.3700	0.0340	0.2700	0.0500
	090261	圆钉	kg	7.00	0.0100	—	0.0100	—	0.0100	—
	110132	乳胶	kg	6.50	2.5000	0.2000	2.5000	0.2000	1.5000	—
	840004	其他材料费	元	—	4.78	0.54	2.52	0.33	2.12	0.31
机械	840023	其他机具费	元	—	4.24	0.39	1.67	0.30	2.96	0.15
	888810	中小型机械费	元	—	29.65	2.76	11.72	2.07	20.69	1.03

单位：m^2

定额编号					6-264	6-265	6-266
项目					屏门扇制安		
					厚2.5cm		每增厚0.5cm
					转轴铰接	鹅项碰铁铰接	
基价(元)					354.97	335.55	35.95
其中	人工费(元)				157.63	147.78	8.21
	材料费(元)				184.73	175.95	27.09
	机械费(元)				12.61	11.82	0.65
	名称		单位	单价(元)	数量		
人工	870007	综合工日	工日	82.10	1.920	1.800	0.100
材料	030184	松木规格料	m^3	4126.60	0.0425	0.0383	0.0065
	091356	自制古建筑门窗五金	kg	8.10	0.0400	1.1500	—
	090261	圆钉	kg	7.00	0.1000	0.0500	—
	110132	乳胶	kg	6.50	1.0000	1.0000	—
	840004	其他材料费	元	—	1.83	1.74	0.27
机械	840023	其他机具费	元	—	1.58	1.48	0.08
	888810	中小型机械费	元	—	11.03	10.34	0.57

一、坐凳面

单位：m^2

定额编号					6-318	6-319	6-320	6-321	6-322	6-323
项目					坐凳面					
					检查加固	拆安		拆除	制安	
						厚4cm	每增厚1cm		厚4cm	每增厚1cm
基价(元)					11.77	28.38	4.91	7.04	211.31	40.35
其中	人工费(元)				9.85	18.06	0.99	6.40	61.08	4.93
	材料费(元)				1.13	8.88	3.84	0.13	145.34	35.02
	机械费(元)				0.79	1.44	0.08	0.51	4.89	0.40
名称			单位	单价(元)	数量					
人工	870007	综合工日	工日	82.10	0.120	0.220	0.012	0.078	0.744	0.060
材料	030054	烘干板方材	m^3	2720.00	0.0002	0.0023	0.0014	—	0.0522	0.0127
	090261	圆钉	kg	7.00	0.0500	0.3000	—	—	0.2000	—
	110132	乳胶	kg	6.50	—	—	—	—	0.0800	0.0200
	840004	其他材料费	元	—	0.24	0.52	0.03	0.13	1.44	0.35
机械	840023	其他机具费	元	—	0.10	0.18	0.01	0.06	0.61	0.05
	888810	中小型机械费	元	—	0.69	1.26	0.07	0.45	4.28	0.35

单位：m^2

定额编号					6-329	6-330	6-331	6-332	6-333	6-334
项目					坐凳、倒挂楣子制安					
					步步紧心屉		灯笼锦心屉		盘肠锦心屉	
					软樘	硬樘	软樘	硬樘	软樘	硬樘
基价(元)					487.00	524.96	410.02	448.81	618.44	655.55
其中	人工费(元)				317.23	336.94	248.27	267.97	435.46	455.16
	材料费(元)				144.39	161.06	141.89	159.40	148.15	163.98
	机械费(元)				25.38	26.96	19.86	21.44	34.83	36.41
名称			单位	单价(元)	数量					
人工	870007	综合工日	工日	82.10	3.864	4.104	3.024	3.264	5.304	5.544
材料	030184	松木规格料	m^3	4126.60	0.0343	0.0383	0.0337	0.0379	0.0352	0.0390
	090261	圆钉	kg	7.00	0.1100	0.1100	0.1100	0.1100	0.1100	0.1100
	110132	乳胶	kg	6.50	0.1000	0.1000	0.1000	0.1000	0.1000	0.1000
	840004	其他材料费	元	—	1.43	1.59	1.40	1.58	1.47	1.62
机械	840023	其他机具费	元	—	3.17	3.37	2.48	2.68	4.35	4.55
	888810	中小型机械费	元	—	22.21	23.59	17.38	18.76	30.48	31.86

三、花牙子、骑马牙子

单位：块

定额编号					6-350	6-351	6-352	6-353
项目					卷草夔龙花牙子制安(长在)		四季花草花牙子制安(长在)	
					50cm 以内	50cm 以外	50cm 以内	50cm 以外
基价(元)					125.51	171.50	152.63	216.73
其中	人工费(元)				108.37	142.85	133.49	184.73
	材料费(元)				8.47	17.22	8.47	17.22
	机械费(元)				8.67	11.43	10.67	14.78
名称			单位	单价(元)	数量			
人工	870007	综合工日	工日	82.10	1.320	1.740	1.626	2.250
	00001300	木工	工日	—	0.096	0.108	0.096	0.108
	00001400	雕刻工	工日	—	1.224	1.632	1.530	2.2142
材料	030184	松木规格料	m^3	4126.60	0.0020	0.0041	0.0020	0.0041
	090261	圆钉	kg	7.00	0.0100	0.0100	0.0100	0.0100
	110132	乳胶	kg	6.50	0.0100	0.0100	0.0100	0.0100
	840004	其他材料费	元	—	0.08	0.17	0.08	0.17
机械	840023	其他机具费	元	—	1.08	1.43	1.33	1.85
	888810	中小型机械费	元	—	7.59	10.00	9.34	12.93

单位：见表

定额编号					6-358	6-359	6-360	6-361
项目					望柱制安		栏杆检查加固	
					普通	带海棠池	寻仗栏杆	花栏杆、直档栏杆
					m^3		m^2	
基价(元)					8187.08	11379.13	10.30	7.68
其中	人工费(元)				4433.40	7389.00	6.90	4.93
	材料费(元)				3399.01	3399.01	2.85	2.35
	机械费(元)				354.67	591.12	0.55	0.40
名称			单位	单价(元)	数量			
人工	870007	综合工日	工日	82.10	54.000	90.000	0.084	0.060
材料	030054	烘干板方材	m^3	2720.00	1.1900	1.1900	—	—
	030184	松木规格料	m^3	4126.60	—	—	0.0002	0.0001
	091357	铁件(垫铁)	kg	5.80	20.1800	20.1800	0.2500	0.2500
	090628	木螺钉 5×30	个	0.04	288.0000	288.0000	10.0000	10.0000
	090261	圆钉	kg	7.00	—	—	0.0200	0.0100
	840004	其他材料费	元	—	33.65	33.65	0.03	0.02
机械	840023	其他机具费	元	—	44.33	73.89	0.07	0.05
	888810	中小型机械费	元	—	310.34	517.23	0.48	0.35

单位：m^2

定额编号					6-390	6-391	6-392	6-393
项目					隔墙板		隔墙板制安	
					拆安	拆除	厚2cm	每增厚0.5cm
基价(元)					15.06	3.61	116.60	18.12
其中	人工费(元)				11.82	3.28	30.54	1.97
	材料费(元)				2.29	0.07	83.61	15.99
	机械费(元)				0.95	0.26	2.45	0.16
名称			单位	单价(元)	数量			
人工	870007	综合工日	工日	82.10	0.144	0.040	0.372	0.024
材料	030054	烘干板方材	m^3	2720.00	—	—	0.0297	0.0057
	090261	圆钉	kg	7.00	0.1000	—	0.1000	—
	110132	乳胶	kg	6.50	0.2000	—	0.2000	0.0500
	840004	其他材料费	元	—	0.29	0.07	0.83	0.16
机械	840023	其他机具费	元	—	0.12	0.03	0.31	0.02
	888810	中小型机械费	元	—	0.83	0.23	2.14	0.14

单位：块

定额编号					6-407	6-408	6-409	6-410
项目					天花井口板制安(见方在)			
					90cm以内	100cm以内	110cm以内	120cm以内
基价(元)					224.75	272.08	322.60	377.94
其中	人工费(元)				74.88	88.67	103.45	119.21
	材料费(元)				143.88	176.31	210.88	249.20
	机械费(元)				5.99	7.10	8.27	9.53
名称			单位	单价(元)	数量			
人工	870007	综合工日	工日	82.10	0.912	1.080	1.260	1.452
材料	030184	松木规格料	m^3	4126.60	0.0340	0.0417	0.0499	0.0590
	090261	圆钉	kg	7.00	0.0200	0.0200	0.0300	0.0300
	110132	乳胶	kg	6.50	0.3100	0.3600	0.4100	0.4700
	840004	其他材料费	元	—	1.42	1.75	2.09	2.47
机械	840023	其他机具费	元	—	0.75	0.89	1.03	1.19
	888810	中小型机械费	元	—	5.24	6.21	7.24	8.34

二、木顶格白樘箅子

单位：m^2

定额编号					6-430	6-431	6-432
项目					木顶格白樘箅子		
					拆修安	拆除	制安
基价(元)					49.36	2.70	201.72
其中	人工费(元)				19.70	2.46	59.11
	材料费(元)				28.08	0.05	137.88
	机械费(元)				1.58	0.19	4.73
名称			单位	单价(元)	数量		
人工	870007	综合工日	工日	82.10	0.240	0.030	0.720
材料	030184	松木规格料	m^3	4126.60	0.0041	—	0.0274
	030054	烘干板方材	m^3	2720.00	0.0036	—	0.0074
	090261	圆钉	kg	7.00	0.0200	—	0.0200
	110132	乳胶	kg	6.50	0.0800	—	0.0800
	091357	铁件(垫铁)	kg	5.80	—	—	0.3500
	090233	镀锌铁丝 8#~12#	kg	6.25	—	—	0.1000
	840004	其他材料费	元	—	0.71	0.05	1.37
机械	840023	其他机具费	元	—	0.20	0.02	0.59
	888810	中小型机械费	元	—	1.38	0.17	4.14

第13章 油饰彩绘工程

13.1 定额说明

本章包括山花板、博缝板、挂檐（落）板油饰彩绘，椽望油饰彩绘，上架构件油饰彩绘，下架构件油饰彩绘，木楼梯、木楼板油饰，斗栱、垫栱板油饰彩绘，门窗扇油饰，楣子、鹅颈靠背油饰彩绘，花罩油饰彩绘，栏杆油饰彩绘，墙面涂饰彩绘，天花油饰彩绘，匾额、抱柱对油饰彩绘共13节1156个子目。

13.1.1 工作内容

1. 本章各子目工作内容均包括准备工具、调兑材料、场内运输及余料、废弃物的清运。

2. 油饰彩绘面除尘包括清除油饰面、彩绘面上的浮尘及鸟粪等污痕，用黏性面团搓滚干净

3. 彩画回贴包括将其地仗用清水闷软，注胶粘贴，压平、压实。

4. 彩画修补包括清理浮尘，按原图补沥粉线、补色、补金、补绘。

5. 砍挠见木包括将木构件上的旧油灰皮全部砍挠干净以露出木骨，并在木构件表面斩砍出新斧迹、撕缝、下竹钉、楦缝、修补线角及铁件除锈，有雕饰或线角的木件还需将秧角处剔净并修补。

6. 洗挠见木或洗剔挠均包括将木构件上的旧油灰皮全部焖水挠净以露出木骨，撕缝、下竹钉、楦缝、修补线角及铁件除锈，有雕饰的木件还需将秧角处剔净。

7. 斩砍至麻遍包括将木构件旧有地仗麻遍以上的油灰皮全部砍除，局部空鼓龟列部位砍至木骨，并在其周边砍出灰口、麻口。

8. 砂石穿油灰皮包括将地仗上的油饰彩绘面全部磨穿，砂石穿油灰皮局部斩砍还包括将空鼓龟裂部分的地仗砍除并在其周边砍出灰口、麻口。

9. 清理除铲包括清除木构件表面或油饰面上的浮灰污渍，铲除龟裂翘边部分的油漆皮；砍斧迹包括将新木构件表面斩砍出斧迹并下竹钉、楦缝。清理除铲砍斧迹包括清理除铲和砍斧迹的全部工作内容。

10. 混凝土构件清理除铲包括剔除跑浆灰、清洗隔离剂。

11. 楦翼角椽档包括用木楔将翼角椽根部的夹角空档楦严、钉牢。

12. 做地仗包括材料过箩、调制油满及各种灰料、梳麻或裁布、按传统工艺操作规程分层施工。地仗分层做法见表13-1。

13. 油饰包括刮腻子（或润粉）、找腻子、砂纸打磨、分层涂刷。

14. 饰金包括包黄胶、打金胶油、贴金（铜）箔及搭拆防风帐，其中金属件饰金还包括除锈、打磨、饰铜箔还包括涂抗氧化保护剂。

表 13-1

<table>
<tr><th colspan="2">项　目</th><th>分 层 做 法</th></tr>
<tr><td rowspan="5">木构件上做麻布灰地仗</td><td>两麻一布七灰</td><td>汁浆或操稀底油、捉缝灰、通灰、使麻、磨麻、压麻灰、使二道麻、磨麻、压麻灰、糊布、压布灰、中灰、细灰、钻生油</td></tr>
<tr><td>一麻一布六灰</td><td>汁浆或操稀底油、捉缝灰、通灰、使麻、磨麻、压麻灰、糊布、压布灰、中灰、细灰、钻生油</td></tr>
<tr><td>两麻六灰</td><td>汁浆或操稀底油、捉缝灰、通灰、使麻、磨麻、压麻灰、使二道麻、磨麻、压麻灰、中灰、细灰、钻生油</td></tr>
<tr><td>一麻五灰</td><td>汁浆或操稀底油、捉缝灰、通灰、使麻、磨麻、压麻灰、中灰、细灰、钻生油</td></tr>
<tr><td>一布四灰</td><td>汁浆或操稀底油、捉缝灰、通灰、糊布、中灰、细灰、钻生油</td></tr>
<tr><td rowspan="5">木构件上做单披灰地仗</td><td>四道灰</td><td>汁浆或操稀底油、捉缝灰、通灰、中灰、细灰、钻生油</td></tr>
<tr><td>三道灰</td><td>汁浆或操稀底油、捉缝灰、中灰、细灰、钻生油</td></tr>
<tr><td>两道灰</td><td>汁浆或操稀底油、捉中灰、细灰、钻生油</td></tr>
<tr><td>一道半灰</td><td>汁浆或操稀底油、捉中灰、找细灰、钻生油</td></tr>
<tr><td colspan="2">注：单披灰地仗包括接榫、接缝处局部糊布条</td></tr>
<tr><td rowspan="3">在麻遍上补做地仗</td><td>补做麻灰地仗</td><td>操稀桐油、压麻灰、使麻、压麻灰、中灰、细灰、钻生油</td></tr>
<tr><td>补做单披灰地仗</td><td>操稀桐油、压麻灰、中灰、细灰、钻生油</td></tr>
<tr><td colspan="2">注：补做地仗项目考虑到旧有地仗斩砍至麻遍，局部空鼓斩砍到木骨后，补做的情况</td></tr>
<tr><td rowspan="3">修补地仗</td><td>局部麻灰满细灰</td><td></td></tr>
<tr><td>捉中灰、满细灰</td><td></td></tr>
<tr><td colspan="2">注：修补地仗项目考虑到砂石穿油皮后对旧有地仗修补（局部麻灰、捉中灰）并满做一道细灰的情况</td></tr>
<tr><td colspan="2">混凝土构件做水泥地仗</td><td>涂刷界面胶、嵌垫建筑胶水泥砖灰腻子、满刮建筑胶水泥腻子、满中灰（血料砖灰）、满细灰（血料砖灰）、钻生油</td></tr>
</table>

15. 彩画绘制包括丈量拓样或绘画谱、扎画谱、拓拍画谱、沥粉、涂绘及饰金，其中油漆地饰金彩画不包括油漆地的涂刷。各类彩画特征见表 13-2。

表 13-2

<table>
<tr><th colspan="3">彩 画 种 类</th><th>图 案 特 征</th></tr>
<tr><td colspan="2" rowspan="4">椽头彩画</td><td>飞椽头、檐椽头片金彩画</td><td>飞椽头、檐椽头端面均做片金彩画</td></tr>
<tr><td>飞椽头片金、檐椽头金边彩画</td><td>飞椽头端面做片金彩画，檐椽头端面做金边，内用颜料绘百花或虎眼或福寿图</td></tr>
<tr><td>飞椽头、檐椽头金边彩画</td><td>飞椽头、檐椽头端面均做金边，内用颜料绘彩画</td></tr>
<tr><td>飞椽头、檐椽头墨（黄）线彩画</td><td>飞椽头、檐椽头端面均做墨（黄）线边，内用颜料绘彩画</td></tr>
<tr><td rowspan="4">上架构件彩画</td><td rowspan="4">明式彩画</td><td>金线点金花枋心</td><td>大线及花心饰金，枋心内绘图案</td></tr>
<tr><td>金线点金素枋心</td><td>大线及花心饰金，枋心内无图案</td></tr>
<tr><td>墨线点金</td><td>大线墨色，花心饰金，枋心内无图案</td></tr>
<tr><td>墨线无金</td><td>纹线全部为墨线</td></tr>
</table>

续表

彩画种类			图案特征
上架构件彩画	清式和玺彩画	金琢墨龙凤和玺	大线饰金带晕色（除盒子线），贯套箍头，枋心、藻头、盒子内绘龙凤饰金，圭线光晕色
		片金箍头龙凤和玺	大线饰金带晕色（除盒子线），片金箍头，枋心、藻头、盒子内绘龙凤饰金，圭线光晕色
		素箍头龙凤和玺	大线饰金，素箍头，藻头、盒子内绘龙凤饰金，无晕色
		金琢墨龙草和玺	大线饰金，藻头为片金龙与金琢墨攒退草调换构图，枋心、盒子内绘片金龙，圭线光晕色
		片金龙草和玺	大线饰金，藻头为片金龙与金琢墨攒退草调换构图，枋心、盒子内绘片金龙，圭线光无晕色
	和玺加苏画		大线饰金，枋心、盒子内为片金龙与苏式彩墨画调换构图，其他同龙凤和玺彩画，无晕色
	清式旋子彩画	金琢墨石碾玉	大线及旋花、栀花均为金线退晕，旋花心、栀花心及菱角地、宝剑头饰金，枋心为龙、锦调换构图
		烟琢墨石碾玉	大线为金线退晕，旋花、栀花为墨线退晕，旋花心、栀花心及菱角地、宝剑头饰金，枋心为龙、锦调换构图
		金线大点金龙锦枋心	大线为金线退晕，旋花、栀花为金线不退晕，旋花心、栀花心及菱角地、宝剑头饰金，枋心为龙、锦调换构图
		金线小点金	大线为金线退晕，旋花、栀花为墨线不退晕，旋花心、栀花心饰金，枋心可有龙、锦调换构图，或夔龙与黑叶子花调换构图
		墨线大点金龙锦枋心	大线及旋花、栀花均为墨线不退晕，旋花心、栀花心及菱角地、宝剑头饰金，枋心可有龙锦调换构图
		墨线小点金	大线及旋花、栀花均为墨线不退晕，旋花心、栀花心饰金，枋心可有夔龙与黑叶子花调换构图，或空枋心，或一字枋心
		雅伍墨	大线及旋花、栀花均为墨线不退晕，无金饰，枋心可有夔龙与黑叶子花调换构图，或空枋心，或一字枋心
		雄黄玉	以香色作底色衬托青绿旋花瓣，各线条均为色线退晕，无金饰，枋心可有夔龙与黑叶子花调换构图，或空枋心，或一字枋心
		金线大点金加苏画	大线为金线退晕，旋花、栀花为金线不退晕，旋花心、栀花心及菱角地、宝剑头饰金，枋心、盒子内绘苏式白活

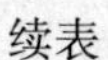

续表

彩画种类			图案特征
上架构件彩画	清苏式彩画	金琢墨窝金地	箍头、卡子、包袱、池子、聚锦均为金线攒退，包袱退七道以上烟云，包袱内绘窝金地白活
		金琢墨	箍头、卡子、包袱、池子、聚锦均为金线攒退，包袱退七道以上烟云，包袱内绘白活
		金线片金箍头片金卡子	箍头、包袱、池子、聚锦均为金线，箍头内为片金图案，藻头部位做片金卡子，包袱、池子退晕层次五至七道，包袱、池子、聚锦内绘一般彩墨画
		金线色箍头片金卡子	箍头、包袱、池子、聚锦均为金线，箍头内图案不饰金，藻头部位做片金卡子，包袱、池子退晕层次五至七道，包袱、池子聚锦内绘一般彩墨画
		金线色箍头色卡子	箍头、包袱、池子、聚锦均为金线，箍头内图案及藻头部位的卡子均不饰金，包袱、池子退晕层次五至七道，包袱、池子、聚锦内绘一般彩墨画
		金线掐箍头搭包袱	箍头线、包袱线饰金，箍头内图案不饰金，藻头部位无彩绘涂饰红油漆、包袱退晕层次五至七道内绘一般彩墨画
		金线单掐箍头	仅绘金线箍头，左右两箍头间无彩绘涂饰油漆
		金线金卡子海漫	箍头线饰金，藻头部位做片金卡子，左右两卡子之间绘爬蔓植物或流云
		金线色箍头色卡子海漫	箍头线饰金，藻头部位做色卡子或无卡子，左右两卡子（或箍头）之间绘爬蔓植物或流云
		墨线箍头、藻头、包袱满做	箍头、包袱、池子、聚锦均为墨线，藻头部位绘色卡子，包袱退七道以上烟云，包袱内绘白活
		墨线掐箍头搭包袱	仅绘箍头和包袱，全部为墨线不饰金，藻头部位无彩绘涂饰红油漆
		墨线单掐箍头	仅绘墨线箍头，左右两箍头间无彩绘
		锦纹藻头片金或攒退枋心	箍头、枋心均为金线，箍头内图案不饰金，藻头部位绘金线锦纹，枋心内绘片金或攒退图案
		锦纹藻头彩墨画枋心	箍头、枋心均为金线，箍头内图案不饰金，藻头部位绘金线锦纹、枋心内绘白活
		海漫宋锦	箍头为金线，左右两箍头之间全部绘金线锦纹（亦有无箍头做法）

续表

彩画种类		图案特征
浑金彩画		以沥粉线沥出图案，全部饰金、形成金地金图案，可用单色金、可用两色金
油漆地片金彩画		以沥粉线沥出图案，涂刷单色油漆（一般为红色）、饰金、形成红油漆地衬托金色图案
斑竹彩画		全部绘斑竹纹，上架可有在每间两端绘金色箍头线，中部绘金色包袱线，包袱内绘彩墨画
斗栱彩画	金琢墨彩画	轮廓线全部沥粉贴金，大粉退晕线，做金老
	平金彩画	轮廓线全部饰金，金线内侧拉大粉，做黑老
	墨（黄）线彩画	轮廓线全部用墨线或黄线，拉大粉，描黑老

16. 罩光油、罩清漆包括调兑油料、漆料、涂刷。

17. 擦软蜡包括砂纸打磨、涂蜡、擦蜡出亮，烫硬蜡包括砂纸打磨、涂蜡、烘烤、擦蜡出亮，其中润粉烫蜡还包括调制粉料、刮抹粉料、砂纸打磨，刷色烫蜡还包括调制底油色或水色及涂刷。

18. 斗栱保护网油饰包括除锈、调兑漆料、涂刷。

19. 楣子心屉苏妆包括刮腻子、砂纸打磨、涂色、描线，以及卡花、花牙子纠粉，不包括白菜头饰金。

20. 匾额刻字包括拓字或放样、在木胎或地仗灰上雕刻文字，堆灰刻字包括文字的堆塑及雕刻。

13.1.2 统一性规定及说明

1. 麻布地仗砍挠见木综合了各种做法的麻、布灰地仗及损毁程度，单披灰地仗砍挠见木及焖水洗挠综合了各种做法的单披灰地仗及损毁程度，实际工程中不得再因具体情况调整。

2. 修补地仗中“捉中灰、满细灰”项目均与“砂石穿油灰皮”项目配套使用，“局部麻灰、满细灰”项目与“砂石穿油灰皮、局部斩砍”项目配套使用，“麻遍上补做地仗”项目与“斩砍至麻遍”项目配套使用，定额的工料机消耗已包括了局部空鼓需斩砍到木骨并补做的情况，实际工程中不得因空鼓砍除面积的大小再做调整。

3. 各种地仗不论汁浆或操稀底油，定额不作调整；单披灰地仗均包括木件接榫、接缝处局部糊布条。

4. 油饰项目中的“刷两道扣末道”项目均与油漆地饰金或油漆地彩画项目配套使用。

5. 歇山建筑立闸山花板油饰饰金按本章“山花板”相应定额及工程量计算规则执行，悬山建筑的镶嵌象眼山花板、柁档板按本章“上架构件”相应定额及工程量计算规则执行。

6. 挂檐（落）板、滴珠板正面按有无雕饰分别执行定额、底边面及背面均按无雕饰挂檐板定额执行，其正面绘制彩画按上架构件相应定额执行。

7. 连檐瓦口做地仗及油饰包括瓦口及大连檐正立面，不包括大连檐底面，大连檐底面地仗及油饰的工料机消耗包括在椽望中；椽望地仗及油饰包括大连檐底面及小连檐、闸档板、椽椀等附件在内。

8. 椽头彩绘包括飞椽及檐椽端面的全部彩绘，单独在飞椽头或檐椽头绘制彩画者，根据做法分别按“椽头片金彩画绘制”、“椽头金边彩画绘制”、“椽头墨（黄）线彩画绘制”定额乘以0.5系数执行。

9. 木构架油饰彩绘项目分档均以图示檐柱径（底端径）为准，上架构件包括枋下皮以上（包括柱头）的所有枋、梁、随梁、瓜柱、柁墩、脚背、雷公柱、柁档板、象眼山花板、桁檩、角梁、由戗、桁檩垫板、由额垫板、燕尾枋、承重、楞木等以及楼板的底面，下架构件包括柱、槛框、窗榻板、门头板、（迎风板、走马板）、余塞板、隔墙板、护墙板、筒子板、栈板墙、坐凳面及楹斗、门簪等附件。

10. 苏式掐箍头彩画、掐箍头搭包袱彩画定额（不含油漆地苏式片金彩画）均已包括箍头、包袱外涂饰油漆的工料，箍头、包袱外涂饰油漆不再另行计算。

11. 油饰彩绘面回贴面积以单件构件核定，单件构件回贴面积不足30%时定额不作调整，单件构件回贴面积超过30%时另执行面积每增10%定额，不足10%时按10%计算。

12. 栈板墙外侧基层处理、做地仗、油饰按下架构件相应定额乘以1.25系数执行。

13. 木楼板基层处理、地仗及油饰定额项目只适用于其上面，底面基层处理、地仗及油饰按上架构件基层处理、地仗、油饰相应定额及工程量计算规则执行。

14. 木楼梯地仗及油饰包括帮板、踢板、踩板正背面全部面积，不包括栏杆及扶手。

15. 斗栱彩绘包括栱眼处扣油，不包括栱、升、斗背面掏里刷色，掏里刷色另行计算；盖斗板基层处理、地仗及油饰按斗栱基层处理、地仗、油饰定额执行。

16. 斗栱昂嘴饰金以平身科昂嘴为准，柱头科昂嘴及角科由昂饰金不分头昂、二昂、三昂均按相应斗口规格“昂嘴饰金”定额乘以1.5系数执行。

17. 垫栱板油漆地饰金彩画绘制不包括油漆地的涂刷，涂刷油漆地另按油饰项目中相应的“刷两道扣末道”项目执行。

18. 帘架大框基层处理、做地仗、油饰定额已综合了其荷叶墩、荷花栓斗的基层处理、做地仗、油饰或纠粉的工料。

19. 支摘窗上部的横披窗及相应隔扇、夹门、帘架风门、余塞、横批按支摘窗相应定额及工程量计算规则执行，槛窗上部的横披窗（含相应隔扇）上部的横披窗及相应的帘架风门、余塞、横批按隔扇槛窗相应定额及工程量计算规则执行。

20. 各种门窗扇基层处理及地仗、油饰均以双面做为准，其中隔扇、槛窗、支摘窗扇单独做外立面按定额乘以0.6系数执行，单独做里立面按定额乘以0.4系数执行，里外分色油饰者亦按此比例分摊。

21. 大门门钉饰金不包括门钹（或兽面）、包叶、门钹（或兽面）包叶饰金另执行相应定额。

22. 什锦窗油饰包括贴脸、桶座、背板及心屉全部油饰，双面心屉什锦窗若只做单面按单面心屉什锦窗相应定额执行；什锦窗玻璃彩画包括擦玻璃。

23. 楣子、栏杆基层处理及地仗、油饰均以双面做为准，其中倒挂楣子包括白菜头及花牙子在内。

24. 墙边拉线包括刷砂绿大边及拉红白线，只刷大边拉单线者定额不作调整。

25. 天花井口板彩绘包括摘安井口板，遇有海漫硬天花（仿井口天花）其支条及井口板基层处理、地仗、彩绘定额工料机均不作调整。

26. 天花支条彩画及木顶格软天花回贴的面积比重均以单间为单位计算。单间回贴面积不足30%时定额不作调整，单间回贴面积超过30%时另执行面积每增10%定额（不足10%时亦按10%执行）。

27. 匾额油饰包括金属匾托及匾勾的油饰。

13.1.3 工程量计算规则

1. 立闸山花板按露明三角形面积计算。

2. 歇山博缝板、悬山博缝板均按屋面坡长乘以博缝板宽的面积以平方米为单位计算；梅花钉饰金按博缝板工程量面积计算。

3 挂檐（落）板正面按垂直投影面积以平方米为单位计算；滴珠板按凸尖处竖向高乘以滴珠板长以平方米为单位计算；挂檐（落）板、滴珠板底边面及背面合计面积按其正面面积乘以0.5计算。

4. 连檐瓦口按1.5倍大连檐截面高乘以檐头长以平方米为单位计算，椽头按飞椽头竖向高乘以檐头长以平方米为单位计算，其中带角梁建筑檐头长按仔角梁端头中点连线长计算，硬山建筑檐头长按两山排山梁架中线间距计算，悬山建筑檐头长按两山博缝板外皮间距计算。

5. 椽望按其对应屋面面积以平方米为单位计算，小连檐立面及闸档板、隔椽板的面积不计算，屋角飞檐冲出部分不增加，室内外做法不同时以檩中线为界分别计算，其中；

（1）屋面坡长以脊中至檐头木基层外边线折线长为准，扣除斗栱（正心桁至挑檐桁）所掩盖的长度；

（2）硬山建筑两山边线以排山梁架轴线为准，悬山建筑两山边线以博缝外皮为准；

（3）椽肚饰金不扣除椽档面积，望板饰金不扣除椽所占面积。

6. 上架枋（含箍头）、梁（含梁头）、随梁、承重、楞木等横向构件按其侧面和底面展开面积以平方米为单位计算，上面及穿插枋榫头面积均不计算；其侧面面积按截面高乘以长计算，底面面积按截面宽乘以长计算，扣除随梁、上槛、墙体、天花顶棚等所掩盖面积，箍头端面、梁头端面面积已包括在内不再另行增加；构件长度均以轴线间距为准，轴线外延长的箍头、梁头长度应予增加；室内外做法不同时应分别计算

7. 坐斗枋两侧面积均按其截面高乘以全长以平方米为单位计算，上面不计算。

8. 挑檐枋外立面面积按其截面高乘以长以平方米为单位计算，并入上架构件工程量中，不扣除梁头及斗栱升斗所压占面积；其长度同挑檐桁长。

9. 桁檩按截面周长减去上金盘宽（金盘宽按檩径1/4计）和垫板或挑檐枋所压占的宽度后乘以长度以平方米为单位计算，端面不计算，扣除顶棚所掩盖面积；其长度以轴线间距为准，轴线外延长的搭角桁檩头长度应予增加，悬山出挑桁檩头长度计算至博缝板外皮；室内外做法不同时应分别计算。

10. 角梁按其侧面和底面展开面积以平方米为单位计算，其底面积按角梁宽乘以角梁长计算，两侧合计面积按老角梁截面高乘以角梁长乘以2.5计算，端面面积不计算，扣除斗

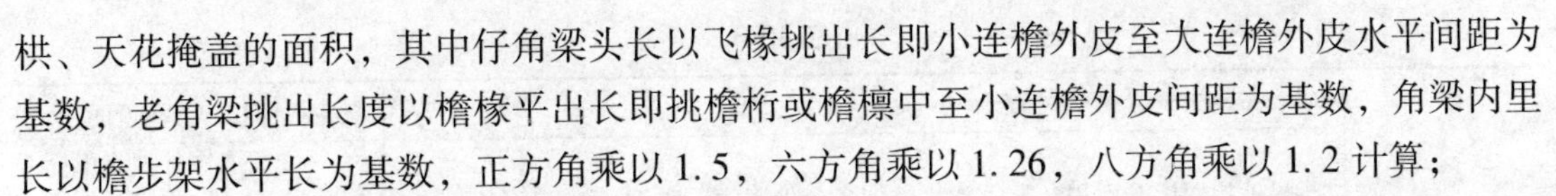

栱、天花掩盖的面积，其中仔角梁头长以飞椽挑出长即小连檐外皮至大连檐外皮水平间距为基数，老角梁挑出长度以檐椽平出长即挑檐桁或檐檩中至小连檐外皮间距为基数，角梁内里长以檐步架水平长为基数，正方角乘以1.5，六方角乘以1.26，八方角乘以1.2计算；

11. 由戗按其2倍截面高加底面宽之和乘以长以平方米为单位计算，不扣除桁檩、雷公柱所占面积，其长度以金步架水平长为基数，正方角乘以1.57，六方角乘以1.35，八方角乘以1.28计算。

12. 瓜柱、太平梁上雷公柱按周长乘以柱净高以平方米为单位计算，柁墩按水平周长乘以截面高以平方米为单位计算；瓜柱、柁墩均扣除嵌入墙体的面积；攒尖雷公柱按周长乘以垂头底端至由戗上皮净高以平方米为单位计算。

13. 脚背两侧面均按全长乘以高以平方米为单位计算，不扣除瓜柱所掩盖面积，扣除嵌入墙体一侧的面积，两端面及上面不计算。

14. 由额垫板、桁檩垫板、棋枋板（围脊板）、柁档板、象眼山花板、其中象眼山花板上边线以望板下皮为准，不扣除桁檩窝所占面积，悬山建筑两山燕尾枋长计入桁檩垫板长度中，燕尾枋不再另行计算。

15. 雀替及隔架雀替按露明长乘以全高以平方米为单位计算。

16. 牌楼花板、牌楼匾按垂直投影面积以平方米为单位计算。

17. 下架柱按其底面周长乘以柱高（扣除计算到上架面积中的柱头高）计算面积，扣除抱框、墙体所掩盖面积。

18. 槛框按截面周长乘以长以平方米为单位计算，扣除贴靠柱、枋、梁、榻板、墙体、地面等侧的面积；楹斗、门簪等附件基层处理、、地仗、油饰不再另行计算；其中槛长以柱间净长为准，框及间柱长以上下两槛间净长为准

19. 框线饰金按框线宽乘以长以平方米为单位计算。

20. 窗榻板按宽与两侧面高之和乘以柱间净长（扣除门口所占长度）以平方米为单位计算，扣除风槛所压占面积。

21. 坐凳面按截面周长乘以柱间净长以平方米为单位计算，不扣除楣子所压占面积，出入口长度应与扣除，其膝盖腿长应予增加。

22. 门头板（迎风板、走马板）、余塞板等两侧面及廊心均按垂直投影面积以平方米为单位计算。

23. 筒子板按看面及两侧边宽之和乘以立板顶板总长以平方米为单位计算。

24. 栈板墙、木隔墙板两面及木护墙板均按垂直投影面积以平方米为单位计算，扣除门窗洞口所占面积，木护墙板不扣除柱门所占面积。

25. 木楼板上面按水平投影面积以平方米为单位计算，其上面不扣除柱、隔扇所占面积；其底面扣除承重、楞木所压占的面积；

26. 木楼梯按水平投影面积以平方米为单位计算。

27. 上、下架彩画回贴均以单件构件展开面积累计以平方米为单位计算，展开办法同上，回贴面积比重不同时应分别累计计算。

28. 各种斗栱、垫栱板、盖斗板基层处理、做地仗、油饰、彩绘均按展开面积计算，工程量展开面积计算按表13-3规定执行。

表 13-3

斗栱种类		斗栱展开面积											盖斗板面积	掏里面积
		斗栱外拽面展开面积包括，斗栱外拽各分件正面、底面、两侧面的面积，以及挑檐枋底面、外拽枋的正面和底面、正心枋外拽面的面积											外拽盖斗板面积按斗栱外拽展开面积乘以下列系数计算	外拽掏里面积包括外拽栱，升、枋的背面面积，按斗栱外拽展开面积乘以下列系数计算
		斗口尺寸												
		4cm	5cm	6cm	7cm	8cm	9cm	10cm	11cm	12cm	13cm	14cm		
昂翘镏金斗栱外拽面	三踩单昂	0.245	0.382	0.55	0.749	0.978	1.238	1.529					13.10%	19.40%
	五踩单翘单昂	0.43	0.672	0.967	1.317	1.72	2.177	2.687	3.252	3.87	4.542	5.267	18.00%	26.00%
	五踩重昂	0.15	0.702	1.012	1.377	1.798	2.276	2.81	3.1	4.046	4.749	5.507	17.20%	24.90%
	七踩单翘重昂	0.631	0.986	1.42	1.933	2.525	3.195	3.945	4.773	5.68	6.666	7.731	19.40%	27.90%
	九踩重翘重昂	0.813	1.27	1.829	2.489	3.251	4.114	5.079	6.146	7.314	8.584	9.955	20.60%	29.60%
	九踩单翘三昂	0.832	1.3	1.873	2.549								20.10%	28.90%
	十一踩重翘三昂	1.007	1.574	2.267	3.085								21.10%	30.30%
昂翘斗栱里拽面	三踩	0.272	0.424	0.611	0.832	1.086	1.375	1.697	2.053	2.444	2.868	3.326	13.20%	23.40%
	五踩	0.469	0.733	1.056	1.438	1.878	2.376	2.934	3.55	4.225	4.958	5.75	21.90%	27.20%
	七踩	0.651	1.017	1.465	1.994	2.604	3.295	4.068	4.923	5.859	6.876	7.974	22.70%	29.50%
	九踩	0.833	1.301	1.873	2.55	3.33	4.215	5.203	6.296	7.493	8.793	10.198	23.20%	30.80%
镏金斗栱里拽面	三踩	0.971	1.518	2.186	2.975	3.386	4.918	6.072	7.347	8.743	10.261	11.901	—	—
	五踩	1.081	1.688	2.431	3.309	4.322	5.47	6.753	8.172	9.725	11.413	13.237	—	—
	七踩	1.291	2.017	2.904	3.952	5.162	6.534	8.066	9.76	11.615	13.632	15.81	—	—
	九踩	1.491	2.33	3.355	4.566	5.964	7.548	9.319	11.276	13.419	15.749	18.265		
平座斗栱里拽面	三踩单翘	0.229	0.358	0.515	0.701	0.915	1.158	1.43	1.73	2.059	2.417	2.803	14.00%	20.70%
	五踩重翘	0.41	0.641	0.923	1.257	1.642	2.078	2.565	3.103	3.693	4.335	5.027	18.80%	27.30%
	七踩三翘	0.592	0.725	1.332	1.813	2.368	2.997	3.7	4.476	5.327	6.252	7.251	20.70%	29.80%
	九踩四翘	0.773	1.209	1.74	2.369	3.094	3.916	4.834	5.849	6.961	8.17	9.475	21.70%	31.10%
一斗三升斗栱（单拽面）		0.046	0.071	0.103	0.14	0.182	0.231	0.285					—	—
一斗二升交麻叶斗栱（单拽面）		0.091	0.142	0.204	0.278	0.363	0.46	0.567					—	—
单翘麻叶云斗栱（单拽面）		0.236	0.359	0.531	0.722	0.944	1.194	1.474					—	—
十字隔架斗栱（双拽面）		0.196	0.306	0.44	0.599	0.782	0.99	0.122					—	—
单栱垫栱板（单拽面）		0.032	0.05	0.072	0.098	0.128	0.161	0.199	0.241	0.287	0.337	0.391	—	—
重栱垫栱板（单拽面）		0.04	0.062	0.089	0.122	0.159	0.201	0.248	0.3	0.357	0.419	0.486	—	—

29. 昂嘴贴金以个为单位计算。

30. 垫栱板彩画回贴及彩画修补均按所回贴或修补的垫栱板单块面积累计以平方米为单位计算。

31. 斗栱保护网油饰按面积以平方米为单位计算。

32. 帘架大框按框外皮围成的面积以平方米为单位计算，其下边线以地面上皮为准，其荷叶墩、荷花栓斗不再另行计算。

33. 隔扇及槛窗基层处理、地仗、油饰及边抹、面叶饰金均按隔扇、槛窗垂直投影面积以平方米为单位计算，框外延伸部分不计算面积；隔扇及槛窗心板饰金按其心板露明垂直投影面积以平方米为单位计算；菱花扣饰金按菱花心屉垂直投影面积以平方米为单位计算；心屉衬板按心屉投影面积以平方米为单位计算。

34. 支摘窗扇及各种大门扇均按其垂直投影面积以平方米为单位计算，门枢等框外延伸部分不计算面积；门钹饰金以对为单位计算。

35. 什锦窗以座为单位计算。

36. 楣子及鹅颈靠背均按其垂直投影面积以平方米为单位计算，白菜头、楣子腿等边抹外延伸部分及花牙子不计算面积；白菜头饰金以个为单位计算；

37. 花罩按垂直投影面积以平方米为单位计算。

38. 寻仗栏杆按地面至寻仗上皮的高度乘以长度的面积以平方米为单位计算，棂条心栏杆、直档栏杆按垂直投影面积以平方米为单位计算，均不扣除望柱所占长度，望柱亦不再计算面积。

39. 墙面刷浆分别按内外墙抹灰面积计算。

40. 墙边彩画按其外边线长乘以宽的面积以平方米为单位计算，墙边拉线按其外边线长度以米为单位计算。

41. 井口板彩画清理除尘、基层处理、做地仗及绘制彩画均按井口枋里皮围成的面积以平方米为单位计算，扣除梁枋所占面积，不扣除支条所占面积。

42. 井口板彩画回贴及彩画修补按需回贴或修补的井口板单块面积累计以平方米为单位计算。

43. 支条彩画清理除尘、修补、基层处理、做地仗、绘制彩画均按井口枋里皮围成的面积以平方米为单位计算，扣除梁枋所占面积，不扣除井口板所占面积。

44. 木顶格软天花彩画绘制按井口枋里皮围成的面积以平方米为单位计算，扣除梁枋所占面积。

45. 支条彩画及木顶格软天花回贴均依据其各间回贴（修补）的面积比重不同，分别按各间井口枋和梁枋里皮围成的面积以平方米为单位计算。

46. 毗卢帽斗形匾按毗卢帽横向宽乘以匾高以平方米为单位计算，其他匾按其正投影面积以平方米为单位计算。

47. 抱柱对按横向弧长乘以竖向高以平方米为单位计算。

13.2 有关定额术语的图示

详见图13-1 ~ 图 13-9。

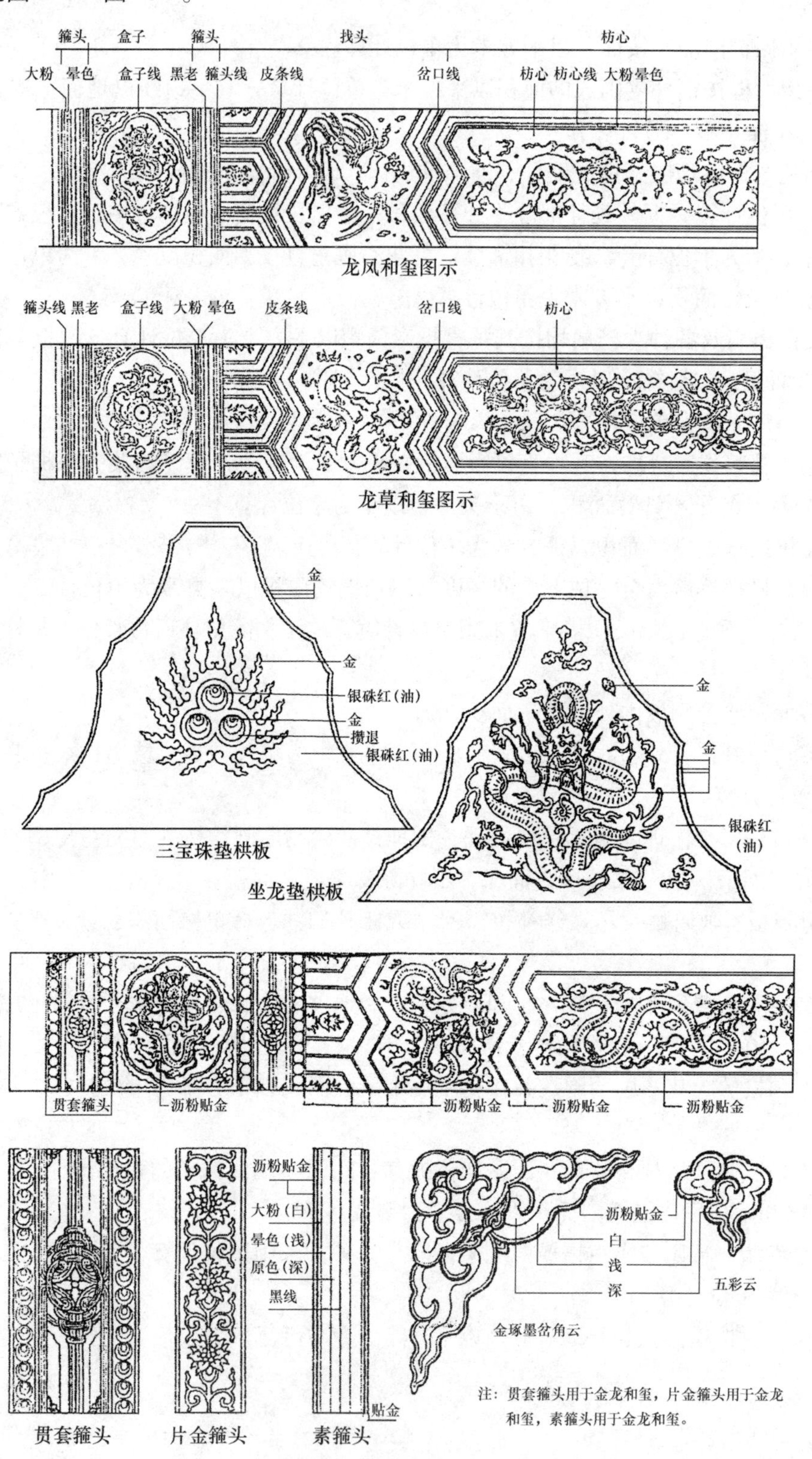

图 13-1 金龙和玺彩画图示

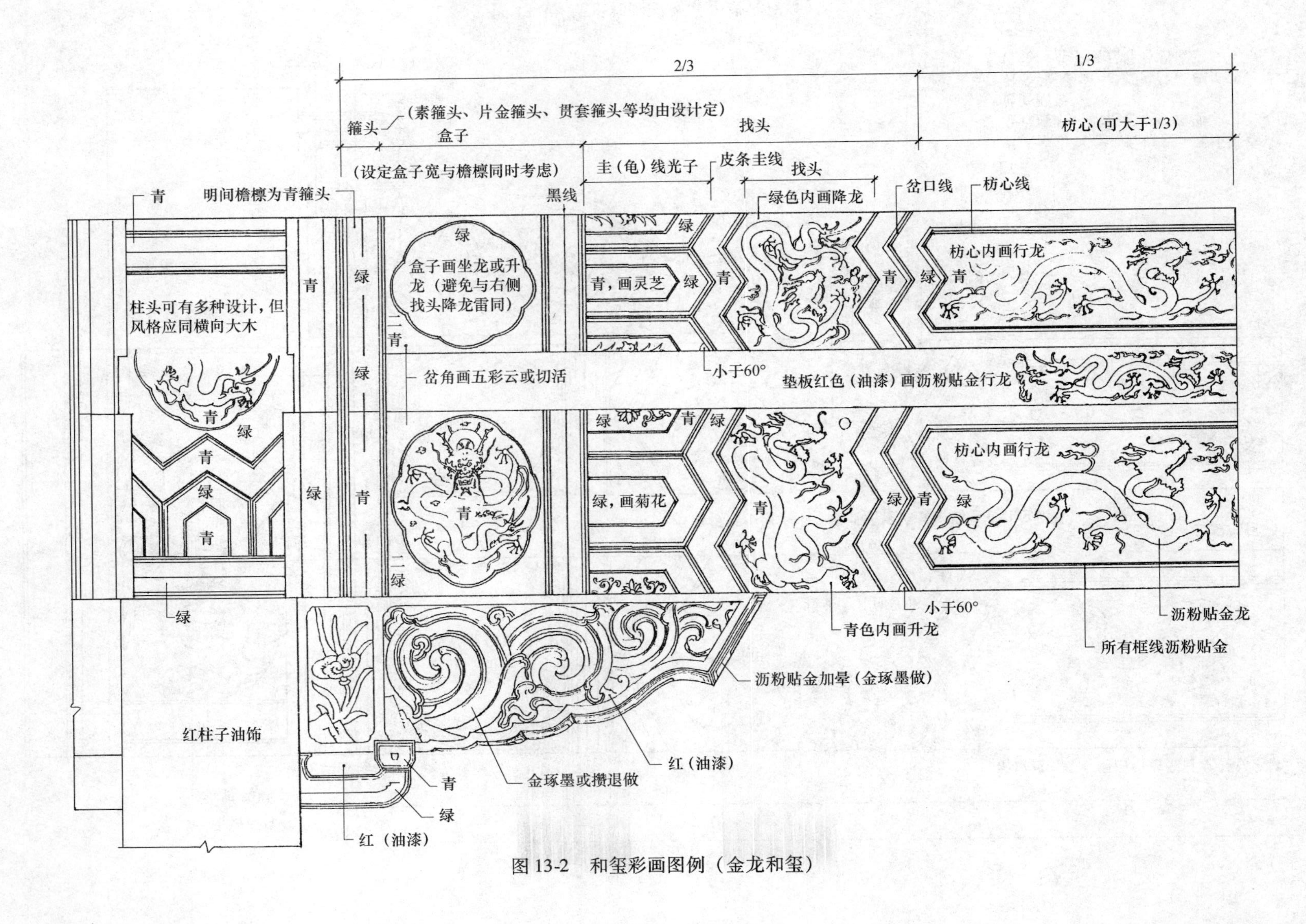

图 13-2　和玺彩画图例（金龙和玺）

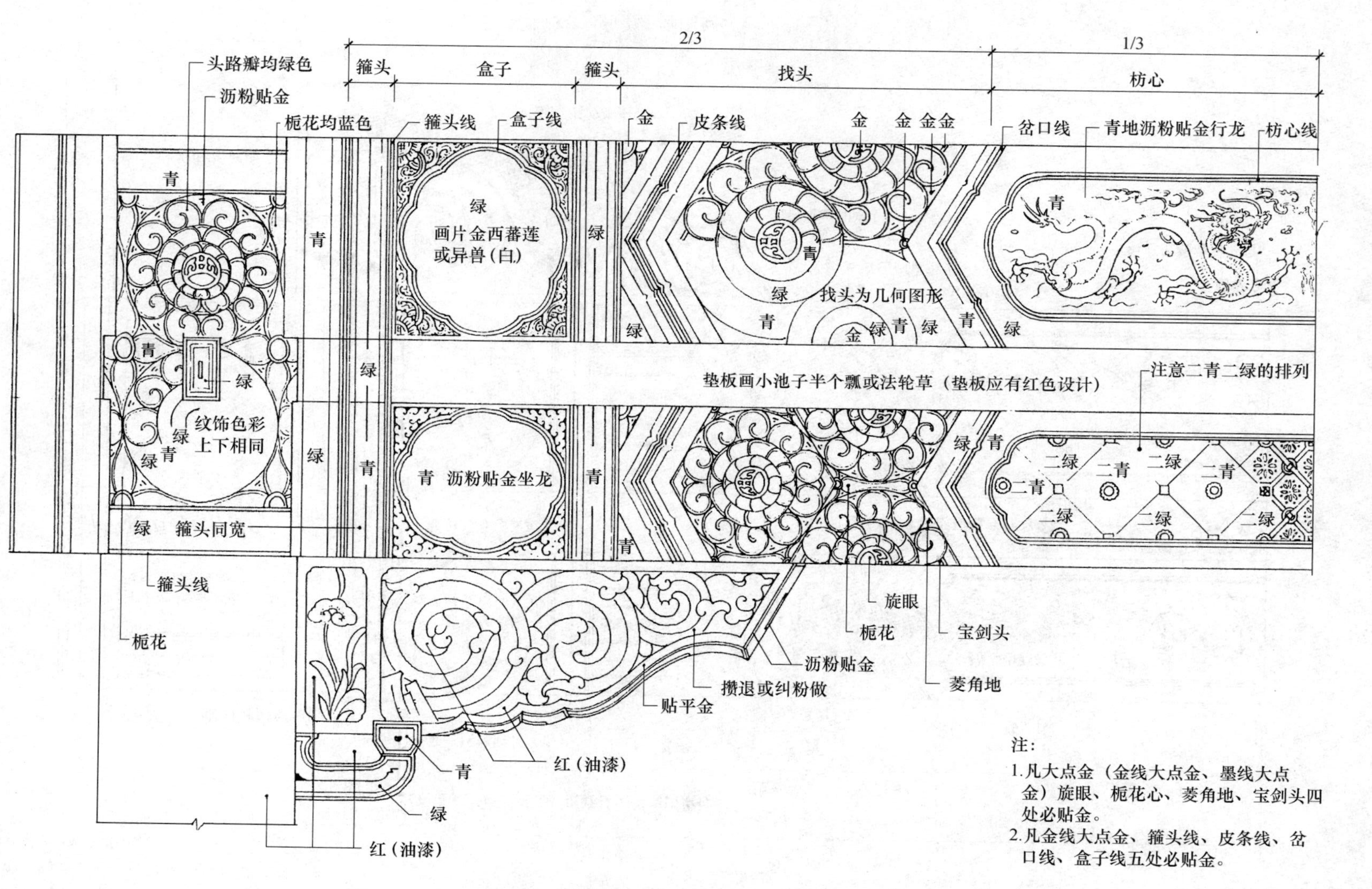

注：

1.凡大点金（金线大点金、墨线大点金）旋眼、栀花心、菱角地、宝剑头四处必贴金。

2.凡金线大点金、箍头线、皮条线、岔口线、盒子线五处必贴金。

图13-3　旋子彩画图例（金线大点金）

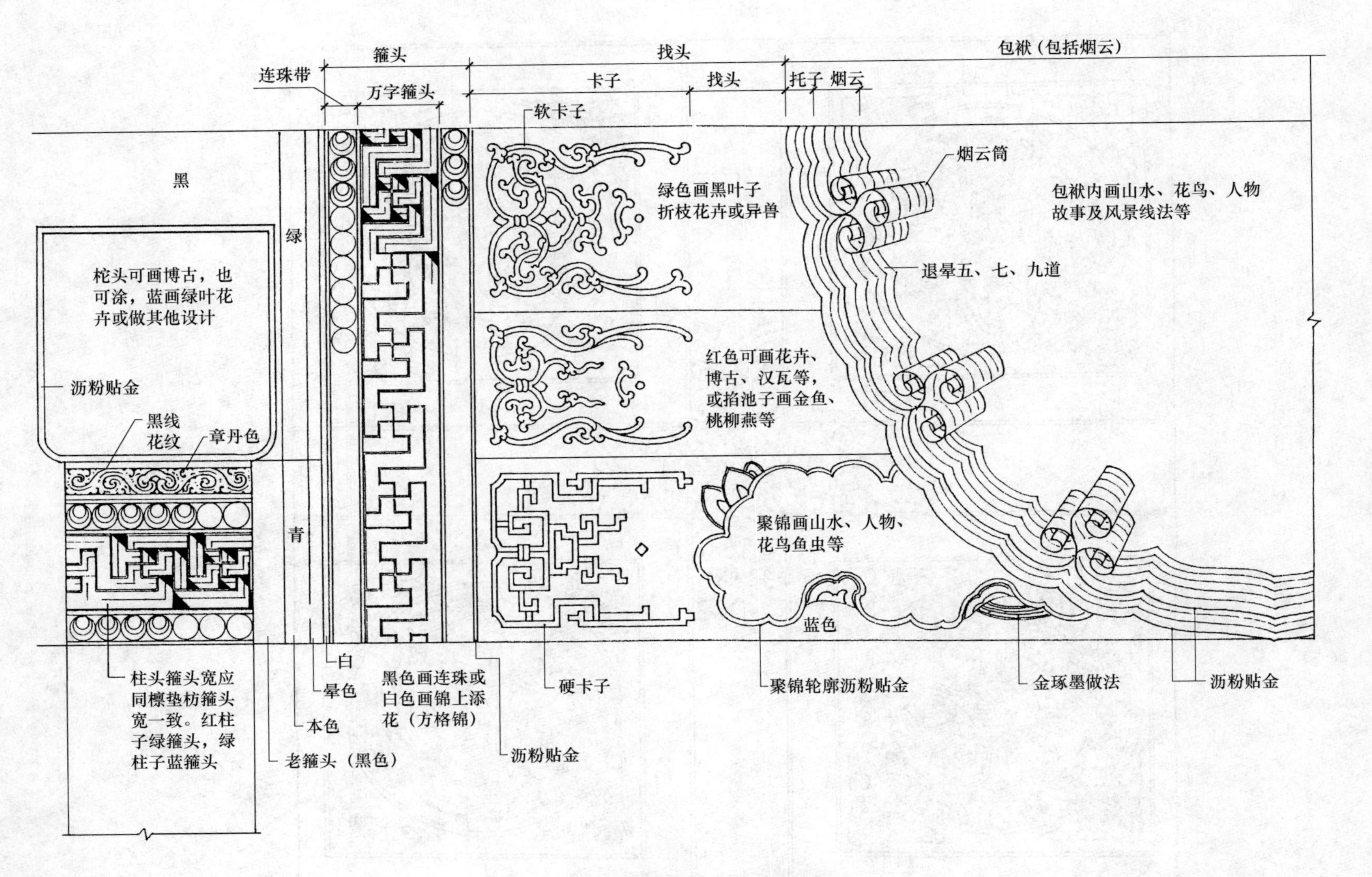

图13-4　苏式彩画图例（金线苏画）

图 13-5　天花彩画示意图

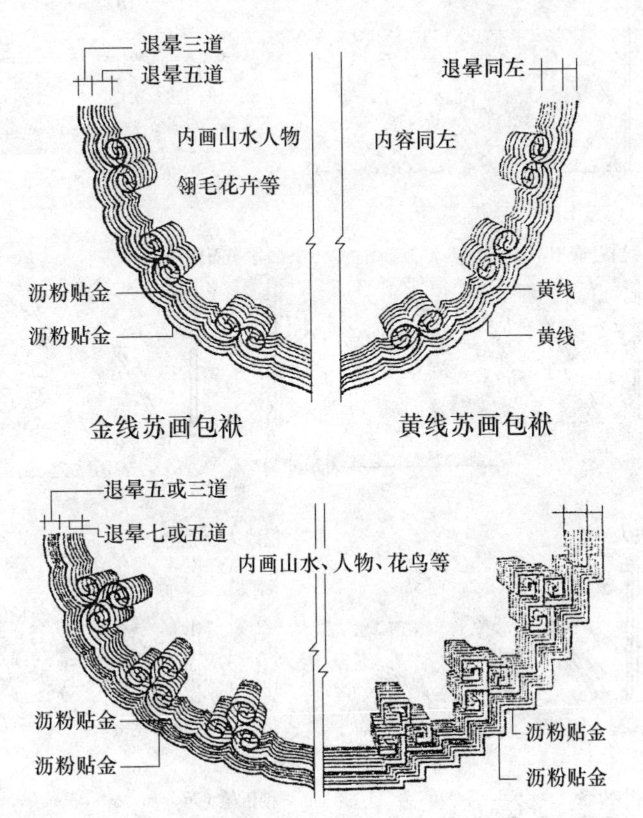

图 13-6（a）　包袱示例

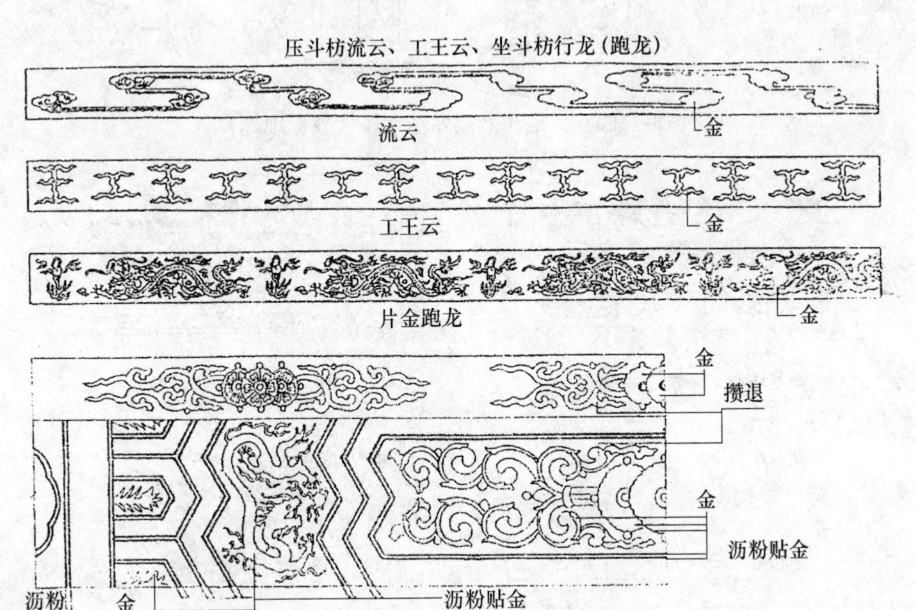

图 13-6（b）　龙草和玺彩画

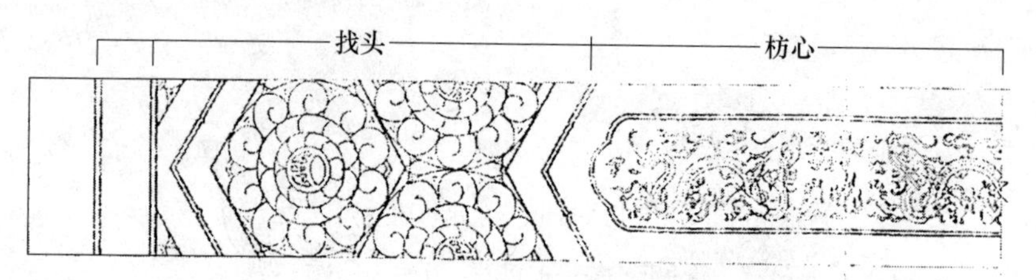

金琢墨石碾玉

烟琢墨石碾玉

表示沥粉　表示贴金

金线大点金

墨线大点金

墨线小点金

雅伍墨（无金）

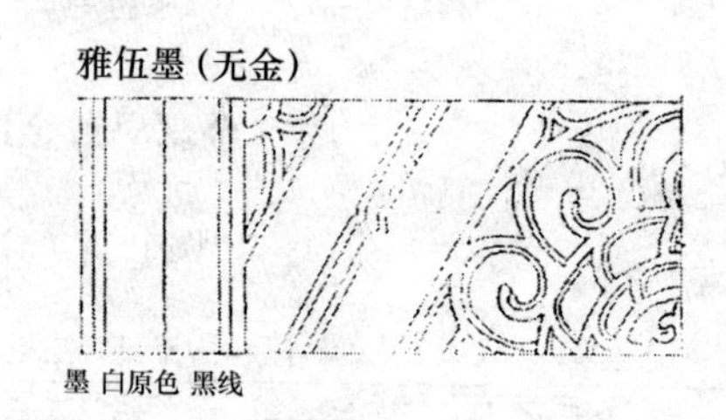

墨 白原色 黑线

图 13-7（a）　旋子彩画贴金比较（找头细部）

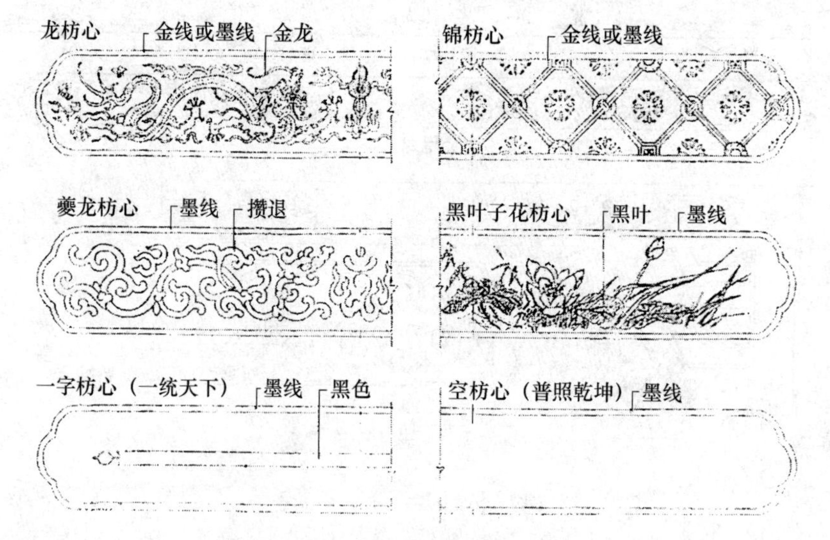

图 13-7（b）　旋子彩画枋心比较

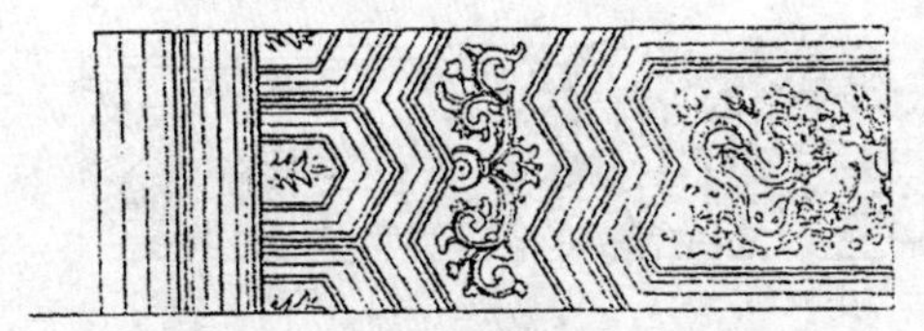

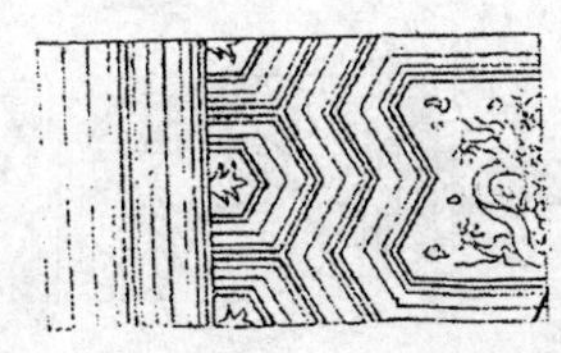

图 13-8（a）　大木和玺彩画布局画法

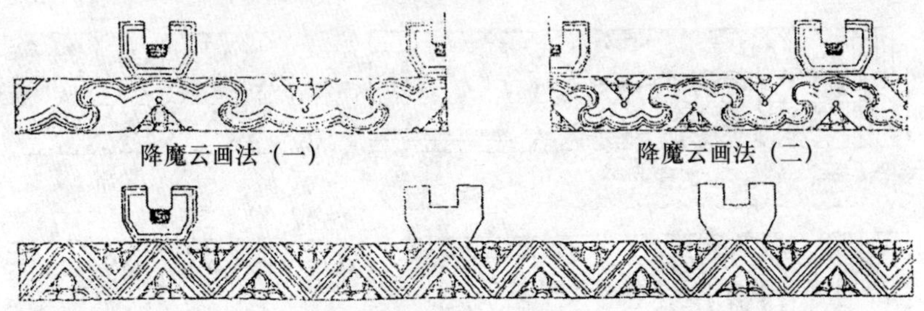

图 13-8（b）　平板枋画法示意图

三金线苏画颜色箍头

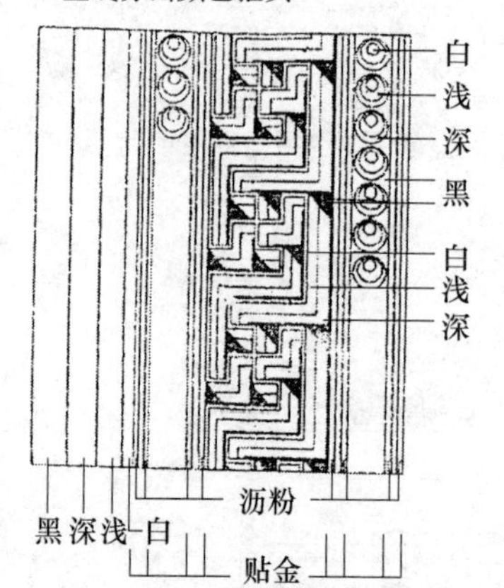

四黄线苏画箍头

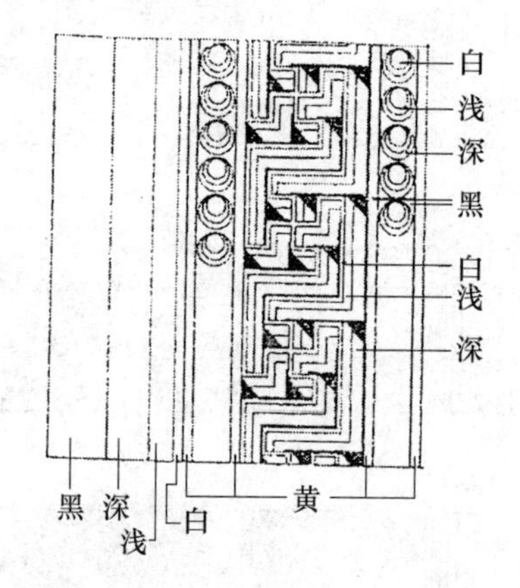

檐檩

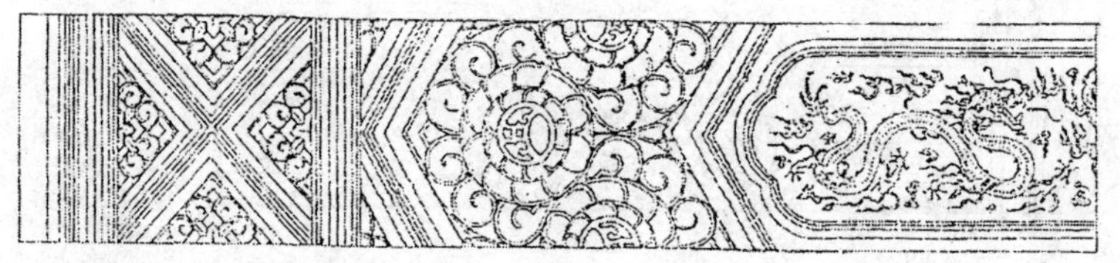

大额枋

小额枋

图 13-9（a）　大木旋子彩画构图实例

一竖两破

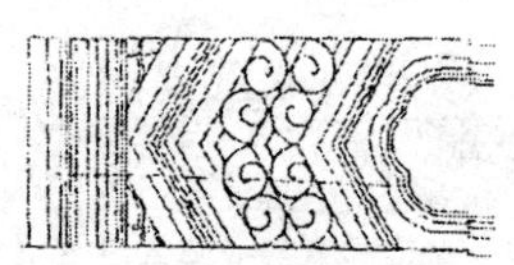

两路

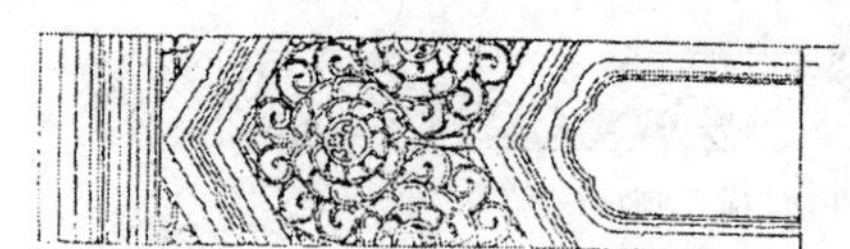

喜相逢

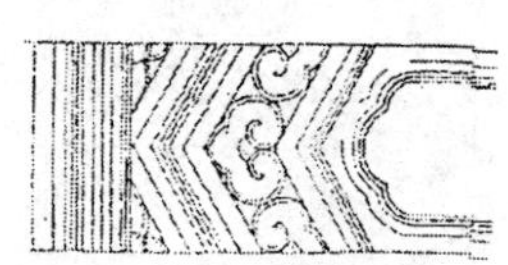

金道冠

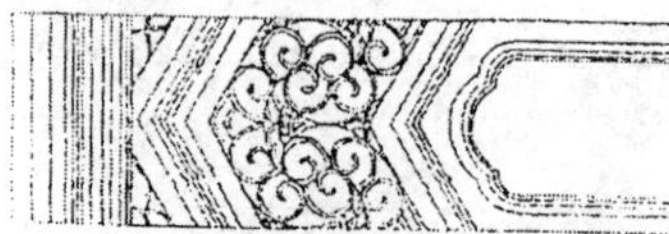

勾丝咬

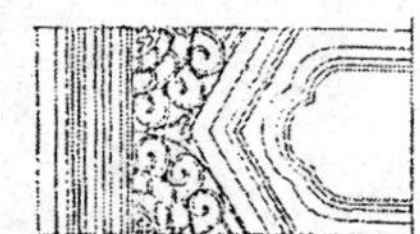

四分之一旋子

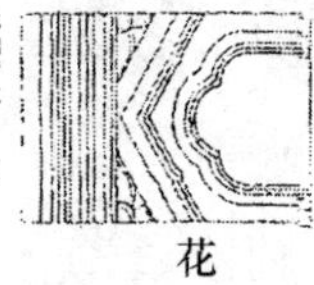

花

找头长短不同旋子彩画构图方法

图 13-9（b）　旋子彩画画法示意图

13.3　计算例题

参照图 7-29 ~图 7-33 和图 12-19。

例 13-1　如图 13-10 所示，为某悬山建筑博缝板，求两个山墙木博缝板的里外面面积，计算工程量并确定定额编号。做法要求：新木件砍斧迹，做二麻六灰地仗。刷传统光油三道，梅花钉贴库金。

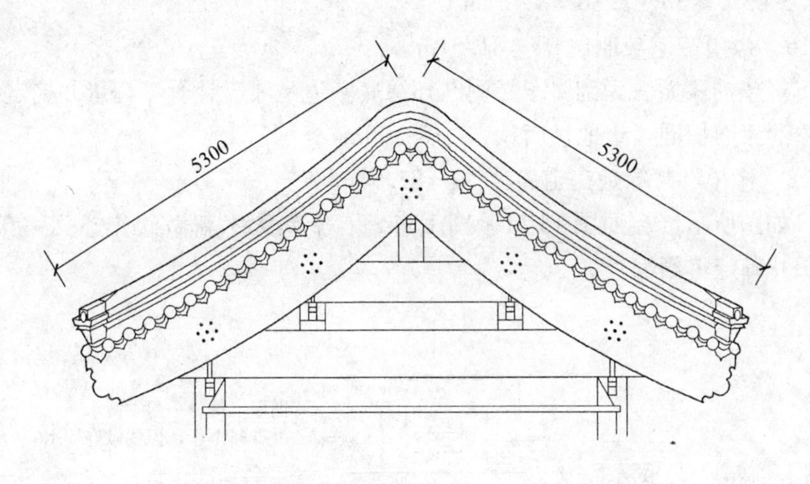

图 13-10

解：博缝板面积　$s=(5.3\times2)\times0.45\times1.8\times2=17.18\text{m}^2$

1. 新木件砍斧迹　$s=17.18\text{m}^2$

   7-56　新木件砍斧迹　$s=17.18\text{m}^2$

2. 博缝板二麻六灰地仗 $s=17.18\text{m}^2$

   7-61　博缝板二麻六灰地仗　$s=17.18\text{m}^2$

3. 博缝板搓光油三道　$s=17.18\text{m}^2$

   7-82　博缝板搓光油三道　$s=17.18\text{m}^2$

4. 梅花钉贴库金　$s=(5.3\times2)\times0.45\times2=9.54\text{m}^2$

   7-88　梅花钉贴库金　$s=9.54\text{m}^2$

例 13-2　连檐、瓦口地仗（如图 7-29 ~图 7-33 所示），做法要求：三道灰地仗。计算工程量并确定定额编号。

解：经计算大连檐长 20.62m

1. 连檐、瓦口面积　$s=20.62\times0.1\times1.5=3.09\text{m}^2$

   7-170　连檐、瓦口三道灰地仗　$s=3.09\text{m}^2$

2. 连檐、瓦口刷三道磁漆　$s=3.09\text{m}^2$

   7-174　连檐、瓦口刷三道磁漆　$s=3.09\text{m}^2$

例 13-3　椽头地仗

解：椽头面积　$s=18.4\times0.1=1.84\text{m}^2$

椽头三道灰地仗　$s=1.84\text{m}^2$

7-170　椽头三道灰地仗

例13-4　做飞椽头片金，檐椽头虎眼彩画（贴赤金）。计算工程量并确定定额编号。

解：椽头彩画面积同椽头地仗面积　$s=1.84\text{m}^2$

7-180　飞椽头片金、檐椽头虎眼彩画　$s=1.84\text{m}^2$

例13-5　椽望三道灰地仗（如图13-12～图13-14所示）。计算工程量并确定定额编号。

解：前后坡屋面长度相等（见望板计算）

$s=(3+3.2+3)\times 8.86=81.51\text{m}^2$

7-216　椽望三道灰地仗　$s=81.51\text{m}^2$

例13-6　椽望油漆做法为刮腻子、刷红邦绿底三道磁漆。计算工程量并确定定额编号。

解：椽望油漆面积同椽望地仗面积　$s=82.98\text{m}^2$

7-228　椽望红邦绿地三道磁漆　$s=82.98\text{m}^2$

例13-7　如图所示（参照图13-11～图13-14）：下架大木新做砍斧迹及一麻五灰地仗，计算下架面积并确定定额编号。

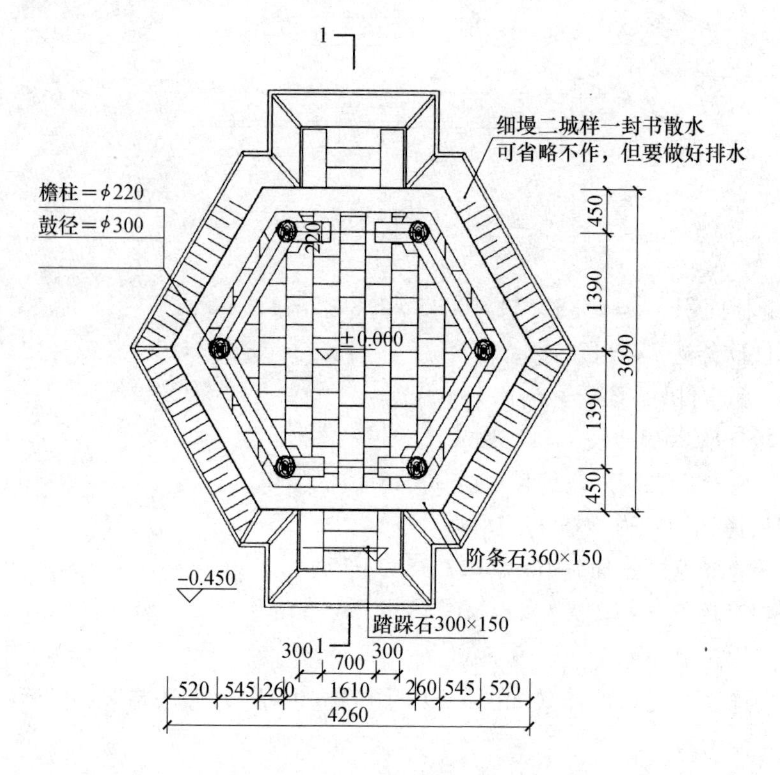

图13-11　六角亭平面图

解：柱径 $=220\text{mm}$　下架柱高 $=2.59-0.24=2.35\text{m}$

$s=0.22\times\pi\times 2.35\times 6=9.74\text{m}^2$

坐凳面面积：已知座凳面宽为0.28m，长为 $6\times 1.61-2\times 0.7+4\times 0.46=10.1\text{m}$

$s=0.28\times 10.1=2.83\text{m}^2$

下架合计：$9.74+2.83=12.57\text{m}^2$

7-596　下架大木构件砍斧迹　$s=12.57\text{m}^2$

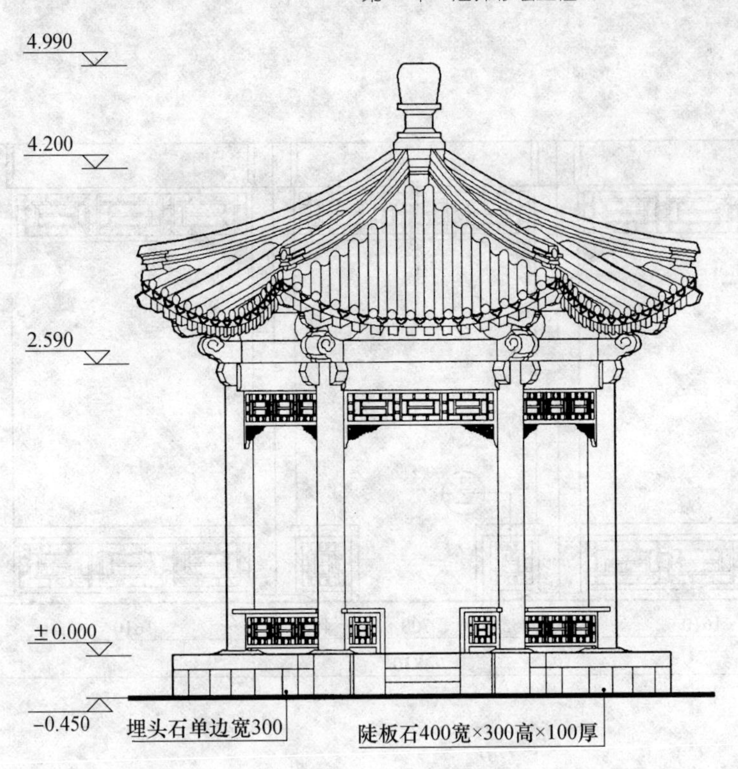

图 13-12 六角亭立面图

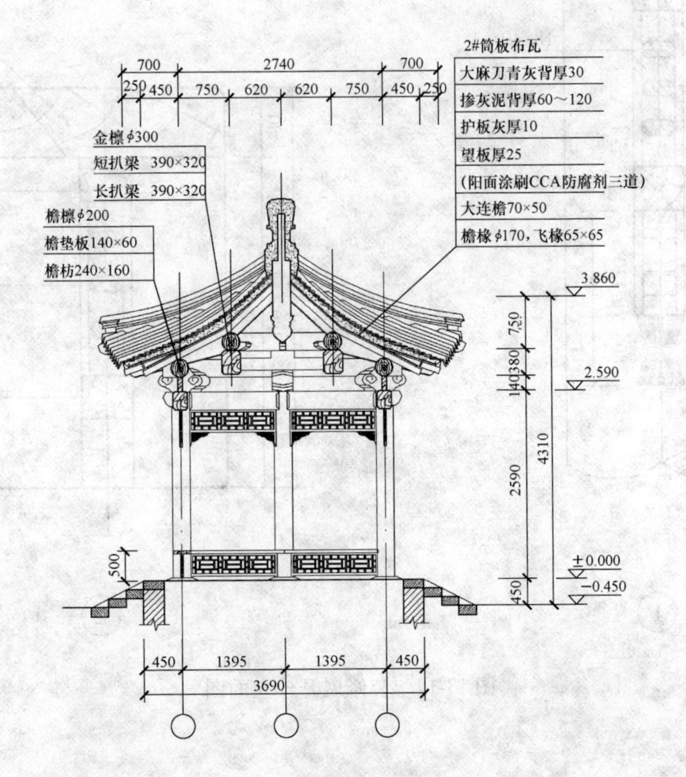

图 13-13 六角亭 1—1 剖面图

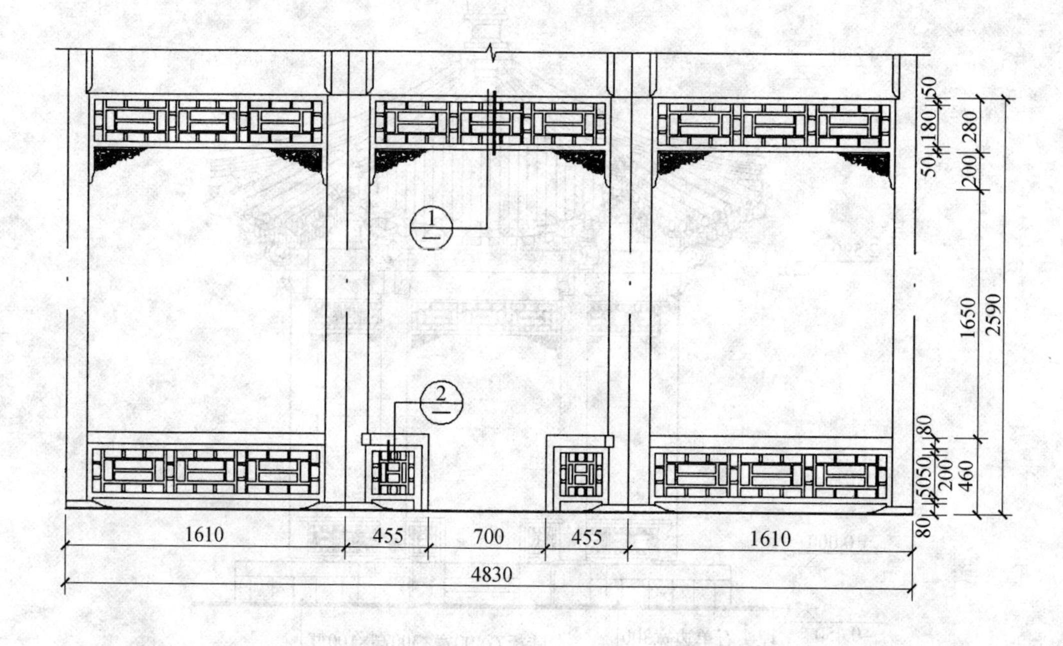

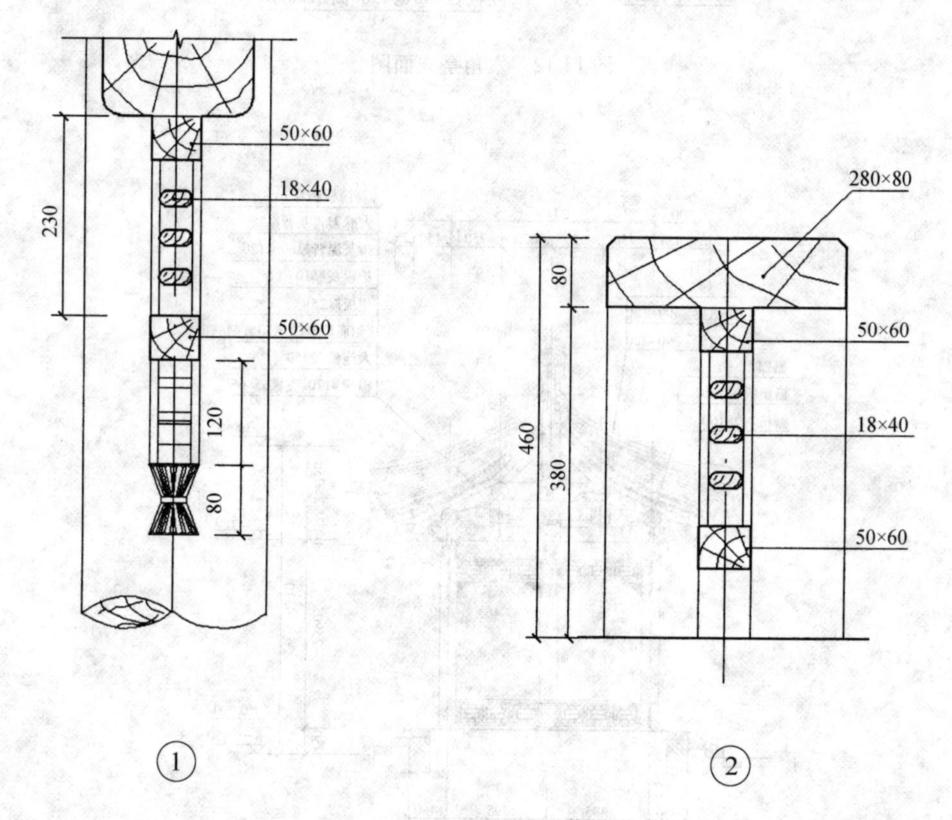

图 13-14　装修展开外立面图

7-607　下架大木构件做一布五灰地仗　$s = 12.57\text{m}^2$

7-628　下架刷三道磁漆　$s = 12.57\text{m}^2$

7-633　下架罩光油一道　$s = 12.57\text{m}^2$

例 13-8　已知五踩单翘单昂斗栱，斗口 80mm，平身科 20 攒，角科 4 攒，柱头科 4 攒，地仗做法为传统三道灰地仗，计算斗栱的展开面积并确定定额编号。

解：1. 平身科里拽面积　$s = 20 \times 1.878 = 37.56\text{m}^2$

2. 平身科外拽面积　$s = 20 \times 1.720 = 34.4\text{m}^2$

3. 柱头科里拽面积　$s = 4 \times 1.878 = 7.51\text{m}^2$

4. 柱头科外拽面积　$s = 4 \times 1.720 = 6.88\text{m}^2$

5. 角科里拽面积　$s = 4 \times 1.878 = 7.51\text{m}^2$

6. 角科外拽面积　$s = 4 \times 1.720 \times 3.5 = 24.08\text{m}^2$

外拽面积合计：65.36m^2　里拽面积合计：52.58m^2

外拽盖斗板面积 $= 65.36 \times 18\% = 11.76\text{m}^2$

里拽盖斗板面积 $= 52.58 \times 21.9\% = 11.52\text{m}^2$

外拽掏里面积 $= 65.36 \times 26\% = 16.99\text{m}^2$

里拽掏里面积 $= 52.58 \times 27.2\% = 14.3\text{m}^2$

斗栱合计面积：$s = 65.36 + 52.58 + 11.76 + 11.52 + 16.99 + 14.3 = 172.51\text{m}^2$

7-684　斗栱三道灰地仗　$s = 172.51\text{m}^2$

例 13-9　如上题所述，斗栱彩画为平金彩画，确定定额编号。

解：斗栱合计面积为 172.51m^2

7-699　斗栱平金彩画　$s = 172.51\text{m}^2$（库金）

例 13-10　某建筑物斗栱面积经计算合计为 353.62m^2，彩画整体完好，设计只要求做彩画除尘，如何确定定额编号？

解：斗栱定额中工作内容指出："清理除铲，包括将木件上浮灰、污痕清除干净……"因此，彩画只做除尘，适用于"清理除铲"子目。

7-667　清理除铲（彩画除尘）　$s = 353.62\text{m}^2$

例 13-11　如图所示（图 12-19），隔扇、槛窗要求做传统地仗，边抹心板一布五灰，心屉三道灰，刷磁漆三道。

解：经计算隔扇面积为 4.61m^2

槛窗面积为 6.07m^2

合计为 10.68m^2

7-758　新木构件砍斧迹　$s = 10.68\text{m}^2$

7-785　门窗刷三道磁漆　$s = 10.68\text{m}^2$

例 13-12　裙板、绦环板要求贴库金（单面），已知裙板、绦环板面积为 1.23m^2（见裙板、绦环板雕刻计算）。

7-830　裙板、绦环板贴库金　$s = 1.23\text{m}^2$

例 13-13　如图所示（图 7-30、图 12-19、图 13-10、图 13-11），倒挂楣子、坐凳楣子做三道灰地仗，倒挂楣子做苏式彩画，坐凳楣子刷三道磁漆，计算工程量并确定定额编号。

解：1. 倒挂楣子面积　$s=0.28\times1.61\times6=2.7\text{m}^2$

2. 坐凳楣子面积　$s=0.38\times1.61\times4+0.38\times0.46\times4=3.15\text{m}^2$

地仗面积合计：$2.7+3.15=5.85\text{m}^2$

7-930　新木构件砍斧迹　$s=5.85\text{m}^2$

7-933　楣子三道灰地仗　$s=5.85\text{m}^2$

7-942　倒挂楣子苏式彩画　$s=2.7\text{m}^2$

7-937　坐凳楣子刷三道磁漆　$s=5.85\text{m}^2$

例 13-14　如图 13-12～图 13-14 所示：白菜头贴赤金，计算工程量并确定定额编号。

解：白菜头贴赤金按“对”计算，图示中共计 6 对。

7-983　菜头贴赤金　6 对

例 13-15　如图所示：（参照图 7-30）某古建筑明（次）间进深方向剖切为一平二切做法，新糊大白纸顶棚，求裱糊面积并确定定额编号。

解：裱糊面积 $=8.84\times(1.5+3+1.5)=53.04\text{m}^2$

6-458　一平二切大白纸顶棚　$s=53.04\text{m}^2$

例 13-16　如上题所示：要求在大白纸顶棚表面单糊一层花纸，计算工程量并确定定额编号。

解：单糊花纸面积与糊大白纸面积相同　$s=53.04\text{m}^2$

6-659　顶棚单糊花纸　$s=53.04\text{m}^2$

13.4　部分定额摘录

详见下表。

单位：m^2

定额编号					7-55	7-56	7-57	7-58
项目					悬山博缝板			
					单披灰地仗砍挠见木	麻布灰地仗		清理除铲砍斧迹并楦缝
						砍挠见木	砍挠至压麻遍	
基价（元）					43.45	68.47	60.45	31.18
其中	人工费（元）				41.38	65.52	58.13	29.56
	材料费（元）				1.24	1.64	1.16	1.03
	机械费（元）				0.83	0.31	1.16	0.59
名称			单位	单价（元）	数量			
人工	870007	综合工日	工日	82.10	0.504	0.798	0.708	0.360
材料	840004	其他材料费	元	—	1.24	1.64	1.16	1.03
机械	840023	其他机具费	元	—	0.83	1.31	1.16	0.59

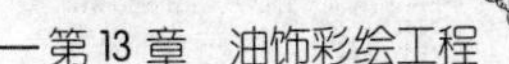
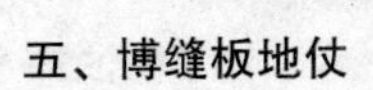

五、博缝板地仗

单位：m^2

定额编号					7-59	7-60	7-61	7-62	7-63
项目					歇山博缝板				
					做两麻一布七灰地仗	做一麻一布六灰地仗	做两麻六灰地仗	做一麻五灰地仗	做一布五灰地仗
基价（元）					399.59	307.42	327.88	239.29	218.33
其中	人工费（元）				177.34	130.05	145.32	101.48	85.71
	材料费（元）				213.38	170.87	175.29	132.74	128.33
	机械费（元）				8.87	6.50	7.27	5.07	4.29
名称			单位	单价（元）	数量				
人工	870007	综合工日	工日	82.10	2.160	1.584	1.770	1.236	1.044
材料	460001	血料	kg	3.50	11.5970	9.5450	10.0740	8.0220	7.4940
	460004	砖灰	kg	0.55	9.9320	8.7690	9.0730	7.9100	7.6070
	040023	石灰	kg	0.23	0.1030	0.0810	0.0870	0.0630	0.0570
	460020	面粉	kg	1.70	0.5790	0.4510	0.4830	0.3550	0.3220
	460005	灰油	kg	34.00	3.2490	2.5310	2.7100	1.9910	1.8210
	460072	光油	kg	31.00	0.3810	0.3810	0.3810	0.3810	0.3810
	110240	生桐油	kg	32.00	0.2890	0.2890	0.2890	0.2890	0.2890
	460007	精梳麻	kg	28.00	0.6880	0.3440	0.6880	0.3440	—
	460032	亚麻布	m^2	10.40	1.2900	1.2900	—	—	1.2900
	840004	其他材料费	元	—	2.11	1.69	1.74	1.31	1.27
机械	840023	其他机具费	元	—	8.87	6.50	7.27	5.07	4.29

单位：m^2

定额编号					7-72	7-73	7-74	7-75
项目					悬山博缝板		悬山博缝板麻遍上	
					做四道灰地仗	做三道灰地仗	补做麻灰地仗	补做单披灰地仗
基价（元）					219.07	169.45	336.40	188.67
其中	人工费（元）				93.59	82.76	149.75	82.26
	材料费（元）				120.8	82.55	179.16	102.30
	机械费（元）				4.68	4.14	7.49	4.11
名称			单位	单价（元）	数量			
人工	870007	综合工日	工日	82.10	1.140	1.008	1.824	1.002
材料	460001	血料	kg	3.50	8.4690	6.6240	11.5150	7.7660
	460004	砖灰	kg	0.55	9.4910	6.8930	10.3180	8.1000
	040023	石灰	kg	0.23	0.0560	0.0280	0.0730	0.0360
	460020	面粉	kg	1.70	0.3110	0.1550	0.4110	0.2010
	460005	灰油	kg	34.00	1.7480	0.8740	2.3060	1.1310
	460072	光油	kg	31.00	0.5440	0.5440	0.6020	0.5440
	110240	生桐油	kg	32.00	0.2470	0.2470	0.4740	0.3360
	110172	汽油	kg	9.44	—	—	0.0190	0.0190
	460007	精梳麻	kg	28.00	—	—	0.6530	0.1090
	840004	其他材料费	元	—	1.2	0.82	1.77	1.01
机械	840023	其他机具费	元	—	4.68	4.14	7.49	4.11

六、博缝板油饰

单位：m^2

定额编号				7-76	7-77	7-78	7-79	7-80	7-81
项目				歇山博缝板搓颜料光油		歇山博缝板涂刷醇酸磁漆		歇山博缝板涂刷醇酸调和漆	
				三道	四道	三道	四道	三道	四道
基价（元）				47.63	60.47	28.22	36.15	27.99	35.85
其中	人工费（元）			32.02	40.39	21.18	27.09	21.18	27.09
	材料费（元）			15.13	19.47	6.62	8.52	6.39	8.22
	机械费（元）			0.48	0.61	0.42	0.54	0.42	0.54
名称		单位	单价（元）	数量					
人工	870007 综合工日	工日	82.10	0.390	0.492	0.258	0.330	0.258	0.330
材料	460001 血料	kg	3.50	0.0840	0.1020	0.0840	0.1020	0.0840	0.1020
	110064 滑石粉	kg	0.82	0.1450	0.1790	0.1450	0.1790	0.1450	0.1790
	460066 颜料光油	kg	38.00	0.3770	0.4850	—	—	—	—
	110172 汽油	kg	9.44	0.0260	0.0370	—	—	—	—
	110001 醇酸磁漆	kg	19.00	—	—	0.3080	0.3960	—	—
	110005 醇酸调和漆	kg	17.40	—	—	—	—	0.3230	0.4150
	110002 醇酸稀释剂	kg	11.70	—	—	0.0220	0.0310	0.0230	0.0320
	840004 其他材料费	元	—	0.15	0.19	0.10	0.13	0.09	0.12
机械	840023 其他机具费	元	—	0.48	0.61	0.42	0.54	0.42	0.54

一、连檐、瓦口、椽头基层处理

单位：m^2

定额编号				7-159	7-160	7-161	7-162	7-163	7-164
项目				连檐、瓦口、椽头铲挠见木（椽径在）			连檐、瓦口、椽头清理除铲（椽径在）		
				7cm以内	12cm以内	12cm以外	7cm以内	12cm以内	12cm以外
基价（元）				59.48	51.73	43.97	13.00	12.47	11.67
其中	人工费（元）			56.65	49.26	41.87	12.32	11.82	11.33
	材料费（元）			1.70	1.48	1.26	0.43	0.41	0.11
	机械费（元）			1.13	0.99	0.84	0.25	0.24	0.23.
名称		单位	单价（元）	数量					
人工	870007 综合工日	工日	82.10	0.690	0.600	0.510	0.150	0.144	0.138
材料	840004 其他材料费	元	—	1.70	1.48	1.26	0.43	0.41	0.11
机械	840023 其他机具费	元	—	1.13	0.99	0.84	0.25	0.24	0.23

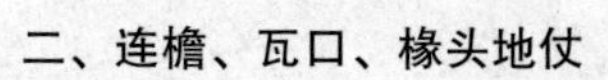

二、连檐、瓦口、椽头地仗

单位：m^2

定额编号					7-165	7-166	7-167	7-168
项目					连檐、瓦口、椽头操稀底油	连檐、瓦口、椽头做四道灰地仗（椽径在）		
						7cm 以内	12cm 以内	12cm 以外
基价（元）					5.21	97.26	94.16	91.05
其中	人工费（元）				2.46	35.47	32.51	29.56
	材料费（元）				2.7	60.02	60.02	60.01
	机械费（元）				0.05	1.77	1.63	1.48
名称			单位	单价（元）	数量			
人工	870007	综合工日	工日	82.10	0.030	0.432	0.396	0.360
材料	460001	血料	kg	3.50	—	4.2630	4.2630	4.2600
	460004	砖灰	kg	0.55	—	4.6870	4.6870	4.6870
	040023	石灰	kg	0.23	—	0.0250	0.0250	0.0250
	460020	面粉	kg	1.70	—	0.1420	0.1420	0.1420
	460005	灰油	kg	34.00	—	0.7970	0.7970	0.7970
	460072	光油	kg	31.00	—	0.2940	0.2940	0.2940
	110240	生桐油	kg	32.00	0.0530	0.1710	0.1710	0.1710
	110172	汽油	kg	9.44	0.1030	—	—	—
	840004	其他材料费	元	—	0.03	0.59	0.59	0.59
机械	840023	其他机具费	元	—	0.05	1.77	1.63	1.48

五、椽望地仗

单位：m^2

定额编号					7-215	7-216	7-217	7-218	7-219	7-220
项目					椽望做三道灰地仗（椽径在）			椽望做二道灰地仗（椽径在）		
					7cm 以内	12cm 以内	12cm 以外	7cm 以内	12cm 以内	12cm 以外
基价（元）					98.45	94.31	89.66	71.12	68.54	64.92
其中	人工费（元）				57.63	53.69	49.26	43.84	41.38	37.93
	材料费（元）				37.94	37.94	37.94	25.09	25.09	25.09
	机械费（元）				2.88	2.68	2.46	2.19	2.07	1.90
名称			单位	单价（元）	数量					
人工	870007	综合工日	工日	82.10	0.702	0.654	0.600	0.534	0.504	0.462
材料	460001	血料	kg	3.50	3.8220	3.8220	3.8220	2.2470	2.2470	2.2470
	460004	砖灰	kg	0.55	3.5210	3.5210	3.5210	2.0740	2.0740	2.0740
	040023	石灰	kg	0.23	0.0100	0.0100	0.0100	—	—	—
	460020	面粉	kg	1.70	0.0530	0.0530	0.0530	—	—	—
	460005	灰油	kg	34.00	0.2960	0.2960	0.2960	—	—	—
	460072	光油	kg	31.00	0.1620	0.1620	0.1620	0.2250	0.2250	0.2250
	110240	生桐油	kg	32.00	0.2210	0.2210	0.2210	0.2460	0.2460	0.2460
	110172	汽油	kg	9.44	—	—	—	0.1050	0.1050	0.1050
	840004	其他材料费	元	—	0.38	0.38	0.38	0.25	0.25	0.25
机械	840023	其他机具费	元	—	2.88	2.68	2.46	2.19	2.07	1.90

单位：m²

定额编号					7-221	7-222	7-223
项目					椽望做捉中找细灰地仗（椽径在）		
					7cm 以内	12cm 以内	12cm 以外
基价（元）					48.66	45.03	42.45
其中	人工费（元）				31.53	28.08	25.62
	材料费（元）				15.55	15.55	15.55
	机械费（元）				1.58	1.40	1.28
名称			单位	单价（元）	数量		
人工	870007	综合工日	工日	82.10	0.384	0.342	0.312
材料	460001	血料	kg	3.50	0.8190	0.8190	0.8190
	460004	砖灰	kg	0.55	0.7560	0.7560	0.7560
	460072	光油	kg	31.00	0.1050	0.1050	0.1050
	110240	生桐油	kg	32.00	0.2460	0.2460	0.2460
	110172	汽油	kg	9.44	0.1050	0.1050	0.1050
	840004	其他材料费	元	—	0.15	0.15	0.15
机械	840023	其他机具费	元	—	1.58	1.40	1.28

六、椽望油饰饰金

单位：m²

定额编号					7-224	7-225	7-226
项目					椽望涂刷颜料光油		
					单色	红帮绿底	刷两道扣末道
基价（元）					78.09	84.09	71.83
其中	人工费（元）				50.74	56.65	57.14
	材料费（元）				26.59	25.59	23.83
	机械费（元）				0.76	0.85	0.86
名称			单位	单价（元）	数量		
人工	870007	综合工日	工日	82.10	0.618	0.690	0.696
材料	460001	血料	kg	3.50	0.1430	0.1430	0.1430
	110064	滑石料	kg	0.82	0.2490	0.2490	0.2490
	460066	颜料光油	kg	38.00	0.6440	0.6440	0.5660
	110172	汽油	kg	9.44	0.0440	0.0440	0.0440
	840004	其他材料费	元	—	1.00	1.00	1.20
机械	840023	其他机具费	元	—	0.76	0.85	0.86

二、上架构件基层处理

单位：m^2

定额编号					7-267	7-268	7-269
项目					上架木构件		
					单披灰地仗砍挠见木	麻布灰地仗	
						砍挠见木	砍挠至压麻遍
基价（元）					34.14	48.39	42.53
其中	人工费（元）				32.51	46.30	40.89
	材料费（元）				0.98	1.16	0.82
	机械费（元）				0.65	0.93	0.82
名称			单位	单价（元）	数量		
人工	870007	综合工日	工日	82.10	0.396	0.564	0.498
材料	840004	其他材料费	元	—	0.98	1.16	0.82
机械	840023	其他机具费	元	—	0.65	0.93	0.82

单位：m^2

定额编号					7-289	7-290	7-291	7-292
项目					上架木构件麻遍上		上架木构件修补地仗	
					补做麻灰地仗	补做单披灰地仗	局部麻灰满细灰地仗	捉中灰、满细灰地仗
基价（元）					178.00	105.48	79.16	47.34
其中	人工费（元）				78.82	47.78	38.92	18.23
	材料费（元）				95.24	55.31	38.29	28.20
	机械费（元）				3.94	2.39	1.95	0.91
名称			单位	单价（元）	数量			
人工	870007	综合工日	工日	82.10	0.960	0.582	0.474	0.222
材料	460001	血料	kg	3.50	6.2240	4.1980	2.8460	2.3260
	460004	砖灰	kg	0.55	5.5770	4.3780	2.8140	2.2760
	040023	石灰	kg	0.23	0.0400	0.0190	0.0090	0.0020
	460020	面粉	kg	1.70	0.2220	0.1090	0.0500	0.0090
	460005	灰油	kg	34.00	1.2470	0.6110	0.2830	0.0510
	460072	光油	kg	31.00	0.3260	0.2940	0.2940	0.2940
	110240	生桐油	kg	32.00	0.2570	0.1820	0.1820	0.2240
	110172	汽油	kg	9.44	0.0110	0.0110	0.0110	0.0530
	460007	精梳麻	kg	28.00	0.2940	0.0590	0.0590	—
	840004	其他材料费	元	—	0.94	0.55	0.38	0.28
机械	840023	其他机具费	元	—	3.94	2.39	1.95	0.91

四、上架构件油饰

单位：m^2

定额编号					7-293	7-294	7-295	7-296	7-297	7-298
项目					上架木构件搓颜料光油			上架木构件刷醇酸磁漆		
					三道	四道	搓两道扣末道	三道	四道	刷两道扣末道
基价（元）					39.40	50.13	38.43	22.91	28.80	22.71
其中	人工费（元）				26.11	33.00	26.60	17.24	21.67	17.73
	材料费（元）				12.90	16.63	11.43	5.41	6.80	4.71
	机械费（元）				0.39	0.50	0.40	0.26	0.33	0.27
名称			单位	单价（元）	数量					
人工	870007	综合工日	工日	82.10	0.318	0.402	0.324	0.210	0.264	0.216
材料	460001	血料	kg	3.50	0.0710	0.0870	0.0710	0.0710	0.0870	0.0710
	110064	滑石粉	kg	0.82	0.1240	0.1530	0.1240	0.1240	0.1530	0.1240
	460066	颜料光油	kg	38.00	0.3220	0.4150	0.2830	—	—	—
	110172	汽油	kg	9.44	0.0200	0.0290	0.0200	0.0160	—	—
	110583	醇酸磁漆	kg	17.50	—	—	—	0.2650	0.3420	0.2340
	110002	醇酸稀释剂	kg	11.70	—	—	—	0.0160	0.0240	0.0160
	840004	其他材料费	元	—	0.13	0.16	0.14	0.08	0.10	0.08
机械	840023	其他机具费	元	—	0.39	0.50	0.40	0.26	0.33	0.27

六、清式和玺彩画绘制

单位：m^2

定额编号					7-318	7-319	7-320	7-321
项目					金琢墨龙凤和玺彩画彩画绘制			
					饰库金（檐柱径在）		饰赤金（檐柱径在）	
					50cm 以内	50cm 以外	50cm 以内	50cm 以外
基价（元）					732.75	677.13	615.36	566.55
其中	人工费（元）				253.20	221.18	257.14	225.12
	材料费（元）				474.49	451.53	353.08	336.93
	机械费（元）				5.06	4.42	5.14	4.50
名称			单位	单价（元）	数量			
人工	870007	综合工日	工日	82.10	3.084	2.694	3.132	2.742
材料	460009	巴黎绿	kg	480.00	0.1220	0.1220	0.1220	0.1220
	110237	群青	kg	15.00	0.0490	0.0490	0.0490	0.0490
	460002	银珠	kg	89.00	0.0100	0.0100	0.0100	0.0100
	110209	章丹	kg	13.80	0.0480	0.0480	0.0480	0.0480
	110241	石黄	kg	3.20	0.0100	0.0100	0.0100	0.0100

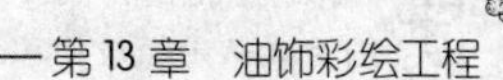

七、清式旋子彩画绘制

单位：m^2

定额编号					7-346	7-347	7-348	7-349
项目					金琢墨石碾玉旋子彩画绘制			
					饰库金（檐柱径在）		饰赤金（檐柱径在）	
					50cm 以内	50cm 以外	50cm 以内	50cm 以外
基价（元）					684.04	640.39	579.51	542.24
其中	人工费（元）				241.37	219.70	247.29	225.61
	材料费（元）				437.84	416.30	327.27	312.12
	机械费（元）				4.83	4.39	4.95	4.51
名称			单位	单价（元）	数量			
人工	870007	综合工日	工日	82.10	2.940	2.676	3.012	2.748
材料	460009	巴黎绿	kg	480.00	0.1220	0.1220	0.1220	0.1220
	110237	群青	kg	15.00	0.0490	0.0490	0.0490	0.0490
	460002	银珠	kg	89.00	0.0100	0.0100	0.0100	0.0100
	110209	章丹	kg	13.80	0.0480	0.0480	0.0480	0.0480
	110241	石黄	kg	3.20	0.0100	0.0100	0.0100	0.0100

单位：m^2

定额编号					7-411	7-412	7-413	7-414
项目					雄黄玉夔龙黑叶子花枋心旋子彩画绘制（檐柱径在）		雄黄玉素枋心旋子彩画绘制（檐柱径在）	
					25cm 以内	25cm 以外	25cm 以内	25cm 以外
基价（元）					140.74	137.73	136.70	133.69
其中	人工费（元）				116.25	113.30	112.31	109.36
	材料费（元）				22.16	22.16	22.14	22.14
	机械费（元）				2.33	2.27	2.25	2.19
名称			单位	单价（元）	数量			
人工	870007	综合工日	工日	82.10	1.416	1.380	1.368	1.332
材料	460009	巴黎绿	kg	480.00	0.0300	0.0300	0.0300	0.0300
	110237	群青	kg	15.00	0.0300	0.0300	0.0300	0.0300
	110209	章丹	kg	13.80	0.3800	0.3800	0.3800	0.3800
	110241	石黄	kg	3.20	0.0300	0.0300	0.0300	0.0300
	110246	松烟	kg	2.30	0.0150	0.0150	0.0100	0.0100
	460067	无光白乳胶漆	kg	13.00	0.0700	0.0700	0.0700	0.0700
	110064	滑石粉	kg	0.82	0.0600	0.0600	0.0600	0.0600
	110010	大白粉	kg	0.35	0.0700	0.0700	0.0700	0.0700
	110132	乳胶	kg	6.50	0.1120	0.1120	0.1120	0.1120
	840004	其他材料费	元	—	0.22	0.22	0.22	0.22
机械	840023	其他机具费	元	—	2.33	2.27	2.25	2.19

八、苏式彩画绘制

单位：m^2

定额编号					7-415	7-416	7-417	7-418
项目					金琢墨窝金地苏式彩画绘制			
					饰库金（檐柱径在）		饰赤金（檐柱径在）	
					25cm 以内	25cm 以外	25cm 以内	25cm 以外
基价(元)					728.55	694.81	659.65	629.95
其中	人工费（元）				428.56	408.86	432.50	412.80
	材料费（元）				291.42	277.77	218.50	208.89
	机械费（元）				8.57	8.18	8.65	8.26
名称			单位	单价（元）	数量			
人工	870007	综合工日	工日	82.10	5.220	4.980	5.268	5.028
材料	460009	巴黎绿	kg	480.00	0.0730	0.0730	0.0730	0.0730
	110237	群青	kg	15.00	0.0260	0.0260	0.0260	0.0260
	460002	银珠	kg	89.00	0.0130	0.0130	0.0130	0.0130
	110209	章丹	kg	13.80	0.0670	0.0670	0.0670	0.0670
	110241	石黄	kg	3.20	0.0100	0.0100	0.0100	0.0100

单位：m^2

定额编号					7-419	7-420	7-421	7-422
项目					金琢墨苏式彩画绘制			
					饰库金（檐柱径在）		饰赤金（檐柱径在）	
					25cm 以内	25cm 以外	25cm 以内	25cm 以外
基价(元)					686.17	648.10	625.34	591.11
其中	人工费（元）				413.78	389.15	417.72	393.09
	材料费（元）				264.11	251.27	199.27	190.16
	机械费（元）				8.28	7.78	8.35	7.86
名称			单位	单价（元）	数量			
人工	870007	综合工日	工日	82.10	5.040	4.740	5.088	4.788
材料	460009	巴黎绿	kg	480.00	0.0730	0.0730	0.0730	0.0730
	110237	群青	kg	15.00	0.0260	0.0260	0.0260	0.0260
	460002	银珠	kg	89.00	0.0130	0.0130	0.0130	0.0130
	110209	章丹	kg	13.80	0.0670	0.0670	0.0670	0.0670
	110241	石黄	kg	3.20	0.0100	0.0100	0.0100	0.0100
	110246	松烟	kg	2.30	0.0100	0.0100	0.0100	0.0100

单位：m^2

定额编号					7-437	7-438	7-439	7-440
项目					金线色卡子苏式彩画绘制			
					饰库金（檐柱径在）		饰赤金（檐柱径在）	
					25cm 以内	25cm 以外	25cm 以内	25cm 以外
基价（元）					486.81	463.01	451.13	429.62
其中	人工费（元）				310.34	294.57	313.29	297.53
	材料费（元）				170.26	162.55	131.57	126.14
	机械费（元）				6.21	5.89	6.27	5.95
名称			单位	单价（元）	数量			
人工	870007	综合工日	工日	82.10	3.780	3.588	3.816	3.624
材料	460009	巴黎绿	kg	480.00	0.0620	0.0620	0.0620	0.0620
	110237	群青	kg	15.00	0.0220	0.0220	0.0220	0.0220
	460002	银珠	kg	89.00	0.0130	0.0130	0.0130	0.0130
	110209	章丹	kg	13.80	0.0670	0.0670	0.0670	0.0670
	110323	氧化铁红	kg	7.88	0.0200	0.0200	0.0200	0.0200
	110241	石黄	kg	3.20	0.0100	0.0100	0.0100	0.0100

单位：m^2

定额编号					7-472	7-473	7-474	7-475
项目					墨线苏式彩画绘制			
					箍头、藻头、包袱(枋心)满绘	掐箍头搭包袱	单掐箍头	海墁式
基价（元）					287.38	264.92	130.94	150.66
其中	人工费（元）				243.34	231.52	102.46	98.52
	材料费（元）				39.17	28.77	26.43	50.17
	机械费（元）				4.87	4.63	2.05	1.97
名称			单位	单价（元）	数量			
人工	870007	综合工日	工日	82.10	2.964	2.820	1.248	1.200
材料	460009	巴黎绿	kg	480.00	0.0620	0.0500	0.0440	0.0920
	110237	群青	kg	15.00	0.0210	0.0180	0.0180	0.0370
	460002	银珠	kg	89.00	0.0130	—	—	0.0190
	110209	章丹	kg	13.80	0.0670	0.0240	0.0140	0.0950
	110323	氧化铁红	kg	7.88	0.0200	—	—	0.0200

十四、雀替、花板、牌楼匾油饰彩绘

单位：m^2

定额编号					7-550	7-551	7-552	7-553
项目					雀替涂刷醇酸磁漆三道	雀替涂刷醇酸调和漆三道	雀替罩光油	雀替罩清漆
基价(元)					46.80	46.18	14.30	12.79
其中	人工费(元)				35.47	35.47	9.85	9.85
	材料费(元)				10.62	10.00	4.25	2.74
	机械费(元)				0.71	0.71	0.20	0.20
名称			单位	单价(元)	数量			
人工	870007	综合工日	工日	82.10	0.432	0.432	0.120	0.120
材料	110001	醇酸磁漆	kg	19.00	0.4970	—	—	—
	110005	醇酸调和漆	kg	17.40	—	0.5070	—	—
	110285	醇酸清漆	kg	17.10	—	—	—	0.1530
	110002	醇酸稀释剂	kg	11.70	0.0330	0.0340	—	0.0080
	460072	光油	kg	31.00	—	—	0.1180	—
	110172	汽油	kg	9.44	—	—	0.0590	—
	460001	血料	kg	3.50	0.1390	0.1390	—	—
	110064	滑石粉	kg	0.82	0.2420	0.2420	—	—
	840004	其他材料费	元	—	0.11	0.10	0.04	0.03
机械	840023	其他机具费	元	—	0.71	0.71	0.20	0.20

二、下架构件基层处理

单位：m^2

定额编号					7-595	7-596	7-597	7-598	7-599
项目					下架构件单披灰地仗砍挠见木	下架构件麻布灰地仗		下架构件	
						砍挠见木	砍挠至麻遍	砂石穿油灰皮局部斩砍	砂石穿油灰皮
基价(元)					32.58	46.33	40.56	20.48	12.30
其中	人工费(元)				31.03	44.33	39.00	19.70	11.82
	材料费(元)				0.93	1.11	0.78	0.39	0.24
	机械费(元)				0.62	0.89	0.78	0.39	0.24
名称			单位	单价(元)	数量				
人工	870007	综合工日	工日	82.10	0.378	0.540	0.475	0.240	0.144
材料	840004	其他材料费	元	—	0.93	1.11	0.78	0.39	0.24
机械	840023	其他机具费	元	—	0.62	0.89	0.78	0.39	0.24

单位：m²

定额编号					7-600	7-601
项目					下架新木构件清理除铲砍斧迹	下架混凝土构件清理除铲磨毛
基价（元）					16.63	7.28
其中	人工费（元）				16.76	6.90
	材料费（元）				0.55	0.24
	机械费（元）				0.32	0.14
名称			单位	单价（元）	数量	
人工	870007	综合工日	工日	82.10	0.192	0.084
材料	840004	其他材料费	元	—	0.55	0.24
机械	840023	其他机具费	元	—	0.32	0.14

三、下架构件地仗

单位：m²

定额编号					7-602	7-603	7-604	7-605
项目					下架木构件			
					做两麻一布七灰地仗	做两麻六灰地仗	做一麻一布六灰地仗（檐柱径在）	
							50cm 以内	50cm 以外
基价（元）					352.75	291.37	268.60	276.18
其中	人工费（元）				160.10	133.00	124.14	122.16
	材料费（元）				184.64	151.72	138.25	147.91
	机械费（元）				8.01	6.65	6.21	6.11
名称			单位	单价（元）	数量			
人工	870007	综合工日	工日	82.10	1.950	1.620	1.512	1.488
材料	460001	血料	kg	3.50	10.1330	8.8310	7.9490	8.3790
	460004	砖灰	kg	0.55	8.7050	7.9700	7.2790	7.7110
	040023	石灰	kg	0.23	0.0880	0.0740	0.0630	0.0690
	460020	面粉	kg	1.70	0.4940	0.4120	0.3510	0.3850
	460005	灰油	kg	34.00	2.7880	2.3170	1.9690	2.1630
	460072	光油	kg	31.00	0.3570	0.3570	0.3570	0.3570
	110240	生桐油	kg	32.00	0.2470	0.2470	0.2470	0.2470
	460007	精梳麻	kg	28.00	0.5880	0.5880	0.2520	0.2940
	460032	亚麻布	m²	10.40	1.1030	—	1.1030	1.1030
	840004	其他材料费	元	—	1.83	1.50	1.37	1.46
机械	840023	其他机具费	元	—	8.01	6.65	6.21	6.11

单位：m^2

定额编号					7-606	7-607	7-608	7-609	7-610	7-611
项目					下架木构件					
					做一麻五灰地仗（檐柱径在）			做一布五灰地仗（檐柱径在）		
					25cm 以内	50cm 以内	50cm 以外	25cm 以内	50cm 以内	50cm 以外
基价（元）					203.33	207.57	215.69	215.66	214.92	220.12
其中	人工费（元）				102.46	97.04	95.56	92.61	85.71	84.73
	材料费（元）				95.75	105.68	115.35	118.42	124.92	131.15
	机械费（元）				5.12	4.85	4.78	4.63	4.29	4.24
名称			单位	单价（元）	数量					
人工	870007	综合工日	工日	82.10	1.248	1.182	1.164	1.128	1.044	1.032
材料	460001	血料	kg	3.50	6.1950	6.6470	7.0770	6.0060	6.3210	6.6260
	460004	砖灰	kg	0.55	6.1020	6.5450	6.9770	5.8430	6.2860	6.7180
	040023	石灰	kg	0.23	0.0420	0.0480	0.0540	0.0400	0.0450	0.0490
	460020	面粉	kg	1.70	0.2330	0.2690	0.3030	0.2240	0.2500	0.2760
	460005	灰油	kg	34.00	1.3090	1.5080	1.7020	1.2580	1.4060	1.5480
	460072	光油	kg	31.00	0.3570	0.3570	0.3570	0.3570	0.3570	0.3570
	110240	生桐油	kg	32.00	0.2470	0.2470	0.2470	0.2470	0.2470	0.2470
	460007	精梳麻	kg	28.00	0.2100	0.2520	0.2940	1.1030	1.1030	1.1030
	840004	其他材料费	元	—	0.95	1.05	1.14	1.17	1.24	1.30
机械	840023	其他机具费	元	—	5.12	4.85	4.78	4.63	4.29	4.24

四、下架构件油饰彩绘

单位：m^2

定额编号					7-622	7-623	7-624
项目					下架构件搓颜料光油		
					三道	四道	搓两道扣末道
基价（元）					40.56	51.34	41.82
其中	人工费（元）				26.60	33.50	30.05
	材料费（元）				13.56	17.34	11.32
	机械费（元）				0.40	0.50	0.45
名称			单位	单价（元）	数量		
人工	870007	综合工日	工日	82.10	0.324	0.408	0.366
材料	460066	颜料光油	kg	38.00	0.3390	0.4330	0.2800
	460001	血料	kg	3.50	0.0710	0.0870	0.0710
	110064	滑石粉	kg	0.82	0.1240	0.1530	0.1240
	110172	汽油	kg	9.44	0.0210	0.0300	0.0210
	840004	其他材料费	元	—	0.13	0.17	0.13
机械	840023	其他机具费	元	—	0.40	0.50	0.45

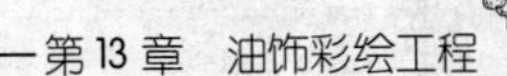

三、斗栱、垫栱板地仗

单位：m^2

定额编号					7-679	7-680	7-681	7-682
项目					垫栱板做一布四灰地仗	斗栱、垫栱板做四道灰地仗（斗口在）		
						6cm 以内	8cm 以内	8cm 以外
基价（元）					104.49	64.32	60.70	57.08
其中	人工费（元）				62.07	39.41	35.96	32.51
	材料费（元）				39.32	22.94	22.94	22.94
	机械费（元）				3.10	1.97	1.80	1.63
名称			单位	单价（元）	数量			
人工	870007	综合工日	工日	82.10	0.756	0.480	0.438	0.396
材料	460001	血料	kg	3.50	3.0980	2.3840	2.3840	2.3840
	460004	砖灰	kg	0.55	2.0950	1.5500	1.5500	1.5500
	040023	石灰	kg	0.23	0.0060	0.0060	0.0060	0.0060
	460020	面粉	kg	1.70	0.0350	0.0350	0.0350	0.0350
	460005	灰油	kg	34.00	0.1990	0.1990	0.1990	0.1990
	460072	光油	kg	31.00	0.1020	0.1020	0.1020	0.1020
	110240	生桐油	kg	32.00	0.1710	0.1100	0.1100	0.1100
	460032	亚麻布	m^2	10.40	1.1030	—	—	—
	840004	其他材料费	元	—	0.39	0.23	0.23	0.23
机械	840023	其他机具费	元	—	3.10	1.97	1.80	1.63

二、斗栱、垫栱板基层处理

单位：m^2

定额编号					7-677	7-678
项目					斗栱、垫栱板	
					浇挠见木	清理除铲
基价（元）					26.00	7.50
其中	人工费（元）				19.70	4.93
	材料费（元）				5.91	2.47
	机械费（元）				0.39	0.10
名称			单位	单价（元）	数量	
人工	870007	综合工日	工日	82.10	0.240	0.060
材料	840004	其他材料费	元	—	5.91	2.47
机械	840023	其他机具费	元	—	0.39	0.10

单位：m^2

定额编号					7-686	7-687	7-688	7-689	7-690	7-691
项目					斗栱、垫栱板做两道灰地仗（斗口在）			斗栱、垫栱板做一道半灰地仗（斗口在）		
					6cm 以内	8cm 以内	8cm 以外	6cm 以内	8cm 以内	8cm 以外
基价（元）					36.25	33.67	31.09	21.15	19.61	18.05
其中	人工费（元）				23.64	21.18	18.72	13.79	12.32	10.84
	材料费（元）				11.43	11.43	11.43	6.67	6.67	6.67
	机械费（元）				1.18	1.06	0.94	0.69	0.62	0.54
名称			单位	单价（元）	数量					
人工	870007	综合工日	工日	82.10	0.288	0.258	0.228	0.168	0.150	0.132
材料	460001	血料	kg	3.50	1.1450	1.1450	1.1450	0.4310	0.4310	0.4310
	460004	砖灰	kg	0.55	0.9830	0.9830	0.9830	0.3240	0.3240	0.3240
	040023	石灰	kg	0.23	0.0010	0.0010	0.0010	0.0010	0.0010	0.0010
	460020	面粉	kg	1.70	0.0070	0.0070	0.0070	0.0070	0.0070	0.0070
	460005	灰油	kg	34.00	0.0400	0.0400	0.0400	0.0400	0.0400	0.0400
	460072	光油	kg	31.00	0.1020	0.1020	0.1020	0.0420	0.0420	0.0420
	110240	生桐油	kg	32.00	0.0700	0.0700	0.0700	0.0700	0.0700	0.0700
	840004	其他材料费	元	—	0.11	0.11	0.11	0.07	0.07	0.07
机械	840023	其他机具费	元	—	1.18	1.06	0.94	0.69	0.62	0.54

四、斗栱、垫栱板油饰彩绘

单位：m^2

定额编号					7-692	7-693	7-694	7-695	7-696	7-697
项目					斗栱金琢墨彩画绘制					
					饰库金（斗口在）			饰赤金（斗口在）		
					6cm 以内	8cm 以内	8cm 以外	6cm 以内	8cm 以内	8cm 以外
基价（元）					361.26	292.98	243.15	307.34	248.30	203.61
其中	人工费（元）				110.34	74.88	43.51	11.66	75.86	44.33
	材料费（元）				248.71	216.60	198.77	193.45	170.92	158.39
	机械费（元）				2.21	1.50	0.87	2.23	1.52	0.89
名称			单位	单价（元）	数量					
人工	870007	综合工日	工日	82.10	1.344	0.912	0.530	1.360	0.924	0.540
材料	460009	巴黎绿	kg	480.00	0.1210	0.1210	0.1210	0.1210	0.1210	0.1210
	110237	群青	kg	15.00	0.0480	0.0480	0.0480	0.0480	0.0480	0.0480
	460002	银珠	kg	89.00	0.0030	0.0030	0.0030	0.0030	0.0030	0.0030
	110246	松烟	kg	2.30	0.0100	0.0100	0.0100	0.0100	0.0100	0.0100
	460067	无光白乳胶漆	kg	13.00	0.0910	0.0910	0.0910	0.0910	0.0910	0.0910
	110064	滑石粉	kg	0.82	0.1200	0.1200	0.1200	0.1200	0.1200	0.1200
	110010	大白粉	kg	0.35	0.1400	0.1400	0.1400	0.1400	0.1400	0.1400
	110132	乳胶	kg	6.50	0.1530	0.1530	0.1530	0.1530	0.1530	0.1530
	460072	光油	kg	31.00	0.0100	0.0100	0.0100	0.0100	0.0100	0.0100
	0.110001	醇酸磁漆	kg	19.00	0.0120	0.0120	0.0120	0.0120	0.0120	0.0120
	460008	金胶油	kg	32.00	0.0350	0.0350	0.0350	0.0350	0.0350	0.0350
	460074	金箔（库金）93.3×93.3	张	5.90	31.3790	25.9480	22.9310	—	—	—
	460073	金箔（赤金）83.3×83.3	张	3.30	—	—	—	39.3450	32.5350	28.7520
	840004	其他材料费	元	—	0.50	0.43	0.40	0.54	0.48	0.44
机械	840023	其他机具费	元	—	2.21	1.50	0.87	2.23	1.52	0.89

一、隔扇、槛窗及帘架大框基层处理

单位：m^2

定额编号				7-758	7-759	7-760	7-761	7-762	7-763
项目				菱花心屉隔扇、槛窗砍挠见木		菱花心屉隔扇、槛窗清理除铲	直棂条心屉隔扇、槛窗砍挠见木		直棂条心屉隔扇、槛窗清理除铲
				边抹心板麻布灰	边抹心板单披灰		边抹心板麻布灰	边抹心板单披灰	
基价（元）				133.84	93.10	10.39	97.80	74.48	9.36
其中	人工费（元）			128.08	88.67	9.85	93.59	70.93	8.87
	材料费（元）			3.20	2.66	0.34	2.34	2.13	0.31
	机械费（元）			2.56	1.77	0.20	1.87	1.42	0.18
名称		单位	单价（元）	数量					
人工	870007 综合工日	工日	82.10	1.560	1.080	0.120	1.140	0.864	0.108
材料	840004 其他材料费	元	—	3.20	2.66	0.34	2.34	2.13	0.31
机械	840023 其他机具费	元	—	2.56	1.77	0.20	1.87	1.42	0.18

二、隔扇、槛窗及帘架大框地仗

单位：m^2

定额编号				7-767	7-768	7-769	7-770	7-771	7-772
项目				菱花心屉隔扇、槛窗做地仗					
				边抹心板一麻五灰、心屉三道灰	边抹心板一布五灰心屉三道灰	边抹一麻五灰、心板糊布条三道灰、心屉三道灰	边抹心板糊布条三道灰、心屉三道灰	边抹、心板、心屉三道灰地仗	边抹心板三道灰、心屉二道灰
基价（元）				625.38	625.40	485.62	408.80	383.33	351.44
其中	人工费（元）			415.76	399.99	307.38	297.53	275.86	246.30
	材料费（元）			193.00	209.41	165.94	99.37	96.44	95.29
	机械费（元）			16.63	16.00	12.30	11.90	11.03	9.85
名称		单位	单价（元）	数量					
人工	870007 综合工日	工日	82.10	5.064	4.872	3.744	3.624	3.360	3.000
材料	460001 血料	kg	3.50	13.8000	13.4320	12.5070	8.6910	8.4770	8.4770
	460004 砖灰	kg	0.55	13.4840	12.9780	12.2150	0.9340	8.5340	8.5340
	040023 石灰	kg	0.23	0.0850	1.5960	0.0720	0.2200	0.0280	0.1780
	460020 面粉	kg	1.70	0.4690	0.4500	0.4480	0.1740	0.1600	0.1600
	460005 灰油	kg	34.00	2.6410	2.5400	2.2250	0.9930	0.9080	0.9080
	460072 光油	kg	31.00	0.4770	0.7650	0.7340	0.6430	0.6430	0.6430
	110240 生桐油	kg	32.00	0.5780	0.5780	0.1550	0.3140	0.3140	0.2770
	460007 精梳麻	kg	28.00	0.4100	—	0.0350	—	—	—
	460032 亚麻布	m^2	10.40	—	2.2580	0.1080	0.3240	—	—
	840004 其他材料费	元	—	1.91	2.07	1.64	0.98	0.95	0.94
机械	840023 其他机具费	元	—	16.63	16.00	12.30	11.90	11.03	9.85

三、隔扇、槛窗及帘架大框油漆

单位：m^2

定额编号					7-783	7-784	7-785	7-786	7-787
项目					菱花心屉隔扇、槛窗涂刷颜料光油		菱花心屉隔扇、槛窗涂刷醇酸磁漆		
					三道	刷两道扣末道	三道	刷两道扣末道	旧漆皮上刷两道
基价（元）					130.43	129.08	78.60	78.63	55.72
其中	人工费（元）				93.59	94.58	63.05	64.04	45.32
	材料费（元）				35.44	33.08	14.46	13.63	9.72
	机械费（元）				1.40	1.42	0.95	0.96	0.68
名称			单位	单价（元）	数量				
人工	870007	综合工日	工日	82.10	1.140	1.152	0.768	0.780	0.552
材料	460001	血料	kg	3.50	0.1800	0.1800	0.0630	0.0630	0.0320
	110064	滑石粉	kg	0.82	0.3170	0.3170	0.1110	0.110	0.0560
	460066	颜料光油	kg	38.00	0.8860	0.8230	—	—	—
	110001	醇酸磁漆	kg	19.00	—	—	0.7310	0.6790	0.4910
	110002	醇酸稀释剂	kg	11.70	—	—	0.0150	0.0150	0.0080
	110172	汽油	kg	9.44	0.0560	0.0560	—	—	—
	840004	其他材料费	元	—	0.35	0.39	0.22	0.24	0.14
机械	840023	其他机具费	元	—	1.40	1.42	0.95	0.96	0.68

一、花罩基层处理及地仗

单位：m^2

定额编号					7-955	7-956	7-957	7-958	7-959
项目					花罩				
					闷水洗挠	清理除铲	做三道灰地仗	做二道灰地仗	做一道半灰地仗
基价（元）					80.40	12.06	159.69	117.77	55.28
其中	人工费（元）				78.82	11.82	114.28	86.70	36.45
	材料费（元）				—	—	40.84	27.60	17.37
	机械费（元）				1.58	0.24	4.57	3.47	1.46
名称			单位	单价（元）	数量				
人工	870007	综合工日	工日	82.10	0.960	0.144	1.392	1.056	0.444
材料	460001	血料	kg	3.50	—	—	5.3240	2.9890	2.2320
	46004	砖灰	kg	0.55	—	—	4.8230	2.6960	1.9160
	040023	石灰	kg	0.23	—	—	0.0060	0.0060	0.0020
	460020	面粉	kg	1.70	—	—	0.0320	0.0320	0.0140
	460005	灰油	kg	34.00	—	—	0.1780	0.1780	0.0780
	460072	光油	kg	31.00	—	—	0.1990	0.1580	0.0410
	110240	生桐油	kg	32.00	—	—	0.2150	0.1370	0.1370
	840004	其他材料费	元	—	—	—	0.40	0.27	0.17
机械	840023	其他机具费	元	—	1.58	0.24	4.57	3.47	1.46

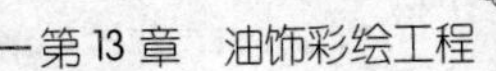

二、花罩油布

单位：m^2

定额编号					7-960	7-961	7-962	7-963
项目					花罩刷醇酸清漆		花罩刷硝基清漆	
					三道	四道	三道	四道
基价（元）					55.00	67.59	54.91	67.36
其中	人工费（元）				39.41	49.26	39.41	49.26
	材料费（元）				15.00	17.59	14.91	17.36
	机械费（元）				0.59	0.74	0.59	0.74
名称			单位	单价（元）	数量			
人工	870007	综合工日	工日	82.10	0.480	0.600	0.480	0.600
材料	110285	醇酸清漆	kg	17.10	0.4350	0.5710	—	—
	110002	醇酸稀释剂	kg	11.70	0.0380	0.0380	—	—
	110044	硝基清漆	kg	17.70	—	—	0.4350	0.5710
	110043	硝基漆稀释剂	kg	8.05	—	—	0.0380	0.0380
	110034	清油	kg	19.20	0.0540	0.0540	0.0540	0.0540
	460072	光油	kg	31.00	0.0920	0.0920	0.0920	0.0920
	110172	汽油	kg	9.44	0.3060	0.3290	0.2830	0.2830
	110010	大白粉	kg	0.35	0.2310	0.2310	0.2310	0.2310
	110039	石膏粉	kg	0.60	0.0710	0.0710	0.0710	0.0710
	840004	其他材料费	元	—	0.22	0.26	0.22	0.26
机械	840023	其他机具费	元	—	0.59	0.26	0.22	0.26

一、栏杆基层处理

单位：m^2

定额编号					7-972	7-973	7-974	7-975	7-976
项目					寻仗栏杆砍挠见木		寻仗栏杆清理除铲	棂条心栏杆、直档栏杆	
					麻（布）灰地仗	单披灰地仗		砍挠见木	清理除铲
基价（元）					86.49	67.24	15.60	72.41	8.83
其中	人工费（元）				82.76	64.04	14.78	68.96	8.37
	材料费（元）				2.07	1.92	0.52	2.07	0.29
	机械费（元）				1.66	1.28	0.30	1.38	0.17
名称			单位	单价（元）	数量				
人工	870007	综合工日	工日	82.10	1.008	0.780	0.180	0.840	0.102
材料	840004	其他材料费	元	—	2.07	1.92	0.52	2.07	0.29
机械	840023	其他机具费	元	—	1.66	1.28	0.30	1.38	0.17

二、栏杆地仗

单位：m^2

定额编号					7-977	7-978	7-979	7-980	7-981
项目					寻仗栏杆			棂条心栏杆、直档栏杆	
					做一麻五灰地仗	边抹做一麻五灰、其他做三道灰	边抹糊布条做四道灰、其他做三道灰	做四道灰地仗	做三道灰地仗
基价（元）					574.63	488.64	396.88	488.88	365.90
其中	人工费（元）				376.35	295.56	275.86	394.42	262.06
	材料费（元）				183.23	141.26	109.99	125.48	93.36
	机械费（元）				15.05	11.82	11.03	13.98	10.48
名称			单位	单价（元）	数量				
人工	870007	综合工日	工日	82.10	4.584	3.600	3.360	4.256	3.192
材料	460001	血料	kg	3.50	12.2440	9.6430	8.0710	8.7430	7.1870
	460004	砖灰	kg	0.55	12.2150	9.6200	8.4770	9.5400	7.3500
	040023	石灰	kg	0.23	0.0790	0.0590	0.0420	0.0490	0.0260
	460020	面粉	kg	1.70	0.4430	0.3280	0.2330	0.2770	0.1460
	460005	灰油	kg	34.00	2.4860	1.8430	1.3100	1.5540	0.8210
	460072	光油	kg	31.00	0.6350	0.6100	0.6100	0.6350	0.6350
	110240	生桐油	kg	32.00	0.4810	0.3720	0.3720	0.4810	0.4810
	460007	精梳麻	kg	28.00	0.4100	0.2420	—	—	—
	460032	亚麻布	m^2	10.40	—	—	0.0220	—	—
	840004	其他材料费	元	—	1.81	1.40	1.09	1.24	0.92
机械	840023	其他机具费	元	—	15.05	11.82	11.03	13.98	10.48

三、天花地仗

单位：m^2

定额编号					7-1031	7-1032	7-1033	7-1034
项目					井口板			
					做一麻五灰地仗	做一布五灰地仗	糊布条做四道灰地仗	做三道灰地仗
基价（元）					172.91	159.77	132.59	80.84
其中	人工费（元）				87.85	70.93	54.19	41.38
	材料费（元）				80.67	85.29	75.69	37.39
	机械费（元）				4.39	3.55	2.71	2.07
名称			单位	单价（元）	数量			
人工	870007	综合工日	工日	82.10	1.070	0.864	0.660	0.504
材料	460001	血料	kg	3.50	5.1380	4.9760	4.4700	2.9800
	460004	砖灰	kg	0.55	5.0620	5.0550	4.2070	3.0650
	040023	石灰	kg	0.23	0.0360	0.0340	0.0300	0.0120
	460020	面粉	kg	1.70	0.2000	0.0230	0.1660	0.0640
	460005	灰油	kg	34.00	1.1260	1.1410	0.9300	0.3620
	460072	光油	kg	31.00	0.2790	0.2820	0.2790	0.2520
	110240	生桐油	kg	32.00	0.2110	0.2140	0.2110	0.1460
	460007	精梳麻	kg	28.00	0.1810	—	—	—
	460032	亚麻布	m^2	10.40	—	0.9150	0.9300	—
	840004	其他材料费	元	—	0.80	0.84	0.75	0.37
机械	840023	其他机具费	元	—	4.39	3.55	2.71	2.07

单位：m^2

定额编号					7-1035	7-1036	7-1037
项目					支条		
					做一麻五灰地仗	溜布条做四道灰地仗	做三道灰地仗
基价（元）					158.20	137.33	89.92
其中	人工费（元）				93.59	77.17	59.11
	材料费（元）				59.93	56.30	27.85
	机械费（元）				4.68	3.86	2.96
名称			单位	单价（元）	数量		
人工	870007	综合工日	工日	82.10	1.140	0.940	0.720
材料	460001	血料	kg	3.50	3.8240	3.3260	2.2180
	460004	砖灰	kg	0.55	3.7670	3.1310	2.2810
	40023	石灰	kg	0.23	0.0270	0.0220	0.0090
	460020	面粉	kg	1.70	0.1490	0.1230	0.0480
	460005	灰油	kg	34.00	0.8380	0.6920	0.2700
	460072	光油	kg	31.00	0.2070	0.2070	0.1870
	110240	生桐油	kg	32.00	0.1570	0.1570	0.1090
	460007	精梳麻	kg	28.00	0.1320	—	—
	460032	亚麻布	m^2	10.40	—	0.6920	—
	840004	其他材料费	元	—	0.59	0.56	0.28
机械	840023	其他机具费	元	—	4.68	3.86	2.96

第14章　中国古建筑工程预算实例

14.1　实例一　担梁式垂花门

14.1.1　图纸说明及图纸

1. 说明

（1）方案：

1）台基：条石地面及阶条石。

室外二城样散水细墁，细栽二城样牙子砖，150厚3:7灰土垫层一步。

2）大木架：传统大木架和椽、飞，望板、连檐、瓦口。

3）屋面：2号筒瓦屋面。

4）装修：传统装修。

5）油饰：大木架做地仗、油饰。

（2）技术要求：

1）木作：

梁、柱、枋、檩等大木构件及修补结构构件，均选用一级东北落叶松，木材含水率<20%，椽、望及装修用材选用一、二级红松，圆椽选用杉杆，严禁用方木刨圆，木材含水率<15%，均为自然干燥材。所有承力构件，不许用拼合料。所有扇活、槛框应刮刨起线、严禁砍坡口以地仗压灰成型。

2）瓦面：

屋面苫背，曲线须柔顺，掺灰泥背分层苫抹，每层不超过50mm，掺灰泥背配比：白灰:黄土=5:5，泥背至七、八成干时，拍打，泥背晒至九成干时再苫灰背。用生石灰块泼制泼浆灰，麻刀含量5%，苫背灰要均匀、充分泼制，泼制后适当沉状。青灰背表层不得少于三浆三轧，保证成品不出现裂缝，青灰背配比：白灰:青灰:麻刀=100:8:5，严禁使用劣质麻刀，青灰背晾至九成干再瓦瓦。裂损、破裂、不破裂但有隐残的瓦严禁上房。板瓦沾生石灰浆，瓦与瓦的搭接部分不小于瓦长的6/10。檐头瓦坡度不应过缓。瓦底时用瓦刀将灰“背”实，空虚之处应补足。清除瓦与瓦搭接缝隙以外的多余灰。筒瓦抹足抹严雄头灰，盖瓦侧面不宜有灰。脊内灰浆要饱满，瓦垄伸入脊内不宜太少，交接处的脊件砍制适形，灰缝宽度不超过10mm内部背里密实，灰浆饱满。

3）油饰：

地仗：大木构架、露明装修、槛框均作一麻五灰地仗，椽、飞单皮灰：传统扇活边抹单皮灰，棂心走细灰。

油漆：下架大木、装修、槛框及槅板饰铁锈红，连檐、瓦口银珠红，椽望绿肚红身，扇

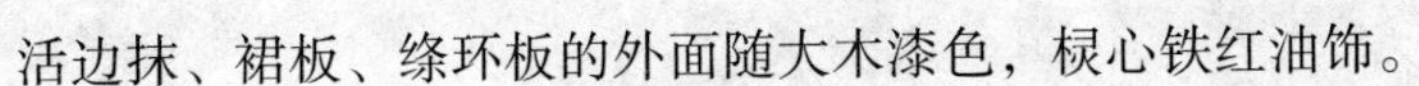

活边抹、裙板、绦环板的外面随大木漆色，棂心铁红油饰。

彩画：上架大木内外檐金线掐箍头搭包袱苏式彩画，椽头金边彩画，花板、雀替金边纠粉。

2. 图纸

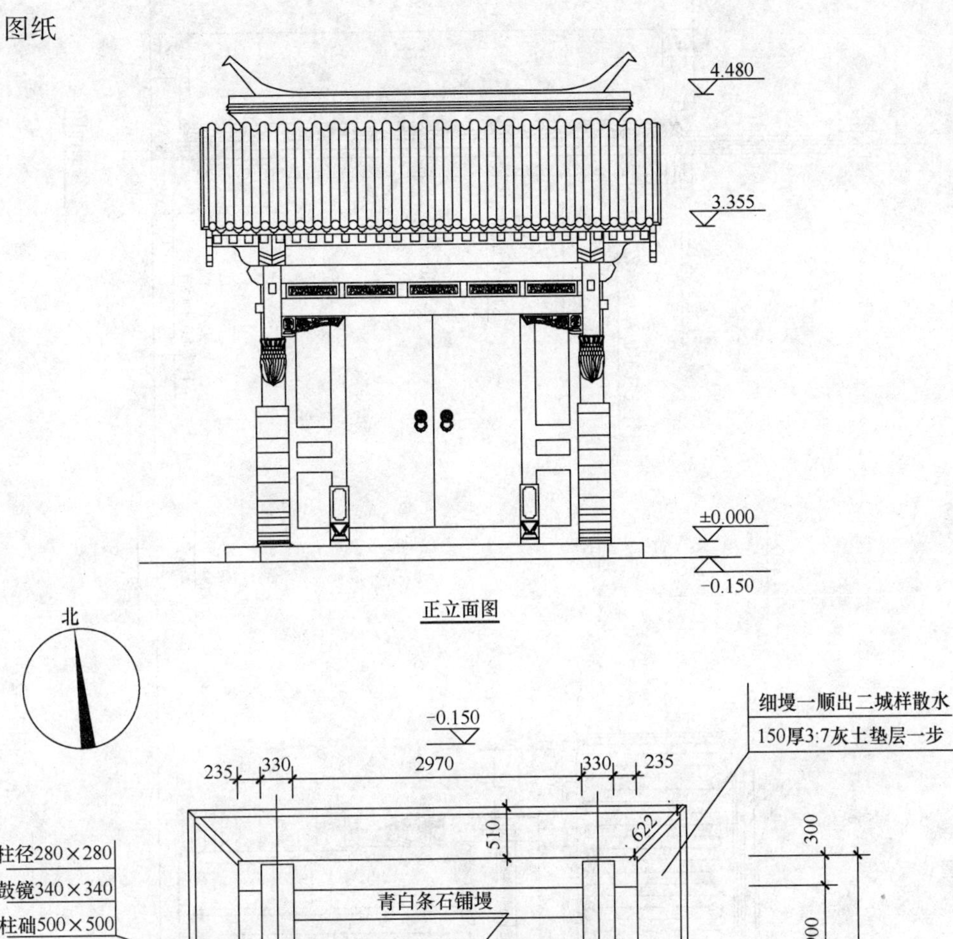

图 14-1

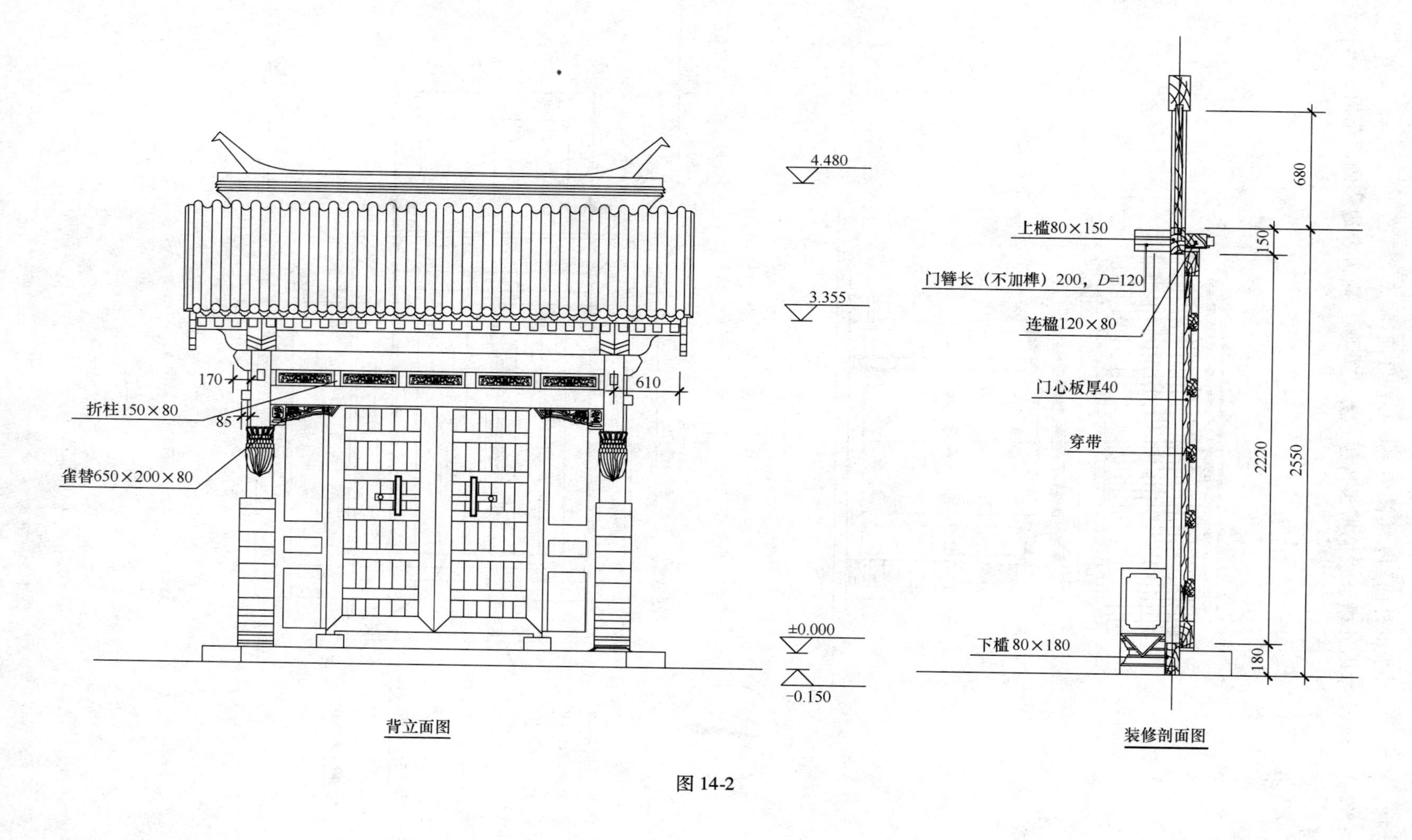
4.480
3.355
±0.000
-0.150
170
610
折柱150×80
85
雀替650×200×80
背立面图
680
上槛80×150
150
门簪长（不加榫）200，D=120
连槛120×80
门心板厚40
穿带
2220
2550
下槛 80×180
180
装修剖面图

图 14-2

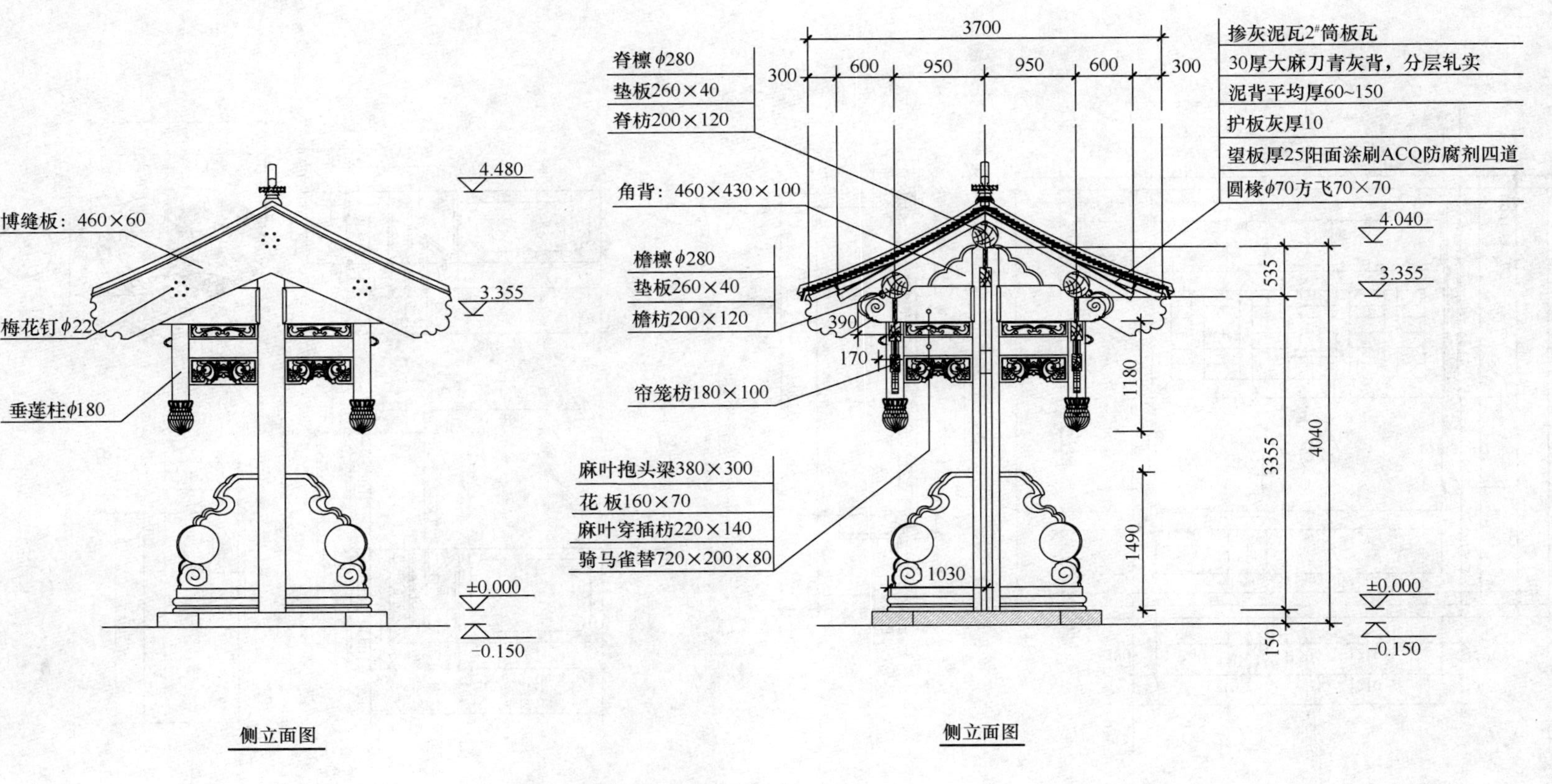
博缝板：460×60
梅花钉φ22
垂莲柱φ180
4.480
3.355
±0.000
-0.150
侧立面图
3700
300
600
950
950
600
300
脊檩φ280
垫板260×40
脊枋200×120
角背：460×430×100
檐檩φ280
垫板260×40
檐枋200×120
390
170
帘笼枋180×100
麻叶抱头梁380×300
花 板160×70
麻叶穿插枋220×140
骑马雀替720×200×80
1030
掺灰泥瓦2#筒板瓦
30厚大麻刀青灰背，分层轧实
泥背平均厚60~150
护板灰厚10
望板厚25阳面涂刷ACQ防腐剂四道
圆椽φ70方飞70×70
4.040
3.355
535
1180
1490
3355
4040
150
±0.000
-0.150
侧立面图

图 14-3

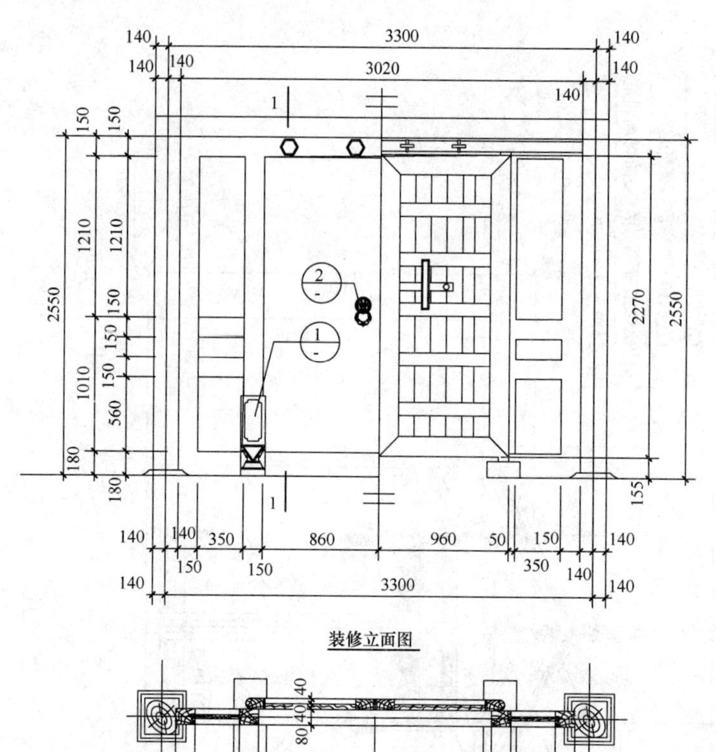

图 14-4

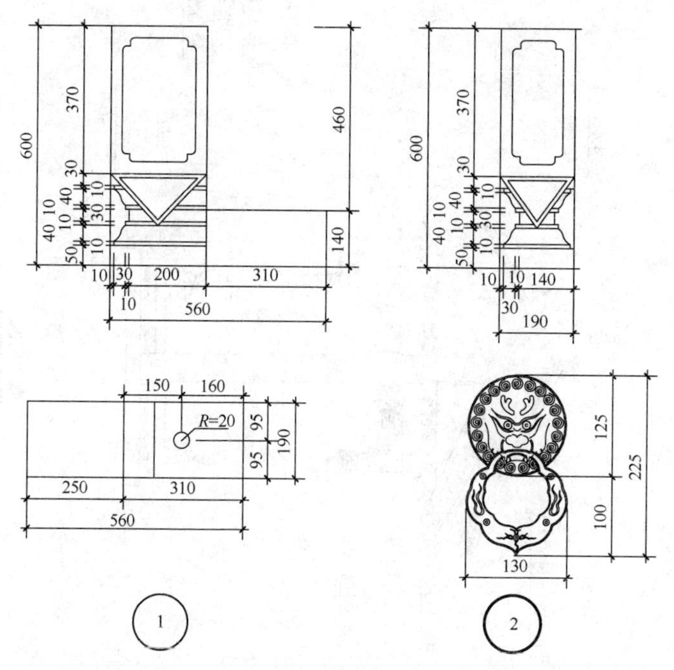

图 14-5

14.1.2 工程量计算表

单位工程工程量计算书

工程名称：独立垂花门　　　　第1页共7页

序号	定额编号	定额名称	单位	数量	工程量表达式
		一、石作工程			
1	1-482	阶条石制作	m^3	0.531	GCLMXHJ =(4.1+1.8)×2//长=11.8m =11.8{长}×0.3{宽}×0.15{厚}// GCLMXHJ=0.5310//结算结果(GCLMXHJ)
2	1-506	阶条石安装	m^3	0.53	0.53
3	1-488	方鼓径柱顶石制作	m^3	0.125	GCLMXHJ =0.5×0.5×0.25×2// GCLMXHJ=0.1250//结算结果(GCLMXHJ)
4	1-510	柱顶石安	m^3	0.125	0.125
5	1-588	门枕石制作	块	2	2
6	1-605	门枕石安装	块	2	2
7	1-593	门鼓石制作圆鼓	块	4	4
8	1-608	门鼓石安装圆鼓	块	4	4
9	2-142	路面石、地面石制作　厚在13cm以内	m^2	6.3	GCLMXHJ =4.1-0.3×2//长=3.5m =3.5{长}×1.8{宽}// GCLMXHJ=6.3000//结算结果(GCLMXHJ)
10	2-144	路面、地面、噙口石制作 每增厚2cm	m^2	6.3	6.3
11	(2-145)+(2-146)	路面、地面、噙口石安装 厚在15cm	m^2	6.3	6.3
12	2-4	挖土方三类	m^3	2.0155	GCLMXHJ =[(4.1×0.51×2)+(2.4+0.51×2)]×2//长 =15.2m =15.2×0.5×0.26{厚}// GCLMXHJ=2.0155//结算结果(GCLMXHJ)
13	2-19	灰土垫层3:7每步15cm	m^3	1.1628	GCLMXHJ =15.2×0.51×0.15// GCLMXHJ=1.1628//结算结果(GCLMXHJ)
14	11-13	渣土运输　三环以内	m^3	2.727	GCLMXHJ =2.02×1.35// GCLMXHJ=2.7270//结算结果(GCLMXHJ)
15	2-93	细砖散水铺墁二样城砖平铺普通	m^2	7.752	GCLMXHJ =[(4.1×0.51×2)+(2.4+0.51×2)]×2//长 =15.2m =15.2×0.51// GCLMXHJ=7.7520//结算结果(GCLMXHJ)
16	2-159	细砖牙顺栽　二城样砖	m	17.68	GCLMXHJ =15.2+0.62×4//长 GCLMXHJ=17.6800//结算结果(GCLMXHJ)
		二、大木构架工程			
17	5-62	垂花门中柱制作	m^3	0.61	GCLMXHJ =3.89{高}×0.28×0.28×2//中柱体积 GCLMXHJ=0.6100//结算结果(GCLMXHJ)

单位工程工程量计算书

工程名称：独立垂花门　　　　第2页共7页

序号	定额编号	定额名称	单位	数量	工程量表达式
18	5-97	垂花门中柱安装	m^3	0.61	0.61

19	5-57	垂花门垂柱制作风摆柳垂头	m^3	0.12	GCLMXHJ
					=1.18{高}×3.14×0.09×0.09×4{根}//垂柱径 ϕ180
					GCLMXHJ=0.1200//结算结果(GCLMXHJ)

20	5-94	垂花门垂柱安装	m^3	0.12	0.12

21	5-601	圆檩制作	m^3	0.8308	GCLMXHJ
					=3.3+0.6×2//长4.5m
					=4.5{长}×3.14×0.14×0.14×3{根}//檐脊檩 ϕ280
					GCLMXHJ=0.8308//结算结果(GCLMXHJ)

22	5-622	圆檩吊装	m^3	0.83	0.83

23	5-727	桁檩垫板制作	m^3	0.103	GCLMXHJ
					=3.3//长
					=3.3{长}×0.26×0.04×3{根)//垫板260×40
					GCLMXHJ=0.1030//结算结果(GCLMXHJ)

24	5-736	桁檩垫板吊装	m^3	0.103	0.103

25	5-179	桁檩枋类构件制作	m^3	0.288	GCLMXHJ
					=3.3+(0.18+0.17)×2//长=4m
					=4{长}×0.2×0.12×3{根}//枋200×120
					GCLMXHJ=0.2880//结算结果(GCLMXHJ)

26	5-230	桁檩枋类构件吊装	m^3	0.288	0.288

27	5-218	垂花门帘栊枋制作	m^3	0.1379	GCLMXHJ
					=3.3+(0.18+0.085)×2//长=3.83m
					=3.83{长}×0.18×0.1×2{根}//帘栊枋180×100
					GCLMXHJ=0.1379//结算结果(GCLMXHJ)

28	5-254	垂花门帘栊枋安装	m^3	0.137	0.137
29	5-257	燕尾枋制安	块	4	4

30	5-213	垂花门麻叶穿插枋制作　独立柱式	m^3	0.138	GCLMXHJ
					=1.9+0.17×2//长=2.24m
					=2.24×0.22×0.14×2{根}//麻叶穿插枋220×140
					GCLMXHJ=0.1380//结算结果(GCLMXHJ)

31	5-249	垂花门麻叶穿插枋吊装　独立柱式	m^3	0.138	0.138

32	5-294	垂花门麻叶头梁制作　独立柱式	m^3	0.611	GCLMXHJ
					=1.9+0.39×2//长=2.68m
					=2.68×0.38×0.3×2{根}//麻叶头梁380×300
					GCLMXHJ=0.6110//结算结果(GCLMXHJ)

33	5-357	垂花门麻叶头梁吊装　独立柱式	m^3	0.611	0.611

34	5-537	荷叶角背制作	m^3	0.0396	GCLMXHJ
					=0.46×0.43×0.1×2{块}//角背
					GCLMXHJ=0.0396//结算结果(GCLMXHJ)

35	5-541	荷叶角背吊装	m^3	0.04	0.04

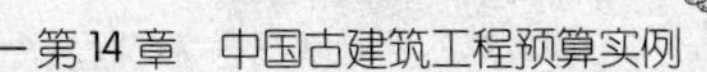

单位工程工程量计算书

工程名称：独立垂花门　　　　　　　　　　　　　　　　　第3页共7页

序号	定额编号	定额名称	单位	数量	工程量表达式
36	5-805	梅花钉安装	个	36	GCLMXHJ =6×3×2{面}// GCLMXHJ=36.0000//结算结果(GCLMXHJ)
37	5-871	垂花门折柱制作　不落海棠池	根	12	GCLMXHJ =6×2// GCLMXHJ=12.0000//结算结果(GCLMXHJ)
38	5-875	垂花门折柱安装	根	12	GCLMXHJ =12// GCLMXHJ=12.0000//结算结果(GCLMXHJ)
39	5-898	垂花门折柱间花板制作　起鼓锼雕	块	14	GCLMXHJ =5×2+2×2// GCLMXHJ=14.0000//结算结果(GCLMXHJ)
40	5-902	垂花门花板安装	块	14	GCLMXHJ =14// GCLMXHJ=14.0000//结算结果(GCLMXHJ)
41	5-564	额枋下卷草大雀替制安	块	4	GCLMXHJ =4// GCLMXHJ=4.0000//结算结果(GCLMXHJ)
42	5-576	卷草骑马雀替制安	块	4	GCLMXHJ =4// GCLMXHJ=4.0000//结算结果(GCLMXHJ)

43	(5-766)+(5-768)	博缝板制安　板厚6cm　悬山	m^2	3.8272	GCLMXHJ
					=[(0.535−0.28)/2+0.28]{高}//檐部三角形高=0.41m
					=0.99{=(0.9×0.9+0.41×0.41)开根号}
					+1.09{=(0.95×0.95+0.535×0.535)开根号}//单边斜长=2.08m
					=2.08×2{斜长}×0.46{宽}×2{面}//博缝板460×60
					GCLMXHJ=3.8272//结算结果(GCLMXHJ)

		三、屋面工程			

44	3-100	望板勾缝	m^2	19.3024	GCLMXHJ
					=0.99{斜长=(0.9×0.9+0.41×0.41)开根号}+1.09{斜长(0.95×0.95+0.535×0.535)开根号}//单边斜长=2.08m
					=3.3+(0.61+0.06)×2//屋面面宽=4.64m
					=4.64{长}×2.08{斜长}×2{面}//屋面面积
					GCLMXHJ=19.3024//结算结果(GCLMXHJ)

45	3-101	抹护板灰	m^2	19.3	19.3
46	(3-103)×2	屋面苫泥背(厚4~6cm) 麻刀泥　屋面苫泥背厚度平均在9~12cm时　单价×2	m^2	19.3	19.3
47	3-106	屋面苫青灰背(厚2~3.5cm)坡顶	m^2	19.3	19.3
48	3-111	筒瓦瓦面铺瓦(捉节夹垄)2#瓦	m^2	19.3	19.3

单位工程工程量计算书

工程名称：独立垂花门　　　　　　　　　　　　　　　　　　　第4页共7页

序号	定额编号	定额名称	单位	数量	工程量表达式

49	3-121	筒瓦檐头附件 2#瓦	m	9.28	GCLMXHJ
					=3.3+(0.61+0.06)×2//屋面单边长=4.64m
					=4.64×2{面}//长
					GCLMXHJ=9.2800//结算结果(GCLMXHJ)

50	3-331	布瓦屋面清水脊(无陡板正脊)	m	4.64	GCLMXHJ =3.3+(0.61+0.06)×2//屋面单边长 GCLMXHJ=4.6400//结算结果(GCLMXHJ)
51	3-335	布瓦屋面清水脊蝎子尾平草	份	2	2

52	3-350	布瓦屋面　披水稍垄	m	8.32	GCLMXHJ
					=2.08×2{斜长}×2{面}//博缝板460×60面积
					GCLMXHJ=8.3200//结算结果(GCLMXHJ)

53	3-361	布瓦屋面　无陡板铃铛排山脊、披水排山脊附件	条	4	4

54	5-1392	带柳叶缝望板制安　厚2.5(2.2)cm	m^2	22.6872	GCLMXHJ
					=19.3{m^2}//屋面
					=0.73{斜长}{=(0.6×0.6+0.41×0.41)开根号}×4.64{面宽}
					//檐部重叠望板=3.39m^2
					GCLMXHJ=19.3000+3.3872//结算结果(GCLMXHJ)

55	5-1394	顺望板、带柳叶缝望板刨光	m^2	22.69	22.69
56	(5-1470)×4	涂刷ACQ　4道	m^2	22.69	22.69

57	5-1305	飞椽制安	根	68	GCLMXHJ
					=(3.3+0.61×2)//单边面宽长=4.52m
					=34{根=4.52/(0.07+0.07)+1}//飞椽单面根数
					=34×2{面}//根数
					GCLMXHJ=68.0000//结算结果(GCLMHJ)

58	5-1253	圆直椽制安	m	141.44	GCLMXHJ =34{根}×2.08{斜长}×2{面}// GCLMXHJ=141.4400//结算结果(GCLMXHJ)

59	5-1402	大连檐制安	m	9.04	GCLMXHJ
					=(3.3+0.61×2)//单边长=4.52m
					=4.52×2{面}//总长
					GCLMXHJ=9.0400//结算结果(GCLMXHJ)

60	5-1415	小连檐制安	m	9.04	9.04
61	5-1417	闸档板制安	m	9.04	9.04
62	5-1434	瓦口制作	m	9.04	9.04
63	5-1419	隔椽板制安	m	9.04	9.04
64	5-1421	圆椽椽椀制安	m	9.04	9.04
四、木装修工程					
65	6-7	槛框制安	m	20.98	GCLMXHJ

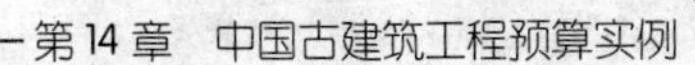

单位工程工程量计算书

工程名称：独立垂花门　　　　　　　　　　　　　　　　　　　　　　第5页共7页

序号	定额编号	定额名称	单位	数量	工程量表达式
65	6-7	槛框制安	m	20.98	=3.02+0.35×4+(1.01+1.21)×4+0.68×2//上槛、腰枋、抱框 80×150=14.66m =3.02//下槛 80×180=3.02m =3.3//连楹 120×80=3.3m GCLMXHJ=14.6600+3.0200+3.3000//结算结果(GCLMXHJ)
66	6-34	门簪制安　素面	件	4	4
67	6-43	门头板、余塞板制安厚2cm	m^2	3.3976	GCLMXHJ =(1.21+0.15+0.56){高}×0.35{宽}×2{个}//余塞板 =1.34m^2 =3.02×0.68//门头板=2.05m^2 GCLMXHJ=1.3440+2.0536//结算结果(GCLMXHJ)

68	6-260	门扇制安　撒带大门　边厚6cm	m^2	4.3584	GCLMXHJ
					=(0.96×2)×2.27{高}//大门面积
					GCLMXHJ=4.3584//结算结果(GCLMXHJ)

69	B：4	门钹	对	1	1
					五、油饰工程
70	7-58	悬山博缝板　清理除铲砍斧迹并楦缝	m^2	6.889	GCLMXHJ =2.08×2{斜长}×0.46{宽}×2{面}×1.8// GCLMXHJ=6.8890//结算结果(GCLMXHJ)
71	7-70	悬山博缝板　做一麻五灰地仗	m^2	6.89	6.89
72	7-82	悬山博缝板搓颜料光油三道	m^2	6.89	6.89
73	7-88	博缝板梅花钉饰库金	m^2	3.8272	GCLMXHJ =2.08×2{斜长}×0.46{宽}×2{面}// GCLMXHJ=3.8272//结算结果(GCLMXHJ)
74	7-166	椽头做四道灰地仗	m^2	0.6328	GCLMXHJ =4.52×0.07×2{侧}// GCLMXHJ=0.6328//结算结果(GCLMXHJ)
75	7-197	飞椽头、檐椽头金边彩画绘制　饰库金	m^2	0.63	0.63
76	7-169	连檐、瓦口做三道灰地仗	m^2	0.9492	GCLMXHJ =4.52×0.07×1.5×2{侧}// GCLMXHJ=0.9492//结算结果(GCLMXHJ)
77	7-172	连檐、瓦口搓颜料光油三道	m^2	0.95	0.95
78	7-178	连檐、瓦口罩光油	m^2	0.95	0.95
79	7-215	椽望做三道灰地仗	m^2	19.3	19.3
80	7-225	椽望涂刷颜料光油　红帮绿底	m^2	19.3	19.3
81	7-600	下架新木构件清理除铲砍斧迹	m^2	24.2228	GCLMXHJ

单位工程工程量计算书

工程名称：独立垂花门　　　　第6页共7页

序号	定额编号	定额名称	单位	数量	工程量表达式

81	7-600	下架新木构件清理除铲砍斧迹	m^2	24.2228	=3.89{高}×(0.28+0.28)×2×2//中柱=8.71m^2
					=[3.02+0.35×4+(1.01+1.21)×4+0.68×2]×(0.15×2+0.08)
					//上槛、腰枋、抱框=5.57m^2
					=3.02×(0.18×2+0.08)//下槛=1.33m^2
					=3.3×(0.12×2+0.08)//连楹=1.06m^2
					=(3.14×0.06×0.6+3.14×0.12×0.2)×4//门簪=0.75m^2
					=3.4{m^2}×2{面}//余塞板、门头板=6.8m^2
					GCLMXHJ=8.7136+5.5708+1.3288+1.0560+0.7536+6.8000//结算结果(GCLMXHJ)

82	7-606	下架木构件　做一麻五灰地仗	m^2	24.22	24.22
83	7-622	下架构件搓颜料光油　三道	m^2	24.22	24.22
84	7-633	下架构件罩光油	m^2	24.22	24.22

85	7-272	上架新木件清理除铲、砍斧迹楦缝	m^2	39.7677	GCLMXHJ
					=1.18{高}×3.14×0.18×4{根}//垂柱=2.67m^2
					=4.5{长}×3.14×0.28×3{根}//檐脊檩=11.87m^2
					=3.3{长}×0.26×2×3{根}//垫板=5.15m^2
					=4{长}×(0.2×2+0.12)×3{根}//枋=6.24m^2
					=3.83{长}×(0.18×2+0.1)×2{根}//帘笼枋=3.52m^2
					=0.6×0.26×2×4//燕尾枋=1.25m^2
					=2.24×(0.22×2+0.14)×2{根}//麻叶穿插枋=2.81m^2
					=2.68×(0.38×2+0.3)×2{根}//麻叶抱头梁=5.68m^2
					=0.46×0.43×2×2{块}//角背=0.79m^2
					GCLMXHJ=2.6677+11.8692+5.1480+6.2400+3.5236+1.2480+2.5984+5.6816+0.7912//结算结果(GCLMXHJ)

86	7-277	上架木构件做一麻五灰地仗	m^2	39.77	39.77
87	7-445	金线掐箍头搭包袱苏式彩画绘制	m^2	39.77	39.77

88	7-853	撒带大门、攒边门清理除铲砍斧迹	m^2	8.7168	GCLMXHJ=(0.96×2)×2.27{高}×2{面}//大门面积
					GCLMXHJ=8.7168//结算结果(GCLMXHJ)

89	7-858	撒带大门、攒边门做地仗　一麻五灰	m^2	8.72	8.72
90	7-867	撒带大门、攒边门涂刷颜料光油三道	m^2	8.72	8.72
91	7-534	雀替、花板　清理除铲	m^2	1.096	GCLMXHJ =0.65×0.2×4//雀替=0.52m^2 =0.72×0.2×4//骑马雀替=0.58m^2 GCLMXHJ=0.5200+0.5760//结算结果(GCLMXHJ)
92	7-538	雀替做地仗　三道灰	m^2	1.096	1.096
93	7-564	雀替金边纠粉饰库金	m^2	1.096	1.096
94	7-541	花板做地仗　三道灰	m^2	1，368	GCLMXHJ

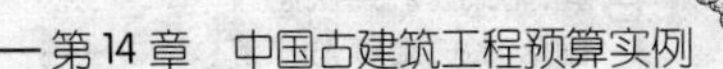

单位工程工程量计算书

工程名称：独立垂花门　　　　第7页共7页

序号	定额编号	定额名称	单位	数量	工程量表达式
94	7-541	花板做地仗三道	m^2	1.368	=(3.3-0.18)×0.15×2+0.72×0.15×4//GCLMXHJ=1.3680//结算结果(GCLMXHJ)
95	7-578	花板纠粉　无金饰	m^2	1.368	1.368

14.1.3　工程预算表

单位工程概预算表

工程名称：独立垂花门　　　　第1页共4页

序号	编号	名　称	工程量		价值(元)		其中(元)	
			单位	数量	单价	合价	人工费	材料费
		一、石作工程						
1	1-482	阶条石制作	m^3	0.531	5318.33	2824.03	1030.59	1740.06
2	1-506	阶条石安装	m^3	0.53	1170.08	620.14	548.26	36.24
3	1-488	方鼓径柱顶石制作	m^3	0.125	5762.42	720.3	293.1	409.62
4	1-510	柱顶石安	m^3	0.125	1100.06	137.51	123.15	6.35
5	1-588	门枕石制作	块	2	256.44	512.88	157.64	345.78
6	1-605	门枕石安装	块	2	73.63	147.26	128.08	10.86
7	1-593	门鼓石制作　圆鼓	块	4	5398.06	21592.24	14975.04	5718.68
8	1-608	门鼓石安装　圆鼓	块	4	138.44	553.76	492.6	29.16
9	2-142	路面石、地面石制作　厚在13cm以内	m^2	6.3	606.27	3819.5	1086.18	2668.18
10	2-144	路面、地面、噙口石制作　每增厚2cm	m^2	6.3	98.64	621.43	198.64	410.82
11	(2-145)+(2-146)	路面、地面、噙口石安装　厚在15cm	m^2	6.3	121.81	767.4	713.79	7.18
12	2-4	挖土方三类	m^3	2.0155	32.59	65.69	63.55	0.2
13	2-19	灰土垫层3:7 每步15cm	m^3	1.1628	176.17	204.85	143.38	57.07
14	11-13	渣土运输　三环以内	m^3	2.727	77.16	210.42	101.42	1.04
15	2-93	细砖散水铺墁　二样城砖平铺普通	m^2	7.752	454.17	3520.73	2093.89	1311.72
16	2-159	细砖牙顺栽　二城样砖	m	17.68	77.02	1361.71	696.77	626.76
		分部小计				37679.85	22846.08	13379.72
		二、大木构架工程						
1	5-62	垂花门中柱制作	m^3	0.61	3325.49	2028.55	587.45	1411.73
2	5-97	垂花门中柱安装	m^3	0.61	545.27	332.61	262.93	48.65

单位工程概预算表

工程名称：独立垂花门　　　　第2页共4页

序号	编号	名称	工程量		价值(元)		其中(元)	
			单位	数量	单价	合价	人工费	材料费
3	5-57	垂花门垂柱制作　风摆柳垂头	m^3	0.12	21969.05	2636.29	2246.26	277.72
4	5-94	垂花门垂柱安装	m^3	0.12	864.51	103.74	96.06	
5	5-601	圆檩制作	m^3	0.8308	3052.23	2535.79	815.78	1679.22
6	5-622	圆檩吊装	m^3	0.83	290.85	241.41	221.47	2.22
7	5-727	桁檩垫板制作	m^3	0.103	2507.8	258.3	24.31	231.26
8	5-736	桁檩垫板吊装	m^3	0.103	123.05	12.67	11.63	0.12
9	5-179	桁檩枋类构件制作	m^3	0.288	2968.59	854.95	228.41	615.12
10	5-230	桁檩枋类构件吊装	m^3	0.288	344.54	99.23	91.03	0.91
11	5-218	垂花门帘栊枋制作	m^3	0.1379	3642.71	502.33	197.9	294.53
12	5-254	垂花门帘栊枋安装	m^3	0.137	326.65	44.75	41.05	0.41
13	5-257	燕尾枋制安	块	4	27.77	111.08	75.52	31.76
14	5-213	垂花门麻叶穿插枋制作　独立柱式	m^3	0.138	5744.4	792.73	474.27	294.75
15	5-249	垂花门麻叶穿插枋吊装　独立柱式	m^3	0.138	389.28	53.72	49.29	0.49
16	5-294	垂花门麻叶头梁制作　独立柱式	m^3	0.611	4852.17	2964.68	1580.64	1305
17	5-357	垂花门麻叶头梁吊装　独立柱式	m^3	0.611	541.81	331.05	250.82	60.16
18	5-537	荷叶角背制作	m^3	0.0396	18387.06	728.13	605.09	92.79
19	5-541	荷叶角背吊装	m^3	0.04	861.32	34.45	31.61	0.32
20	5-805	梅花钉安装	个	36	6.38	229.68	70.92	155.16
21	5-871	垂花门折柱制作　不落海棠池	根	12	20.67	248.04	170.4	69.12
22	5-875	垂花门折柱安装	根	12	5.48	65.76	62.04	0.6
23	5-898	垂花门折柱间花板制作　起鼓锼雕	块	14	163.71	2291.94	2080.4	107.52
24	5-902	垂花门花板安装	块	14	4.3	60.2	43.68	14.42
25	5-564	额枋下卷草大雀替制安	块	4	920	3680	3109.96	414.56
26	5-576	卷草骑马雀替制安	块	4	959.3	3837.2	3389.08	278.68
27	(5-766)+(5-768)	博缝板制安　板厚6cm　悬山	m^2	3.8272	314.62	1204.11	452.45	712.01
		分部小计				26283.39	17270.45	8099.23
		三、屋面工程						
1	3-100	望板勾缝	m^2	19.3024	2.42	46.71	38.03	5.98
2	3-101	抹护板灰	m^2	19.3	15.92	307.26	63.3	239.51
3	(3-103)×2	屋面苫泥背(厚4～6cm)麻刀泥屋面苫泥背厚度平均在9～12cm时单价×2	m^2	19.3	52.35	1010.36	507.01	467.83

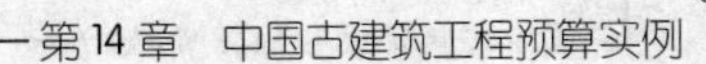

单位工程概预算表

工程名称：独立垂花门　　　　第3页共4页

序号	编号	名称	工程量		价值(元)		其中(元)	
			单位	数量	单价	合价	人工费	材料费
4	3-106	屋面苫青灰背(厚2~3.5cm)坡顶	m^2	19.3	70.14	1353.7	950.72	336.4
5	3-111	筒瓦瓦面铺瓦(捉节夹垄)2#瓦	m^2	19.3	204.99	3956.31	1806.29	2041.55
6	3-121	筒瓦檐头附件2#瓦	m	9.28	51.2	475.14	289.54	168.25
7	3-331	布瓦屋面清水脊(无陡板正脊)	m	4.64	242.22	1123.9	803.79	271.9
8	3-335	布瓦屋面清水脊蝎子尾　平草	份	2	2014.45	4028.9	3556.58	258.94
9	3-350	布瓦屋面　披水稍垄	m	8.32	52.01	432.72	26.62	404.52
10	3-361	布瓦屋面　无陡板铃铛排山脊、披水排山脊附件	条	4	66.47	265.88	134.64	123.16
11	5-1392	带柳叶缝望板制安　厚2.5(2.2)cm	m^2	22.6872	81.22	1842.65	163.8	1661.61
12	5-1394	顺望板、带柳叶缝望板刨光	m^2	22.69	5.37	121.85	111.86	
13	(5-1470)×4	涂刷ACQ4道	m^2	22.69	36.92	837.71	536.39	290.43
14	5-1305	飞椽制安	根	68	17.42	1184.56	535.84	575.28
15	5-1253	圆直椽制安	m	141.44	21.09	2982.97	1207.9	1620.9
16	5-1402	大连檐制安	m	9.04	18.5	167.24	62.38	99.08
17	5-1415	小连檐制安	m	9.04	9.1	82.26	26.76	53.34
18	5-1417	闸档板制安	m	9.04	8.5	76.84	44.57	29.47
19	5-1434	瓦口制作	m	9.04	7.42	67.08	34.17	29.02
20	5-1419	隔椽板制安	m	9.04	21.01	189.93	17.81	170.68
21	5-1421	圆椽椽椀制安	m	9.04	16.13	145.82	89.04	47.46
		分部小计				20699.79	11007.04	8895.31
		四、木装修工程						
1	6-7	槛框制安	m	20.98	68.09	1428.53	434.08	959.63
2	6-34	门簪制安　素面	件	4	277.06	1108.24	539.88	525.16
3	6-43	门头板、余塞板　制安　厚2cm	m^2	3.3976	173.53	589.59	123.84	455.86
4	6-260	门扇制安　撒带大门　边厚6cm	m^2	4.3584	435.45	1897.87	729.94	1109.56
5	B：4	门钹	对	1	300	300		300
		分部小计				5324，23	1827.74	3350.21
		五、油饰工程						
1	7-58	悬山博缝板　清理除铲砍斧迹并楦缝	m^2	6.889	31.18	214.8	203.64	7.1
2	7-70	悬山博缝板　做一麻五灰地仗	m^2	6.89	381.61	2629.29	1126.79	1446.14
3	7-82	悬山博缝板搓颜料光油三道	m^2	6.89	75.14	517.71	346.22	164.53
4	7-88	博缝板梅花钉　饰库金	m^2	3.8272	219.13	838.65	133.84	701.49

单位工程概预算表

工程名称：独立垂花门　　　　　　　　　　　　　　　　　　　　第4页共4页

序号	编号	名　称	工程量		价值(元)		其中(元)	
			单位	数量	单价	合价	人工费	材料费
5	7-166	椽头做四道灰地仗	m^2	0.6328	97.26	61.55	22.45	37.98
6	7-197	飞椽头、檐椽头金边彩画绘制饰库金	m^2	0.63	950.26	598.66	310.34	282.12
7	7-169	连檐、瓦口做三道灰地仗	m^2	0.9492	61.57	58.44	28.06	28.98
8	7-172	连檐、瓦口搓颜料光油三道	m^2	0.95	48.92	46.47	33.7	12.27
9	7-178	连檐、瓦口罩光油	m^2	0.95	9.32	8.85	6.56	217
10	7-215	椽望做三道灰地仗	m^2	19.3	98.45	1900.09	1112.26	732.24
11	7-225	椽望涂刷颜料光油　红帮绿底	m^2	19.3	84.09	1622.94	1093.35	513.19
12	7-600	下架新木构件清理除铲砍斧迹	m^2	24.2228	16.63	402.83	381.75	13.32
13	7-606	下架木构件　做一麻五灰地仗	m^2	24.22	203.33	4924.65	2481.58	2319.07
14	7-622	下架构件搓颜料光油三道	m^2	24.22	40.56	982.36	644.25	328.42
15	7-633	下架构件罩光油	m^2	24.22	12.29	297.66	238.57	55.46
16	7-272	上架新木件清理除铲、砍斧迹楦缝	m^2	39.7677	16.63	661.34	626.74	21.87
17	7-277	上架木构件做一麻五灰地仗	m^2	39.77	183.88	7312.91	3408.69	3733.61
18	7-445	金线掐箍头搭包袱苏式彩画绘制	m^2	39.77	363.55	14458.38	10853.23	3388.01
19	7-853	撒带大门、攒边门清理除铲砍斧迹	m^2	8.7168	40.2	350.42	343.53	
20	7-858	撒带大门、攒边门做地仗　一麻五灰	m^2	8.72	584.11	5093.44	1941.6	3054.79
21	7-867	撒带大门、攒边门涂刷颜料光油三道	m^2	8.72	99.33	866.16	575.61	281.92
22	7-534	雀替、花板　清理除铲	m^2	1.096	12.65	13.86	12.95	0.65
23	7-538	雀替做地仗　三道灰	m^2	1.096	162.13	177.69	123.09	50.91
24	7-564	雀替金边纠粉　饰库金	m^2	1.096	506.36	554.97	188.96	362.23
25	7-541	花板做地仗　三道灰	m^2	1.368	178.63	244.37	154.99	84.72
26	7-578	花板纠粉　无金饰	m^2	1.368	342.89	469.07	242.6	221.62
		分部小计				45307.56	26635.35	17844.81
		合计				135294.82	79586.66	51569.28

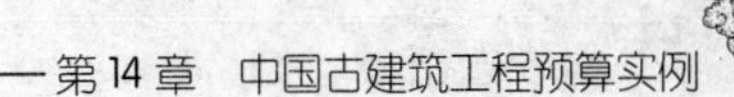

单位工程人材机汇总表

工程名称：独立垂花门　　　　　　　　　　　　　　　　第1页共3页

序号	材料名	单位	材料量	市场价	市场价合计
1	瓦工	工日	21.8756		
2	砍砖工	工日	70.1101		
3	木工	工日	45.0463		
4	雕刻工	工日	122.0405		
5	综合工日	工日	982.8998	82.1	80696.07
6	水泥(综合)	kg	7.5388	0.4	3.02
7	板方材	m^3	5.8448	1900	11105.12
8	烘干板方材	m^3	0.3483	2720	947.38
9	松木规格料	m^3	0.4792	4126.6	1977.47
10	原木(落叶松)	m^3	1.1216	1450	1626.32
11	梅花钉 ϕ60mm 以内	个	37.8	4	151.2
12	石灰(泼)	kg	28.646	0.23	6.59
13	砂子	kg	29.9484	0.07	2.1
14	青灰	kg	40.696	0.35	14.24
15	蓝四丁砖	块	149.1016	1.45	216.2
16	镀锌铁丝 $8^{\#}\sim12^{\#}$	kg	14.118	6.25	88.24
17	圆钉	kg	11.9916	7	83.94
18	自制古建筑门窗五金	kg	1.6126	8.1	13.06
19	铁件(垫铁)	kg	3.22	5.8	18.68
20	醇酸磁漆	kg	4.0414	19	76.79
21	醇酸稀释剂	kg	0.2616	11.7	3.06
22	大白粉	kg	3.769	0.35	1.32
23	滑石粉	kg	17.3305	0.82	14.21
24	乳胶	kg	21.0402	6.5	136.76
25	骨胶	kg	0.5234	8	4.19
26	汽油	kg	2.9131	9.44	27.5
27	章丹	kg	1.0082	13.8	13.91
28	群青	kg	0.9765	15	14.65
29	生桐油	kg	33.3572	32	1067.43
30	松烟	kg	5.2512	2.3	12.08
31	季铵铜(ACQ)	kg	19.0596	15	285.89
32	麻刀	kg	39.9085	1.21	48.29
33	密目网	m^2	6.4575	5.56	35.9
34	滴水 $2^{\#}$	块	49.9691	1.4	69.96
35	板瓦 $2^{\#}$	块	1839.7839	0.8	1471.83
36	勾头 $2^{\#}$	块	62.5691	1.4	87.6

单位工程人材机汇总表

工程名称：独立垂花门　　　　第2页共3页

序号	材料名	单位	材料量	市场价	市场价合计
37	勾头3#	块	4.2	1.2	5.04
38	筒瓦2#	块	633.4395	1	633.44
39	小停泥砖	块	32.6444	3	97.93
40	大开条砖288×144×64	块	17.722	3	53.17
41	尺四方砖	块	12.43	16.5	205.1
42	二样城砖448×224×112	块	147.2717	12	1767.26
43	青白石	m^3	3.7328	3000	11198.4
44	血料	kg	745.3096	3.5	2608.58
45	银珠	kg	0.0055	89	0.49
46	砖灰	kg	725.9285	0.55	399.26
47	灰油	kg	164.332	34	5587.29
48	精梳麻	kg	23.6476	28	662.13
49	金胶油	kg	0.6399	32	20.48
50	巴黎绿	kg	2.559	480	1228.32
51	面粉	kg	31.2679	1.7	53.16
52	扎绑绳	kg	0.2952	3.8	1.12
53	颜料光油	kg	32.0736	38	1218.8
54	无光白乳胶漆	kg	4.9385	13	64.2
55	光油	kg	38.9237	31	1206.63
56	金箔(库金)93.3×93.3	张	579.4771	5.9	3418.91
57	国画色	只	59.655	1	59.66
58	1∶3.5水泥砂浆	m^3	0.1819	252.35	45.9
59	掺灰泥3∶7	m^3	2.3992	28.9	69.34
60	掺灰泥4∶6	m^3	1.7717	47.9	84.86
61	掺灰泥5∶5	m^3	0.1153	59.9	6.91
62	护板灰	m^3	0.3571	146.7	52.39
63	浅月白中麻刀灰	m^3	0.3407	172.4	58.74
64	深月白大麻刀灰	m^3	0.8533	206.5	176.21
65	深月白中麻刀灰	m^3	0.6967	176.5	122.97
66	深月白小麻刀灰	m^3	0.0676	163.6	11.06
67	深月白浆	m^3	0.0588	126.2	7.42
68	素白灰浆	m^3	0.0521	119.8	6.24

单位工程人材机汇总表

工程名称：独立垂花门　　　　　　　　　　　　第3页共3页

序号	材料名	单位	材料量	市场价	市场价合计
69	其他材料费	元	600.2077	1	600.21
70	门钹材料费	元	1	300	300
71	生石灰	kg	435.2987	0.13	56.59
72	材料费调整	元	-0.193	1	-0.19
73	载重汽车5t	台班	0.973	193.5	188.28
74	其他机具费	元	1377.4935	1	1377.49
75	中小型机械费	元	2838.4073	1	2838.41
76	钢管	m	530.46	1.38	732.03
77	钢管	m	510.678	1.38	704.74
78	钢管	m	121.032	1.38	167.02
79	木脚手板	块	12.3	21	258.3
80	木脚手板	块	71.925	21	1510.43
81	扣件	个	446.04	1.32.	588.77
82	扣件	个	54.12	1.32	71.44
83	底座	个	51.87	4.8	248.98
84	底座	个	2.952	4.8	14.17
	合计				141109.08

14.1.4 费用计算表

单位工程费用表

工程名称：独立垂花门　　第1页共1页

序号	费用名称	费率%	费用金额
1	直接工程费		135294.82
1.1	人工费		79586.66
2	措施费		18667.59
2.1	措施费1		5814.34
2.1.1	其中：人工费		1108.98
2.2	措施费2		12853.25
2.2.1	其中：人工费		7012.06
3	直接费		153962.41
4	企业管理费	37.72	33083.35
5	利润	13	11402.00
6	规费		20234.17
6.1	其中：社会保险费	16.11	14129.71
6.2	住房公积金	6.96	6104.46
7	税金	9	19681.37
8	专业工程暂估价		
9	工程造价		238363.29

措施项目定额组价明细表

工程名称：独立垂花门　　第1页共1页

序号	编码	费用名称	单位	工程量	综合单价	综合合价
1	1	模板	项	1		
2	2	脚手架	项	1	1518.45	1518.45
1)	2-13	双排外脚手架　三步	10m	2.1	267.09	560.89
2)	2-94	双排椽望油脚手架　三步	10m	2.1	342.27	718.77
3)	2-78	大木安装围撑脚手架　二步	$10m^2$	0.984	184.24	181.29
4)	2-162	脚手架立挂密目网	$10m^2$	0.63	91.27	57.5

措施项目计算汇总表

工程名称：独立垂花门　　第1页共1页

编码	名称	计算基数	人工费	费用金额(元)	未计价材料费
一、	措施费1		1108.98	1518.45	4295.89
1	模板				
2	脚手架				4295.89
二	措施费2		7012.06	12853.25	
3-25	安全文明施工费	人工费	1203.35	2228.43	
3-27	二次搬运费	人工费	3345.98	3676.90	
3-28	冬雨季施工费	人工费	1074.42	1989.67	
3-29	临时设施费	人工费	1210.04	4321.56	
3-37	施工垃圾场外运输和消纳费	人工费	178.27	636.69	
合　计			8121.04	14371.70	4295.89

14.2　实例二　五开间六檩前出廊硬山建筑

14.2.1　图纸说明及图纸

1. 设计说明

(1)方案：

建筑类型：面阔五间，前带廊，六檩硬山过垄脊，2号筒瓦屋面。

1)台基：室内地面尺四方砖细墁钻生，150厚3∶7灰土垫层一步。

室外二城样散水细墁，细栽二城样牙子砖，150厚3∶7灰土垫层一步。

台帮小停泥干摆和青白石阶条石、埋头石、垂带、踏跺。

2)墙体：外上身小停泥丝缝墙体，下碱小停泥干摆，干摆尺四方砖砍制博缝。室内蓝四丁背里糙砌，抹靠骨灰月白灰刷涂料。

3)大木架：恢复传统大木架和椽、飞，塑板、连檐、瓦口。

4)屋面：2号筒瓦屋面。

5)装修：全部传统装修。

6)油饰：大木架做地仗、油饰，内外檐上架苏式彩画。

(2)技术要求：

1)木作：

梁、柱、枋、檩等大木构件及修补结构构件，均选用一级东北落叶松，木材含水率 <20%，椽、望及装修用材选用一、二级红松，圆椽选用杉杆，严禁用方木刨圆，木材含水率 <15%，均为自然干燥材。所有承力构件，不许用拼合料，所有扇活、槛框应刮刨起线，严禁砍坡口以地仗压灰成型。

2)瓦面：

屋面苫背，曲线须柔顺，掺灰泥背分层苫抹，每层不超过50mm，掺灰泥背配比：白灰∶黄土=5∶5，泥背至七、八成干时，拍打、泥背晒至九成干时再苫灰背，用生石灰块泼制泼浆灰，麻刀含量5%，苫背灰要均匀、充分泼制，泼制后适当沉状。青灰背表层不得少于三浆三轧，保证成品不出现裂缝，青灰背配比：白灰∶青灰∶麻刀=100∶8∶5，严禁使用劣质麻刀，青灰背晾至九成干再瓦瓦，裂损、破裂、不破裂但有隐残的瓦严禁上房、板瓦沾生石灰浆，瓦与瓦的搭接部分不小于瓦长的6/10。檐头瓦坡度不应过缓，瓦底时用瓦刀将灰“背”实，空虚之处应补足，清除瓦与瓦搭接缝隙以外的多余灰，筒瓦抹足抹严雄头灰，盖瓦侧面不宜有灰，脊内灰浆要饱满，瓦垄伸入脊内不宜太少，交接处的脊件砍制适形，灰缝宽度不超过10mm内部背里密实，灰浆饱满。

3)油饰：

地仗：大木构架、露明装修、槛框均作一麻五灰地仗，椽、飞单皮灰，传统扇活边抹单皮灰，棂心走细灰。

油漆：下架大木、装修、槛框及榻板饰铁锈红，连檐、瓦口银珠红，椽望绿肚红身，扇活边抹、裙板、绦环板的外面随大木漆色，棂心铁红油饰。

彩画：上架大木内外檐金线掐箍头搭包袱苏式彩画，椽头金边彩画，花板、雀替金边纠粉。

2. 图纸

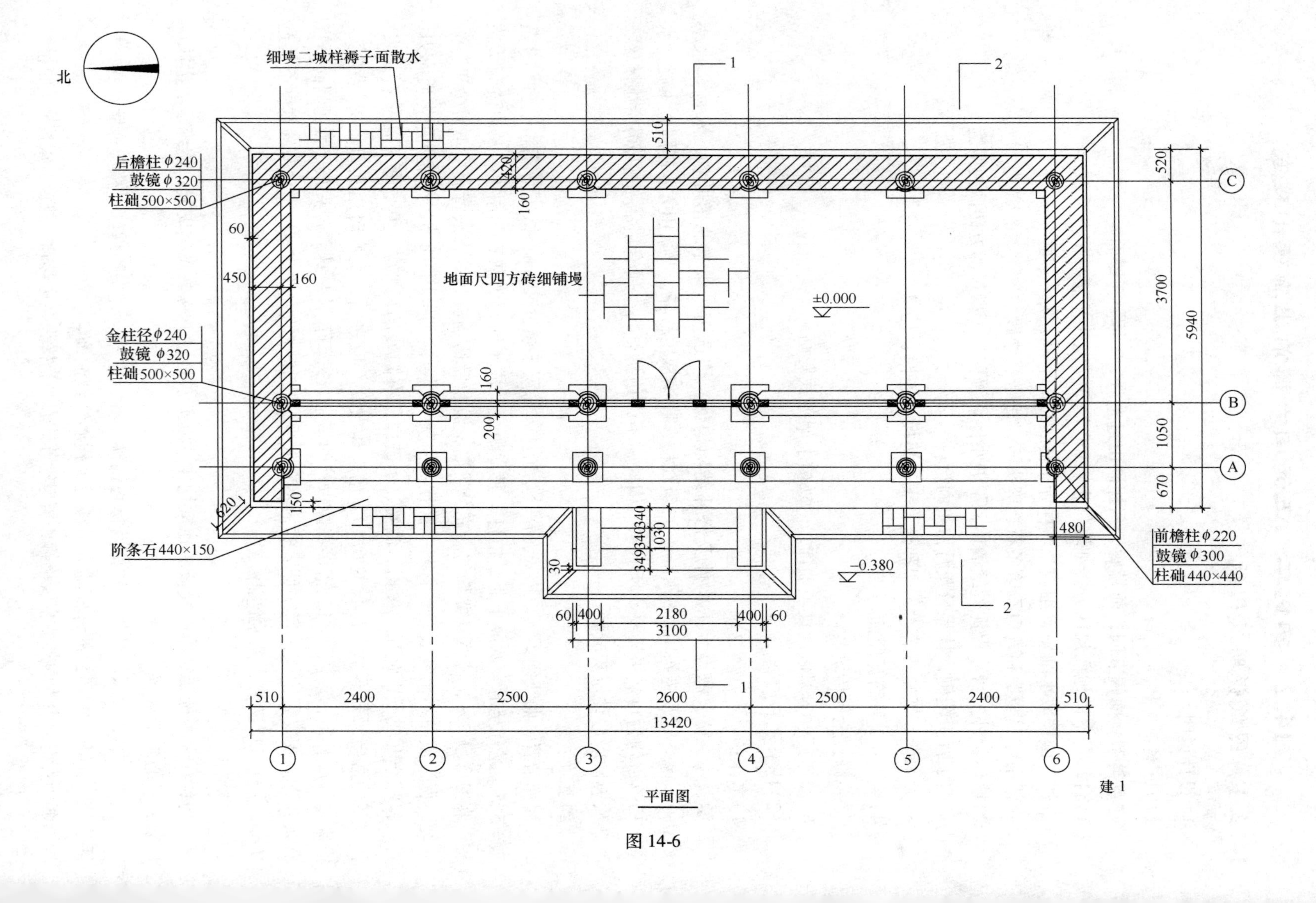
北
细墁二城样褥子面散水
后檐柱φ240
鼓镜φ320
柱础500×500
金柱径φ240
鼓镜 φ320
柱础500×500
阶条石440×150
地面尺四方砖细铺墁
±0.000
-0.380
前檐柱φ220
鼓镜φ300
柱础440×440
510
2400
2500
2600
2500
2400
510
13420
2180
3100
1030
520
3700
1050
670
5940
480
建1

平面图

图 14-6

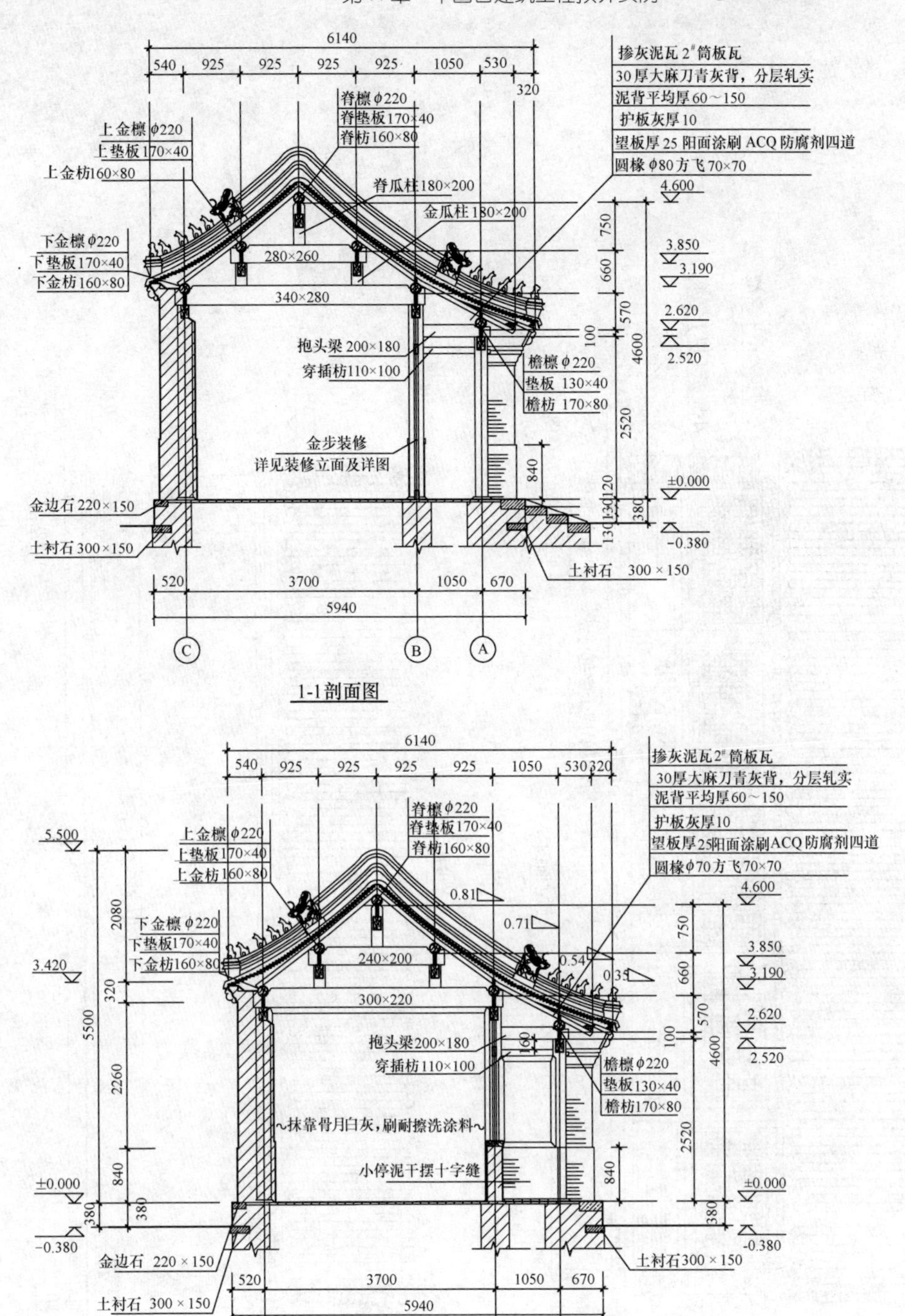

掺灰泥瓦2#筒板瓦
30厚大麻刀青灰背，分层轧实
泥背平均厚60～150
护板灰厚10
望板厚25阳面涂刷ACQ防腐剂四道
圆椽φ80方飞70×70
脊檩φ220
脊垫板170×40
脊枋160×80
上金檩φ220
上垫板170×40
上金枋160×80
脊瓜柱180×200
金瓜柱180×200
下金檩φ220
下垫板170×40
下金枋160×80
280×260
340×280
抱头梁200×180
穿插枋110×100
檐檩φ220
垫板130×40
檐枋170×80
金步装修
详见装修立面及详图
金边石220×150
土衬石300×150
1-1剖面图
圆椽φ70方飞70×70
240×200
300×220
~抹靠骨月白灰，刷耐擦洗涂料~
小停泥干摆十字缝
2-2剖面图
建2

图14-7

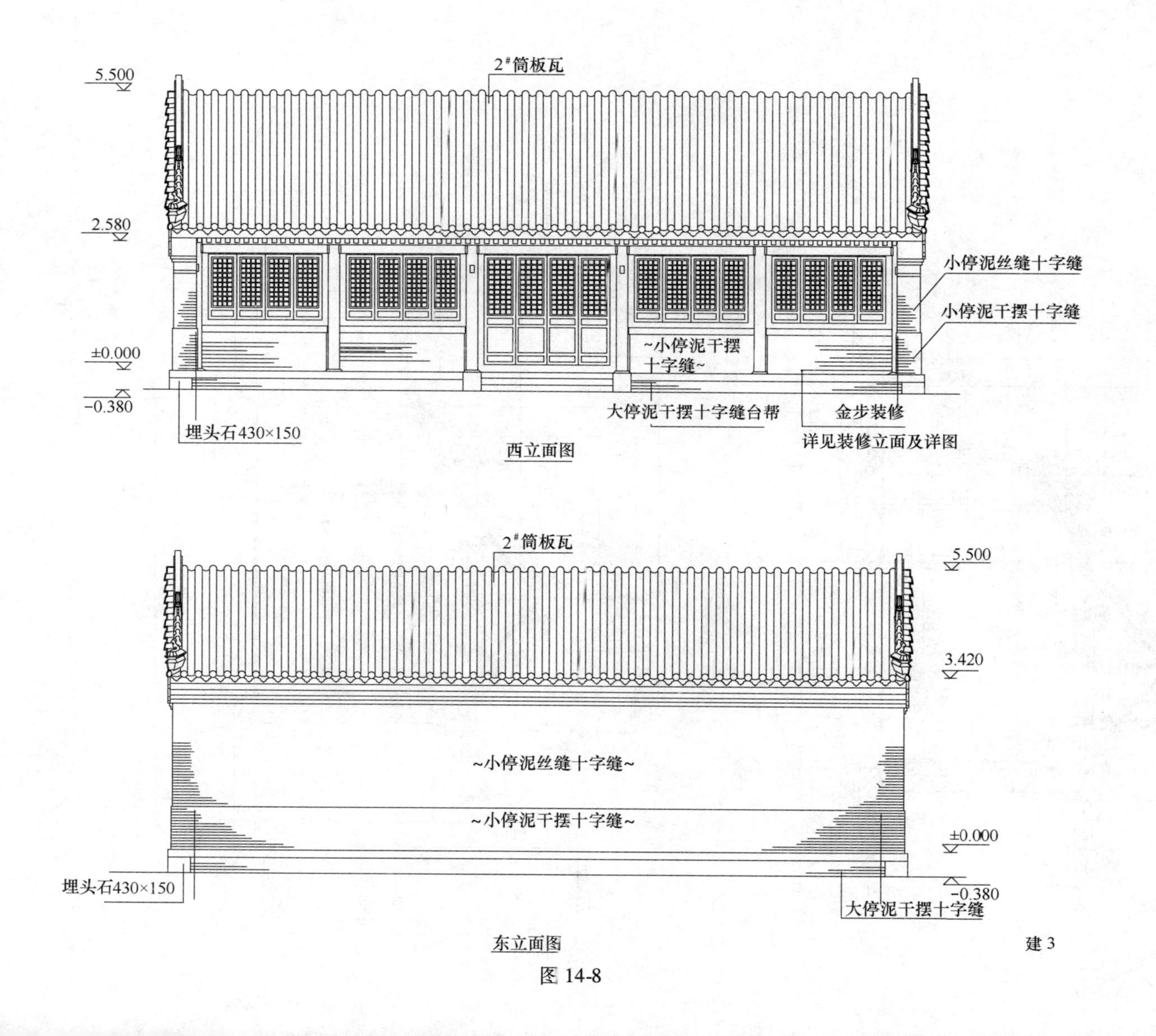
2#筒板瓦
5.500
2.580
±0.000
-0.380
小停泥丝缝十字缝
小停泥干摆十字缝
~小停泥干摆
十字缝~
大停泥干摆十字缝台帮
金步装修
详见装修立面及详图
埋头石430×150
西立面图
2#筒板瓦
5.500
3.420
~小停泥丝缝十字缝~
~小停泥干摆十字缝~
±0.000
-0.380
埋头石430×150
大停泥干摆十字缝
东立面图
建3

图 14-8

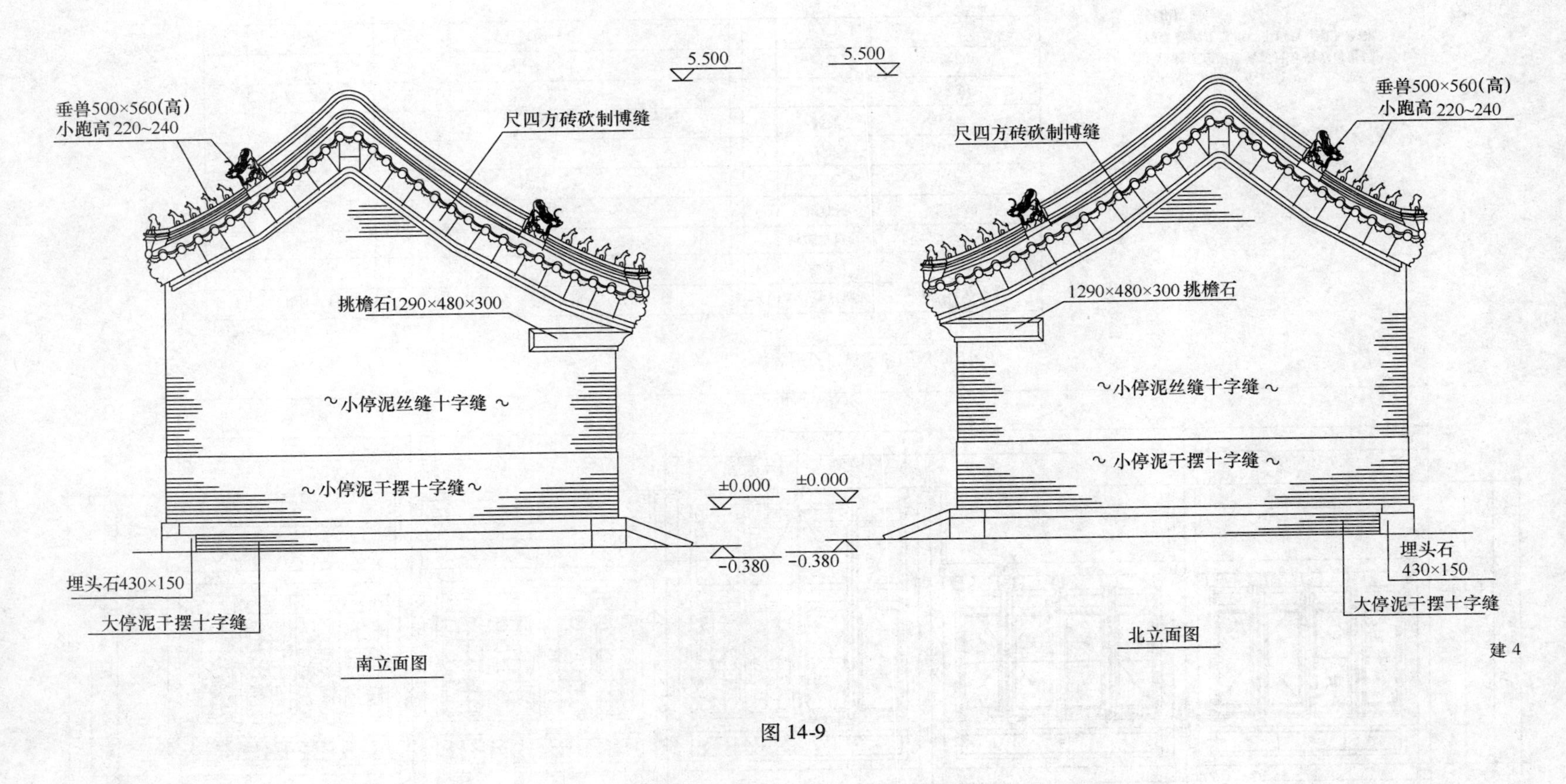
5.500
5.500
垂兽500×560(高)
小跑高 220~240
尺四方砖砍制博缝
挑檐石1290×480×300
~小停泥丝缝十字缝~
~小停泥干摆十字缝~
±0.000
-0.380
埋头石430×150
大停泥干摆十字缝
南立面图
±0.000
-0.380
尺四方砖砍制博缝
垂兽500×560(高)
小跑高 220~240
1290×480×300 挑檐石
~小停泥丝缝十字缝~
~小停泥干摆十字缝~
埋头石
430×150
大停泥干摆十字缝
北立面图
建 4

图 14-9

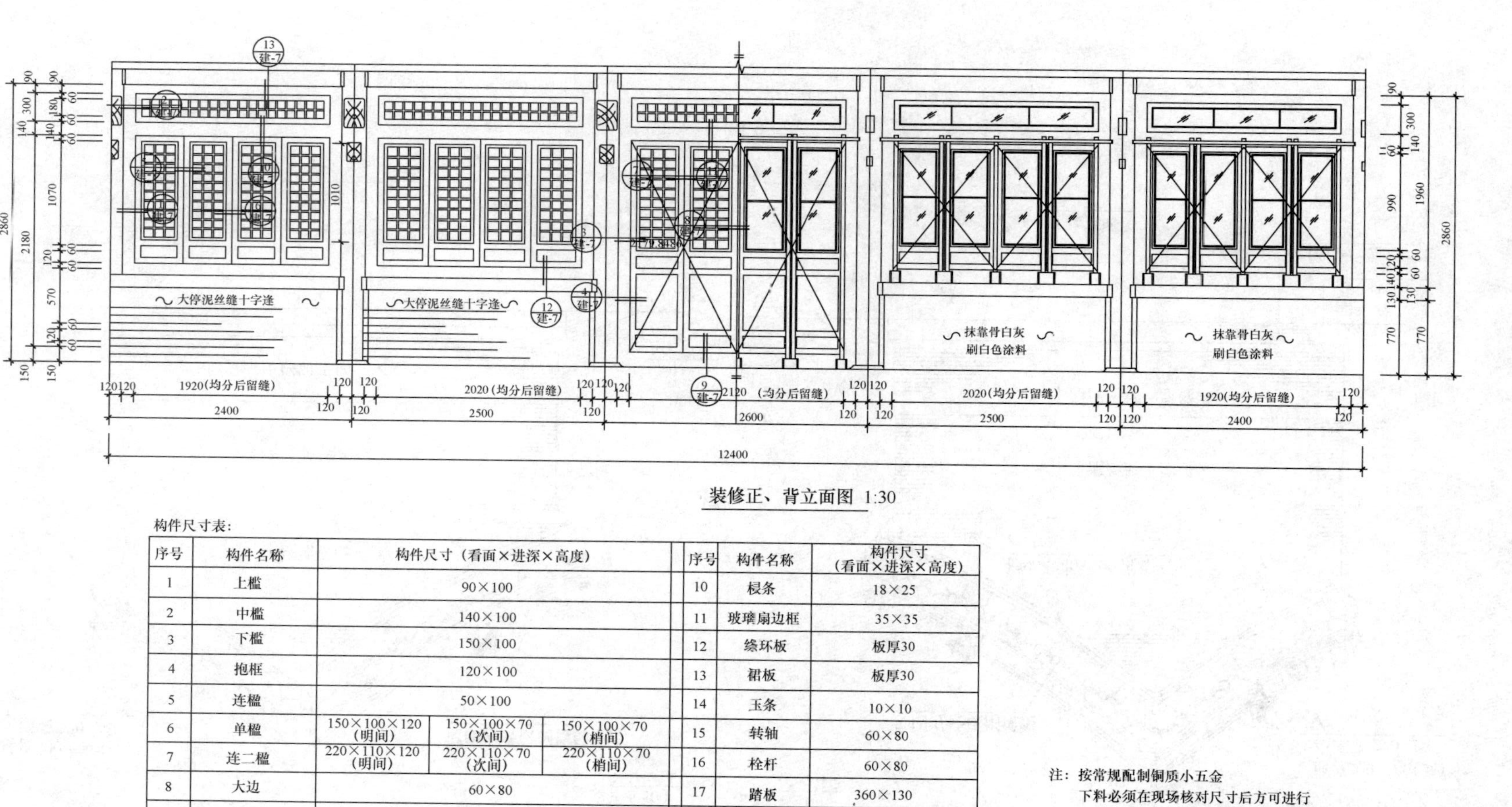

装修正、背立面图 1:30

构件尺寸表:

序号	构件名称	构件尺寸(看面×进深×高度)		
1	上槛	90×100		
2	中槛	140×100		
3	下槛	150×100		
4	抱框	120×100		
5	连槛	50×100		
6	单楹	150×100×120(明间)	150×100×70(次间)	150×100×70(梢间)
7	连二楹	220×110×120(明间)	220×110×70(次间)	220×110×70(梢间)
8	大边	60×80		
9	仔边	30×30		

序号	构件名称	构件尺寸(看面×进深×高度)
10	棂条	18×25
11	玻璃扇边框	35×35
12	绦环板	板厚30
13	裙板	板厚30
14	玉条	10×10
15	转轴	60×80
16	栓杆	60×80
17	踏板	360×130

注:按常规配制铜质小五金
下料必须在现场核对尺寸后方可进行
棂条数量及空档可根据现场实际情况
做相应调整

建 5

图 14-10

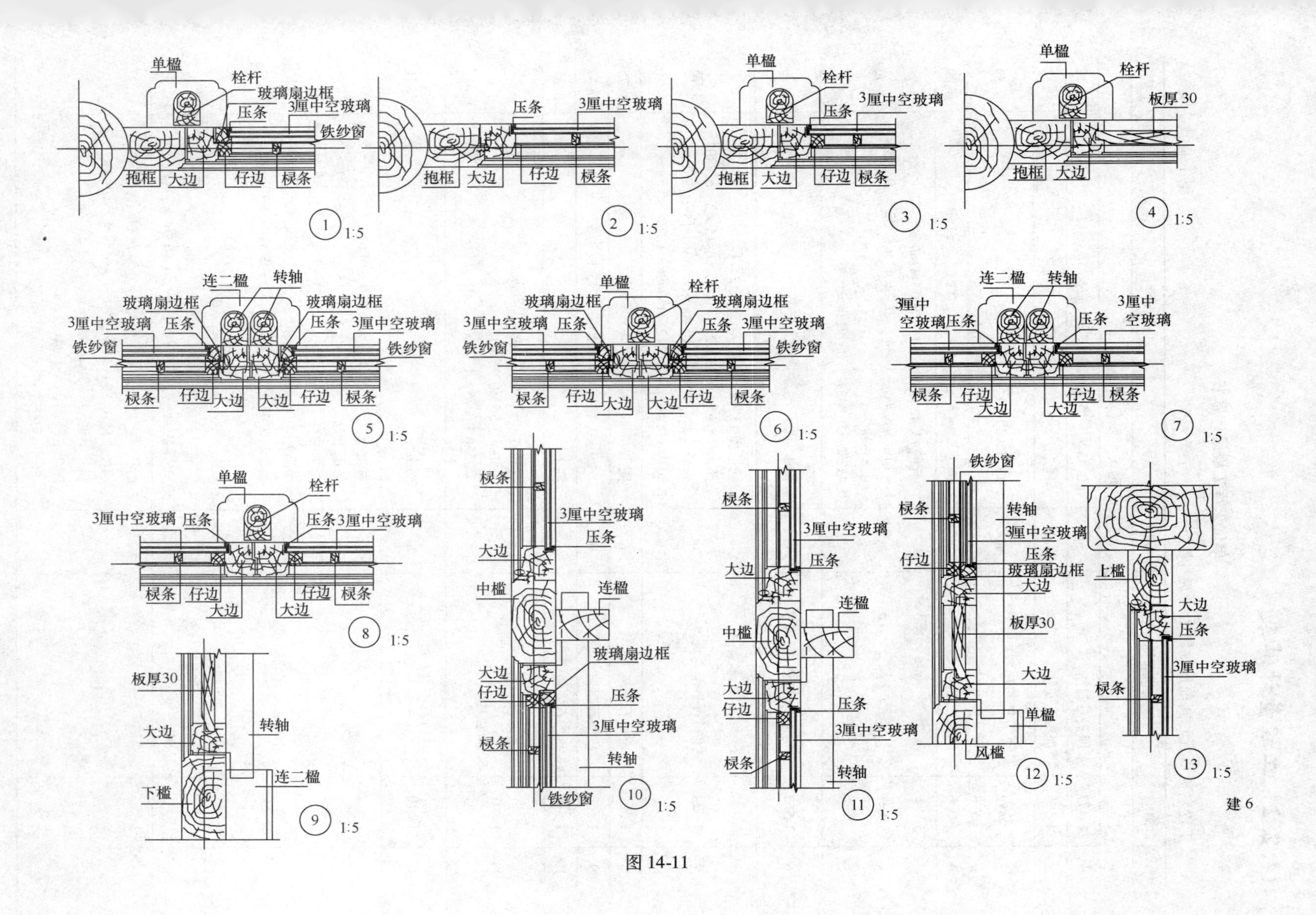
单槛
栓杆
玻璃扇边框
压条
3厘中空玻璃
铁纱窗
抱框
大边
仔边
棂条
板厚30
连二槛
转轴
中槛
连槛
上槛
下槛
风槛
1:5
建6

图 14-11

14.2.2 工程量计算表

单位工程工程量计算书

工程名称：五开间前出廊硬山建筑　　　　第1页共7页

序号	定额编号	项目名称	单位	计算式	工程量
				一、砌筑工程	
1	1-477	埋头石制作	m^3	0.43×0.15×0.23×8=0.1186 取0.12	0.12
2	1-505	埋头石安装	m^3	同上	0.12
3	1-482	阶条石制作(厚15cm以内)	m^3	13.42×0.44×0.15=0.89	0.89
4	1-506	阶条石安装	m^3	同上	0.89
5	1-561	均边石(腰线石)制作	m^3	后檐13.42×0.22×0.15=0.44286 两山（5.94－0.44－0.22）×0.22×0.15×2=0.34848 0.44286+0.34848=0.79134=0.79	0.79
6	1-562	均边石(腰线石)安装	m^3	同上	0.79
7	1-474	土衬石制作	m^3	前后檐13.42×0.30×0.15×2=1.2078 两山（5 94－0.30×2）×0.30×0.15×2=0.4804 台阶两侧(平头土衬)0.68×0.30×0.15×2=0.0612 1.2078+0.4804+0.0612=1.7496=1.75	1.75
8	1-504	土衬石安装	m^3	同上	1.75
9	1-563	挑檐石制作	m^3	1.29×0.48×0.30×2=0.3715 取0.37	0.37
10	1-564	挑檐石安装	m^3	同上	0.37
11	1-491	圆鼓径柱顶石制作(宽50cm以内)	m^3	0.44×0.44×0.22×6=0.2556 0.50×0.50×0.25×12=0.75 0.2556+0.75=1.0056=1.01	1.01
12	1-510	柱顶石安装(宽50cm以内)	m^3	同上	1.01
13	1-73	上身：丝缝墙砌筑(小停泥)	m^2	后檐（13.42－0.12）×2.26=30.06 山墙下部分（5.94－0.1－0.15）×2.62×2=29.82 山尖部分（5.94－0.1－0.15）×（5.5－2.62）÷2×2=16.39 腿子（0.48+0.52）×（2.52－0.84－0.16－0.1－0.3）×2=2.24 象眼 1.05×0.57÷2×2=0.6 穿插档1.05×0.16×2=0.34 30.06+29.82+16.39+2.24+0.6+0.34=79.45	79.45
14	1-70	下碱：干摆墙砌筑(小停泥)	m^2	后檐墙下碱（13.42－0.12）×0.84=11.17 山墙下碱（5.94－0.1－0.15）×0.84×2=9.56 腿子下碱（0.48+0.52）×0.84×2=1.68 廊步下碱 1.05×0.84×2=1.76 11.17+9.56+1.68+1.76=24.17	24.17

单位工程工程量计算书

工程名称：五开间前出廊硬山建筑　　　　第2页共7页

序号	定额编号	项目名称	单位	计算式	工程量
15	1-70	槛墙：干摆墙砌筑(小停泥)	m^2	(2.4+2.5)×2×0.77=7.546 取7.55	7.55
16	1-150	糙砖墙砌筑(蓝四丁)	m^3	后檐墙（13.42－0.67×2）×(2.26+0.84)×0.58=21.72 槛墙 7.55×0.36=2.718 取2.72 山墙（29.81+16.39+9.56）×0.61=34.01 小停泥（79.44+24.18+7.55）×0.14=15.56 21.72+2.72+34.01－15.56=42.89	42.89
17	1-69	陡板：干摆墙砌筑(大停泥)	m^2	[(13.42+5.94)×2－0.43×8]×(0.38－0.15)=8.11	8.11
18	1-217	干摆梢子砌筑(尺四方砖)	份	2	2
19	1-329	五层素干摆冰盘檐砌筑(小停泥)	m	13.42－0.12=13.30	13.30
20	1-244	方砖博缝头安装(尺四方砖)	块	4	4
21	1-252	方砖博缝砌筑(尺四方砖)	m	前坡长 {$0.925^2+0.75^2$ 开根号}+{$0.925^2+0.66^2$ 开根号}+{$1.05^2+0.57^2$ 开根号}+{$0.85^2+(0.85\times0.35)^2$ 开根号}=1.19+1.14+1.19+0.90=4.42 后坡长 {$0.925^2+0.75^2$ 开根号}+{$1.47^2+0.66^2$ 开根号}=1.19+1.61=2.8 (4.42+2.8)×2=7.22×2=14.44	14.44
22	1-313	双层干摆砖檐砌筑(小停泥)	m	同上	14.44
			二、地面工程		
23	2-186	垂带石制作(踏跺用)	m^2	{$1.03^2+0.38^2$ 开根号}×0.4×2=1.1×0.8=0.88	0.88
24	2-192	垂带石安装	m^2	同上	0.88
25	2-188	砚窝石制作	m^2	3.1×0.35=1.085 取1.09	1.09
26	2-189	踏跺石制作(垂带踏跺)	m^2	2.18×0.68=1.48	1.48
27	2-193	踏跺石、砚窝石安装	m^2	1.09+1.48=2.57	2.57
28	2-82	细砖地面、踏面铺墁(尺四方砖)	m^2	室内(13.42－0.61×2)×(3.7－0.16)=43.19 廊步(13.42－0.61×2)×1.05=12.81 43.19+12.81=56	56
29	2-19	灰土垫层(3:7)一步	m^3	56×0.15=8.4	8.4
30	2-103	细砖地面钻生	m^2	56	56
31	2-93	细砖散水铺墁 二城样砖平铺普通	m^2	[(13.42+5.94+1.03)×2+0.51×4]×0.51=21.84	21.84
32	2-4	挖土方(三类)	m^3	[(13.42+5.94+1.03)×2+0.65×4]×0.65=28.20 28.20×0.26=7.33	7.33

单位工程工程量计算书

工程名称：五开间前出廊硬山建筑　　　　第3页共7页

序号	定额编号	项目名称	单位	计算式	工程量
33	2-19	灰土垫层3:7一步	m^3	28.20×0.15=4.23	4.23
34	2-159	细砖牙顺栽 二城样砖	m	(13.42+0.51×2+5.94+1.03+0.51×2)×2+0.62×8=44.86+4.96=49.82	49.82
				三、木结构工程	
35	5-23	檐柱、金柱制作	m^3	檐柱0.11×0.11×3.14×2.52×6=0.57 金柱(2.86+0.16)×3.14×0.12×0.12×12=1.64 0.57+1.64=2.21	2.21
36	5-66	檐柱、金柱吊装	m^3	同上	2.21
37	5-600	圆檩制作	m^3	长13.42-0.51×2+0.22÷2×2=12.62 0.11×0.11×3.14×12.62×6=2.8776取2.88	2.88
38	5-621	圆檩吊装	m^3	同上	2.88
39	5-724	檐垫板制作	m^3	12.62×0.13×0.04=0.0656取0.07	0.07
40	5-733	檐垫板吊装	m^3	同上	0.07
41	5-725	金脊垫板制作	m^3	12.62×0.17×0.04×5=0.4291取0.43	0.43
42	5-734	金脊垫板安装	m^3	同上	0.43
43	5-179	桁檩枋类构件制作	m^3	12.62×0.17×0.08=0.17 12.62×0.16×0.08×5=0.8076取0.81 0.17+0.81=0.98	0.98
44	5-230	桁檩枋类构件吊装	m^3	同上	0.98
45	5-201	穿插枋制作	m^3	(1.05+0.22)×0.11×0.1×6=0.08	0.08
46	5-237	穿插枋吊装	m^3	同上	0.08
47	5-330	抱头梁制作	m^3	(1.05+0.22)×0.2×0.18×6=0.27	0.27
48	5-392	抱头梁吊装	m^3	同上	0.27
49	5-213	三架梁制作	m^3	(0.925+0.22)×2×0.24×0.2×6=0.66	0.66
50	5-376	三架梁吊装	m^3	同上	0.66
51	5-305	五架梁制作	m^3	(0.925×4+0.22×2)×0.3×0.22×6=1.64	1.64
52	5-368	五架梁吊装	m^3	同上	1.64
53	5-455	金瓜柱制作	m^3	高0.66-(0.3-0.17)-0.17=0.36 0.18×0.2×0.36×12=0.16	0.16
54	5-465	脊瓜柱制作	m^3	高0.75-(0.24-0.17)=0.68 0.18×0.2×0.68×6=0.1469取0.15	0.15
55	5-494	金、脊瓜柱吊装	m^3	0.16+0.15=0.31	0.31
				四、屋面工程	
56	3-100	望板勾缝	m^2	前坡长4.42 后坡长{$1.04^2+0.66^2$开根号}+{$0.925^2+0.75^2$开根号}=1.23+1.19=2.42 (13.42-0.51×2)×(4.42+2.42)=12.4×6.84=84.82	84.82
57	3-101	抹护板灰	m^2	同上	84.82

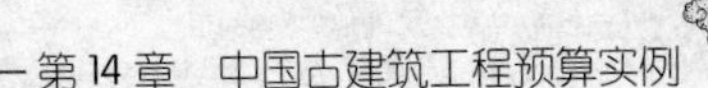

单位工程工程量计算书

工程名称：五开间前出廊硬山建筑　　　　　　　　　　第4页共7页

序号	定额编号	项目名称	单位	计算式	工程量
58	(3-103)×2	屋面苫泥背(厚4～6cm)麻刀泥 屋面苫泥背厚平均在9～12cm时单价乘2	m^2	前坡长4.42 后坡长2.80 13.42×(4.42+2.8)=13.42×7.22=96.8924 取96.89	96.89
59	3-106	屋面苫青灰背厚2～3.5cm	m^2	同上	96.89
60	3-111	筒瓦瓦面	m^2	同上	96.89
61	3-121	筒瓦檐头附件2#瓦	m	13.42×2=26.84	26.84
62	3-328	筒瓦过垄脊2#瓦	m	13.42	13.42
63	3-344	垂脊兽前	m	前坡长{$1.38^2+0.9^2$ 开根号}=1.65 后坡长{$1.47^2+0.66^2$ 开根号}=1.61 (1.65+1.61)×2=3.26×2=6.52	6.52
64	3-346	垂脊兽后	m	(4.42+2.8)×2－6.52=7.92	7.92
65	3-358换	垂脊附件(4小兽/条)	条	4	4
66	5-1392	带柳叶缝望板制安	m^2	护板灰面积84.82 飞椽下重叠长{$0.53^2+0.57^2$ 开根号}=0.78 0.78×12.4=9.67 84.82+9.67=94.49	94.49
67	5-1394	顺望板、带柳叶缝望板刨光	m^2	同上	94.49
68	(5-1470)×4	涂刷ACQ4道	m^2	同上	94.49
69	5-1305	飞椽制安(椽径在7cm以内)	根	单边长13.42－0.51×2=12.4 12.4÷(0.07+0.07)+1=89.5714=90	90
70	5-1253	圆直椽制安(椽径在7cm以内)	m	(4.42+2.42)×90=615.6	615.6
71	5-1402	大连檐制安(椽径在8cm以内)	m	13.3	13.3
72	5-1415	小连檐制安(厚在3cm以内)	m	12.4	12.4
73	5-1417	闸档板制安(椽径在10cm以内)	m	12.4	12.4
74	5-1434	瓦口制作	m	12.4	12.4
75	5-1419	隔椽板制安(椽径在10cm以内)	m	12.4	12.4
76	5-1421	圆椽椽椀制安(椽径在8cm以内)	m	12.4	12.4

单位工程工程量计算书

工程名称：五开间前出廊硬山建筑　　　　第5页共7页

序号	定额编号	项目名称	单位	计算式	工程量
				五、抹灰工程	
77	4-42	抹灰前做麻钉	m^2	后檐墙（13.42－0.67×2）×2.86＝34.55 山墙（3.7－0.16）×（2.86＋0.16）×2＋3.7×1.41＝26.6 槛墙7.55 34.55＋26.6＋7.55＝68.7	68.7
78	4-19	墙面抹靠骨灰（厚15mm）月白灰	m^2	68.7	68.7
79	5-587	内墙耐擦洗涂料新做	m^2	68.7	68.7
				六、木装修工程	
80	6-10	槛框、通连楹制安(厚在10cm以内)	m	明间槛框长2.6×3＋2.86×2＝13.52 次间槛框长（2.02×3＋1.96×2）×2＝19.96 梢间槛框长（1.92×3＋1.96×2）×2＝19.36 通连楹2.6＋2.5×2＋2.4×2＝12.4 13.52＋19.96＋19.36＋12.4＝65.24	65.24
81	(6-54)＋(6-55)×7	窗榻板制安厚13cm	m^2	（2.5＋2.4）×2×0.36＝3.53	3.53
82	6-29	楹斗制安（槛框厚在10cm以内）	件	5×5＝25	25
83	6-89	松木隔扇制作(不含心屉）五抹(边抹看面宽在6cm以内）	m^2	2.12×2.18＝4.62	4.62
84	6-103	隔扇转轴铰接安装(边抹看面宽在6cm以内)	m^2	4.62	4.62
85	6-210	隔扇栓杆制安（长在2.5m以内）	根	3	3
86	6-123	松木槛窗制作(不含心屉）三抹(边抹看面宽在6cm以内）	m^2	（2.02＋1.92）×2×1.29＝10.17	10.17
87	6-131	槛窗转轴铰接安装(边抹看面宽在6cm以内)	m^2	10.17	10.17
88	6-119	松木横披窗制作(不含心屉）二抹（边抹看面宽在6cm以内）	m^2	（2.02×2＋1.92×2＋2.12）×0.3＝3	3
89	6-131	横披窗转轴铰接安装(边抹看面宽在6cm以内)	m^2	3	3
90	6-216	槛窗栓杆制安（长在1.5m以内）	根	3×4＝12	12

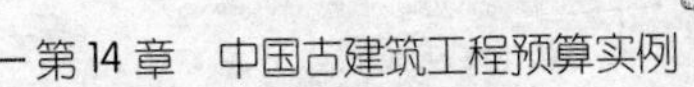

单位工程工程量计算书

工程名称：五开间前出廊硬山建筑　　　　第6页共7页

序号	定额编号	项目名称	单位	计算式	工程量
91	6-149	隔扇、槛窗心屉制安 正方格单层心屉(棂条宽在1.5cm以外)	m^2	隔扇心屉 2.12×1.07=2.27 槛窗心屉（2.02+1.92）×2×0.99=7.8 横披窗心屉(2.02×2+1.92×2+2.12)×0.18=1.8 2.27+7.8+1.8=11.87	11.87
92	5-672	木门窗安装玻璃新做	m^2	11.87	11.87
				七、油饰工程	
93	7-166	椽头做四道灰地仗(椽径在7cm以内)	m^2	12.4×0.07=0.868 取0.87	0.87
94	7-197	飞椽头、檐椽头金边彩画绘制 饰库金(椽径在7cm以内)	m^2	0.87	0.87
95	7-169	连檐、瓦口做三道灰地仗(椽径在7cm以内)	m^2	12.4×0.07×1.5=1.30 20 取1.3	1.3
96	7-172	连檐、瓦口搓颜料光油三道	m^2	1.3	1.3
97	7-178	连檐、瓦口罩光油	m^2	1.3	1.3
98	7-215	椽望做三道灰地仗(椽径在7cm以内)	m^2	84.82	84.82
99	7-225	椽望涂刷颜料光油　红帮绿底	m^2	84.82	84.82
100	7-600	下架新木构件清理除铲砍斧迹	m^2	檐柱 2.52×3.14×0.22×5=8.7 金柱（2.86+0.16）×3.14×0.24×8=18.21 上槛（1.92×2+2.02×2+2.12）×（0.99×2+0.1）=2.8 中槛（1.92×2+2.02×2+2.12）×（0.14×2+0.1）=3.8 下槛 2.12×（0.15×2+0.1）+（（1.92×2+2.02×2）×（0.14×2+0.1）=3.84 抱框［（0.3+1.29）×8+（0.3+2.18）×2］×（0.2×2+0.1）=8.84 通连楹(2.6+2.5×2+2.4×2)×（0.1×2+0.05）=3.1 踏板(2.5+2.4)×2×（0.36+0.13×2）=6.08 8.7041+18.2070+2.8+3.8+3.8424+8.84+3.1+6.076=55.37	55.37
101	7-606	下架木构件做一麻五灰地仗(檐柱径在25 cm以内)	m^2	55.37	55.37
102	7-622	下架构件搓颜料光油三道	m^2	55.37	55.37

单位工程工程量计算书

工程名称：五开间前出廊硬山建筑 第7页共7页

序号	定额编号	项目名称	单位	计算式	工程量
103	7-633	下架构件罩光油	m^2	55.37	55.37
104	7-272	上架新木件清理除铲、砍斧迹楦缝	m^2	檐金脊檩 12.62×3.14×0.22×5.5=47.95 檐垫板 12.62×0.13×1×2=3.28 金脊垫板 12.62×0.17×9=19.31 檐枋 12.62×(0.17×2+0.08)×1=5.3 金脊枋 12.62×(0.16×2+0.08)×4.5=22.72 穿插枋 1.27×(0.11×2+0.1)×5=2.03 抱头梁 1.27×(0.2×2+0.18)×5=3.68 三架梁 2.29×(0.24×2+0.2)×5=7.79 五架梁 4.14×(0.3×2+0.22)×5=16.97 金瓜柱(0.18+0.2)×2×0.36×10=2.74 脊瓜柱(0.18+0.2)×2×0.68×5=2.58 47.9484+3.2812+19.3086+5.3004+22.716+2.032+3.683+7.786+16.974+2.736+2.584=134.35	134.35
105	7-277	上架木构件做一麻五灰地仗(檐柱径在25 cm以内)	m^2	134.35	134.35
106	7-445	金线掐箍头搭包袱苏式彩画绘制 饰库金(檐柱径在25 cm以外)	m^2	134.35	134.35
107	7-763	直棂条心屉隔扇、槛窗清理除铲	m^2	4.62+10.17+3.00=17.79	17.79
108	7-773	直棂条心屉隔扇、槛窗做地仗 边抹心板一麻五灰、心屉三道灰	m^2	17.79	17.79
109	7-791	直棂条心屉隔扇、槛窗涂刷颜料光油三道	m^2	17.79	17.79

14.2.3 工程预算表

单位工程概预算表

工程名称:五开间前出廊硬山建筑 第1页共5页

序号	编号	名称	工程量		价值(元)		其中人工费(元)	
			单位	数量	单价	合价	单价	合价
		一、砌筑工程						
1	1-477	埋头石制作	m^3	0.12	4530.12	543.61	1182.24	141.87
2	1-505	埋头石安装	m^3	0.12	1041.93	125.03	886.68	106.4
3	1-482	阶条石制作(垂直厚在15cm以内)	m^3	0.89	5318.33	4733.31	1940.84	1727.35

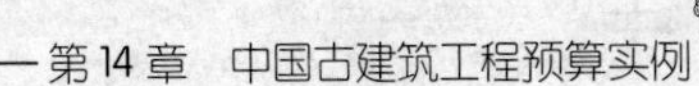

单位工程概预算表

工程名称：五开间前出廊硬山建筑　　　　第2页共5页

序号	编号	名　称	工程量		价值(元)		其中人工费(元)	
			单位	数量	单价	合价	单价	合价
4	1-506	阶条石安装	m^3	0.89	1170.08	1041.37	1034.46	920.67
5	1-563	挑檐石制作	m^3	0.37	4498.79	1664.55	1152.68	426.49
6	1-564	挑檐石安装	m^3	0.37	1245.75	460.93	1083.72	400.98
7	1-491	圆鼓径柱顶石制作(宽在50cm以内)	m^3	1.01	5359.71	5413.31	1980.25	2000.05
8	1-510	柱顶石安装(宽在50cm以内)	m^3	1.01	1100.06	1111.06	985.20	995.05
9	1-73	上身：丝缝墙砌筑(小停泥)	m^2	79.45	671.42	53344.32	426.92	83918.79
10	1-70	下碱：干摆墙砌筑(小停泥)	m^2	24.17	687	16604.79	427.74	33918.79
11	1-70	槛墙：干摆墙砌筑(小停泥)	m^2	7.55	687	5186.85	427.74	10338.48
12	1-150	糙砖墙砌筑 蓝四丁砖	m^3	42.89	1000.38	42906.3	142.85	6126.84
13	1-69	陡板：干摆墙砌筑(大停泥)	m^2	8.11	676.55	5486.82	464.69	3768.64
14	1-217	干摆梢子砌筑 尺四方砖	份	2	985.11	1970.22	683.89	1367.78
15	1-329	五层素干摆冰盘檐砌筑(小停泥)	m	13.3	300.2	3992.66	201.15	2675.3
16	1-244	方砖博缝头安装 尺四方砖	块	4	151.78	607.12	118.32	472.88
17	1-252	方砖博缝摆砌 尺四方砖	m	14.44	210.33	3037.17	130.54	1885
18	1-313	双层干摆砖檐砌筑(小停泥)	m	14.44	78.14	1128.34	49.26	711.31
19	1-561	均边石制作	m^3	0.79	4498.79	3554.04	1152.68	910.62
20	1-562	均边石安装	m^3	0.79	1185.22	936.32	1034.46	817.22
21	1-474	土衬石制作	m^3	1.75	3435.62	6012.34	147.78	258.62
22	1-504	土衬石安装	m^3	1.75	1046.06	1830.61	876.83	1534.45
		分部小计				161691.07		74734.23
		二、地面工程						
23	2-186	垂带石制作 踏跺用	m^2	0.88	727.51	640.21	290.63	255.75
24	2-192	垂带石安装	m^2	0.88	177.03	155.79	157.63	138.71
25	2-188	砚窝石制作	m^2	1.09	612.63	667.77	182.26	198.66
26	2-189	踏跺石制作　垂带踏跺	m^2	1.48	649.1	960.67	216.74	320.78
27	2-193	踏跺石、砚窝石安装	m^2	2.57	190.12	488.61	167.48	430.42
28	2-19	灰土垫层 3∶7　每步15cm	m^3	8.4	176.17	1479.83	123.31	1035.8
29	2-82	细砖地面、路面、散水铺墁 尺四方砖	m^2	56	313.17	17537.52	185.55	10390.8
30	2-103	细砖地面钻生	m^2	56	31.59	1769.04	781.76	944.16
31	2-4	挖土方三类	m^3	7.33	32.59	238.88	31.53	231.11
32	2-19	灰土垫层 3∶7　每步15cm	m^3	4.23	176.17	745.2	123.31	521.6
33	2-93	细砖散水铺墁　二样城砖平铺普通	m^2	21.84	454.17	9919.07	270.11	5899.2
34	2-159	细砖牙顺栽　二城样砖	m	49.82	77.02	3837.14	39.41	1963.41
		分部小计				38439.73		22168

单位工程概预算表

工程名称：五开间前出廊硬山建筑　　　　第3页共5页

序号	编号	名　　称	工程量		价值(元)		其中人工费(元)	
			单位	数量	单价	合价	单价	合价
		三、大木构架工程						
35	5-23	檐柱、单檐金柱制作	m^3	2.21	3884.96	8585.76	1775	3922.75
36	5-66	檐柱、单檐金柱吊装	m^3	2.21	638.37	1410.8	517.23	1143.08
37	5-600	圆檩制作	m^3	2.88	3290.15	9475.63	1208.51	3480.51
38	5-621	圆檩吊装	m^3	2.88	313.2	902.02	287.35	827.57
39	5-724	檐垫板制作	m^3	0.07	2906.9	203.48	594.81	41.64
40	5-733	檐垫板吊装	m^3	0.07	279.66	19.58	256.56	17.96
41	5-725	金脊垫板制作	m^3	0.43	2654.84	1141.58	368.22	158.33
42	5-734	金脊垫板吊装	m^3	0.43	156.62	67.35	143.68	61.78
43	5-179	桁檩枋类构件制作	m^3	0.98	2968.59	2909.22	793.09	777.23
44	5-230	桁檩枋类构件吊装	m^3	0.98	344.54	337.65	316.09	309.77
45	5-201	穿插枋制作	m^3	0.08	3484.09	278.73	1284.04	102.72
46	5-237	穿插枋吊装	m^3	0.08	460.88	36.87	422.82	33.83
47	5-330	抱头梁制作	m^3	0.27	3365.14	908.59	1170.75	316.1
48	5-392	抱头梁吊装	m^3	0.27	518	139.86	435.13	117.49
49	5-313	三架梁制作	m^3	0.66	3186.69	2103.22	1000.8	660.53
50	5-376	三架梁吊装	m^3	0.66	429.33	283.36	353.03	233
51	5-305	五架梁制作	m^3	1.64	2756.52	4520.69	591.12	969.44
52	5-368	五架梁吊装	m^3	1.64	336.24	551.43	266.83	437.6
53	5-455	金瓜柱制作	m^3	0.16	5008.29	801.33	2209.31	353.49
54	5-465	脊瓜柱制作	m^3	0.15	4730.72	709.61	1944.95	291.74
55	5-494	金、脊瓜柱吊装	m^3	0.31	791.23	245.28	626.01	194.06
		分部小计				35632.04		14450.62
		四、屋面工程						
56	3-100	望板勾缝	m^2	84.82	2.42	205.26	1.97	167.1
57	3-101	抹护板灰	m^2	84.82	15.92	1350.33	3.28	278.21
58	(3-103)×2	屋面苫泥背(厚4～6cm)麻刀泥 屋面苫泥背厚度平均在9～12cm时单价×2	m^2	96.89	52.36	5073.16	26.28	2546.27
59	3-106	屋面苫青灰背(厚2～3.5cm)坡顶	m^2	96.89	70.14	6795.86	49.26	4772.8
60	3-111	筒瓦瓦面铺瓦(捉节夹垄)2#瓦	m^2	96.89	204.99	19861.48	93.59	9067.94
61	3-121	筒瓦檐头附件2#瓦	m	26.84	51.2	1374.21	31.2	837.41
62	3-328	筒瓦过垄脊2#瓦	m	13.42	91.55	1228.6	42.69	57.9
63	3-344	垂脊兽前	m	6.52	305.19	1989.84	197.86	1290.05
64	3-346	垂脊兽后	m	7.92	585.88	4640.17	358.78	2841.54

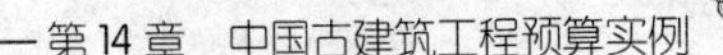

单位工程概预算表

工程名称：五开间前出廊硬山建筑　　　　第4页共5页

序号	编号	名　　称	工程量		价值(元)		其中人工费(元)	
			单位	数量	单价	合价	单价	合价
65	3-358换	垂脊附件(4小兽/条)	条	4	569.49	2277.96	77.17	308.68
66	5-1392	带柳叶缝望板制安	m^2	94.49	81.22	7674.48	7.22	682.22
67	5-1394	顺望板、带柳叶缝望板刨光	m^2	94.49	5.37	507.41	4.93	465.84
68	(5-1470)×4	涂刷ACQ　4道	m^2	94.49	36.92	3488.57	23.64	2233.74
69	5-1305	飞椽制安(椽径在7cm以内)	根	90	17.42	1567.8	7.88	709.2
70	5-1253	圆直椽制安(椽径在7cm以内)	m	615.6	21.09	12983	8.54	6257.22
71	5-1402	大连檐制安(椽径在8cm以内)	m	13.3	18.5	246.05	6.9	91.77
72	5-1415	小连檐制安(厚在3cm以内)	m	12.4	9.1	112.84	2.96	36.7
73	5-1417	闸档板制安(椽径在10cm以内)	m	12.4	8.5	105.4	4.93	61.13
74	5-1434	瓦口制作	m	12.4	7.42	92.01	3.78	46.87
75	5-1419	隔椽板制安(椽径在10cm以内)	m	12.4	21.01	260.52	1.97	24.43
76	5-1421	圆椽椽椀制安(椽径在8cm以内)	m	12.4	16.13	200.01	9.85	122.14
		分部小计				72034.96		33414.16
		五、抹灰工程						
77	4-42	抹灰前做麻钉	m^2	68.7	8.48	582.58	4.93	338.69
78	4-19	墙面抹靠骨灰(厚15mm)月白灰	m^2	68.7	14.83	1018.82	10.67	733.03
79	5-587	内墙耐擦洗涂料新做	m^2	68.7	6.65	456.86	3.78	259.69
		分部小计				2058.26		1331.41
		六、木装修工程						
80	6-10	槛框、通连楹制安(厚在10cm以内)	m	65.24	118.46	7728.33	27.91	1820.85
81	(6-54)+(6-55)×7	窗榻板 制安厚13cm	m^2	3.53	671.4	2370.04	99.7	351.94
82	6-29	楹斗制安(槛框厚在10cm以内)	件	25	62.69	1567.25	47.62	1190.5
83	6-89	松木隔扇制作(不含心屉)五抹(边抹看面宽在6cm以内)	m^2	4.62	343.05	1584.89	142.03	656.18
84	6-103	隔扇转轴铰接安装(边抹看面宽在6cm以内)	m^2	4.62	95.84	442.78	58.7	271.19
85	6-210	隔扇栓杆制安(长在2.5m以内)	根	3	94.45	283.35	29.56	88.68
86	6-123	松木槛窗制作(不含心屉)三抹(边抹看面宽在6cm以内)	m^2	10.17	258.84	2632.4	97.29	989.44
87	6-131	槛窗转轴铰接安装(边抹看面宽在6cm以内)	m^2	10.17	109.46	1113.21	69.37	705.49
88	6-119	松木横披窗制作(不含心屉)二抹(边抹看面宽在6cm以内)	m^2	3	211.53	634.59	75.53	226.59

单位工程概预算表

工程名称：五开间前出廊硬山建筑　　　　第5页共5页

序号	编号	名　称	工程量		价值(元)		其中人工费(元)	
			单位	数量	单价	合价	单价	合价
89	6-131	横披窗转轴铰接安装(边抹看面宽在6cm以内)	m^2	3	109.46	328.38	69.37	208.11
90	6-216	槛窗栓杆制安(长在1.5m以内)	根	12	64.11	769.32	24.63	295.56
91	6-149	隔扇、槛窗心屉制安　正方格单层心屉(棂条宽在1.5cm以外)	m^2	11.87	322.63	3829.62	216.74	2572.7
92	5-672	木门窗安装玻璃新做3mm	m^2	11.87	29.5	350.17	9.85	116.92
		分部小计				23634.33		9494.15
七、油饰工程								
93	7-166	椽头做四道灰地仗(椽径在7cm以内)	m^2	0.87	97.26	84.62	35.47	30.86
94	7-197	飞椽头、檐椽头金边彩画绘制饰库金(椽径在7cm以内)	m^2	0.87	950.26	826.73	492.6	428.56
95	7-169	连檐、瓦口做三道灰地仗(椽径在7cm以内)	m^2	1.3	61.57	80.04	29.56	38.43
96	7-172	连檐、瓦口搓颜料光油三道	m^2	1.3	48.92	63.6	35.47	46.11
97	7-178	连檐、瓦口罩光油	m^2	1.3	9.32	12.12	6.9	8.97
98	7-215	椽望做三道灰地仗(椽径在7cm以内)	m^2	84.82	98.45	8350.53	57.63	4888.18
99	7-225	椽望涂刷颜料光油　红帮绿底	m^2	84.82	84.09	7132.51	56.65	4805.05
100	7-600	下架新木构件清理除铲砍斧迹	m^2	55.37	16.63	920.8	15.76	872.63
101	7-606	下架木构件做一麻五灰地仗(檐柱径在25cm以内)	m^2	55.37	203.33	11258.38	102.46	5672.21
102	7-622	下架构件搓颜料　光油三道	m^2	55.37	40.56	2245.81	26.6	1472.84
103	7-633	下架构件罩光油	m^2	55.37	12.29	680.5	9.85	545.39
104	7-272	上架新木件清理除铲、砍斧迹楦缝	m^2	134.35	16.63	2234.24	15.76	2117.36
105	7-277	上架木构件做一麻五灰地仗(檐柱径在25cm以内)	m^2	134.35	183.88	24704.28	85.71	11515.14
106	7-445	金线掐箍头搭包袱苏式彩画绘制饰库金(檐柱径在25cm以外)	m^2	134.35	363.55	48842.94	272.9	36664.12
107	7-763	直棂条心屉隔扇、槛窗清理除铲	m^2	17.79	9.36	166.51	8.87	157.79
108	7-773	直棂条心屉隔扇、槛窗做地仗 边抹心板一麻五灰、心屉三道灰	m^2	17.79	570.24	10144.57	394.08	7010.68
109	7-791	直棂条心屉隔扇、槛窗涂刷颜料光油三道	m^2	17.79	112.97	2009.74	83.74	1489.73
		分部小计				119757.92		77764.05
		合计				453248.31		233356.62

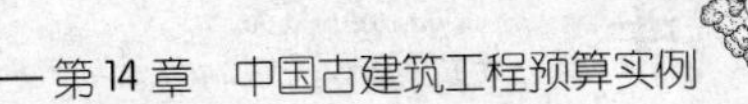

单位工程人材机汇总表

工程名称：五开间前出廊硬山建筑　　　　　　　　　　　　第1页共3页

序号	材料名	单位	材料量	市场价	市场价合计
1	瓦工	工日	358.4575		
2	砍砖工	工日	626.6622		
3	综合工日	工日	2059.2355	82.1	169063.23
4	综合工日	工日	858.312	82.1	70467.42
5	人工费调整	元	0.1058	1	0.11
6	铅板	kg	0.0216	22.2	0.48
7	水泥(综合)	kg	61.0322	0.4	24.41
8	板方材	m^3	12.5251	1900	23797.69
9	板方材	m^3	2.6139	1900	4966.41
10	烘干板方材	m^3	0.7194	2720	1956.77
11	烘干板方材	m^3	2.0942	2720	5696.22
12	松木规格料	m^3	1.2767	4126.6	5268.43
13	原木(落叶松)	m^3	6.8715	1450	9963.68
14	石灰(泼)	kg	75.9329	0.23	17.46
15	石灰(泼)	kg	128.2109	0.23	29.49
16	砂子	kg	242.4546	0.07	16.97
17	青灰	kg	204.3023	0.35	71.51
18	蓝四丁砖	块	237.454	1.45	344.31
19	蓝四丁砖	块	23089.5731	1.45	33479.88
20	中空玻璃3	m^2	13.5318	15	202.98
21	镀锌铁丝8#～12#	kg	99.1697	6.25	619.81
22	镀锌铁丝8#～12#	kg	1.1552	6.25	7.22
23	圆钉	kg	53.181	7	372.27
24	自制古建筑门窗五金	kg	0.975	8.1	7.9
25	醇酸磁漆	kg	12.3854	19	235.32
26	醇酸稀释剂	kg	0.8061	11.7	9.43
27	大白粉	kg	12.433	0.35	4.35
28	清油	kg	0.1899	19.2	3.65
29	滑石粉	kg	48.7778	0.82	40
30	乳液型建筑胶粘剂	kg	2.061	1.36	2.8
31	油灰	kg	11.6326	1.38	16.05
32	乳胶	kg	15.5411	6.5	101.02
33	骨胶	kg	1.0821	8	8.66
34	汽油	kg	7.8224	9.44	73.84
35	章丹	kg	3.2244	13.8	44.5
36	群青	kg	2.4688	15	37.03

单位工程人材机汇总表

工程名称：五开间前出廊硬山建筑　　　　　　　　　　　　第2页共3页

序号	材料名	单位	材料量	市场价	市场价合计
37	生桐油	kg	76.9188	32	2461.4
38	生桐油	kg	50.5161	32	1616.52
39	松烟	kg	26.7411	2.3	61.5
40	白色耐擦洗涂料	kg	24.045	7.5	180.34
41	季铵铜(ACQ)	kg	80.6232	15	1209.35
42	麻刀	kg	200.3529	1.21	242.43
43	密目网	m^2	220.2848	5.56	1224.78
44	滴水2#	块	237.1555	1.4	332.02
45	板瓦2#	块	8622.3308	0.8	6897.86
46	勾头2#	块	237.1555	1.4	332.02
47	筒瓦2#	块	2825.6721	1	2825.67
48	大停泥砖	块	289.9152	4.5	1304.62
49	小停泥砖	块	3213.8416	3	9641.52
50	小停泥砖	块	5708.0343	3	17124.1
51	尺二方砖	块	23.3062	13.5	314.63
52	尺四方砖	块	21.47	16.5	354.26
53	尺四方砖	块	401.0239	16.5	6616.89
54	垂兽、岔兽高300~350	件	4.08	210	856.8
55	抱头狮子2号	件	4.2	43.7	183.54
56	二样城砖448×224×112	块	421.5959	12	5059.15
57	兽角2号	对	4.2	6.5	27.3
58	折腰板瓦2#	块	72.2613	1.4	101.17
59	续折腰板瓦2#	块	144.5227	1.4	202.33
60	罗锅筒瓦2#	块	72.2613	1.4	101.17
61	续罗锅筒瓦2#	块	144.5227	1.4	202.33
62	兽座长300~350	件	4.08	40	163.2
63	海马2号	件	16	35	560
64	青白石	m^3	4.2234	3000	12670.2
65	血料	kg	1713.7314	3.5	5998.06
66	砖灰	kg	1645.5066	0.55	905.03
67	灰油	kg	274.1967	34	9322.69
68	灰油	kg	42.696	34	1451.66
69	精梳麻	kg	46.5658	28	1303.84
70	金胶油	kg	1.4157	32	45.3
71	巴黎绿	kg	6.7306	480	3230.69
72	面粉	kg	54.4561	1.7	92.58
73	面粉	kg	13.8905	1.7	23.61
74	线麻	kg	4.8088	29	139.46
75	扎绑绳	kg	2.3914	3.8	9.09

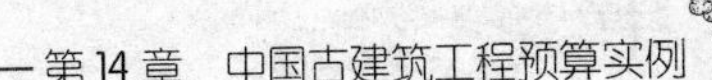

单位工程人材机汇总表

工程名称：五开间前出廊硬山建筑

第3页共3页

序号	材料名	单位	材料量	市场价	市场价合计
76	颜料光油	kg	73.8131	38	2804.9
77	颜料光油	kg	12.4352	38	472.54
78	无光白乳胶漆	kg	16.1933	13	210.51
79	光油	kg	82.329	31	2552.2
80	光油	kg	5.426	31	168.21
81	金箔(库金)93.3×93.3	张	1299.4576	5.9	7666.8
82	国画色	只	201.525	1	201.53
83	1:3.5水泥砂浆	m^3	0.7667	252.35	193.48
84	混合砂浆M2.5	m^3	10.4002	234.3	2436.77
85	掺灰泥3:7	m^3	13.4673	28.9	389.2
86	掺灰泥4:6	m^3	9.0555	47.9	433.76
87	掺灰泥5:5	m^3	0.1285	59.9	7.7
88	护板灰	m^3	1.5692	146.7	230.2
89	浅月白大麻刀灰	m^3	1.1129	204.5	227.59
90	浅月白中麻刀灰	m^3	1.3855	172.4	238.86
91	深月白大麻刀灰	m^3	3.4336	206.5	709.04
92	深月白中麻刀灰	m^3	1.7102	176.5	301.85
93	深月白小麻刀灰	m^3	0.3418	163.6	55.92
94	老浆灰	m^3	3.4674	130.4	452.15
95	深月白浆	m^3	0.2252	126.2	28.42
96	素白灰浆	m^3	0.6536	119.8	78.3
97	其他材料费	元	2796.2518	1	2796.25
98	生石灰(泼)	kg	4399.9997	0.13	572
99	材料费调整	元	-0.9257	1	-0.93
100	载重汽车5t	台班	3.295	193.5	637.58
101	其他机具费	元	3831.4061	1	3831.41
102	中小型机械费	元	8807.8301	1	8807.83
103	机械费调整	元	0.0432	1	0.04
104	钢管	m	102.1012	1.38	140.9
105	钢管	m	3783.0752	1.38	5220.64
106	木脚手板	块	0.6479	21	13.61
107	木脚手板	块	282.3695	21	5929.76
108	扣件	个	26.9938	1.32	35.63
109	扣件	个	1531.9984	1.32	2022.24
110	底座	个	122.216	4.8	586.64
	合计				472793.94

14.2.4 费用计算表

脚手架不完全价计算表(措施费1)

序号	编号	项目名称	单位	工程量	不完全价		其中人工费	
					单价	合计	单价	合计
1	2-14	双排脚手架(四步)	10m	4.672	328.33	1533.96	248.76	1162.21
2	2-80	大木安装围撑脚手架(四步)	10m	7.97	308.98	2462.57	197.04	1570.41
3	2-93	双排椽望油活脚手架(二步)	10m	1.342	284.93	382.38	214.28	287.56
4	2-106	内檐及廊步装饰掏空脚手架(二步)	10m	1.24	279.39	346.44	213.46	264.69
5	2-60	天棚脚手架4.5m以内	$10m^2$	4.391	103.66	447.71	78.00	336.88
6	2-61	天棚脚手架增加1m	$10m^2$	4.391	13.58	58.65	6.81	29.41
7	2-162	脚手架立挂密目网	$10m^2$	21.49	91.27	1961.39	29.39	631.59
		合计				7193.10		4282.75

(注:上面都未计入脚手架木租赁费)

直接工程费中的人工费计算表(措施费2)

编码	名称	计算基数/		人工费	费用金额(元)
3-25	安全文明施工费	人工费	2.8	3528.35	6533.99
3-27	二次搬运费	人工费	4.62	9810.78	10781.08
3-28	冬雨季施工费	人工费	2.5	3150.31	5833.92
3-29	临时设施费	人工费	5.43	3547.95	12671.26
3-37	施工垃圾场外运输和消纳费	人工费	0.8	522.72	1866.85
	合计			20560.12	37687.09

单位工程费用计算表

序号	费用名称	费率%	费用金额
1	直接工程费		453248.31
1.1	人工费		233356.62
2	措施费		44880.19
2.1	措施费1		7193.10
2.1.1	其中:人工费		4282.75
2.2	措施费2		37687.09
2.2.1	其中:人工费		20560.12
3	直接费		498128.50
4	企业管理费	37.72	97392.85
5	利润	13	33565.93
6	规费		59566.62
6.1	其中:社会保险费	16.11	41595.94
6.2	住房公积金	6.96	17970.68
7	税金	9	61978.85
8	专业工程暂估价		
9	工程造价		750632.76

参 考 文 献

[1]北京市住房和城乡建设委员会编 . 北京市(2012)房屋修缮工程计价依据——预算定额(古建筑分册)[S]. 北京：中国建筑工业出版社，2012. 12.

[2]北京市住房和城乡建设委员会 .《关于执行2012 年(北京市房屋修缮工程计价依据——预算定额)的规定》的通知 . 2013. 3. 31.

[3]梁思成 . 清式营造则例[M]. 北京：中国建筑工业出版社，1981. 12.

[4]刘敦桢 . 中国古代建筑史[M]. 北京：中国建筑工业出版社，1984. 6.

[5]张驭寰 . 中国古代建筑技术史[M]. 北京：科学出版社，1985. 10.

[6]王璞子 . 故宫博物院古建部 . 工程做法注释[M]. 北京：中国建筑工业出版社，1995. 5.

[7]刘全义 . 建筑与装饰工程定额与预算[M]. 北京：中国建材工业出版社，2003. 9.

[8]刘大可 . 中国古建筑瓦石营法[M]. 北京：中国建筑工业出版社，1993. 6.

[9]马炳坚 . 中国古建筑木作营造技术[M]. 北京：科学出版社，1991. 8.

[10]边精一 . 中国古建筑油漆彩画[M]. 北京：中国建材工业出版社，2007. 2.